分析化学

(第二版)

薛 华 李隆弟 郁鉴源 陈德朴 编著

清华大学出版社

内 容 摘 要

本书第一版1986年出版以来受到广大读者的欢迎,荣获第二届全国高等学校优秀教材二等奖。第二版在第一版的基础上适当精简了化学分析的份量,增加了仪器分析和定量分析中分离方法的内容,并采用法定单位制。每章后附有思考题、习题和习题答案。

全书共十三章,包括绪论、滴定分析法概述、酸碱滴定法、定量分析中的误差和数据处理、配位滴定法、沉淀测定法、氧化还原滴定法、电位分析法、光度分析、原子吸收光谱分析法、流动注射分析法、气相色谱分析法以及分析化学中的分离方法。书后十个附录,收集了分析化学中的常用数据。

读者对象：化学、化工、生物、材料和环境等专业的大专院校师生,工厂和科研单位从事分析工作的人员。

版权所有,侵权必究。举报：010-62782989,beiqinquan@tup.tsinghua.edu.cn。

图书在版编目（CIP）数据

分析化学 / 薛华等编著. —2版. —北京：清华大学出版社,2009.3（2020.12 重印）
ISBN 978-7-302-01388-4

Ⅰ.分… Ⅱ.薛… Ⅲ.分析化学 Ⅳ.O65

中国版本图书馆CIP数据核字（2009）第030345号

责任印制：吴佳雯

出版发行：清华大学出版社
    网　　址：http://www.tup.com.cn, http://www.wqbook.com
    地　　址：北京清华大学学研大厦A座　　邮　编：100084
    社 总 机：010-62770175　　　　　　　　邮　购：010-62786544
    投稿与读者服务：010-62776969, c-service@tup.tsinghua.edu.cn
    质 量 反 馈：010-62772015, zhiliang@tup.tsinghua.edu.cn
印 装 者：三河市宏图印务有限公司
经　　销：全国新华书店
开　　本：185mm×260mm　　印　张：22.5　　字　数：531 千字
版　　次：1994 年 2 月第 2 版　　　　　　　印　次：2020 年 12 月第 21 次印刷
定　　价：65.00 元

产品编号：001388-08

再版修订说明

本书第一版自 1986 年出版以来,受到读者的欢迎,荣获第二届全国高等学校优秀教材二等奖。读者和兄弟院校在使用中也提出了不少宝贵的意见和建议,我校在六年教学实践中亦积累了一定经验,以此为依据,在第一版的基础上作了如下的修订和增补:

1. 适当精简了化学分析法的份量。
2. 适当增加了仪器分析法的内容,如增加了原子吸收光谱分析法,流动注射分析法、气相色谱分析法三章。在光度分析中简单介绍了光度滴定及长光路毛细吸收管分光光度、浮选光度和固相光度法等新技术。
3. 增加了定量分析中的分离方法。
4. 全书采用了国家法定计量单位。

为了培养学生的思考能力,扩大知识面,各章配备了一定的思考题,并适当增加了习题的数量,附有习题答案供参考。

书中标题后加注"*"的内容,供参考用。

参加修订工作的有薛华(第二至五章、第六章第 6 节、第七章),郁鉴源(第一、八章),李隆弟(第六章 1—5 节、九至十一章),陈德朴(第十二、十三章)。由薛华和郁鉴源统稿。郭日娴同志参加了本书修订提纲的讨论,邓勃同志审阅了第十章,提出了宝贵的意见和建议,周群同志做了全书的习题,在此谨对他们表示感谢。

由于我们学识水平有限,书中存在的错误和不妥之处,热忱欢迎读者提出批评和建议。

作 者
1993 年 3 月

第一版前言

本书是参照高等学校工科类与理科类《分析化学》教学大纲,作为工科偏理的分析化学教材编写的。本书的内容曾在清华大学化学与化学工程系各专业及土木与环境工程系环境保护专业试用过多次,经过修改、补充后写成的。

本书以定量分析为主要内容。为培养学生分析问题和解决问题的能力,将"酸碱滴定法"、"络合滴定法"等部分作为定量分析的入门,作了比较全面的、系统的阐述,以期学生打下比较扎实的分析化学理论基础,并建立正确的学习分析化学的方法;为开阔学生的思路,介绍了诸如图解法求溶液 pH 值及酸碱滴定法的终点误差、运用副反应处理复杂平衡体系问题的方法等。另外,考虑到理科专业还要学习《仪器分析》课程,仪器分析部分仅编入了电位分析法、比色分析法和分光光度法。

分析化学实验是分析化学课程的重要环节,学时数多于讲课。为此,由谈慧英同志编写了《分析化学实验》一书,与本书配套使用。关于定量分析实验的基本操作、仪器的校正方法和部分有关实验原理等内容均在该实验材料中详述,不再重复。

在本书编写过程中,得到了教研组同志们的支持和关心。许多教学中的经验,如内容的选择,深度和广度的确定,讲课和习题课、实验的配合等都是集体智慧的结晶。定量分析中的误差和数据处理、络合滴定法、比色分析法和分光光度法等三章分别由谈慧英、郁鉴源同志编写了初稿,全稿完成后,他们又仔细阅读,并一起讨论,进行了认真的修改。郑用熙、李隆弟、陈德朴同志曾分别对部分章节提出了宝贵的意见和建议,郭日娴同志作了全书的习题,并对习题提出了修改意见,在此谨对他们表示衷心感谢。

编写本书时,参考了国内外的分析化学教材和专著,并从中得到了启发和教益。

由于编者的能力和水平有限,书中难免出现缺点和错误,热忱欢迎读者批评指正。

薛　华

1984 年 7 月于清华大学

目 录

第一章 绪论
§1 分析化学的任务和作用 ……………………………………………… 1
§2 定量分析方法 …………………………………………………………… 2
    一、化学分析法 ……………………………………………………… 2
    二、仪器分析法 ……………………………………………………… 2
§3 化学分析过程 …………………………………………………………… 3
    一、取样 ……………………………………………………………… 3
    二、试样的分解 ……………………………………………………… 4
    三、测定方法的选择和干扰的消除 ………………………………… 5
    四、测定 ……………………………………………………………… 7
    五、计算及数据处理 ………………………………………………… 7

第二章 滴定分析法概述
§1 滴定分析法的分类 …………………………………………………… 8
§2 滴定分析法对反应的要求 …………………………………………… 9
§3 基准物质和标准溶液 ………………………………………………… 10
    一、基准物质 ……………………………………………………… 10
    二、标准溶液的配制 ……………………………………………… 10
    三、标准溶液浓度的表示方法 …………………………………… 10
§4 活度、活度系数和平衡常数 ………………………………………… 11
    一、离子的活度和活度系数 ……………………………………… 11
    二、活度常数、浓度常数和混合常数 …………………………… 12
§5 滴定方式和滴定分析中的计算 ……………………………………… 13
    思考题 ………………………………………………………………… 16
    习题 …………………………………………………………………… 16

第三章 酸碱滴定法
§1 酸碱反应 ……………………………………………………………… 18
§2 水溶液中酸、碱的强度 ……………………………………………… 19
    一、pX 值 ………………………………………………………… 19
    二、酸碱反应的平衡常数 ………………………………………… 20
    三、共轭酸碱对的 K_a 和 K_b 的关系 ………………………… 20
    四、酸和碱的强度 ………………………………………………… 21
§3 不同 pH 溶液中弱酸(碱)各种型体的分布 ………………………… 22
    一、分析浓度与平衡浓度 ………………………………………… 22

    二、不同 pH 溶液中酸(碱)各种型体的分布 …………………………………… 23
    三、浓度对数图* ………………………………………………………………… 25
  §4 酸、碱溶液中 H^+ 浓度的计算 ……………………………………………………… 29
    一、物料平衡、电荷平衡、质子平衡 ……………………………………………… 29
    二、酸、碱溶液[H^+]的计算 ……………………………………………………… 30
    三、浓度对数图解法求溶液的 pH 值* …………………………………………… 32
  §5 酸、碱缓冲溶液 …………………………………………………………………… 34
    一、缓冲溶液的 pH 值 …………………………………………………………… 34
    二、缓冲容量和缓冲范围 ………………………………………………………… 35
    三、标准缓冲溶液 ………………………………………………………………… 36
  §6 酸碱指示剂 ………………………………………………………………………… 36
    一、酸碱指示剂的作用原理 ……………………………………………………… 36
    二、指示剂的变色范围 …………………………………………………………… 37
    三、影响指示剂变色范围的因素 ………………………………………………… 39
    四、混合指示剂 …………………………………………………………………… 39
  §7 滴定过程中溶液 pH 值的变化规律 ……………………………………………… 40
    一、强碱滴定强酸 ………………………………………………………………… 40
    二、强碱滴定一元弱酸 …………………………………………………………… 42
    三、强酸滴定弱碱 ………………………………………………………………… 46
  §8 指示剂的选择和终点误差 ………………………………………………………… 46
    一、指示剂的选择和终点误差 …………………………………………………… 46
    二、终点误差的计算方法 ………………………………………………………… 47
    三、用浓度对数图求终点误差* ………………………………………………… 49
    四、酸碱滴定可行性的判断 ……………………………………………………… 50
  §9 多元酸(或碱)和混合酸的滴定 …………………………………………………… 51
    一、强碱滴定多元酸 ……………………………………………………………… 51
    二、强碱滴定混合酸 ……………………………………………………………… 54
  §10 酸碱滴定法的应用 ……………………………………………………………… 55
    一、酸、碱标准溶液的配制和标定 ……………………………………………… 55
    二、应用举例 ……………………………………………………………………… 58
  §11 非水溶液中的酸碱滴定* ……………………………………………………… 61
    一、溶剂的分类 …………………………………………………………………… 62
    二、物质的酸碱性 ………………………………………………………………… 62
    三、非水滴定 ……………………………………………………………………… 66
 思考题 ……………………………………………………………………………………… 70
 习题 ………………………………………………………………………………………… 71

第四章 定量分析中的误差和数据处理
  §1 误差的分类、准确度与精密度 …………………………………………………… 73

  一、误差的分类 ·· 73
  二、准确度与精密度 ·· 74
  三、准确度和精密度的关系 ···································· 75
 §2 随机误差的正态分布 ·· 76
  一、频数分布 ·· 76
  二、正态分布 ·· 77
  三、标准正态分布 ·· 79
  四、随机误差的区间概率 ······································ 79
 §3 有限次测量数据的统计处理 ······································ 80
  一、数据的集中趋势和离散程度 ································ 80
  二、置信度和置信区间 ·· 83
  三、t-分布 ·· 85
  四、测定数据的评价 ·· 86
 §4 提高分析准确度的方法 ·· 90
  一、分析化学中对准确度的要求 ································ 90
  二、分析准确度的检验 ·· 91
  三、提高分析结果准确度的方法 ································ 92
 §5 有效数字及其运算规则 ·· 93
  一、有效数字 ·· 93
  二、有效数字的修约 ·· 94
  三、有效数字的运算规则 ······································ 94
 思考题 ·· 95
 习题 ·· 96

第五章 配位滴定法
 §1 概述 ·· 98
 §2 配合物的稳定性 ·· 101
  一、配合物的稳定常数 ·· 101
  二、配合物的累积稳定常数 ···································· 102
  三、副反应对 EDTA 与金属离子配合物稳定性的影响 ············ 102
 §3 配位滴定法原理 ·· 109
  一、滴定曲线 ·· 109
  二、配合物条件常数和金属离子浓度对滴定突跃的影响 ············ 110
  三、金属指示剂 ·· 112
  四、终点误差 ·· 115
  五、配位滴定可行性的判断 ···································· 119
  六、配位滴定中酸度的控制 ···································· 120
 §4 混合离子的滴定 ·· 121
  一、控制溶液的 pH 值进行分别滴定 ··························· 122

二、利用掩蔽和解蔽的方法 ………………………………………… 124
　　三、选用其它配位剂作滴定剂 ……………………………………… 128
§5　配位滴定的方式和应用 …………………………………………………… 129
　　一、滴定方式 ………………………………………………………… 130
　　二、EDTA标准溶液的配制和标定 ………………………………… 132
　　三、应用举例 ………………………………………………………… 133
思考题 ………………………………………………………………………… 133
习题 …………………………………………………………………………… 134

第六章　沉淀测定法

§1　沉淀溶解度及其影响因素 ………………………………………………… 136
　　一、沉淀的活度积、溶度积和溶解度 ……………………………… 136
　　二、影响沉淀溶解度的因素 ………………………………………… 137
§2　沉淀的形成和沉淀的沾污 ………………………………………………… 141
　　一、沉淀的形成 ……………………………………………………… 141
　　二、沉淀的沾污 ……………………………………………………… 143
　　三、沉淀沾污对分析结果的影响 …………………………………… 145
§3　沉淀条件的控制 …………………………………………………………… 145
　　一、晶形沉淀的沉淀条件 …………………………………………… 145
　　二、无定形沉淀的沉淀条件 ………………………………………… 146
　　三、均匀沉淀法 ……………………………………………………… 146
§4　有机沉淀剂的应用 ………………………………………………………… 146
§5　重量分析法 ………………………………………………………………… 148
　　一、概述 ……………………………………………………………… 148
　　二、沉淀重量法的分析过程 ………………………………………… 149
　　三、对沉淀形式的要求 ……………………………………………… 150
　　四、对称量形式的要求 ……………………………………………… 150
　　五、沉淀重量法应用举例 …………………………………………… 150
§6　沉淀滴定法 ………………………………………………………………… 151
　　一、摩尔(Mohr)法——铬酸钾作指示剂 …………………………… 152
　　二、佛尔哈德(Volhard)法——铁铵矾作指示剂 …………………… 153
　　三、法扬司(Fajans)法——吸附指示剂 ……………………………… 154
　　四、银量法的应用 …………………………………………………… 155
思考题 ………………………………………………………………………… 155
习题 …………………………………………………………………………… 156

第七章　氧化还原滴定法

§1　氧化还原反应的方向和程度 ……………………………………………… 158
　　一、条件电极电位 …………………………………………………… 158
　　二、氧化还原反应进行的程度 ……………………………………… 161

§2 氧化还原反应的速度 ······ 164
　　一、氧化还原反应的历程 ······ 164
　　二、影响氧化还原反应速度的因素 ······ 165
§3 氧化还原滴定 ······ 167
　　一、氧化还原滴定曲线 ······ 167
　　二、滴定突跃与两个电对条件电位的关系 ······ 170
　　三、氧化还原滴定中的指示剂 ······ 171
§4 氧化还原滴定的预先处理 ······ 174
§5 常用的氧化还原滴定法 ······ 175
　　一、高锰酸钾法 ······ 175
　　二、重铬酸钾法 ······ 177
　　三、碘量法 ······ 179
思考题 ······ 185
习题 ······ 185

第八章　电位分析法
§1 电极电位与电池电动势 ······ 187
§2 参比电极和指示电极 ······ 189
　　一、参比电极 ······ 189
　　二、指示电极 ······ 191
§3 离子选择电极 ······ 194
　　一、几种常见的离子选择电极 ······ 194
　　二、离子选择电极的主要性能 ······ 200
§4 直接电位法 ······ 201
　　一、pH 的电位测定 ······ 201
　　二、离子活度的测定 ······ 202
§5 电位滴定法 ······ 205
思考题 ······ 208
习题 ······ 209

第九章　光度分析
§1 概述 ······ 211
§2 物质对光的选择性吸收 ······ 212
　　一、光的基本性质 ······ 212
　　二、物质的颜色和对光的选择性吸收 ······ 212
　　三、吸收光谱的产生 ······ 214
§3 光吸收定律 ······ 214
　　一、朗伯-比耳定律 ······ 214
　　二、吸光系数、摩尔吸光系数 ······ 215
　　三、*朗伯-比耳定律的理论推导 ······ 216

　　　　四、桑德尔(Sandell)灵敏度 ……………………………………………… 217
　　　　五、比耳定律的表观偏离 ………………………………………………… 218
　§4　吸光度的测量 ……………………………………………………………… 220
　　　　一、分光光度计的基本组成 ……………………………………………… 220
　　　　二、测量条件的选择 ……………………………………………………… 222
　　　　三、多组分的同时测定 …………………………………………………… 224
　§5　显色反应及反应条件的选择 ……………………………………………… 225
　　　　一、对显色反应的要求 …………………………………………………… 225
　　　　二、反应条件的选择 ……………………………………………………… 225
　　　　三、分光光度法常用的显色剂 …………………………………………… 227
　§6　提高光度法灵敏度和选择性的某些途径 ………………………………… 231
　　　　一、三元配合物及其在光度法中的应用 ………………………………… 231
　　　　二、萃取光度、浮选光度和固相光度法 ………………………………… 233
　　　　三、差示分光光度法 ……………………………………………………… 234
　　　　四、长光路毛细吸收管分光光度法简介 ………………………………… 234
　§7　光度法的某些应用 ………………………………………………………… 236
　　　　一、光度滴定 ……………………………………………………………… 236
　　　　二、弱酸、弱碱离解常数的测定 ………………………………………… 237
　　　　三、配合物组成的测定 …………………………………………………… 238
　思考题 ……………………………………………………………………………… 239
　习题 ………………………………………………………………………………… 239

第十章　原子吸收光谱分析法
　§1　原子吸收光谱分析法原理 ………………………………………………… 242
　　　　一、原子发射光谱和原子吸收光谱 ……………………………………… 242
　　　　二、原子吸收光谱的波长 ………………………………………………… 243
　　　　三、原子吸收光谱的轮廓 ………………………………………………… 243
　　　　四、火焰中基态原子和激发态原子的比例 ……………………………… 244
　　　　五、吸收系数 ……………………………………………………………… 244
　　　　六、原子吸收光谱法定量的基本关系式 ………………………………… 245
　§2　原子吸收光谱仪 …………………………………………………………… 246
　　　　一、光源 …………………………………………………………………… 246
　　　　二、原子化系统 …………………………………………………………… 247
　　　　三、分光系统 ……………………………………………………………… 250
　　　　四、检测系统 ……………………………………………………………… 250
　§3　原子吸收光谱法中的干扰及其抑制 ……………………………………… 250
　　　　一、光谱干扰 ……………………………………………………………… 250
　　　　二、化学干扰 ……………………………………………………………… 250
　　　　三、物理干扰 ……………………………………………………………… 251

　　　　四、电离干扰 ··· 251
　§4　测量条件的选择和定量方法 ··· 251
　　　　一、测量条件的选择 ··· 251
　　　　二、定量方法 ··· 253
　§5　原子吸收光谱法的灵敏度和检出限 ··· 254
　　　　一、灵敏度 ·· 254
　　　　二、检出限 ·· 255
　思考题 ·· 255
　习题 ··· 255

第十一章　流动注射分析法

　§1　FIA的基本原理 ·· 258
　　　　一、FIA的特点 ··· 258
　　　　二、分散系数及其控制 ··· 259
　　　　三、FIA的若干要点 ··· 260
　§2　FIA仪器的基本组成 ··· 261
　§3　FIA中的某些技术 ··· 263
　　　　一、合并带技术 ··· 263
　　　　二、停流技术 ··· 264
　　　　三、FIA溶剂萃取技术 ·· 264
　§4　FIA法应用举例 ·· 265
　　　　一、FIA分光光度法 ··· 265
　　　　二、FIA-ISE分析 ··· 267
　　　　三、流动注射原子光谱法 ··· 268
　思考题 ·· 269

第十二章　气相色谱分析法

　§1　概述 ·· 270
　　　　一、色谱法分类 ··· 270
　　　　二、气相色谱与液相色谱 ··· 271
　§2　气相色谱分析流程及分离过程 ·· 271
　　　　一、气相色谱分析流程 ··· 271
　　　　二、气相色谱分离过程 ··· 272
　§3　物质在气相色谱中的保留作用 ·· 274
　　　　一、气相色谱流出曲线及有关术语 ··· 274
　　　　二、物质在气相色谱中的保留作用 ··· 276
　§4　色谱峰的展宽及柱效 ··· 277
　　　　一、塔板理论 ··· 277
　　　　二、速率理论 ··· 278
　　　　三、分离度 ·· 279

　　　　四、柱效能、相对保留值和分离度之间的关系 ……………………… 280
　§5　气相色谱固定相 ……………………………………………………… 281
　　　　一、气固色谱固定相 ……………………………………………… 281
　　　　二、气液色谱固定相 ……………………………………………… 283
　§6　气相色谱操作条件的选择 …………………………………………… 286
　§7　气相色谱检测器 ……………………………………………………… 287
　　　　一、检测器的响应值 ……………………………………………… 288
　　　　二、检测限 ………………………………………………………… 288
　　　　三、热导检测器 …………………………………………………… 288
　　　　四、氢火焰离子化检测器 ………………………………………… 289
　§8　气相色谱定性与定量分析 …………………………………………… 291
　　　　一、气相色谱定性分析 …………………………………………… 291
　　　　二、气相色谱定量分析 …………………………………………… 293
　思考题 ……………………………………………………………………… 295
　习题 ………………………………………………………………………… 296

第十三章　分析化学中的分离方法

　§1　概述 …………………………………………………………………… 297
　　　　一、分离和预富集要达到的三个目的 …………………………… 297
　　　　二、回收率和富集倍数 …………………………………………… 297
　§2　沉淀与共沉淀分离法 ………………………………………………… 298
　　　　一、沉淀分离法 …………………………………………………… 298
　　　　二、共沉淀分离法 ………………………………………………… 304
　§3　溶剂萃取分离法 ……………………………………………………… 305
　　　　一、分配系数、分配比和萃取率 ………………………………… 306
　　　　二、萃取过程 ……………………………………………………… 309
　　　　三、萃取体系和萃取条件的选择 ………………………………… 310
　　　　四、萃取分离技术 ………………………………………………… 314
　§4　离子交换分离法 ……………………………………………………… 315
　　　　一、离子交换剂的类型、结构和性能 …………………………… 315
　　　　二、离子交换平衡 ………………………………………………… 317
　　　　三、离子交换分离的操作方法 …………………………………… 321
　　　　四、离子交换分离法的应用 ……………………………………… 323
　§5　吸附柱色谱法、纸色谱法和薄层色谱法 …………………………… 326
　　　　一、吸附柱色谱法 ………………………………………………… 326
　　　　二、纸色谱法 ……………………………………………………… 326
　　　　三、薄层色谱法 …………………………………………………… 330
　思考题 ……………………………………………………………………… 330
　习题 ………………………………………………………………………… 330

附录 ·· 331
  一、弱酸和弱碱在水中的离解常数 ·· 331
    1. 弱酸的离解常数 ·· 331
    2. 弱碱的离解常数 ·· 332
  二、配合物的稳定常数 ·· 332
  三、EDTA 配合物的稳定常数(25℃,I=0.1) ·· 335
  四、EDTA 的 $\lg\alpha_{Y(H)}$ 值 ·· 335
  五、常见金属离子的 $\lg\alpha_{M(OH)}$ 值 ·· 335
  六、标准电极电位(18—25℃) ·· 336
  七、条件电极电位(18—25℃) ·· 338
  八、难溶化合物的溶度积常数 ·· 339
  九、国际原子量表(1985 年) ·· 340
  十、分析化学中常用的物理量及法定单位 ·· 341
参考文献 ·· 344

第一章 绪 论

§1 分析化学的任务和作用

分析化学是化学学科的一个重要分支。它是获取物质化学组成和结构信息的科学。分析化学的任务包括：确定物质由哪些元素、离子、官能团或化合物所组成（定性分析）；测定有关组分的含量（定量分析）；确定物质的存在形态（氧化-还原态、配位态、结晶态等）和结构（化学结构、晶体结构、空间分布等）……等，以获得物质及其变化的全面信息。

分析化学不仅对化学各学科的发展起着重要的作用，而且在国民经济、国防建设、资源开发等方面都有广泛的应用。在化学领域里，只要涉及物质及其变化的研究，如有机合成、催化机理、溶液理论等，都需要由分析化学的结果加以确证。许多学科，如材料、环境、生命以及空间科学的研究中，分析技术都是不可缺少的手段。近年来出现的两项世界瞩目的尖端课题——高温超导材料及室温核聚变的研究，分析方法的可靠程度和灵敏度，已被公认为是深入探讨其理论基础和解决争端的关键之一。分析化学在工业生产中的重要性主要表现在原料分析、工艺流程的控制和产品质量的检验。产品质量的控制是企业在市场竞争中永保活力的基础。在农业方面，分析化学在水土成分的调查，化肥、农药及其残留物和农产品质量检验中占据重要地位。在以生物科学技术和生物工程为基础的"绿色革命"中，分析化学在细胞工程、基因工程、发酵工程和蛋白质工程的研究中发挥重要的作用。在国防建设中，分析化学在核武器的燃料、武器结构材料、航天材料及环境气氛的研究中都有着广泛的应用。在煤炭、石油、天然气以及矿藏的探测、开采和炼制过程中，更是离不开分析测试。所以人们常常把分析化学比喻为生产、科研中的"眼睛"，它在实现我国工业、农业、国防和科学技术现代化的进程中有着不可缺少的重要作用。

随着科学技术的发展，分析化学正处在变革之中，生命科学、环境科学、新材料科学发展的要求，生物学、信息科学、计算机技术的引入，使分析化学已发展成为获取物质尽可能全面的信息，进一步认识自然、改造自然的科学。快速跟踪、无损和在线监测等新的分析方法和技术应运而生。由于计算机科学和仪器自动化的飞速发展，分析化学工作者已不仅仅是分析数据的提供者，而正逐步成为生产和科研中实际问题的解决者。分析化学正处在一个新的发展阶段。

在高等理工科院校的有关专业中，分析化学与无机化学、有机化学和物理化学一起，构成四门重要的化学基础课。基础分析化学主要内容是定量化学分析。它是一门树立准确"量"的概念的课程，要求学生掌握定量分析的方法及有关理论；培养学生严谨、认真和实事求是的科学作风；学习定量进行化学实验的技能，提高分析和处理实际问题的能力，为后继课程的学习以及今后参加祖国社会主义建设、从事科学研究和生产工作打下良好的基础。

§2 定量分析方法

一、化学分析法

以物质的化学反应为基础的分析方法,主要有重量分析法和滴定分析法等。

(一)重量分析法

根据某一化学计量反应:

$$\underset{(\text{待测组分})}{X} + \underset{(\text{试剂})}{R} = \underset{(\text{反应产物})}{P}$$

从反应产物(P)的量来计算待测组分(X)的量。如果反应产物是沉淀,则称量沉淀的重量,从而计算待测组分的含量。

(二)滴定分析法(容量分析法)

根据某一化学计量反应:

$$\underset{(\text{待测组分})}{X} + \underset{(\text{试剂})}{R} = \underset{(\text{反应产物})}{P}$$

将一已知准确浓度的试剂(R)溶液滴加到待测溶液中,直到所加试剂恰好与待测组分按化学计量反应为止,根据试剂溶液的浓度和体积计算待测组分的含量。

重量分析法和滴定分析法适用于常量分析。重量分析法准确度高,常用它作标准分析法。有时用它来测定标准物质,或检验一种新的分析方法。但重量分析操作烦琐,耗时较长,目前较少采用。滴定分析法操作简便、快速,使用的仪器简单,测定结果的准确度也较高,因此,应用比较广泛。

二、仪器分析法

仪器分析法是以物质的物理性质或物理化学性质为基础的分析方法。因为这类分析方法需要专用的仪器,故称为仪器分析法。最重要的一类是利用物质的光学性质进行测定的,称为光学分析法。例如利用物质对光的选择性吸收的可见、紫外、红外分光光度法;利用物质接受能量使原子处于激发态并产生辐射和吸收特征光谱现象进行分析的原子发射光谱法和原子吸收光谱法等。另一类是利用溶液的电化学性质的分析方法如电重量分析法、电滴定分析法和极谱分析法等。还有利用不同物质在不同的两相中具有不同的分配系数,使不同的组分得到分离后再测定的色谱分析法(又称为层析法)。主要有液相色谱法和气相色谱法等。

计算机科学的迅速发展和微机的日益普及,使分析仪器的操作、控制,数据的采集、处理及信息加工日趋自动化和智能化。本世纪70年代后出现的化学与应用数学、统计学方法和计算机技术相结合而形成的前沿学科"化学计量学"的兴起和发展,更为分析工作者提供了强有力的工具,使他们可以最佳、最快的方式获取物质系统的有关组成、含量、形态和结构等全面信息,化学计量学给现代分析化学成为化学信息科学提供了坚实的基础。

仪器分析法的优点是快速、灵敏度高,操作比较简便,但一般不适用于常量组分的测定。有些仪器比较昂贵,影响了仪器分析的普遍推广。

由于仪器分析法的种种优点,发展较为迅速,化学分析法已较多地为仪器分析法所代替。但是,化学分析法在近代分析中仍是不可缺少的。对于大部分元素,只要组分的含量不是很小,化学分析法的准确度是其它分析方法所不及的。此外,化学分析法中除滴定分析法需要纯物质用于标定外,无需其它标准物质。而许多仪器分析法需要与试样组成相似的标准物质作校准之用,有时要合成标准或用化学分析法先分析标准;有时在用仪器分析法测定前,试样要经过化学处理,如试样的溶解,干扰物质的分离等,这些都是在化学分析法的基础上进行的,所以,化学分析法是仪器分析法的基础。

各种分析方法都各有其特点和局限性。实际工作中,应根据分析对象、分析项目、分析要求等选择分析方法。一般要考虑四个方面的要求:分析时间、准确度、灵敏性和选择性。分析任务不同,对分析要求的侧重点也不同。例如标准试样的分析准确度要求很高,分析时间可以不予考虑;仲裁分析是不同单位对分析结果有争议时,要求作出裁决,因此也要求准确度较高的分析方法;控制生产过程的分析首先要求快速,在规定时间内得到分析结果,对准确度的要求较低,例如炼钢过程的炉前分析,准确但是速度慢的分析结果对控制生产毫无意义;地质普查的分析,试样是大批量的,应采用简单、快速的分析方法,准确度的要求可以低一些;纯物质或超纯物质的分析,由于杂质含量甚微,应采用灵敏度高的仪器分析法;石油化工中的很多分析,由于待测物质复杂,所含组分较多,性质又极相近似,应采用选择性好、灵敏度高的分析方法,如色谱分析法等。

总之,在分析实践中,在不同条件和不同要求下,应选择不同的分析方法。一个复杂物质的分析常要用几种方法配合进行;有时同一种元素要用几种不同方法测定,进行比较。所以化学分析法和仪器分析法是互相配合、互相补充的。

§3 化学分析过程

试样的分析过程,一般包括下列几个环节。

1. 取样;
2. 试样的分解,即将待测物质转变为适合于测定的形式;
3. 测定;
4. 计算分析结果,并对测定结果作出评价。

一、取样

在实际工作中,要分析的对象往往是很大量的、很不均匀的(如矿物原料等以吨计),而分析时所取的试样量是很少的(一般不到1g)。这样少的试样的分析结果应能代表全部物料的平均组成,否则无论分析结果如何准确,也是毫无意义的。有时由于提供了无代表性的试样,对实际工作带来难以估计的后果。因此,在进行分析前,首先要保证所取试样具有代表性。

通常遇到的分析对象是多种多样的,有固体、液体和气体;有均匀的和不均匀的等等。对组成较为均匀的金属、化工产品、水样和液态和气态物质等取样比较简单;对一些颗粒大小不均匀,组成不均匀的物料,如矿石、煤炭、土壤等等,选取具有代表性的试样是一项既复杂又困难的工作。下面以采取煤样为例来说明取样的过程。

第一步是选择大量的"粗样"。采取粗样的量决定于颗粒的大小和颗粒的均匀性等。粗样是不均匀的,但应能代表整体的平均组成。如果煤是在传送带上移动着的,可以在一个固定的位置,隔一定时间,连续地取一定分量的试样;如果煤是堆放着的,应根据堆放的情况,从不同部位和不同深度各取一定分量的试样。

图 1-1 四分法
1——堆成锥形　2——稍压平,通过中心分为四等份
3——弃去相对的两份

粗样经破碎、过筛、混合和缩分后,制成分析试样。常用的缩分法为四分法,如图 1-1 所示。这样每经一次处理,试样就缩减了一半。然后再粉碎、过筛、混合和缩分,直到留下所需量为止。一般送化验室的试样为 100—300g。试样应贮存在具有磨口玻璃塞的广口瓶中,贴好标签,注明试样的名称、来源和采样日期等。

在试样粉碎过程中,应注意避免混入杂质,过筛时不能弃去未通过筛孔的粗颗粒试样,而应再磨细后使其通过筛孔,也就是说,过筛时全部试样都要通过筛孔,以保证所得试样能代表整个物料的平均组成。

试样送到化验室后,还需要进一步研磨、过筛、混合均匀,有时要进一步缩分。最后分析用的试样虽只有 1g 左右,但它的分析结果应能代表全部物料的平均组成。

一般情况下,应由有经验的工作人员取样和制备分析试样。在课程中分析的试样是已制备好的,学生很少遇到取样和制样这个问题,但是必须知道取样和制样的重要性和如何才能得到具有代表性的试样。

二、试样的分解

在一般分析工作中,先要将试样分解,制成溶液,而后测定。试样的分解是分析工作的重要步骤之一。在分解试样时应注意下列几点:(1) 试样分解必须完全;(2) 试样分解过程中,待测组分不应损失;(3) 不应引入待测组分和干扰物质;(4) 分解试样最好与分离干扰元素相结合。试样性质不同,分解方法也不同。常用的分解试样的方法有以下两类:

1. 用水、酸、碱等溶剂处理

用酸作溶剂,基于下列反应:

(1) H^+ 与弱酸的阴离子结合,例如

$$CaCO_3(s) + 2H^+ \rightleftharpoons Ca^{2+} + H_2O + CO_2\uparrow$$

(2) H^+ 的氧化作用,氧化比 H_2 更活泼的金属,例如

$$Zn(s) + 2H^+ \rightleftharpoons Zn^{2+} + H_2\uparrow$$

(3) 酸的阴离子的氧化作用,例如

$$3Cu(s) + 2NO_3^- + 8H^+ \rightleftharpoons 3Cu^{2+} + 2NO\uparrow + 4H_2O$$

$$3Ag_2S(s) + 2NO_3^- + 8H^+ \rightleftharpoons 6Ag^+ + 3S\downarrow + 2NO\uparrow + 4H_2O$$

(4) 酸的阴离子的还原作用,例如

$$MnO_2(s) + 4Cl^- + 4H^+ \rightleftharpoons MnCl_2 + Cl_2\uparrow + 2H_2O$$

(5) 酸的阴离子与溶解物质的阳离子形成稳定配离子,如

$$Fe^{3+} + nCl^- \longrightarrow FeCl_2^+, \cdots$$

$$Sn^{2+} + nCl^- \longrightarrow SnCl^+, \cdots$$

实际工作中常使用具有更强溶解能力的混合溶剂。HCl 和 HNO_3 混合得王水,由于 HNO_3 的氧化作用和 HCl 的配位能力,王水是一种溶解能力很强的溶剂。例如

$$HgS(s) + 2NO_3^- + 4Cl^- + 4H^+ \rightleftharpoons HgCl_4^{2-} + 2NO_2\uparrow + S\downarrow + 2H_2O$$

$$Pt(s) + 4NO_3^- + 6Cl^- + 8H^+ \rightleftharpoons PtCl_6^{2-} + 4NO_2\uparrow + 4H_2O$$

常用的混合酸还有 $H_2SO_4 + H_3PO_4$,$H_2SO_4 + HF$ 和 $H_2SO_4 + HNO_3$ 等。

用碱作溶剂,常用来溶解两性物质,如铝、锌及其合金,以及它们的氧化物、氢氧化物等。

2. 用适当的熔剂与试样在高温下熔融

根据熔剂的性质可分为碱熔法和酸熔法两种方法。

(1) 碱熔法 常用的碱性熔剂有 Na_2CO_3,K_2CO_3,$NaOH$,Na_2O_2 或它们的混合物。碱性熔剂用于分解酸性试样如硅酸盐、硫酸盐等。例如

$$Al_2O_3 \cdot 2SiO_2 \cdot 2H_2O + 3Na_2CO_3 \xrightarrow{熔融} 2NaAlO_2 + 2Na_2SiO_3 + 3CO_2 + 2H_2O$$
(粘土)

$$4MgO \cdot 3SiO_2 \cdot H_2O + 6NaOH \xrightarrow{熔融} 4Mg(OH)_2 + 3Na_2SiO_3$$
(滑石)

$$BaSO_4 + Na_2CO_3 \xrightarrow{熔融} BaCO_3 + Na_2SO_4$$
(重晶石)

Na_2O_2 是强氧化剂,以它作熔剂时,把一些元素氧化为高价,如 Cr(Ⅲ),Mn(Ⅱ) 可分别氧化为 Cr(Ⅵ),Mn(Ⅶ),从而增强了试样的分解作用,例如

$$2FeO \cdot Cr_2O_3 + 7Na_2O_2 \longrightarrow 2NaFeO_2 + 4Na_2CrO_4 + 2Na_2O$$
(铬铁矿)

(2) 酸熔法 常用的酸性熔剂有 $K_2S_2O_7$ 或 $KHSO_4$。$KHSO_4$ 加热脱水后,也生成 $K_2S_2O_7$,两者作用是一样的,它们用于分解碱性或中性试样,例如

$$2KHSO_4 \xrightarrow{\triangle} K_2S_2O_7 + H_2O\uparrow$$

$$TiO_2 + 2K_2S_2O_7 \xrightarrow[\triangle]{熔融} Ti(SO_4)_2 + 2K_2SO_4$$

其它如 Al_2O_3,Cr_2O_3,Fe_3O_4,ZrO_2 以及钛铁矿,中性和碱性耐火材料等都可用它来分解。

熔融法一般仅用于溶剂不能分解的物质。

用熔融法分解试样时,由于熔融是在高温下进行的,熔剂具有极大的化学活性。为了坩埚不受损坏以及避免熔融时坩埚材料混入试样,必须根据熔剂及试样的组成选择适宜材料的坩埚,现将各种材料坩埚及其使用性能列于表 1-1。

三、测定方法的选择和干扰的消除

在分析过程中,若试样组分比较简单,彼此间又不干扰测定,则试样制成溶液后,可选

表 1-1　各种材料坩埚的使用性能

熔剂名称	坩埚材料					
	铂	镍	铁	银	石英	瓷
无水碳酸钠(钾)	+	+	+	−	−	−
氢氧化钠(钾)	−	+	+	+	−	−
过氧化钠	−	+	+	+	−	−
焦硫酸钾	+	−	−	−	+	+
硫酸氢钾	+	−	−	−	+	+

"+"表示可以选用,"−"表示不能选用。

择适当的测定方法来测定待测组分的含量,但是,实际工作中试样组成往往比较复杂,测定时互相干扰,因此测定前必须考虑消除干扰的问题。

测定方法不同,干扰情况也不同。以测定某硅酸盐中 Fe_2O_3 的含量为例说明。硅酸盐的主要成分为 SiO_2,Fe_2O_3,Al_2O_3,CaO,MgO,TiO_2 等。从试样分解后分离 SiO_2 以后的溶液来考虑分析方案,溶液中含有 Al^{3+},Fe^{3+},Ti^{4+},Ca^{2+},Mg^{2+} 等离子,若用下列几种方法测定,由于测定方法不同,溶液中存在的其它离子对 Fe^{3+} 测定的干扰情况是不同的。

1. 用重量分析法测定

步骤如下:

$$Fe^{3+} \xrightarrow{NH_3+NH_4^+} Fe(OH)_3 \xrightarrow{灼烧} Fe_2O_3 \xrightarrow{称量}$$

根据 Fe_2O_3 称量结果计算试样中 Fe_2O_3 的含量。在这样的条件下,除 Fe^{3+} 以外,Al^{3+},Ti^{4+} 也都生成氢氧化物沉淀,干扰测定。

2. 用氧化还原滴定法测定

步骤如下:

$$Fe^{3+} \xrightarrow{还原} Fe^{2+} \xrightarrow[滴\ \ 定]{K_2Cr_2O_7 标准溶液}$$

根据所用的 $K_2Cr_2O_7$ 标准溶液的浓度和体积,计算试样中 Fe_2O_3 的含量。在这样的条件下,只有 Ti^{4+} 可能有干扰,因为

$$Ti^{4+} \xrightarrow{还原} Ti^{3+}$$

Ti^{3+} 也能被 $K_2Cr_2O_7$ 滴定,但是如果选择适当的还原剂,如 $SnCl_2$,$TiCl_3$ 等,它们只能将 Fe(Ⅲ)还原为 Fe(Ⅱ),不能使 Ti(Ⅳ)还原为 Ti(Ⅲ),Ti(Ⅳ)的存在也就不干扰测定了。

3. 用配位滴定法测定

在 pH=2—2.5 的条件下,以磺基水杨酸为指示剂,用 EDTA 标准溶液滴定到终点。从 EDTA 标准溶液的用量计算试样中 Fe_2O_3 的含量。在这样的条件下,其它离子都不干扰测定。

4. 用比色分析法测定

如果试样中 Fe_2O_3 的含量较低时,常用比色分析法测定。在 pH=8—11 的溶液中,Fe^{3+} 与磺基水杨酸生成黄色配合物,可进行比色测定,其它离子都不干扰。

分析方法很多,各种方法都有其特点和不足之处,不仅应根据分析要求、试样的组成、

待测组分的含量,还应考虑共存组分的干扰选择分析方法,同时还应考虑实验室的条件。分析工作者应能根据分析任务,最恰当地使用仪器,而不是片面地追求最新的仪器设备。

四、测定

用所选择的方法测定待测组分。

五、计算及数据处理

分析的最后一步是计算试样中待测组分的百分含量,同时应对分析结果进行评价,判断分析结果的可靠程度。

虽然分析过程大致归纳为上述四个环节,但并不是每个试样的分析都要有这些过程,在分析中应根据实际情况考虑。

第二章 滴定分析法概述

将已知准确浓度的试剂（称为滴定剂）溶液从滴定管滴加到一定量待测溶液中，直到所加试剂溶液与待测物质恰好按化学反应式所表示的化学计量关系反应时，滴定到达化学计量点。根据试剂溶液的用量，计算待测物质的含量。这里所用的已知准确浓度的溶液称为标准溶液，这一操作过程称为滴定，这类分析方法称为滴定分析法。

在化学计量点时，反应往往没有任何可觉察的外部特征，常借助指示剂的变色来确定，有时用适当的仪器检测待测溶液的电或光的性质。当指示剂的颜色发生突变或某些物理性质（如电位、电导或吸光度等）发生突变时终止滴定，此时滴定到达了滴定终点。由实验测得的滴定终点可以接近化学计量点，但它们之间总存在着很小的差别，由此引起的误差称为终点误差。

§1 滴定分析法的分类

根据常用的化学反应，滴定分析法分为四类。

（一）酸碱滴定法

以酸碱反应为基础的滴定分析法。一般酸、碱以及能和酸、碱直接或间接发生质子转移的物质可用酸碱滴定法测定。例如

$$H_3O^+ + OH^- \Longleftrightarrow 2H_2O$$
$$HA + OH^- \Longleftrightarrow A^- + H_2O$$
$$A^- + H_3O^+ \Longleftrightarrow HA + H_2O$$

酸碱滴定法所用的滴定剂是强酸（如 HCl, $HClO_4$, H_2SO_4 等）或强碱（如 $NaOH$, KOH 等）。用碱标准溶液可测定各种能给出质子的物质，如强酸、弱酸和两性物质等；用酸标准溶液可测定各种能接受质子的物质，如强碱、弱碱和两性物质等。

（二）配位滴定法

以配位反应为基础的滴定分析法。例如

$$Ag^+ + 2CN^- \Longleftrightarrow Ag(CN)_2^-$$

若用 $AgNO_3$ 标准溶液滴定 CN^-，到达化学计量点后，由于下式反应，溶液变浑，指示终点到达。

$$Ag^+(稍过量) + Ag(CN)_2^- \Longleftrightarrow 2AgCN\downarrow$$

又如用有机配位剂乙二胺四乙酸（EDTA，以 H_4Y 表示）作滴定剂，滴定金属离子。例如

$$Mg^{2+} + H_2Y^{2-} \Longleftrightarrow MgY^{2-} + 2H^+$$
$$Fe^{3+} + H_2Y^{2-} \Longleftrightarrow FeY^- + 2H^+$$

（三）沉淀滴定法

利用沉淀反应的滴定分析法。目前应用最广的是生成难溶银盐的反应,称为银量法。例如

$$Ag^+ + X^- = AgX \downarrow$$
$$Ag^+ + SCN^- = AgSCN \downarrow$$

用银量法可测定 Cl^-,Br^-,I^-,SCN^- 和 Ag^+ 等离子。

(四)氧化还原滴定法

以氧化还原反应为基础的滴定分析法。例如

$$MnO_4^- + 5Fe^{2+} + 8H^+ = Mn^{2+} + 5Fe^{3+} + 4H_2O$$
$$2S_2O_3^{2-} + I_2 = S_4O_6^{2-} + 2I^-$$

氧化还原滴定法应用广泛。通常选用强氧化剂(如 $Ce(SO_4)_2$,$KMnO_4$,$K_2Cr_2O_7$ 等)作滴定剂,测定如 Fe^{2+},Sn^{2+},$C_2O_4^{2-}$,As_2O_3;含有不饱和键的有机化合物;酚类和醛类等具有还原性物质的量。选用较强的还原剂(如 $(NH_4)_2Fe(SO_4)_2$,$Na_2S_2O_3$ 等)作滴定剂,测定如 MnO_4^-,$Cr_2O_7^{2-}$,Ce^{4+},Cl_2,Br_2,I_2,漂白粉等具有氧化性物质的量。还可用间接测定法测定本身没有变价性质的元素,如 Pb^{2+},Ba^{2+},Ca^{2+},K^+ 等。

§2 滴定分析法对反应的要求

适用于滴定分析法的反应,应具备以下几个条件:

(一)反应按一定的化学反应式进行,即反应具有确定的计量关系。待测物 A 与试剂 B 按下式反应:

$$aA + bB = cC + dD$$

表示 A 与 B 是按摩尔比 $a:b$ 的关系反应的,这是反应的计量关系。到达化学计量点时,

$$n_A : n_B = a : b \quad \text{或} \quad n_B = \frac{b}{a} n_A \tag{2-1}$$

式中 n_A(mol)是待测物质的量,n_B(mol)是滴定剂的量。

(二)反应必须定量地进行完全,通常要求达到 99.9% 以上。以下式滴定反应为例

$$\underset{\text{(待测物)}}{A} + \underset{\text{(滴定剂)}}{B} = \underset{\text{(生成物)}}{C}$$

则

$$\frac{[C]}{[A][B]} = K_t$$

反应的平衡常数 K_t 称为滴定常数,用它可以衡量反应的完全程度。若 99.9% 的反应物转变为生成物,反应可认为定量完全。设上式反应在滴定开始时,

$$[A] = [B] = c \text{ mol/L}, \quad [C] = 0$$

平衡时,反应达 99.9%,则

$$[A] = [B] = 0.001[C]$$

$$K_t = \frac{[C]}{[A][B]} = \frac{[C]}{(0.001[C])^2} = \frac{10^6}{[C]}$$

此时,$[C] \approx c$ mol/L,得

$$cK_t = 10^6 \tag{2-2}$$

表示 cK_t 值大于 10^6 时，反应达到 99.9% 以上，能定量地进行完全。

（三）反应速度要快。对于慢的反应应采取措施加快反应速度，如加热、增加反应物的浓度，加入催化剂等。

（四）有比较简便、可靠的方法确定终点。

§3 基准物质和标准溶液

一、基准物质

用来直接配制标准溶液或标定溶液浓度的物质称为基准物质。它应具备下列条件：

（一）物质的组成应与化学式相符。若含有结晶水，结晶水的含量也应与化学式严格相符。

（二）纯度高，杂质含量应低于滴定分析法所允许的误差限度，一般情况下试剂的纯度应在 99.9% 以上。

（三）稳定。例如不吸收空气中的水分和 CO_2，不分解，不被空气氧化等。

常用的基准物质有以下几类：

（一）酸碱滴定法中常用邻苯二甲酸氢钾（$KHC_8H_4O_4$），草酸（$H_2C_2O_4 \cdot 2H_2O$），碘酸氢钾（$KH(IO_3)_2$），Na_2CO_3 和硼砂（$Na_2B_4O_7 \cdot 10H_2O$）等。

（二）配位滴定法中常用 Cu，Zn，Pb 等纯金属，有时也采用 $CaCO_3$，MgO 等。

（三）沉淀滴定法应用最广的是银量法，它的基准物质是 NaCl 或 KCl。

（四）氧化还原滴定法中常用 $K_2Cr_2O_7$，As_2O_3，$Na_2C_2O_4$ 以及 Cu，Fe 等纯金属。

二、标准溶液的配制

标准溶液是具有准确浓度的溶液。配制方法有两种：

（一）直接法

准确称取一定量的基准物质，溶解后定量地转移至容量瓶中，冲稀到刻度，根据称取物质的量和容量瓶的体积计算该标准溶液的浓度。

（二）标定法

很多试剂不符合基准物质的条件，例如 NaOH 易吸收空气中的水分和 CO_2；一般市售的 HCl（恒沸点 HCl 除外）的含量不准确，且易挥发；$KMnO_4$，$Na_2S_2O_3$ 不纯，在空气中不稳定等。这类试剂的标准溶液要用标定法配制。

先称取一定量试剂配成接近所需浓度的溶液，然后用基准物质测定它的准确浓度。这种操作过程叫标定。有时也用另一种标准溶液标定，这种标准溶液称为二级标准。用二级标准标定溶液浓度的方法不及直接用基准物质标定的好。准确度要求高的分析，标准溶液多用基准物质标定，不用二级标准。

三、标准溶液浓度的表示方法

表示标准溶液浓度的方法有下列两种：

（一）物质的量浓度

简称浓度。物质 B 的浓度 c_B 是指单位体积溶液含溶质 B 的物质的量 n_B，即

$$c_B(\text{mol/L}) = \frac{n_B(\text{mol})}{V(\text{L})} \qquad (2\text{-}3)$$

或

$$c_B(\text{mmol/mL}) = \frac{n_B(\text{mmol})}{V(\text{mL})} \qquad (2\text{-}4)$$

式中 V 为溶液的体积。

物质的量 n 和质量 m 的关系为

$$n(\text{mol}) = \frac{m(\text{g})}{M(\text{g/mol})} \qquad (2\text{-}5)$$

式中 M 为物质的摩尔质量。

例 1 求 $1\text{L}\,c_{HCl}=0.2000\text{mol/L}$ 的溶液中 H^+ 的质量。

解 $m_{H^+} = nM = 0.2000\text{mol/L} \times 1\text{L} \times 1.008\text{g/mol} = 0.2002\text{g}$

例 2 称取 $H_2C_2O_4 \cdot 2H_2O$ 1.5802g，溶解后，定量转移到 250.0mL 容量瓶中，用水冲稀到刻度，求此标准溶液的浓度①。

解 溶液的浓度：

$$c = \frac{n}{V} = \frac{m/M}{V} = \frac{1.5802\text{ g}/126.01\text{ g/mol}}{250.0\text{ mL}/1000\text{ mL/L}} = 0.05015\text{ mol/L}$$

（二）滴定度

滴定度是指每毫升标准溶液相当的待测组分的质量（单位为克），以 $T_{待测物/滴定剂}$ 表示。例如测定 Fe 含量的 $K_2Cr_2O_7$ 标准溶液的滴定度 $T_{Fe/K_2Cr_2O_7} = 0.005580\text{g/mL}$，表示 1mL $K_2Cr_2O_7$ 标准溶液相当于 0.005580gFe。若测定某试样中 Fe 的含量时，用此标准溶液 22.50mL，则试样中 Fe 的含量为

$$0.005580\text{g/mL} \times 22.50\text{mL} = 0.1256\text{g}$$

在生产实际中，常需测定大批量试样中同一组分的含量，用滴定度表示标准溶液的浓度计算比较简便。

有时滴定度用每毫升标准溶液所含溶质的质量表示，例如 $T_{HCl} = 0.003645\text{g/mL}$，表示 1mL 溶液中含 HCl 0.003645g。这种浓度表示方法实际上应用很少。

§4 活度、活度系数和平衡常数

一、离子的活度和活度系数

在讨论溶液中的化学平衡时，以有关物质的浓度代入各平衡常数公式计算所得结果与实验结果往往有偏差，产生偏差的原因是推导各平衡常数公式时，假定溶液是理想溶液。在理想溶液中离子或分子的活度（离子或分子在化学反应中起作用的有效浓度）和浓

---

① 以往的教科书和杂志中，多采用当量浓度，根据当量定律计算。需要了解有关的计算，可参考以前的分析化学书籍。

度是相同的。但实际上大部分溶液是非理想的,特别是强电解质溶液,在离子或分子的活度和浓度之间存在着差别。A 的活度 a_A 和浓度[A]之间的关系如下式所示,

$$a_A = \gamma_A [A] \tag{2-6}$$

式中 γ_A 称为 A 的活度系数,在无限稀释的情况下(当所有溶质的浓度趋于零时)$\gamma_A \to 1$,$a_A \to [A]$;随着溶液浓度增大,$\gamma_A < 1$,$a_A < [A]$。

活度系数是衡量实际溶液和理想溶液之间偏差大小的尺度,它不仅与溶液中各种离子总浓度有关,也与离子电荷数有关。为了计算活度系数 γ,引进离子强度这个概念。离子强度 I 可用下式计算,

$$I = \frac{1}{2}(c_1 z_1^2 + c_2 z_2^2 + \cdots + c_i z_i^2) \tag{2-7}$$

式中 $c_1, c_2, \cdots, c_i, z_1, z_2, \cdots, z_i$ 分别为溶液中各种离子的浓度和所带电荷数。表 2-1 列出不同离子强度时各种相同价数离子的平均活度系数。

表 2-1　不同离子强度时各种相同价数离子的平均活度系数

活度系数＼离子价数	离子强度 I				
	0.001	0.005	0.01	0.05	0.1
一价离子	0.96	0.95	0.93	0.85	0.80
二价离子	0.86	0.74	0.65	0.56	0.46
三价离子	0.72	0.62	0.52	0.28	0.20
四价离子	0.54	0.43	0.32	0.11	0.06

严格地讲,表 2-1 列出的是稀溶液中离子强度和活度系数的关系。对于高浓度电解质溶液中离子活度系数的计算,目前还没有很好解决。

中性分子的活度系数常粗略地视为等于 1。

二、活度常数、浓度常数和混合常数

假如溶液中有下式反应:

$$A + B \rightleftharpoons C + D$$

根据化学平衡原理

$$K^0 = \frac{a_C a_D}{a_A a_B}$$

式中 K^0 称为活度常数,又称热力学常数,它与温度有关。

在分析化学中,处理溶液中化学平衡时,常用到的是各组分的浓度。若用浓度表示上述平衡关系,得到的是浓度常数 K^c(常简写为 K)

$$K^c = \frac{[C][D]}{[A][B]}$$

K^c 与 K^0 的关系是

$$K^c = \frac{[C][D]}{[A][B]} = \frac{a_C a_D}{a_A a_B} \times \frac{\gamma_A \gamma_B}{\gamma_C \gamma_D} = K^0 \frac{\gamma_A \gamma_B}{\gamma_C \gamma_D}$$

可见浓度常数不仅与温度有关,还与溶液中离子强度有关。只有当温度和离子强度一定时,浓度常数才是一常数。

实际工作中常涉及另一种平衡常数的表示方法。在平衡常数式中 H^+ 或 OH^- 用活度表示(由电位法直接测得 pH 值,即 $-\lg a_{H^+}$),其它组分用浓度表示,所得平衡常数称为混合常数 K^M。例如反应

$$HB \rightleftharpoons H^+ + B^-$$

$$K^M = \frac{(a_{H^+})[B^-]}{[HB]} = K^c/\gamma_{B^-}$$

在温度和离子强度一定时,K^M 是常数。

在酸碱平衡的处理中,一般忽略离子强度的影响,对活度常数和浓度常数不加区分。但当需要精确计算时,如标准缓冲溶液的 pH 值计算,则应考虑离子强度的影响。在配位平衡中,常用混合常数进行有关计算。

§5 滴定方式和滴定分析中的计算

滴定分析法中常用的滴定方式有下列四类。

(一)直接滴定法

如果滴定反应能满足滴定分析法对反应的要求,就可用直接滴定法测定。例如用 NaOH 标准溶液可滴定 HCl,HAc 等;用 $K_2Cr_2O_7$ 标准溶液可滴定 Fe^{2+} 等;用 EDTA 标准溶液可滴定 Ca^{2+},Mg^{2+},Zn^{2+} 等;以及用基准试剂标定溶液的浓度等。直接滴定法是最常用和最基本的滴定方式,简便,快速,引入的误差较少。

例 3 用基准试剂 Na_2CO_3 标定 HCl 溶液的浓度。准确称取 Na_2CO_3 0.1324g,溶于水后,以甲基橙作指示剂,用待测 HCl 溶液滴定。到达终点时用去 HCl 溶液 23.45mL,求 HCl 溶液的浓度。

解 滴定反应为

$$2HCl + Na_2CO_3 \rightleftharpoons 2NaCl + H_2CO_3$$

则

$$n_{HCl} = 2n_{Na_2CO_3}$$

$$c_{HCl}V_{HCl} = \frac{2m_{Na_2CO_3}}{M_{Na_2CO_3}}$$

$$c_{HCl} = \frac{2 \times 0.1324g \times 1000mL/L}{106.0g/mol \times 23.45mL} = 0.1065 mol/L$$

例 4 0.1680g $H_2C_2O_4 \cdot 2H_2O$ 恰好与 24.65mL 浓度为 0.1045mol/L 的 NaOH 标准溶液反应,求 $H_2C_2O_4 \cdot 2H_2O$ 的纯度。

解 滴定反应为

$$H_2C_2O_4 + 2NaOH \rightleftharpoons Na_2C_2O_4 + 2H_2O$$

$$n_{H_2C_2O_4 \cdot 2H_2O} = \frac{1}{2} n_{NaOH}$$

$$\frac{m_{H_2C_2O_4 \cdot 2H_2O}}{M_{H_2C_2O_4 \cdot 2H_2O}} = \frac{1}{2} c_{NaOH} V_{NaOH}/1000$$

$H_2C_2O_4 \cdot 2H_2O$ 的纯度为

$$H_2C_2O_4 \cdot 2H_2O\% = \frac{m_{H_2C_2O_4 \cdot 2H_2O}}{W_{样}} \times 100\%$$

$$= \frac{\frac{1}{2}c_{NaOH}V_{NaOH}M_{H_2C_2O_4 \cdot 2H_2O}}{W_{样} \times 1000} \times 100\%$$

$$= \frac{0.1045 \text{mol/L} \times 24.65 \text{mL} \times 126.1 \text{g/mol}}{2 \times 0.1680 \text{g} \times 1000 \text{mL/L}} \times 100\%$$

$$= 96.67\%$$

(二) 返滴定法 (回滴法)

当待测物质与滴定剂的反应不符合要求时，有时可采用返滴定法。在待测物质中加入一定量且过量的滴定剂，待反应完成后，用另一种标准溶液滴定剩余的滴定剂。例如 Al^{3+} 与 EDTA 反应速度很慢，不能直接滴定。在 Al^{3+} 的试液中加入一定量且过量的 EDTA 标准溶液，加热促使反应完全，待溶液冷却后，用 Zn^{2+} 标准溶液滴定剩余的 EDTA。

采用返滴定法有时是由于没有合适的指示剂。如在酸性溶液中用 Ag^+ 滴定 Cl^- 时，没有合适的指示剂，为此在 Cl^- 试液中加入一定量且过量的 $AgNO_3$ 标准溶液，待 Cl^- 沉淀完全后，用 Fe^{3+} 作指示剂，用 NH_4SCN 标准溶液滴定剩余的 Ag^+，当出现 $Fe(SCN)^{2+}$ 的淡红色时，即为终点。

例 5 测定某试样中 Al^{3+} 的含量。称取试样 $W_{样}$(g)，溶解后，加入浓度为 c_{EDTA}(mol/L) 的 EDTA 标准溶液 V_{EDTA}(mL)。调节 pH=3.5，加热至沸。待 Al^{3+} 定量配位后，调节 pH=5—6，以浓度为 c_{Zn}(mol/L) 的 Zn^{2+} 标准溶液滴定剩余的 EDTA，消耗 Zn^{2+} 溶液 V_{Zn}(mL)，推导试样中 Al 百分含量的计算公式。

解 滴定反应为

$$Al^{3+} + H_2Y^{2-} \Longrightarrow AlY^- + 2H^+$$

$$Zn^{2+} + H_2Y^{2-} \Longrightarrow ZnY^{2-} + 2H^+$$

$$n_{Al} = n_{EDTA} - n_{Zn} = c_{EDTA}V_{EDTA} - c_{Zn}V_{Zn}$$

$$Al\% = \frac{m_{Al}}{W_{样}} \times 100\%$$

$$= \frac{(c_{EDTA}V_{EDTA} - c_{Zn}V_{Zn})M_{Al}}{W_{样} \times 1000} \times 100\%$$

(三) 置换滴定法

有时待测物和滴定剂不直接发生反应或不按一定的化学计量关系反应，或伴有副反应等，不能用直接滴定法测定，在这些情况下可采用置换滴定法。先用适当试剂与待测物质反应，使它定量地置换出另一物质，再用适当的滴定剂滴定置换出来的物质。例如用 $K_2Cr_2O_7$ 基准物质标定 $Na_2S_2O_3$ 溶液。因 $K_2Cr_2O_7$ 不仅将 $Na_2S_2O_3$ 氧化为 $S_4O_6^{2-}$，还部分氧化为 SO_4^{2-}，没有一定的化学计量关系，但是若在酸性 $K_2Cr_2O_7$ 溶液中，加入过量 KI，$K_2Cr_2O_7$ 定量地与 KI 反应，置换出 I_2，再用待标定的 $Na_2S_2O_3$ 溶液滴定析出的 I_2，这个反应的计量关系很好。

例 6 将 $W_{K_2Cr_2O_7}$(g) 基准物质溶于水后，加入酸及过量 KI，在暗处放置 5min，待充分反应后，稀释并以淀粉作指示剂，用 $Na_2S_2O_3$ 溶液滴定，用去该溶液 $V_{Na_2S_2O_3}$(mL)，推导

$Na_2S_2O_3$ 溶液的浓度 $c_{Na_2S_2O_3}$ 的计算公式。

解 反应式如下：
$$Cr_2O_7^{2-}+6I^-+14H^+ == 2Cr^{3+}+3I_2+7H_2O$$
$$I_2+2S_2O_3^{2-} == 2I^-+S_4O_6^{2-}$$

反应时各物质间的计量关系为
$$Cr_2O_7^{2-} \backsim 3I_2 \backsim 6S_2O_3^{2-}$$

即 $Cr_2O_7^{2-}$ 与 $S_2O_3^{2-}$ 之间的摩尔比为 1∶6，

$$n_{K_2Cr_2O_7}=\frac{1}{6}n_{Na_2S_2O_3}$$

$$\frac{W_{K_2Cr_2O_7}}{M_{K_2Cr_2O_7}}\times 1000=\frac{1}{6}c_{Na_2S_2O_3}V_{Na_2S_2O_3}$$

$$c_{Na_2S_2O_3}=\frac{6W_{K_2Cr_2O_7}\times 1000}{M_{K_2Cr_2O_7}V_{Na_2S_2O_3}}(mol/L)$$

（四）间接滴定法

待测物质不能与滴定剂直接反应，可以利用其它化学反应间接测定。

例 7 用下列方法测定某试样中 P 的含量，推导试样中 P 含量的计算公式。

称取试样 $W_样$(g)溶于 HNO_3 中，将 P 氧化为 PO_4^{3-} 后，加入 $(NH_4)_2MoO_4$ 与 PO_4^{3-} 反应，生成黄色磷钼酸铵沉淀

$$PO_4^{3-}+12MoO_4^{2+}+2NH_4^++25H^+ == (NH_4)_2H[PMo_{12}O_{40}]\cdot H_2O\downarrow+11H_2O$$

沉淀经过滤、洗涤后，溶于一定量且过量的 NaOH 标准溶液(浓度为 c_{NaOH}，体积为 V_{NaOH})中，

$$(NH_4)_2H[PMo_{12}O_{40}]\cdot H_2O+27OH^- == PO_4^{3-}+12MoO_4^{2-}+2NH_3+16H_2O$$

然后用浓度为 c_{HNO_3} 的 HNO_3 标准溶液回滴至酚酞退色，终点 pH=8，消耗 HNO_3 溶液的体积为 V_{HNO_3}(mL)，此时发生下列反应：

$$OH^-(过量)+H^+ == H_2O$$
$$PO_4^{3-}+H^+ == HPO_4^{2-}$$
$$NH_3+H^+ == NH_4^+$$

从上列反应看到，溶解 1mol $(NH_4)_2H[PMo_{12}O_{40}]\cdot H_2O$ 沉淀需要 27mol NaOH，用 HNO_3 回滴至 pH=8 时，不仅剩余的 NaOH 被滴定，而且 PO_4^{3-} 被滴定到 HPO_4^{2-}，NH_3 被滴定到 NH_4^+，因此，实际上 1mol $(NH_4)_2H[PMo_{12}O_{40}]\cdot H_2O$ 沉淀净消耗 24mol NaOH。反应中各物质间的计量关系为

$$P \backsim PO_4^{3-} \backsim (NH_4)_2H[PMo_{12}O_{40}]\cdot H_2O \backsim 24NaOH$$

即
$$n_P=\frac{1}{24}n_{NaOH}=\frac{1}{24}(c_{NaOH}V_{NaOH}-c_{HNO_3}V_{HNO_3})/1000$$

$$P\%=\frac{m_P}{W_样}\times 100\%$$
$$=\frac{(c_{NaOH}V_{NaOH}-c_{HNO_3}V_{HNO_3})\times M_P}{24W_样\times 1000}\times 100\%$$

例 8 用下列方法测定试样中 Ba^{2+} 的含量，推导试样中 Ba^{2+} 百分含量的计算公式。

将试样 $W_{样}$(g)溶解后,加 $NH_3\text{-}H_2O$ 至有氨味,加热到 70℃,加入 $K_2Cr_2O_7$ 溶液,

$$2Ba^{2+} + Cr_2O_7^{2-} + H_2O = 2BaCrO_4\downarrow + 2H^+$$

沉淀经过滤、洗涤后,溶于酸,用浓度为 $c_{Fe^{2+}}$ 的 Fe^{2+} 标准溶液滴定,消耗 $V_{Fe^{2+}}$(mL)。反应如下:

$$2BaCrO_4 + 2H^+ = 2Ba^{2+} + Cr_2O_7^{2-} + H_2O$$

$$Cr_2O_7^{2-} + 6Fe^{2+} + 14H^+ = 2Cr^{3+} + 6Fe^{3+} + 7H_2O$$

解 反应中各物质间的计量关系为

$$Ba^{2+} \hookrightarrow BaCrO_4 \hookrightarrow \frac{1}{2}Cr_2O_7^{2-} \hookrightarrow 3Fe^{3+}$$

即

$$n_{Ba^{2+}} = \frac{1}{3}n_{Fe^{2+}} = \frac{1}{3}c_{Fe^{2+}}V_{Fe^{2+}}/1000$$

$$Ba^{2+}\% = \frac{m_{Ba^{2+}}}{W_{样}} \times 100\%$$

$$= \frac{c_{Fe^{2+}}V_{Fe^{2+}}M_{Ba^{2+}}}{3W_{样} \times 1000} \times 100\%$$

有时也可将 $BaCrO_4$ 溶于酸后,加入过量 Fe^{2+} 标准溶液,再用 $KMnO_4$ 标准溶液或 $K_2Cr_2O_7$ 标准溶液回滴剩余的 Fe^{2+}。

思 考 题

1. 为什么用于滴定分析的化学反应必须有确定的计量关系?什么是"化学计量点"?什么是"滴定终点"?它们之间有什么关系?

2. 什么是基准物质?作为基准物质应具备哪些条件?

3. 若基准物 $H_2C_2O_4 \cdot 2H_2O$ 保存不当,部分风化,用它来标定 NaOH 溶液的浓度时,结果偏高还是偏低?为什么?

4. 已标定的 NaOH 溶液,放置较长时间后,浓度是否有变化?为什么?

5. 什么是滴定度?滴定度和物质的量浓度如何换算?以 HCl 滴定 Na_2CO_3 为例,推导滴定度和物质的量浓度的换算公式。反应为

$$2HCl + Na_2CO_3 = 2NaCl + H_2CO_3$$
$$\downarrow H_2O + CO_2$$

6. 滴定分析对滴定反应有哪些要求?如果不能满足要求,应怎么办?

习 题

1. 已知浓 HCl 的相对密度为 $1.19g/cm^3$,其中含 HCl 约 37%,求其浓度。如欲配制 1L 浓度为 0.1mol/L 的 HCl 溶液,应取这种浓 HCl 溶液多少毫升? 答:12.1mol/L,8.3mL

2. 计算下列溶液的浓度。

(1) 2.497g $CuSO_4 \cdot 5H_2O$ 配成 250ml 溶液;

(2) 4.670g $K_2Cr_2O_7$ 配成 250mL 溶液;

(3) 3.16g $KMnO_4$ 配成 2L 溶液。 答:(1) 0.04000mol/L;(2) 0.06349mol/L;(3) 0.0100mol/L

3. 计算下列溶液的滴定度,以 g/mL 表示。

(1) 0.02000mol/L $K_2Cr_2O_7$ 溶液测定 Fe^{2+},Fe_2O_3,求 $T_{Fe^{2+}/K_2Cr_2O_7}$,$T_{Fe_2O_3/K_2Cr_2O_7}$;

(2) 0.2000mol/L HCl 溶液测定 Ca(OH)$_2$,NaOH,求 $T_{Ca(OH)_2/HCl}$,$T_{NaOH/HCl}$。

答：(1) 0.006702g/mL,0.009582g/mL；(2) 0.007410g/mL,0.008000g/mL

4. 配制浓度为 2mol/L 的下列溶液各 500mL,应各取其浓溶液多少毫升？
(1) 浓 H$_2$SO$_4$(相对密度 1.84g/cm^3,含 H$_2$SO$_4$ 96%)；
(2) 冰 HAc(相对密度 1.05g/cm^3,含 HAc 100%)；
(3) 氨水(相对密度 0.89g/cm^3,含 NH$_3$ 29%)。　　答：(1) 55.5mL,(2) 57.2mL,(3) 66.0mL

5. 滴定 21.40mL Ba(OH)$_2$ 溶液需要 0.1266mol/L HCl 溶液 20.00mL。再以此 Ba(OH)$_2$ 溶液滴定 25.00mL 未知浓度 HAc 溶液,消耗 Ba(OH)$_2$ 溶液 22.55mL,求 HAc 溶液的浓度。　　答：0.1067mol/L

6. 今有 KHC$_2$O$_4$·H$_2$C$_2$O$_4$·2H$_2$O 溶液,用 0.1000mol/L NaOH 标准溶液标定,25.00 mL 溶液用去 NaOH 溶液 20.00mL。再以此 KHC$_2$O$_4$·H$_2$C$_2$O$_4$·2H$_2$O 溶液在酸性介质中标定 KMnO$_4$ 溶液, 25.00mL 溶液用去 KMnO$_4$ 溶液 30.00mL,求 KMnO$_4$ 溶液的浓度。　　答：0.01778mol/L

7. 用 KH(IO$_3$)$_2$ 标定 Na$_2$S$_2$O$_3$ 溶液的浓度。称取 KH(IO$_3$)$_2$ 0.8000g,用水溶解后,移入 250.0mL 容量瓶中,冲稀至刻度。移取此溶液 25.00mL,加入稀 H$_2$SO$_4$ 和过量 KI,用 Na$_2$S$_2$O$_3$ 溶液滴定所析出的 I$_2$,用去 Na$_2$S$_2$O$_3$ 溶液 23.58mL,求 Na$_2$S$_2$O$_3$ 溶液的浓度。　　答：0.1044mol/L

8. 1.000g CaCO$_3$ 中加入 0.5100mol/L HCl 溶液 50.00mL,再用 0.4900mol/L NaOH 溶液回滴过量的 HCl,消耗 NaOH 溶液 25.00mL,求 CaCO$_3$ 的纯度。　　答：66.31%

9. 用 KMnO$_4$ 测定石灰石中 CaCO$_3$ 含量,将试样 $W_{样}$(g)溶于 HCl 中,在氨性溶液中将 Ca^{2+} 沉淀为 CaC$_2$O$_4$。沉淀经过滤、洗涤后,用 H$_2$SO$_4$ 溶解。再用 KMnO$_4$ 标准溶液(浓度为 c_{KMnO_4})滴定,用去 KMnO$_4$ 溶液 V_{KMnO_4}mL。推导试样中 CaCO$_3$ 百分含量的计算公式。

10. 用 EDTA 标准溶液测定某试样中 MgO 含量。已知 EDTA 溶液的浓度 $T_{CaO/EDTA}$=0.001122 g/mL。称取试样 0.1000g,溶解后,用 EDTA 标准溶液滴定,用去溶液 23.45mL,求试样中 MgO 的百分含量。　　答：18.91%

第三章 酸碱滴定法

酸碱滴定法所涉及的反应是酸碱反应。酸碱反应的特点是：(1) 反应速度快；(2) 反应过程简单，副反应少；(3) 可以从酸碱平衡关系估计反应进行的程度；(4) 滴定过程中溶液的[H^+]发生改变，有多种指示剂可供选择指示化学计量点的到达。这些特点都符合滴定分析法对反应的要求，因此，酸碱滴定法是应用广泛的一种分析方法。

酸碱滴定法应用于实际工作需考虑如下几点：
(1) 待测物质能否用酸碱滴定法测定；
(2) 滴定过程中溶液 pH 值是怎样变化的，特别是化学计量点附近 pH 值的变化；
(3) 如何选择指示剂指示化学计量点的到达；
(4) 终点误差有多大？

本章将从讨论溶液 H^+ 浓度的计算方法入手，从理论上揭示酸碱滴定过程中 H^+ 浓度的变化规律。这种规律的讨论将有助于学习其它各类滴定分析法。从这一角度来讲，学习酸碱滴定法是学习滴定分析法的入门。

§1 酸 碱 反 应

按布朗斯台德的酸碱定义，凡能给出质子(H^+)的物质是酸，凡能接受质子的物质是碱。若以 HB 表示酸，B 表示碱(为了简化，常不标出离子电荷)，则

$$HB \rightleftharpoons H^+ + B$$

这一对互相依存的酸和碱(HB 和 B)称为共轭酸碱对，HB 是 B 的共轭酸，B 是 HB 的共轭碱。这种得失质子的反应称为酸碱半反应。

下面是一些酸及其共轭碱的半反应：

$$酸 \rightleftharpoons 质子 + 碱$$
$$HCl \longrightarrow H^+ + Cl^-$$
$$H_2CO_3 \rightleftharpoons H^+ + HCO_3^-$$
$$HCO_3^- \rightleftharpoons H^+ + CO_3^{2-}$$
$$NH_4^+ \rightleftharpoons H^+ + NH_3$$
$$^+H_3N-CH_2-CH_2-NH_3^+ \rightleftharpoons H^+ + {}^+H_3N-CH_2-CH_2-NH_2$$

可见，酸或碱可以是中性分子，也可以是阴离子或阳离子。酸比它的共轭碱多一个质子。质子的半径特别小，电荷密度高，游离质子在水中很难单独存在，或者说只能瞬时出现，因此，共轭酸碱对的半反应只是从概念出发，实际上不能在溶液中单独存在。

从上述酸碱半反应中还可以看到，HCO_3^- 给出质子形成碱 CO_3^{2-}，表现为酸；又能接受质子形成酸 H_2CO_3，表现为碱。这类物质称为两性物质。$H_2PO_4^-$，HPO_4^{2-}，$Al(H_2O)_6^{3+}$，H_2O，H_2N-CH_2-COOH 等都是两性物质。

酸碱反应实质上是质子转移的反应。一个酸碱半反应的发生必须同时伴随着另一个酸碱半反应。也就是说,酸碱反应是两个酸碱半反应结合而成的。

下面是一些常见酸碱反应的例子。

(1)
$$HAc(酸_1) \rightleftharpoons H^+ + Ac^-(碱_1)$$
$$H^+ + H_2O(碱_2) \rightleftharpoons H_3O^+(酸_2)$$
_____
$$HAc + H_2O \rightleftharpoons H_3O^+ + Ac^-$$
$$酸_1 + 碱_2 \rightleftharpoons 酸_2 + 碱_1$$

作为溶剂的水,在这里起了碱的作用,通过酸碱反应,酸(HAc)转化为它的共轭碱(Ac^-),碱(H_2O)转化为它的共轭酸(H_3O^+)。

通常将 H_3O^+ 简写为 H^+,上式反应简化为
$$HAc \rightleftharpoons H^+ + Ac^-$$
注意,这一简化式代表的是一个完整的酸碱反应。

(2)
$$NH_3(碱_1) + H^+ \rightleftharpoons NH_4^+(酸_1)$$
$$H_2O(酸_2) \rightleftharpoons H^+ + OH^-(碱_2)$$
_____
$$NH_3 + H_2O \rightleftharpoons NH_4^+ + OH^-$$
$$碱_1 + 酸_2 \rightleftharpoons 酸_1 + 碱_2$$

这里溶剂水起了酸的作用,它提供一个质子,使碱(NH_3)转化为它的共轭酸(NH_4^+)。

(3) $\quad H_3O^+ + OH^- \rightleftharpoons H_2O + H_2O$

(4) $\quad HAc + OH^- \rightleftharpoons Ac^- + H_2O$

(5) $\quad H_2O + H_2O \rightleftharpoons H_3O^+ + OH^-$

(6) $\quad H_2O + Ac^- \rightleftharpoons HAc + OH^-$

(7) $\quad NH_4^+ + H_2O \rightleftharpoons H_3O^+ + NH_3$

$\qquad 酸_1 + 碱_2 \rightleftharpoons 酸_2 + 碱_1$

按照电离理论,上述反应中,(1),(2)是弱酸、弱碱的离解;(3),(4)是中和反应;(5)是水的离解;(6),(7)是盐的水解。实质上它们都是酸碱反应,即都是在水溶液中的质子转移反应。

§2 水溶液中酸、碱的强度

一、pX 值

分析化学中常会遇到数字很小的数值(X),如溶液中离子的平衡浓度,反应的平衡常数等,为了简便起见,常用 pX 值表示,它的定义为

$$pX = -\lg X \tag{3-1}$$

即
$$X = 10^{-pX} \tag{3-2}$$

例如
$$pH = -\lg[H^+]/mol \cdot L^{-1} \quad (X 是 [H^+])$$
$$pOH = -\lg[OH^-]/mol \cdot L^{-1} \quad (X 是 [OH^-])$$
$$pCu = -\lg[Cu^{2+}]/mol \cdot L^{-1} \quad (X 是 [Cu^{2+}])$$
$$pK_a = -\lg K_a \quad (X 是 K_a)$$
$$pK_w = -\lg K_w \quad (X 是 K_w)$$

X 小于 1 时，pX 是正，用这种表示方法比较简便，X 大于 1 时，如配合物的稳定常数 $K_稳$ 值，pX 为负，此时就不用 pX 值，而用 $\lg X$ 值，如 $\lg K_稳$ 值。

二、酸碱反应的平衡常数

酸碱反应进行的程度可用反应的平衡常数来衡量。弱酸 HB 在水溶液中的离解反应：
$$HB + H_2O \rightleftharpoons H_3O^+ + B$$

反应的平衡常数
$$K_a = \frac{a_{H_3O^+} a_B}{a_{HB}} \tag{3-3}$$

在稀溶液中溶剂水的活度为 1，不出现在 K_a 式中。平衡常数 K_a 称为酸的离解常数。K_a 越大，该酸的酸性越强。K_a 值仅随温度变化。

弱碱 B 在水溶液中的离解反应：
$$B + H_2O \rightleftharpoons HB + OH^-$$

反应的平衡常数
$$K_b = \frac{a_{HB} a_{OH^-}}{a_B} \tag{3-4}$$

K_b 称为碱的离解常数，K_b 越大，该碱的碱性越强。

水的质子自递反应：
$$H_2O + H_2O \rightleftharpoons H_3O^+ + OH^-$$

反应的平衡常数
$$K_w = a_{H_3O^+} a_{OH^-} = 1.00 \times 10^{-14} \quad (25℃) \tag{3-5}$$

K_w 称为水的质子自递常数，或称水的活度积。

从酸、碱离解常数和水的质子自递常数可以导出其它酸碱反应的平衡常数。

分析化学中经常涉及在很稀的溶液中进行反应。在这种情况下，把离子的活度系数近似地当作"1"，即以浓度代替活度计算，引进的误差极小。用各平衡浓度代替活度 a，式(3-3)可写为
$$K_a = \frac{[H^+][B]}{[HB]} \tag{3-6}$$

三、共轭酸碱对的 K_a 和 K_b 的关系

共轭酸碱对 HB-B 的 K_a 和 K_b 之间的关系可以由式(3-3)，(3-4)和(3-5)导出：

$$K_a K_b = \frac{a_{H_3O^+} a_B}{a_{HB}} \cdot \frac{a_{HB} a_{OH^-}}{a_B} = a_{H_3O^+} a_{OH^-} = K_w \tag{3-7}$$

或
$$pK_a + pK_b = pK_w \tag{3-8}$$

从式(3-7), K_a 和 K_b 只要知道其中之一,就可导出另一个。因此,可以统一地用 pK_a 值来表示酸或碱的强度。近年来在化学书籍和文献中常常只给出酸的 pK_a 值。

例1 查得 NH_4^+ 的 pK_a 值为 9.25,求 NH_3 的 pK_b 值。

解 NH_4^+-NH_3 为共轭酸碱对,故
$$pK_b = 14 - pK_a = 14 - 9.25 = 4.75$$

四、酸和碱的强度

在水溶液中,酸的强度取决于它将质子给予水分子的能力;碱的强度取决于它从水分子中夺取质子的能力。可以根据酸或碱的离解常数的大小,判断它们的强弱,例如

$$HAc + H_2O \rightleftharpoons H_3O^+ + Ac^- \qquad K_a = 1.76 \times 10^{-5}$$
$$NH_4^+ + H_2O \rightleftharpoons H_3O^+ + NH_3 \qquad K_a = 5.59 \times 10^{-10}$$
$$HS^- + H_2O \rightleftharpoons H_3O^+ + S^{2-} \qquad K_{a_2} = 1.1 \times 10^{-12}$$

这三种酸的强弱顺序为 $HAc > NH_4^+ > HS^-$,它们的共轭碱和水的反应为

$$Ac^- + H_2O \rightleftharpoons HAc + OH^- \qquad K_b = 5.68 \times 10^{-10}$$
$$NH_3 + H_2O \rightleftharpoons NH_4^+ + OH^- \qquad K_b = 1.79 \times 10^{-5}$$
$$S^{2-} + H_2O \rightleftharpoons HS^- + OH^- \qquad K_{b_1} = 9.1 \times 10^{-3}$$

这三种碱的强弱顺序为 $Ac^- < NH_3 < S^{2-}$。因此,如果酸的酸性越强,则它的共轭碱的碱性便越弱。

各种强酸如 $HClO_4$,H_2SO_4,HCl 和 HNO_3 都是比 H_3O^+ 更强的酸。它们的强度有差别,K_a 值是不同的。实验证明,它们的强度顺序为

$$HClO_4 > H_2SO_4 > HCl > HNO_3$$

但是,在水溶液中,由于这些强酸给出质子的能力都很强,溶剂水接受质子转化为 H_3O^+,例如

$$HClO_4 + H_2O \longrightarrow H_3O^+ + ClO_4^- \qquad (K_a \gg 1)$$

如果酸的浓度不是太大,它们将定量地与水反应转化为 H_3O^+,并都以 H_3O^+ 的形式表现出相同的酸性,所以它们的酸性没有差别。在水溶液中 H_3O^+ 是实际上能存在的最强的酸的形式。上列酸的共轭碱 ClO_4^-,HSO_4^-,Cl^-,NO_3^-,几乎没有从 H_3O^+ 夺取质子的能力,它们都是极弱的碱。

同样,在水溶液中 OH^- 是实际上能够存在的最强的碱的形式。任何一种比 OH^- 更强的碱,如果它的浓度不是太大,将定量地与水反应转化为 OH^-,并以 OH^- 显示它的碱性。例如在 Na_2O 溶于水中,

$$O^{2-} + H_2O \longrightarrow OH^- + OH^- \qquad (K_b \gg 1)$$

多元酸在水中逐级离解,溶液中存在多个共轭酸碱对,例如 H_3PO_4 在水中分三级离解:

$$H_3PO_4+H_2O \rightleftharpoons H_3O^++H_2PO_4^- \qquad (K_{a_1}=7.5\times10^{-3})$$

$$H_2PO_4^-+H_2O \rightleftharpoons H_3O^++HPO_4^{2-} \qquad (K_{a_2}=6.3\times10^{-8})$$

$$HPO_4^{2-}+H_2O \rightleftharpoons H_3O+PO_4^{3-} \qquad (K_{a_3}=4.4\times10^{-13})$$

由 K_a 值可知,酸的强度次序为 $H_3PO_4 > H_2PO_4^- > HPO_4^{2-}$。各级共轭碱在水中的离解反应如下:

$$PO_4^{3-}+H_2O \rightleftharpoons HPO_4^{2-}+OH^- \qquad \left(K_{b_1}=\frac{K_w}{K_{a_3}}=2.3\times10^{-2}\right)$$

$$HPO_4^{2-}+H_2O \rightleftharpoons H_2PO_4^-+OH^- \qquad \left(K_{b_2}=\frac{K_w}{K_{a_2}}=1.6\times10^{-7}\right)$$

$$H_2PO_4^-+H_2O \rightleftharpoons H_3PO_4+OH^- \qquad \left(K_{b_3}=\frac{K_w}{K_{a_1}}=1.3\times10^{-12}\right)$$

碱的强度顺序为 $PO_4^{3-} > HPO_4^{2-} > H_2PO_4^-$。请务必注意酸碱的对应关系:

$$PO_4^{3-}\text{-}HPO_4^{2-} \qquad K_{b_1}\cdot K_{a_3}=K_w$$

$$HPO_4^{2-}\text{-}H_2PO_4^- \qquad K_{b_2}\cdot K_{a_2}=K_w$$

$$H_2PO_4^-\text{-}H_3PO_4 \qquad K_{b_3}\cdot K_{a_1}=K_w$$

即最强的碱 PO_4^{3-}(K_{b_1}最大)对应的共轭酸 HPO_4^{2-} 最弱(K_{a_3}最小);最弱的碱 $H_2PO_4^-$(K_{b_3}最小)对应的共轭酸 H_3PO_4 最强(K_{a_1}最大)。

例2 计算 $HC_2O_4^-$ 的 K_b 值。

解 $HC_2O_4^-$ 是两性物质,作为碱时

$$HC_2O_4^-+H_2O \rightleftharpoons H_2C_2O_4+OH^-$$

$$K_{b_2}=\frac{[H_2C_2O_4][OH^-]}{[HC_2O_4^-]}=\frac{K_w}{K_{a_1}}=\frac{1\times10^{-14}}{5.9\times10^{-2}}=1.7\times10^{-13}$$

例3 比较同浓度 NH_3 和 CO_3^{2-} 的碱性强弱。

解 CO_3^{2-} 在水溶液中有下式平衡

$$CO_3^{2-}+H_2O \rightleftharpoons HCO_3^-+OH^-$$

$$pK_{b_1}=14-pK_{a_2}=14-10.25=3.75$$

因 NH_3 的 $pK_b=4.75$,同浓度 NH_3 和 CO_3^{2-} 溶液的碱性 $CO_3^{2-} > NH_3$。

§3 不同 pH 溶液中弱酸(碱)各种型体的分布

一、分析浓度与平衡浓度

弱酸(碱)在水中部分离解,以弱酸 HB 为例:

$$HB \rightleftharpoons H^++B$$

在溶液中 HB 以 HB 和 B 两种型体存在,它们的总浓度 c 称为分析浓度,存在的两种型体的平衡浓度分别为 [HB] 和 [B],它们之间的关系为

$$c=[HB]+[B] \qquad (3\text{-}9)$$

因

$$K_a=\frac{[H^+][B]}{[HB]}$$

代入式(3-9),得
$$[HB] = \frac{[H^+][B]}{K_a}$$
$$c = \frac{[H^+][B]}{K_a} + [B] = \left\{\frac{[H^+]}{K_a} + 1\right\}[B]$$
$$[B] = \frac{cK_a}{[H^+] + K_a} \quad (3-10)$$

同样推导得
$$[HB] = \frac{c[H^+]}{[H^+] + K_a} \quad (3-11)$$

式(3-10)和式(3-11)是弱酸 HB 的分析浓度和各型体平衡浓度的关系式。已知 c, K_a, $[H^+]$就可以求得[HB]和[B]。

例 4 已知 $c = 0.010 \text{mol/L}$, $K_a = 1.0 \times 10^{-4} \text{mol/L}$, $[H^+] = 3.0 \times 10^{-4} \text{mol/L}$, 求 [HB]和[B]。

解
$$[HB] = \frac{0.010 \text{mol/L} \times 3.0 \times 10^{-4} \text{mol/L}}{3.0 \times 10^{-4} \text{mol/L} + 1.0 \times 10^{-4} \text{mol/L}} = 7.5 \times 10^{-3} \text{mol/L}$$

$$[B] = \frac{0.010 \text{mol/L} \times 1.0 \times 10^{-4} \text{mol/L}}{3.0 \times 10^{-4} \text{mol/L} + 1.0 \times 10^{-4} \text{mol/L}} = 2.5 \times 10^{-3} \text{mol/L}$$

二、不同 pH 溶液中酸(碱)各种型体的分布

酸碱平衡体系中,各型体的平衡浓度占总浓度的分数称为分布系数,以 δ 表示。分布系数能定量地说明溶液中各型体的分布情况。

(一) 一元弱酸溶液

设 HB 的分析浓度为 c, δ_{HB} 和 δ_B 分别表示 HB 和 B 的分布系数,则

$$\delta_{HB} = \frac{[HB]}{c} = \frac{[H^+]}{[H^+] + K_a} \quad (3-12)$$

$$\delta_B = \frac{[B]}{c} = \frac{K_a}{[H^+] + K_a} \quad (3-13)$$

因为
$$\frac{[H^+]}{[H^+] + K_a} + \frac{K_a}{[H^+] + K_a} = 1$$

所以
$$\delta_{HB} + \delta_B = 1 \quad (3-14)$$

从式(3-12)和式(3-13)看到,分布系数决定于酸(或碱)的 K_a 值(或 K_b 值)和溶液中的 $[H^+]$,而与酸(或碱)的分析浓度无关。且各型体分布系数之和等于 1。

从分布系数可以了解酸度对溶液中酸(或碱)各型体的影响,并计算它们的平衡浓度,这在分析化学中是十分重要的。

以一元弱酸 HB($K_a = 1 \times 10^{-5}$ mol/L)为例,计算不同 pH 值时 δ_{HB} 和 δ_B,所得数据列于表 3-1。

表 3-1 不同 pH 值时 HB($K_a = 1 \times 10^{-5}$ mol/L)溶液中的 δ_{HB} 和 δ_B 值

pH	2	3	4	5	6	7	8
δ_{HB}	0.999	0.99	0.91	0.5	0.09	0.01	0.001
δ_B	0.001	0.01	0.09	0.5	0.91	0.99	0.999

图 3-1 为分布曲线图,即 δ-pH 图。由图可见 δ_{HB} 值随 pH 增大而减小,δ_B 值随 pH 增大而增大。下面讨论 pH 与 δ 值和溶液中各型体浓度的关系。

(1) 当 pH=pK_a=5 时,两曲线相交,此时
$$\delta_{HB}=\delta_B=0.5$$
$$[HB]=[B]$$

(2) 当 pH≪pK_a 时,δ_{HB}→1,溶液中存在的主要型体是 HB。

(3) 当 pH≫pK_a 时,δ_B→1,溶液中存在的主要型体是 B。

(4) 当 pH≈pK_a 时,两种型体都较大量存在,它们的浓度可从 δ 和 c 求得。

从已有的分布曲线,可以看出共轭酸碱体系中各酸、碱型体随 pH 的分布,并可根据某 pH 值时的 δ 值,计算出 HB 和 B 的平衡浓度[HB]和[B]。

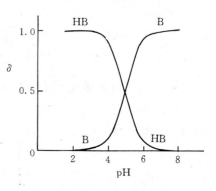

图 3-1 HB 和 B 的分布系数和溶液 pH 值的关系

例 5 一元弱酸 HB($K_a=1\times10^{-5}$ mol/L)的分布系数图如图 3-1 所示,若 $c=0.100$ mol/L,分别估计 pH 为 1,5,12 和 6 时溶液中的[HB]和[B]。

解 (1) 当 pH=1 时,δ_{HB}→1,[HB]=0.100 mol/L,[B]可以忽略不计;

(2) 当 pH=5 时,$\delta_{HB}=\delta_B=0.5$,[HB]=[B]=0.0500 mol/L;

(3) 当 pH=12 时,δ_B→1,[B]=0.100 mol/L,[HB]可以忽略不计;

(4) 当 pH=6 时,$\delta_{HB}\approx0.1$,$\delta_B=0.9$
$$[HB]=0.100\text{ mol/L}\times0.1=0.0100\text{ mol/L}$$
$$[B]=0.100\text{ mol/L}\times0.9=0.0900\text{ mol/L}$$

以上结论可以推广到任何一元弱酸。

(二) 多元酸溶液

以二元弱酸 H_2A 为例。H_2A 在水溶液中存在 H_2A,HA^- 和 A^{2-} 三种型体,设分析浓度为 c,则
$$c=[H_2A]+[HA^-]+[A^{2-}] \tag{3-15}$$

H_2A 分两步离解,相应的离解常数为

$$H_2A \rightleftharpoons H^+ + HA^- \qquad K_{a_1}=\frac{[H^+][HA^-]}{[H_2A]} \tag{3-16}$$

$$HA^- \rightleftharpoons H^+ + A^{2-} \qquad K_{a_2}=\frac{[H^+][A^{2-}]}{[HA^-]} \tag{3-17}$$

或
$$H_2A \rightleftharpoons 2H^+ + A^{2-} \qquad K_{a_1}K_{a_2}=\frac{[H^+]^2[A^{2-}]}{[H_2A]} \tag{3-18}$$

从式(3-15),(3-16)和(3-18)得

$$c=[H_2A]+\frac{K_{a_1}[H_2A]}{[H^+]}+\frac{K_{a_1}K_{a_2}[H_2A]}{[H^+]^2}$$

$$= [H_2A]\left\{1 + \frac{K_{a_1}}{[H^+]} + \frac{K_{a_1}K_{a_2}}{[H^+]^2}\right\}$$

$$= [H_2A]\left\{\frac{[H^+]^2 + K_{a_1}[H^+] + K_{a_1}K_{a_2}}{[H^+]^2}\right\}$$

$$\delta_{H_2A} = \frac{[H_2A]}{c} = \frac{[H^+]^2}{[H^+]^2 + K_{a_1}[H^+] + K_{a_1}K_{a_2}} \tag{3-19}$$

同样可以导出:

$$\delta_{HA^-} = \frac{[HA^-]}{c} = \frac{[H^+]K_{a_1}}{[H^+]^2 + K_{a_1}[H^+] + K_{a_1}K_{a_2}} \tag{3-20}$$

$$\delta_{A^{2-}} = \frac{[A^{2-}]}{c} = \frac{K_{a_1}K_{a_2}}{[H^+] + K_{a_1}[H^+] + K_{a_1}K_{a_2}} \tag{3-21}$$

且

$$\delta_{H_2A} + \delta_{HA^-} + \delta_{A^{2-}} = 1 \tag{3-22}$$

图 3-2 是二元酸 H_2A($K_{a_1} = 10^{-3}$ mol/L, $K_{a_2} = 10^{-9}$ mol/L) 的 δ-pH 图。二元酸溶液有两个 pK_a 值(pK_{a_1} 和 pK_{a_2}),以它们为界,分为三个区域:pH<pK_{a_1} 时, H_2A 型体为主; pH>pK_{a_2} 时, A^{2-} 型体为主; pK_{a_1}<pH<pK_{a_2} 时,存在的主要型体是 HA^-。

图 3-3 是酒石酸(pK_{a_1}=2.85, pK_{a_2}=4.34)的 δ-pH 图。当 pK_{a_1}<pH<pK_{a_2}(即 pH 为 2.9—4.3)时,酒石酸氢根离子(HA^-)的浓度最大也只占 73%,其它两种型体(H_2A 和 A^{2-})各占 13.5%。

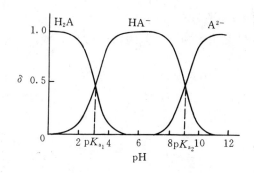
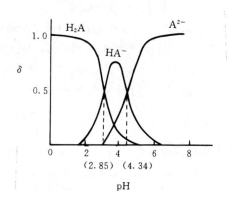

图 3-2 二元酸 H_2A 的 δ-pH 图(pK_{a_1}=3, pK_{a_2}=9)　　　　图 3-3 酒石酸的 δ-pH 图

比较图 3-2 和图 3-3,从图 3-2 可见,因 pK_{a_1} 和 pK_{a_2} 相差较大,当[HA^-]达最大值时,其它型体的浓度都很小,可以忽略不计;由于酒石酸的 pK_{a_1} 和 pK_{a_2} 相差较小,从图 3-3 可见,当酒石酸氢根离子浓度[HA^-]达最大值时,酒石酸和酒石酸根离子的浓度不能忽略。

三、浓度对数图*

分布曲线表明了各型体的 δ 值随 pH 变化的情况。从该图不易读准含量很低型体的 δ 值,因而求得的平衡浓度的误差也较大。采用有关型体浓度的对数值与 pH 的关系图,即浓度对数图,可克服这个缺点。

描绘浓度对数图时,先列出表示图形的方程,再根据方程绘图。以 HA($K_a=1\times10^{-5}$ mol/L,$c=0.10$mol/L)为例,它的浓度对数图如图 3-4 所示。图中横坐标表示 pH 值,取 0—14 单位,纵坐标表示 lg$c$ 值,c 是溶液中参与质子转移的各型体的浓度,取 0——14 单位(一般取 0——8 单位),纵横坐标分度的长短一致。

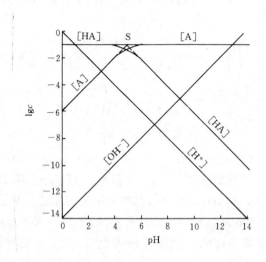

图 3-4　HA-A 共轭酸碱对的 lg$c$-pH 图

图中各线与 pH 的关系如下:

1. lg[H$^+$]=$-$pH,lg[H$^+$]-pH 是通过原点,斜率为-1 的直线。
2. lg[OH]=$-$pOH=pH-14,lg[OH]-pH 是斜率为$+1$,截距为-14 的直线。
   lg[H$^+$]与 lg[OH$^-$]两线相交于点(7,-7)。
3. lg[HA]与 pH 的关系:

$$[HA]=\frac{c[H^+]}{[H^+]+K_a}$$

有下述三种情况:

(1) 当 pH=pK_a=5 时,$[HA]=\dfrac{c}{2}$

$$\lg[HA]=\lg\frac{c}{2}=\lg c-\lg 2=-1.3$$

lg[HA]-pH 为通过(pK_a,lg$c-$lg2)点,即(5,-1.3)点的直线。

(2) 若允许误差不大于 5%,当[H$^+$]$\geqslant 20K_a$,pH$\leqslant$p$K_a-1.3$ 时,[HA]$\simeq c$,

$$\lg[HA]=\lg c=-1.0$$

此时,lg[HA]-pH 是斜率为 0 的水平线。

(3) 当[H$^+$]$\leqslant\dfrac{1}{20}K_a$,pH$\geqslant$p$K_a+1.3$ 时,$[HA]\approx\dfrac{c[H^+]}{K_a}$

$$\lg[HA]=-\text{pH}+\lg c+\text{p}K_a=-\text{pH}+4$$

此时,lg[HA]-pH 是斜率为-1,截距为 4 的直线。

4. lg[A]与 pH 的关系:

$$[A] = \frac{cK_a}{[H^+] + K_a}$$

同样有三种情况：

(1) 当 pH＝pK_a＝5 时，lg[A]＝lg$c$－lg2＝1.3，lg[A]-pH 线也通过(pK_a，lg$c$－lg2)点，即(5，－1.3)点，因此该点为 lg[HA]-pH 线和 lg[A]-pH 线的交点。

(2) 当 pH≤pK_a－1.3 时，lg[A]＝pH＋lg$c$－pK_a＝pH－6，lg[A]－pH 是斜率为＋1，截距为－6 的直线。

(3) 当 pH≥pK_a＋1.3 时，lg[A]≃lg$c$＝－1.0，lg[A]－pH 是斜率为 0 的水平线。

lg[HA]－pH 和 lg[A]－pH 两线的直线部分的延长线交 lg$c$-pH 线于 S 点，这一点称体系点，对描图很重要。

5. 在 pK_a－1.3≤pH≤pK_a＋1.3 的区域内，lg[HA]，lg[A]与 pH 成曲线关系，为了使曲线画得更准确，求 pH＝pK_a±0.5 时的 lg[HA]和 lg[A]值。

当 pH＝pK_a－0.5＝4.5 时，

$$[HA] = \frac{c[H^+]}{[H^+] + K_a} = \frac{0.10 \times 10^{-4.5}(\text{mol/L})^2}{10^{-4.5}\text{mol/L} + 10^{-5}\text{mol/L}} = 10^{-1.1}\text{mol/L}, \quad \lg[HA] = -1.1$$

$$[A] = \frac{cK_a}{[H^+] + K_a} = \frac{0.10 \times 10^{-5}(\text{mol/L})^2}{10^{-4.5}\text{mol/L} + 10^{-5}\text{mol/L}} = 10^{-1.6}\text{mol/L}, \quad \lg[A] = -1.6$$

当 pH＝pK_a＋0.5＝5.5 时，

[HA]＝$10^{-1.6}$mol/L　　　　lg[HA]＝－1.6
[A]＝$10^{-1.1}$　　　　　　　　lg[A]＝－1.1

所以 lg[HA]-pH 线通过(4.5，－1.1)，(5，－1.3)，(5.5，－1.6)三点，lg[A]-pH 线通过(4.5，－1.6)，(5，－1.3)，(5.5，－1.6)三点，分别通过三点描绘光滑曲线，此二曲线是镜面对称的。

从浓度对数图可清楚地看到酸度对弱酸溶液各型体浓度的影响：

当 pH＜pK_a－1.3 时，lg[HA]-pH 线与 lg$c$-pH 线重合，HA 是存在的主要型体，[HA]≈c，即[HA]几乎不随 pH 改变而改变，而[A]则随 pH 改变较大。

当 pH＞pK_a＋1.3 时，lg[A]-pH 线与 lg$c$-pH 线重合，A 是存在的主要型体，[A]≈c，[A]几乎不随 pH 改变而改变，而[HA]则随 pH 改变较大。

在 pK_a－1.3＜pH＜pK_a＋1.3 区域内，[HA]，[A]均小于 c，$\frac{[HA]}{[A]}$在 $\frac{20}{1}$ 至 $\frac{1}{20}$ 范围内，这是 HA－A 缓冲区，当 pH＝pK_a 时，[HA]＝[A]。

从浓度对数图可以判断哪些是主要型体，哪些是次要型体。在计算时，若主要型体的浓度大于次要型体的浓度 20 倍以上，即两型体的浓度对数相差 1.3 对数单位以上时，次要型体可以忽略不计，这样处理，误差将不大于 5%。从图上还可以直接读出含量低的次要型体的浓度对数值，从而求出该型体的浓度。例如当 pH＝1 时，lg[A]＝－5，[A]＝10^{-5}mol/L；当 pH＝12 时，lg[HA]＝－8，[HA]＝10^{-8}mol/L。此外，还可以从浓度对数图求出酸、碱溶液的 pH 值，这在以后讨论。

多元酸的浓度对数图与一元酸的相似。以二元酸 H_2A（pK_{a_1}＝3，pK_{a_2}＝9，c＝0.10mol/L）为例，它的浓度对数图如图 3-5 所示。

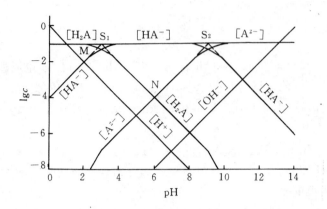

图 3-5 H₂A 溶液的 lg$c$-pH 图

lg[H⁺]-pH,lg[OH⁻]-pH,lg$c$-pH 线与一元酸相同。二元酸分两级离解,有两个体系点 S_1(pK_{a_1},lg$c$) 和 S_2(pK_{a_2},lg$c$)。在体系点 S_1 下 0.3 单位处,lg[H₂A]-pH 与 lg[HA⁻]-pH 两曲线相交;在体系点 S_2 下 0.3 单位处,lg[HA⁻]-pH 与 lg[A²⁻]-pH 两曲线相交,因为

$$[H_2A] = c\left\{\frac{[H^+]^2}{[H^+]^2 + K_{a_1}[H^+] + K_{a_1}K_{a_2}}\right\}$$

$$[HA^-] = c\left\{\frac{K_{a_1}[H^+]}{[H^+]^2 + K_{a_1}[H^+] + K_{a_1}K_{a_2}}\right\}$$

$$[A^{2-}] = c\left\{\frac{K_{a_1}K_{a_2}}{[H^+]^2 + K_{a_1}[H^+] + K_{a_1}K_{a_2}}\right\}$$

可将图分为三个区域:

(1) pH<pK_{a_1}-1.3 区域内(S_1 的左边),H₂A 是存在的主要型体,

　　lg[H₂A]≈lg$c$=-1　　　　　　　　　　　　　　　(斜率为 0)

　　lg[HA⁻]=pH+lg$c$-pK_{a_1}=pH-4　　　　　　　　(斜率为+1)

　　lg[A²⁻]=2pH+lg$c$-(pK_{a_1}+pK_{a_2})=2pH-13　　(斜率为+2)

(2) pK_{a_1}+1.3<pH<pK_{a_2}-1.3 区域内(S_1 和 S_2 之间),HA⁻ 是存在的主要型体,

　　lg[H₂A]=-pH+lg$c$+pK_{a_1}=-pH+2　　　　　　(斜率为-1)

　　lg[HA⁻]≈lg$c$=-1　　　　　　　　　　　　　　(斜率为 0)

　　lg[A²⁻]=pH+lg$c$-pK_{a_2}=pH-10　　　　　　　(斜率为+1)

(3) pH>pK_{a_2}+1.3 区域内(S_2 的右边),A²⁻ 是存在的主要型体,

　　lg[H₂A]=-2pH+lg$c$+(pK_{a_1}+pK_{a_2})=-2pH+11　(斜率为-2)

　　lg[HA⁻]=-pH+lg$c$+pK_{a_2}=-pH+8　　　　　　(斜率为-1)

　　lg[A²⁻]≈lg$c$=-1　　　　　　　　　　　　　　(斜率为 0)

所以通过 S_1 和 S_2 作斜率为±1,0 的直线,在 pK_{a_1}±1.3 和 pK_{a_2}±1.3 的区域内(S_1 和 S_2 附近)作曲线,就得到浓度对数图。斜率为±2 的部分在定量分析中用得很少,不需准确画出。

§4 酸、碱溶液中 H^+ 浓度的计算

为精确计算溶液中的 H^+ 浓度及其它型体的浓度，体系中含有几个未知量就需要引出几个方程式联合求解。方程式包括平衡常数式和物量守恒式。物量守恒式又包括物料平衡式、电荷平衡式和质子平衡式。计算酸碱溶液中 H^+ 浓度时，有必要了解各型体浓度之间关系的物量守恒式。本章重点介绍如何应用质子平衡式计算溶液中 H^+ 浓度。

一、物料平衡、电荷平衡、质子平衡

（一）物料平衡式（Mass Balance Equation, MBE）

在一个化学平衡体系中某一组分的分析浓度等于该组分各型体平衡浓度之和，它的数值表达式称为物料平衡式。例如浓度为 c 的 HAc 溶液，其物料平衡式为

$$c = [HAc] + [Ac^-]$$

浓度为 c_{HAc} 和 c_{NaAc} 的混合溶液，其物料平衡式为

$$c_{HAc} + c_{NaAc} = [HAc] + [Ac^-]$$

（二）电荷平衡式（Charge Balance Equation, CBE）

任何电解质溶液必须是电中性的，即溶液中正离子的总电荷数与负离子的总电荷数相等。根据这个原则考虑各离子的浓度和电荷，列出电荷平衡式。例如在浓度为 c 的 NaAc 溶液中，

$$[H^+] + [Na^+] = [Ac^-] + [OH^-]$$

或

$$[H^+] + c = [Ac^-] + [OH^-]$$

又如在浓度为 c 的 $NaHCO_3$ 溶液中，

$$[Na^+] + [H^+] = [HCO_3^-] + 2[CO_3^{2-}] + [OH^-]$$

因 CO_3^{2-} 带 2 个负电荷，$[CO_3^{2-}]$ 前的系数为 2。

（三）质子平衡式（Proton Balance Equation, PBE）

酸碱反应的实质是质子的转移。达到平衡时酸给出的质子数和碱得到的质子数必须相等，这种数量关系的数学表达式称为质子平衡式或质子条件式。

列质子条件式时，必须选择适当的物质作参考，以它们作为水准，来考虑质子的得失。这个水准称为质子参考水准（又叫零水准）。通常选择溶液中大量存在并参与质子转移的物质作为零水准，然后根据质子转移数相等的数量关系列出质子条件式。例如

1. 一元弱酸 HA 溶液

选择 H_2O 和 HA 为零水准，溶液中质子转移情况如下：

$$\text{零水准}$$
$$H_3O^+ \xleftarrow{+H^+} H_2O \xrightarrow{-H^+} OH^-$$
$$HA \xrightarrow{-H^+} A^-$$

根据得失质子数相等的原则，列出质子条件式：

$$[H_3O^+] = [OH^-] + [A^-]$$

H_3O^+ 常简写为 H^+，故上式简化为

$$[H^+]=[OH^-]+[A^-]$$

若在 HA 溶液中加入 a mol/L 强酸，则溶液中的 H_3O^+ 有两个来源：一是零水准 H_2O 得质子产物，另一是由强酸离解而得，它的浓度为 a mol/L。若溶液中 H_3O^+ 的平衡浓度为 $[H_3O^+]$，则零水准得质子数在数值上应等于 $[H_3O^+]-a$。因零水准得失质子数相等，所以

$$[H^+]-a=[OH^-]+[A^-]$$
$$[H^+]=[OH^-]+[A^-]-a$$

若在 HA 溶液中加入 b mol/L 强碱，则溶液中 OH^- 有两个来源：一是零水准 H_2O 失质子产物，另一是由强碱离解而得，因此零水准失质子数在数值上应等于 $[OH^-]-b$，则

$$[H^+]=[OH^-]+[A^-]-b$$

2. 多元酸溶液（以 H_2A 为例）

选择 H_2O 和 H_2A 为零水准，溶液中质子转移的情况如下：

$$\begin{array}{c}
\text{零水准}\\
H_3O^+ \xleftarrow{+H^+} H_2O \xrightarrow{-H^+} OH^-\\
H_2A \xrightarrow{-H^+} HA^-\\
H_2A \xrightarrow{-2H^+} A^{2-}
\end{array}$$

得质子条件式：

$$[H^+]=[OH^-]+[HA^-]+2[A^{2-}]$$

应注意质子条件式中各物质的平衡浓度前的系数。A^{2-} 是零水准 H_2A 失去两个质子后的产物，$[A^{2-}]$ 应乘以 2。

例 6 列出等摩尔 $NaOH$，NH_3，H_3PO_4 混合溶液的质子条件式。

解 等摩尔 $NaOH$，NH_3，H_3PO_4 混合溶液发生下式反应：

$$NH_3+H_3PO_4+OH^-=NH_4^++HPO_4^{2-}+H_2O$$

选择反应产物 NH_4^+，HPO_4^{2-}，H_2O 为零水准，溶液中质子转移的情况如下：

$$\begin{array}{c}
\text{零水准}\\
H_3O^+ \xleftarrow{+H^+} H_2O \xrightarrow{-H^+} OH^-\\
NH_4^+ \xrightarrow{-H^+} NH_3\\
H_2PO_4^- \xleftarrow{+H^+} HPO_4^{2-} \xrightarrow{-H^+} PO_4^{3-}\\
H_3PO_4 \xleftarrow{+2H^+} HPO_4^{2-}
\end{array}$$

得质子条件式

$$[H^+]+[H_2PO_4^-]+2[H_3PO_4]=[OH^-]+[NH_3]+[PO_4^{3-}]$$

即

$$[H^+]=[OH^-]+[NH_3]+[PO_4^{3-}]-[H_2PO_4^-]-2[H_3PO_4]$$

二、酸、碱溶液 $[H^+]$ 的计算

这里介绍酸、碱溶液 $[H^+]$ 的计算方法和步骤，并举例说明。以一元弱酸 HA（浓度为

c)为例。

1. 列出质子条件式：

$$[H^+]=[OH^-]+[A] \tag{3-23}$$

2. 利用平衡常数式将各项变成$[H^+]$的函数：

$$[H^+]=\frac{K_w}{[H^+]}+\frac{K_a[HA]}{[H^+]}$$

即
$$[H^+]=\sqrt{K_w+K_a[HA]} \tag{3-24}$$

根据物料平衡式

$$c=[HA]+[A]$$

由式(3-23)，得

$$[HA]=c-[A]=c-[H^+]+[OH^-] \tag{3-25}$$

代入式(3-24)，并整理得

$$[H^+]^3+K_a[H^+]^2-(K_w+cK_a)[H^+]-K_aK_w=0$$

这是计算一元弱酸$[H^+]$的精确公式，它是一元三次方程，解此方程十分麻烦，实际工作中没有必要精确求解。

3. 根据具体情况进行合理的近似处理

若酸不是太弱，可以忽略水的离解，当$K_ac>20K_w$时，略去K_w项引起的相对误差小于5%，式(3-24)简化为

$$[H^+]=\sqrt{K_a[HA]} \tag{3-26}$$

又因弱酸溶液中，$[H^+]\gg[OH^-]$，式(3-25)简化为

$$[HA]=c-[H^+]$$

代入式(3-26)，得

$$[H^+]=\sqrt{K_a(c-[H^+])} \tag{3-27}$$

这是计算一元弱酸$[H^+]$的近似公式，展开式(3-27)得

$$[H^+]^2+K_a[H^+]-cK_a=0$$

$$[H^+]=\frac{-K_a\pm\sqrt{K_a^2+4cK_a}}{2} \tag{3-28}$$

4. 进一步的近似处理

若酸不是太强，浓度不是太稀，酸的离解部分可以忽略（对一元弱酸来讲，离解度小于5%，$c>20[H^+]$，相当于$K_a/c<2.5\times10^{-3}$），则

$$[HA]=c-[H^+]\approx c$$

式(3-27)进一步简化为

$$[H^+]=\sqrt{cK_a} \tag{3-29}$$

这是计算一元弱酸$[H^+]$的最简式。一般情况下，计算溶液$[H^+]$时，先用最简式，如果所得结果符合上述近似计算的条件，所得结果为所求解；如果不符合，则应用近似公式求解。

例7 计算下列浓度的弱酸HA($K_a=4.00\times10^{-5}$)溶液的pH值。

(1) $c=0.100$ mol/L；　(2) $c=1.00\times 10^{-3}$ mol/L。

解　(1) 当 $c=0.100$ mol/L 时，用最简式(3-29)计算，

$$[H^+]=\sqrt{cK_a}=\sqrt{0.100\text{mol/L}\times 4.00\times 10^{-5}\text{mol/L}}=2.00\times 10^{-3}\text{mol/L}$$

$$pH=2.70$$

所得结果的 $[H^+]$ 是 c 的 2%，符合用最简式计算的条件。

(2) $c=1.00\times 10^{-3}$ mol/L，用最简式(3-29)计算，

$$[H^+]=\sqrt{1.00\times 10^{-3}\text{mol/L}\times 4.00\times 10^{-5}\text{mol/L}}=2.00\times 10^{-4}\text{mol/L}$$

此时 $[H^+]$ 是 c 的 20%，不符合用最简式的条件，用近似公式(3-28)计算：

$$[H^+]=\frac{-4.00\times 10^{-5}\pm\sqrt{(4.00\times 10^{-5})^2+4\times 1.00\times 10^{-3}\times 4.00\times 10^{-5}}}{2}\text{mol/L}$$

$$=1.81\times 10^{-4}\text{mol/L}$$

$$pH=3.74$$

因 $K_a c>20K_w$，且 $[H^+]\gg[OH^-]$，符合用近似公式的条件。

三、浓度对数图解法求溶液的 pH 值*

以例 7 为例讨论用浓度对数图求溶液 pH 值的方法和步骤。

1. 作浓度对数图(图 3-6)，为了简化，只绘制直线部分。

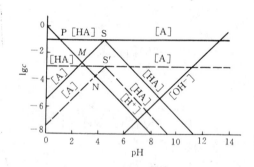

图 3-6　HA-A 共轭酸碱对 lgc-pH 图
(实线 $c=0.1$ mol/L，虚线 $c=1\times 10^{-3}$ mol/L，$pK_a=4.4$)

2. 列出质子条件式

$$[H^+]=[OH^-]+[A]$$

3. 从图直观地判断质子条件式中哪些型体是主要的，哪些次要的可以略去。

求 HA 溶液的 pH 值，应在 $pH<pK_a-1.3$，即 [HA]-pH 为水平线的区域里(HA 为主要型体)，判断哪些型体是主要的，哪些型体可以忽略。从图 3-6 可以看到在该区域里，$\lg[OH^-]\ll\lg[A]$，$[OH^-]$ 可以忽略不计，质子条件式简化为

$$[H^+]=[A]$$

4. 在图中找出符合质子条件式的点，求出 pH 值。

(1) $c=0.100$ mol/L 时，$\lg[H^+]$-pH 线和 $\lg[A]$-pH 线(图中实线)相交于 M 点，读出 M 点的 pH 值为 2.7，即溶液的 pH 值。

利用浓度对数图的几何图形的特点,可以简便地求得准确的 pH 值,不因作图不精细而影响准确度。图中 △PMS 是等腰直角三角形,得

$$\mathrm{pH} = \frac{1}{2}(\mathrm{p}K_a - \lg c) = \frac{1}{2}(4.4+1) = 2.7$$

(2) $c = 1.00 \times 10^{-3}$ mol/L 时,$\lg[\mathrm{H}^+]$-pH 线和 $\lg[\mathrm{A}]$-pH 线(图中虚线)相交于 N 点,求得 N 点的 pH 值为 3.7,此时,$\mathrm{pH} > \mathrm{p}K_a - 1.3$,即两线相交于图形的曲线部分,所得结果是不准确的。为了得到准确的结果,应先描绘准确的曲线。遇到这种情况用公式(3-28)求解更简单些。

例 8 推导两性物质 HA^- 溶液 $[\mathrm{H}^+]$ 的计算公式。

解

1. 列出质子条件式:

$$[\mathrm{H}^+] + [\mathrm{H}_2\mathrm{A}] = [\mathrm{OH}^-] + [\mathrm{A}^{2-}] \tag{3-30}$$

2.

$$[\mathrm{H}^+] + \frac{[\mathrm{H}^+][\mathrm{HA}^-]}{K_{a_1}} = \frac{K_w}{[\mathrm{H}^+]} + \frac{K_{a_2}[\mathrm{HA}^-]}{[\mathrm{H}^+]}$$

$$[\mathrm{H}^+] = \sqrt{\frac{K_w + K_{a_2}[\mathrm{HA}^-]}{1 + [\mathrm{HA}^-]/K_{a_1}}} \tag{3-31}$$

这是计算 HA^- 溶液的精确公式。

3. 若 K_{a_1} 和 K_{a_2} 相差较大,则 K_{a_2},K_{b_2} 都较小,此时忽略 HA^- 的离解和水解,$[\mathrm{HA}^-] \approx c$,代入式(3-31),得

$$[\mathrm{H}^+] = \sqrt{\frac{K_w + K_{a_2}c}{1 + c/K_{a_1}}} \tag{3-32}$$

这是计算 HA^- 溶液的近似公式。

4. 若 $K_{a_2}c > 20K_w$,略去 K_w 项。即当 HA^- 的酸性不是太弱时,忽略水的离解,由上式得

$$[\mathrm{H}^+] = \sqrt{\frac{K_{a_2}c}{1 + c/K_{a_1}}} \tag{3-33}$$

这是计算 HA^- 溶液 $[\mathrm{H}^+]$ 的另一个近似公式。

5. 若 $c/K_{a_1} \geqslant 20$,略去上式分母中的"1"项,得

$$[\mathrm{H}^+] = \sqrt{K_{a_1}K_{a_2}} \tag{3-34}$$

这是计算 HA^- 溶液的最简式。注意,此时两性物质溶液的 $[\mathrm{H}^+]$ 和 HA^- 的浓度无关。

例 9 计算 0.05 mol/L NaHCO_3 溶液的 pH 值。

解 已知 $\mathrm{p}K_{a_1} = 6.37$,$\mathrm{p}K_{a_2} = 10.25$。因 $K_{a_2}c = 10^{-10.25}$ mol/L $\times 10^{-1.30}$ mol/L $= 10^{-11.55}$ (mol/L)$^2 > K_w$,$c/K_{a_1} = \frac{10^{-1.30}\mathrm{mol/L}}{10^{-6.37}\mathrm{mol/L}} = 10^{5.07} \gg 20$,用最简式(3-34)计算,

$$[\mathrm{H}^+] = \sqrt{K_{a_1}K_{a_2}} = \sqrt{10^{-6.37} \times 10^{-10.25}} \mathrm{mol/L} = 10^{-8.31} \mathrm{mol/L}$$

$$\mathrm{pH} = 8.31$$

例 10 计算 0.010 mol/L 邻苯二甲酸氢钾溶液的 pH 值。

解 已知 $pK_{a_1}=2.89$,$pK_{a_2}=5.41$。因 $K_{a_2}c=10^{-5.41}\text{mol/L}\times10^{-2.0}\text{mol/L}=10^{-7.41}$ $(\text{mol/L})^2 \gg K_w$,$c/K_{a_1}=\dfrac{10^{-2.0}\text{mol/L}}{10^{-2.89}\text{mol/L}}=10^{0.89}=7.7$ 与 1 相比不能忽略,用式(3-33)计算,

$$[H^+]=\sqrt{\dfrac{K_{a_1}K_{a_2}c}{K_{a_1}+c}}=\sqrt{\dfrac{10^{-2.89}\times10^{-5.41}\times10^{-2.0}}{10^{-2.89}+10^{-2.0}}}\text{mol/L}=10^{-4.18}\text{mol/L}$$

pH = 4.18

例 11 计算 0.033mol/L Na_2HPO_4 溶液的 pH 值。

解 已知 $pK_{a_2}=7.21$,$pK_{a_3}=12.36$,因 $K_{a_3}c=10^{-12.36}\text{mol/L}\times10^{-1.48}\text{mol/L}=10^{-13.80}$ $(\text{mol/L})^2$,与 K_w 值相近,K_w 项不能忽略,用公式(3-32)计算。又因 $c/K_{a_2}=10^{-1.48}/10^{-7.21}$ $\text{mol/L}=10^{5.73}\gg1$,略去"1"项,得

$$[H^+]=\sqrt{\dfrac{K_{a_3}c+K_w}{c/K_{a_2}}}=\sqrt{\dfrac{10^{-13.80}+10^{-14}}{10^{5.73}}}\text{mol/L}=10^{-9.66}\text{mol/L}$$

pH = 9.66

从上面三个例看到,计算溶液 pH 值时,要根据具体情况作合理的近似计算,解题要简便,方法要灵活,切忌硬套公式。

§5 酸、碱缓冲溶液

酸、碱缓冲溶液是一种能对溶液的酸度起稳定(缓冲)作用的溶液。在缓冲溶液中加入少量酸或碱,或因溶液中发生化学反应产生了少量酸或碱,或将溶液稍加稀释,溶液的酸度基本上稳定不变。缓冲溶液在分析化学和生物化学中都很重要。

一、缓冲溶液的 pH 值

缓冲溶液一般由浓度较大的弱酸及其共轭碱组成,如 $HAc\text{-}Ac^-$,$NH_4^+\text{-}NH_3$。下面从 HA(浓度为 c_a)和 A(浓度为 c_b)组成的缓冲溶液为例,推导溶液 pH 值的计算公式。

溶液中质子转移的情况如下所示:

$$\begin{array}{c} \text{零水准}\\ H_3O^+ \xrightarrow{+H^+} H_2O \xrightarrow{-H^+} OH^- \\ HA \xrightarrow{-H^+} A \end{array}$$

由于溶液中的 A 并未提供质子,因此质子条件式为

$$[H^+]=[OH^-]+([A]-c_b)$$

即

$$[A]=c_b+[H^+]-[OH^-] \tag{3-35}$$

由物料平衡式

$$c_a+c_b=[HA]+[A]$$

$$[HA]=c_a-[H^+]+[OH^-] \tag{3-36}$$

由弱酸离解常数及式(3-35)、式(3-36)得

$$[H^+] = K_a \frac{[HA]}{[A]} = K_a \frac{c_a - [H^+] + [OH^-]}{c_b + [H^+] - [OH^-]} \tag{3-37}$$

这是计算 HA 和 A 混合溶液[H^+]的精确公式。通常计算时,根据具体情况作近似处理。

当溶液呈酸性时,[H^+]≥20[OH^-],式(3-37)简化为

$$[H^+] = K_a \frac{c_a - [H^+]}{c_b + [H^+]} \tag{3-38}$$

当溶液呈碱性时,[OH^-]≥20[H^+],式(3-37)简化为

$$[H^+] = K_a \frac{c_a + [OH^-]}{c_b - [OH^-]} \tag{3-39}$$

式(3-38)和(3-39)为近似计算公式。

当 c_a、c_b 较大时,在式(3-38)中,c_a≥20[H^+],c_b≥20[H^+],在式(3-39)中,c_a≥20[OH^-],c_b≥20[OH^-],式(3-38)和式(3-39)进一步简化,得最常用的计算缓冲溶液 H^+ 的最简式:

$$[H^+] = K_a \frac{c_a}{c_b} \tag{3-40}$$

$$pH = pK_a + \lg \frac{c_b}{c_a} \tag{3-41}$$

因此,弱酸 HA 及其共轭碱 A 组成的缓冲溶液可把溶液的 pH 值控制在弱酸的 pK_a 附近。例如 HAc-Ac 缓冲溶液能控制溶液的 pH 在 5 左右;NH_4^+-NH_3 缓冲溶液能控制溶液的 pH 在 9 左右。各种不同的共轭酸碱,由于它们的 pK_a 值不同,组成缓冲溶液所能控制的 pH 范围也不同。

二、缓冲容量和缓冲范围

在 HA-A 缓冲溶液中加入少量强酸或强碱,或将溶液稍加稀释,溶液的 pH 值基本上保持不变。但如果加入强酸或强碱的量过多,或过分稀释,缓冲溶液的缓冲能力都将消失。因此,缓冲溶液的缓冲作用是有一定限度的。

若以缓冲容量 β 衡量缓冲溶液的缓冲能力,其定义是使 1L 溶液的 pH 值增加 dpH 单位需加强碱 db(mol),或使 1L 溶液的 pH 值减少 dpH 单位需加强酸 da(mol):

$$\beta = \frac{db}{dpH} = -\frac{da}{dpH} \tag{3-42}$$

为了使缓冲容量 β 值总是正值,在 da/dpH 前加一负号。

缓冲容量的大小与缓冲溶液的总浓度和缓冲溶液各组分的浓度比有关,表 3-2 列出 HAc-Ac^- 缓冲溶液的缓冲能力与 $c_{总}$ 和 c_{NaAc}/c_{HAc} 的关系。

从表 3-2 可以看到:

1. 比较 1 和 2,当缓冲溶液各组分浓度比相同时,缓冲溶液的总浓度越大,缓冲容量越大;

2. 比较 1 和 3,1 和 4,缓冲溶液的总浓度相同,当缓冲溶液各组分浓度比为 1∶1 时,缓冲容量最大,此时溶液的 pH=pK_a。

表 3-2 HAc-NaAc 缓冲溶液的缓冲能力与 $c_{总}$ 和 $\frac{c_{NaAc}}{c_{HAc}}$ 的关系

编号	c_{NaAc}/mol/L	c_{HAc}/mol/L	$c_{总}$	$\frac{c_{NaAc}}{c_{HAc}}$	pH	改变 1 个 pH 单位	
						加入 NaOH/mol/L	加入 HCl/mol/L
1	0.1	0.1	0.2	1∶1	4.75	0.09	0.09
2	0.01	0.01	0.02	1∶1	4.75	0.009	0.009
3	0.02	0.18	0.2	1∶9	3.80	0.08	0.018
4	0.18	0.02	0.2	9∶1	5.70	0.018	0.09

对任何缓冲体系,都有一个有效的缓冲范围:
$$pH = pK_a \pm 1$$
此外,高浓度的强酸或强碱溶液,由于[H$^+$]和[OH$^-$]浓度大,当加入少量酸或碱时,溶液酸度不会产生太大的影响。实际工作中,常用强酸溶液控制溶液的 pH<2,用强碱溶液控制溶液的 pH>12,即强酸或强碱溶液也分别能对酸或碱起缓冲作用,但它们不能称为缓冲溶液,当溶液稀释时,溶液的 pH 值将有显著的变化。

三、标准缓冲溶液

标准缓冲溶液大多数由一定浓度的逐级离解常数相差较小的两性物质组成,例如 0.05mol/L KHC$_8$H$_4$O$_6$(25℃时 pH=4.008),饱和酒石酸氢钾(0.034mol/L,25℃时 pH=3.557)。有时也由共轭酸碱对组成,例如 0.025mol/L KH$_2$PO$_4$+0.025mol/L Na$_2$HPO$_4$ (25℃时 pH=6.865)。标准缓冲溶液的 pH 值是在一定温度下准确地由实验测定的。它是用来校正 pH 计的。校正时,所选标准溶液的 pH 值应与被测 pH 值相近,这样测量的准确度才高。

§6 酸碱指示剂

一、酸碱指示剂的作用原理

酸碱指示剂是有机弱酸或有机弱碱,它们的共轭酸碱对具有不同结构,因而呈现不同颜色。改变溶液的 pH 值,指示剂失去或得到质子,结构发生变化,引起颜色的变化。例如甲基橙是一种双色指示剂,在溶液中有下式平衡和相应的颜色变化,增大溶液的[H$^+$],

$$^-O_3S-\bigcirc-N=N-\bigcirc-N(CH_3)_2 + H_3O^+ \rightleftharpoons$$
黄色(碱色型)

$$^-O_3S-\bigcirc-\underset{H}{N}-N=\bigcirc=\overset{+}{N}(CH_3)_2 + H_2O$$
红色(酸色型)

甲基橙主要以酸色型存在,溶液呈红色;降低溶液的[H$^+$],甲基橙主要以碱色型存在,溶液呈黄色。又如酚酞,是一种单色指示剂,在溶液中有下式平衡:

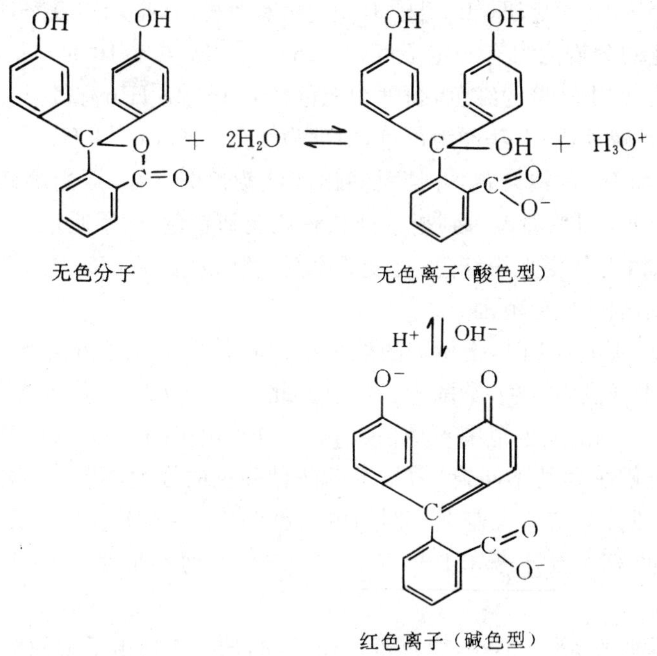

$$\text{无色分子} + 2H_2O \rightleftharpoons \text{无色离子(酸色型)} + H_3O^+$$

$$\updownarrow H^+ / OH^-$$

红色离子（碱色型）

在酸性溶液中,酚酞主要以无色分子或无色离子存在,溶液无色；在碱性溶液中,酚酞主要以碱色型(醌式)存在,溶液呈红色。但在浓碱溶液中,酚酞转变为无色的羧酸盐式,溶液又变为无色。

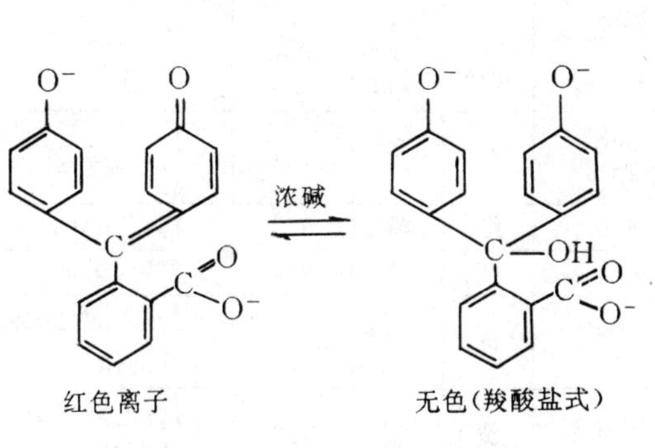

$$\text{红色离子} \xrightleftharpoons{\text{浓碱}} \text{无色(羧酸盐式)}$$

二、指示剂的变色范围

若以 HIn 表示指示剂的酸式型体,其颜色称为酸色,In$^-$ 表示指示剂的碱式型体,其颜色称为碱色。指示剂在溶液中建立下式平衡：

$$HIn \rightleftharpoons H^+ + In^-$$

$$K_{HIn} = \frac{[H^+][In^-]}{[HIn]} \tag{3-43}$$

即

$$\frac{[In^-]}{[HIn]} = \frac{K_{HIn}}{[H^+]} \tag{3-44}$$

K_{HIn} 是指示剂酸的离解常数,简称指示剂常数。溶液呈现的颜色决定于 $[In^-]/[HIn]$ 值,对某种指示剂来说,在指定条件下,K_{HIn} 是常数,因此 $[In^-]/[HIn]$ 决定于溶液的 $[H^+]$。但是否溶液的$[H^+]$稍有改变,即$[In^-]/[HIn]$值稍有改变时,指示剂就呈现不同的颜色呢?由于人眼对颜色的分辨能力有一定限度,当$[In^-]/[HIn] \leqslant 1/10$时,只能看到HIn的颜色,指示剂显酸色,如甲基橙为红色,酚酞为无色;当$[In^-]/[HIn] \geqslant 10/1$时,只能看到$In^-$的颜色,指示剂显碱色,如甲基橙为黄色,酚酞为红色;当$[In^-]/[HIn]$在1/10和10/1之间时,出现HIn和In^-的混合色,才能觉察出溶液颜色的变化,即当溶液的pH从$pK_{HIn}-1$变到$pK_{HIn}+1$时,可明显地看到指示剂从酸色变到碱色,如甲基橙由红色变为橙色,再变为黄色;酚酞由无色变为粉红色,再变为红色。所以$pH = pK_{HIn} \pm 1$是指示剂变色的pH范围,称为指示剂的变色范围。

当$[In^-]/[HIn]=1$时,指示剂的酸色型体和碱色型体各占一半,溶液呈现指示剂的过渡颜色,如甲基橙为橙色,酚酞为粉红色。此时$pH = pK_{HIn}$,称为指示剂的理论变色点。

实际上指示剂的变色范围不是根据pK_{HIn}计算出来的,而是人眼观察出来的。由于人眼对各种颜色敏感程度不同,也因指示剂两种颜色的强度不同,目视到的指示剂变色的pH范围与上述计算结果有差别。例如甲基橙($pK_{HIn}=3.4$)实际测定在pH为3.1—4.4范围内变色,也有人报导为3.1—4.5或2.9—4.3,而不是4.3±1。但变色范围总是在pK_{HIn}附近。

各种指示剂的pK_{HIn}不同,变色范围也不同,表3-3列出了常用酸碱指示剂及其变色范围。

表3-3 几种常用的酸碱指示剂及其变色范围

指示剂	变色范围 pH	颜色 酸色	颜色 碱色	pK_{HIn}	浓度	用量/滴/10mL 试液
百里酚蓝(第一步离解)	1.2—2.8(第一次变色)	红	黄	1.7	0.1%乙醇(20%)溶液	1—3
甲基黄	2.9—4.0	红	黄	3.3	0.1%乙醇(90%)溶液	1
甲基橙	3.1—4.4	红	黄	3.4	0.1%水溶液	1
溴酚蓝	3.0—4.6	黄	紫	4.1	0.1%乙醇(20%)溶液或其钠盐0.1%水溶液	1
溴甲酚绿	3.8—5.4	黄	蓝	4.9	0.1%乙醇(20%)溶液或其钠盐0.1%水溶液	1
甲基红	4.4—6.2	红	黄	5.0	0.1%或0.2%乙醇(60%)溶液	1
溴百里酚蓝	6.0—7.6	黄	蓝	7.3	0.1%或0.05%乙醇(20%)溶液或其钠盐0.1%或0.05%水溶液	1
中性红	6.8—8.0	红	黄橙	7.4	0.1%乙醇(60%)溶液	1
酚红	6.4—8.2	黄	红	8.0	0.1%乙醇(20%)溶液或其钠盐0.1%水溶液	1
百里酚蓝(第二步离解)	8.0—9.6(第二次变色)	黄	蓝	8.9	0.1%乙醇(20%)溶液	1
酚酞	8.2—10.0	无	红	9.1	0.1%乙醇(60%)溶液	1
百里酚酞	9.4—10.6	无	蓝	10.0	0.1%乙醇(90%)溶液	1—2

三、影响指示剂变色范围的因素

影响指示剂变色范围的因素是多方面的。对单色指示剂(如酚酞、百里酚酞等),指示剂的浓度有较大影响。以酚酞为例,设目视到 In^- 红色的最低浓度为 a,可以认为它是一个固定值,若溶液中指示剂的总浓度为 c,则

$$[H^+]=K_{HIn}\frac{[HIn]}{[In^-]}=K_{HIn}\frac{c-a}{a} \tag{3-45}$$

式中 K_{HIn},a 是常数,酚酞呈现红色的 $[H^+]$ 与 c 有关,c 增大,酚酞将在较低 pH 变色。例如在 50—100mL 溶液中加 2—3 滴 0.1%酚酞溶液,pH=9 时出现粉红色;在同样条件下加 10—15 滴酚酞溶液,在 pH=8 时出现粉红色。

对双色指示剂(如甲基橙、甲基红等),指示剂的浓度不会影响指示剂的变色范围。但是如果指示剂用量过多,会使色调变化不明显,同时指示剂本身也要消耗滴定剂,因而引入误差。

温度对指示剂变色范围也有影响。当温度改变时,指示剂的离解常数和水的质子自递常数都有改变,指示剂的变色范围也随之改变。例如 18℃时,甲基橙的变色范围是 pH=3.1—4.4,而 100℃时是 pH=2.5—3.7;18℃时酚酞的变色范围是 pH=8.3—10.0,而 100℃时是 pH=8.1—9.0。

其它如溶液的离子强度等对指示剂的变色范围也有影响。

四、混合指示剂

在酸碱滴定中,有时需将滴定终点限制在很窄的 pH 范围内,单一指示剂的变色范围约 2 个 pH 单位,难以达到要求,此时可采用混合指示剂。混合指示剂利用颜色互补作用,使颜色改变更为敏锐,变色范围较为狭窄。

混合指示剂有两种配制方法。一种方法是由两种或两种以上指示剂混合而成。例如 0.1%溴甲酚绿(变色范围 3.8—5.4)和 0.2%甲基红(变色范围 4.4—6.2)以 3:1 体积比混合,呈现颜色的示意图如下:

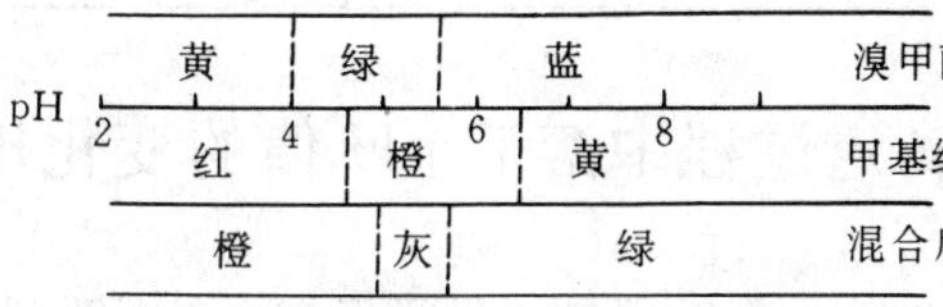

pH	黄	绿	蓝		溴甲酚绿
2—4	红	橙	6	黄 8	甲基红
	橙	灰	绿		混合后

pH=5.1 时,由于绿色和橙色互补,溶液呈灰色,颜色变化明显。另一种方法是由一种指示剂和一种惰性染料(如亚甲基蓝、靛蓝二磺酸钠等,它们不随 pH 的变化而改变颜色)配制而成,由于颜色的互补,颜色变化明显。例如甲基橙中加入靛蓝二磺酸钠,呈现颜色示意图如下:

当 pH 增大时，溶液由紫色→灰色→绿色的变色范围较窄，颜色变化明显，即使在灯光下也易辨别。

在表 3-4 列出几种常用的酸碱混合指示剂。

表 3-4 常用酸碱混合指示剂

指示剂溶液的组成	变色点的 pH	颜色		备 注
		酸色	碱色	
1 份 0.1%甲基黄乙醇溶液 1 份 0.1%亚甲基蓝乙醇溶液	3.25	蓝紫	绿	pH=3.2 蓝紫色 pH=3.4 绿色
1 份 0.1%甲基橙水溶液 1 份 0.25%靛蓝二磺酸钠水溶液	4.1	紫	黄绿	pH=4.1 灰色
3 份 0.1%溴甲酚绿乙醇溶液 1 份 0.2%甲基红乙醇溶液	5.1	酒红	绿	颜色变化极显著
1 份 0.1%溴甲酚绿钠盐水溶液 1 份 0.1%氯酚红钠盐水溶液	6.1	黄绿	蓝紫	pH=5.4 蓝绿色 pH=5.8 蓝色 pH=6.0 蓝微带紫色 pH=6.2 蓝紫色
1 份 0.1%中性红乙醇溶液 1 份 0.1%亚甲基蓝乙醇溶液	7.0	蓝紫	绿	pH=7.0 蓝紫色
1 份 0.1%甲酚红钠盐水溶液 3 份 0.1%百里酚蓝钠盐水溶液	8.3	黄	紫	pH=8.2 玫瑰色 pH=8.4 紫色
1 份 0.1%酚酞乙醇溶液 2 份 0.1%甲基绿乙醇溶液	8.9	绿	紫	pH=8.8 浅蓝色 pH=9.0 紫色
1 份 0.1%酚酞乙醇溶液 1 份 0.1%百里酚酞乙醇溶液	9.9	无	紫	pH=9.6 玫瑰色 pH=10.0 紫色

§7 滴定过程中溶液 pH 值的变化规律

为了选择合适的指示剂指示终点，必须了解滴定过程中溶液 pH 值的变化。不同类型的酸碱滴定，其 pH 值的变化规律是各不相同的，下面分别加以讨论。

一、强碱滴定强酸

滴定反应是

$$H^+ + OH^- \rightleftharpoons H_2O$$

$$K_t = \frac{1}{[H^+][OH^-]} = \frac{1}{K_w} = 10^{14} \tag{3-46}$$

滴定常数 K_t 值很大,是水溶液中反应程度最完全的酸碱反应。

以强碱(NaOH)滴定强酸(HCl)为例。设 HCl 的浓度为 c_0(0.1000mol/L),体积为 V_0(20.00mL),NaOH 的浓度为 c(0.1000mol/L),滴定时加入的体积为 V(mL)。整个滴定过程可分为四个阶段:

1. 滴定前,溶液的组成为 HCl,溶液的[H$^+$]等于 HCl 的浓度 c_0。

$$[\text{H}^+] = c_0 = 0.1000 \text{mol/L}$$
$$\text{pH} = 1.00$$

2. 滴定开始到化学计量点前,溶液的组成为 HCl+NaCl,溶液的[H$^+$]取决于剩余的 HCl 的浓度。

$$[\text{H}^+] = \frac{c_0(V_0 - V)}{V_0 + V}$$

例如,当加入 NaOH 18.00mL 时,

$$[\text{H}^+] = \frac{0.1000(20.00 - 18.00)}{20.00 + 18.00} \text{mol/L} = 5.26 \times 10^{-3} \text{mol/L}$$
$$\text{pH} = 2.28$$

当加入 NaOH 19.98mL 时,

$$[\text{H}^+] = \frac{0.1000(20.00 - 19.98)}{20.00 + 19.98} \text{mol/L} = 5.00 \times 10^{-5} \text{mol/L}$$
$$\text{pH} = 4.30$$

3. 化学计量点时,NaOH 和 HCl 恰好按化学计量反应,溶液的组成为 NaCl,溶液的[H$^+$]由水的离解决定。

$$[\text{H}^+] = [\text{OH}^-] = 1.00 \times 10^{-7} \text{mol/L}$$
$$\text{pH} = 7.00$$

此时,溶液呈中性,称为"中性点"。

4. 化学计量点后,溶液的组成为 NaCl+NaOH,溶液的[H$^+$]取决于过量的 NaOH。

$$[\text{OH}^-] = \frac{c(V - V_0)}{V_0 + V}$$

例如,当加入 NaOH 20.02mL 时

$$[\text{OH}^-] = \frac{0.1000(20.02 - 20.00)}{20.00 + 20.02} \text{mol/L} = 5.00 \times 10^{-5} \text{mol/L}$$
$$\text{pOH} = 4.30, \text{pH} = 9.70$$

如此逐一计算,计算结果列于表 3-5。

若以 NaOH 加入量(或酸被滴定的百分数)为横坐标,溶液的 pH 值为纵坐标,绘制滴定曲线,如图 3-7 所示。

从表 3-5 的数据和滴定曲线(图 3-7)来分析滴定过程中溶液 pH 值的变化规律。滴定开始后,随着加入 NaOH 量的增加,溶液 pH 值变化很小,曲线比较平坦。从滴定开始到加入 19.98mL NaOH 溶液(99.9% HCl 被滴定),溶液的 pH 从 1.00 到 4.30,增加了 3.3 个单位。但是从 99.9% HCl 被滴定(0.1% HCl 未被滴定)到 0.1% NaOH 过量(NaOH 加入量仅 0.04mL,约 1 滴溶液),溶液的 pH 值从 4.30 到 9.70,增加了 5.4 个 pH 单位,溶

液从酸性变为碱性。溶液的 pH 值有一个突变,这一段曲线几乎是垂线。这种 pH 值的突变称为"滴定突跃",它所处的 pH 范围称为"滴定突跃范围"。此后继续加入 NaOH,溶液的 pH 值的变化逐渐减小,曲线又趋于平坦。

表 3-5　0.1000mol/L NaOH 滴定 20.00mL 0.1000 mol/L HCl 时的 pH 改变情况

加入 NaOH /mL	HCl 被滴定的百分数	剩余的 HCl /mL	过量的 NaOH /mL	$[H^+]$ /mol/L	pH
0.00	0.00	20.00		1.00×10^{-1}	1.00
18.00	90.00	2.00		5.26×10^{-3}	2.28
19.80	99.00	0.20		5.02×10^{-4}	3.30
19.98	99.90	0.02		5.00×10^{-5}	4.30
20.00	100.00	0.00		1.00×10^{-7}	7.00
20.02	100.1		0.02	2.00×10^{-10}	9.70
20.20	101.0		0.20	2.01×10^{-11}	10.70
22.00	110.0		2.00	2.10×10^{-12}	11.68
40.00	200.0		20.00	5.00×10^{-13}	12.30

必须指出,滴定突跃的大小与溶液的浓度有关。对强酸强碱滴定,酸、碱溶液的浓度各增加 10 倍,滴定突跃范围就增加 2 个 pH 单位。作化学计量点前后 2% 的滴定曲线如图 3-8 所示。

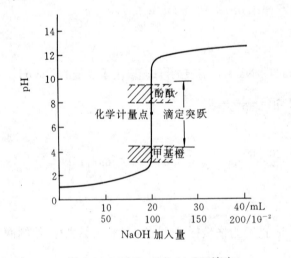

图 3-7　0.1000mol/L NaOH 滴定 0.1000mol/L HCl 的滴定曲线

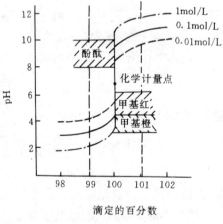

图 3-8　不同浓度的强碱滴定相应浓度强酸的滴定曲线

二、强碱滴定一元弱酸

滴定反应是

$$HA + OH^- \rightleftharpoons A + H_2O$$

$$K_t = \frac{[A]}{[HA][OH^-]} = \frac{K_a}{K_w} \tag{3-47}$$

滴定常数 K_t 值比强碱滴定强酸的要小，反应完全程度比强碱滴定强酸要差。K_a 值越大，即酸越强，K_t 值越大，反应越完全；如果酸太弱，反应不能定量地进行完全，这种弱酸不能被 NaOH 滴定。

以强碱(NaOH)滴定弱酸(HAc)为例。设 HAc 的浓度为 c_0(0.1000mol/L)，体积为 V_0 (20.00mL)；NaOH 的浓度为 c(0.1000mol/L)，滴定时加入的体积为 V(mL)。计算滴定过程中溶液的 pH 值，列于表 3-6 中，并绘制滴定曲线(图 3-9)。

表 3-6 0.1000mol/L NaOH 滴定 20.00mL 0.1000 mol/L HAc 时 pH 值的改变情况

加入 NaOH /mL	HAc 被滴定的百分数	溶液组成	[H⁺]计算公式	pH
0.00	0.0	HAc	$[H^+] = \sqrt{K_a c_0}$	2.88
10.00	50.0			4.75
18.00	90.0	HAc+Ac⁻	$[H^+] = K_a \frac{c_{HAc}}{c_{Ac^-}} = K_a \frac{c_0 V_0 - cV}{cV}$	5.70
19.80	99.0			6.74
19.98	99.9			7.75
20.00	100.0	Ac⁻	$[OH^-] = \sqrt{K_b c_{Ac^-}} = \sqrt{\frac{1}{2} K_b c_0}$	8.72
20.02	100.1			9.70
20.20	101.0	OH⁻+Ac⁻	$[OH^-] = \frac{cV - c_0 V_0}{V_0 + V}$	10.70
22.00	110.0			11.68
40.00	200.0			12.30

从表 3-6 的数据和图 3-9 的滴定曲线可以看到：

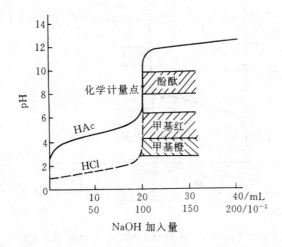

图 3-9 0.1000mol/L NaOH 滴定 0.1000mol/L HAc 的滴定曲线

1. 滴定前,由于 HAc 是弱酸,溶液的 pH 值比强酸溶液的大,pH=2.88。

2. 滴定开始瞬间,由于生成少量 Ac⁻,抑制了 HAc 的离解,[H⁺]降低,pH 值增加较快。

3. 继续加入 NaOH,溶液中的 Ac⁻ 与 HAc 组成缓冲溶液,到 50%HAc 被滴定时,[HAc]:[Ac⁻]=1:1,此时溶液的缓冲容量最大,pH=pK_a。在这一点附近,加入 NaOH 时,溶液的 pH 变化不大,从 10%HAc 被滴定到 90%HAc 被滴定,pH 从 3.80 增加到 5.70,只改变了约 2 个 pH 单位,曲线的斜率很小。

4. 到达化学计算点附近,溶液的 pH 值发生突变,从 99.9%HAc 被滴定到 0.1% NaOH 过量,pH 从 7.75 到 9.70,增加了 2 个 pH 单位,这就是滴定突跃。它比强碱滴定强酸的突跃小得多,而且处在碱性范围内。

5. 在化学计量点时,由于滴定产物是 Ac⁻,它是弱碱。化学计量点的 pH 是 8.72。

6. 化学计量点后为 NaAc 和 NaOH 混合溶液。Ac⁻ 的碱性较弱,它的离解受到过量 OH⁻ 的抑制,溶液的 pH 变化与强碱滴定强酸相同。

改变 NaOH 和 HAc 溶液的浓度,溶液的 pH 值改变情况列于表 3-7 中,绘制滴定曲线如图 3-10 所示。

表 3-7 不同浓度的 NaOH 滴定相应浓度 HAc 时溶液 pH 值的改变情况

被滴定酸的百分数 \ pH \ 溶液浓度	1mol/L	0.1mol/L	0.01mol/L
0.0	2.38	2.88	3.38
99.9	7.75	7.75	7.75
100.0	9.22₅ ⟩1.47₅ ⟩1.47₅	8.72₅ ⟩0.97₅ ⟩0.97₅	8.22₅ ⟩0.47₅ ⟩0.47₅
100.1	10.70	9.70	8.70

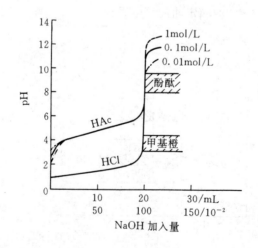

图 3-10 不同浓度 NaOH 滴定相应浓度 HAc 的滴定曲线

从表 3-7 的数据和图 3-10 的滴定曲线可以看到：

1. 化学计量点前,溶液浓度的改变对 pH 值几乎没有影响,这是因为溶液中存在 HAc-Ac 缓冲体系,在化学计量点前,不同浓度溶液的滴定曲线是重合的。

2. 化学计量点后,与强碱滴定强酸的情况相同,浓度增加 10 倍,滴定突跃增加 1 个 pH 单位。

3. 在滴定突跃范围内化学计量点前后的滴定曲线是对称的。例如 1mol/L NaOH 滴定 1mol/L HAc,化学计量点 pH＝9.22$_5$.滴定突跃范围是 9.22$_5$±1.47$_5$；0.1mol/L NaOH 滴定 0.1 mol/L HAc,滴定突跃范围是 8.72$_5$±0.97$_5$；0.01mol/L NaOH 滴定 0.01mol/L HAc,滴定突跃范围是 8.22$_5$±0.47$_5$。

酸的强弱对滴定突跃的影响较大。以 0.1mol/L NaOH 滴定 0.1mol/L 各种不同强度的酸为例,化学计量点前后溶液 pH 改变情况列于表 3-8,图 3-11 是相应的滴定曲线。

表 3-8 0.1mol/L NaOH 滴定 0.1mol/L HA 时溶液 pH 值改变情况

被滴定酸的百分数 \ 酸的离解常数 pH	HCl	HA ($K_a=10^{-5}$)	HA ($K_a=10^{-7}$)	HA ($K_a=10^{-9}$)
−0.2	4.0	7.6	9.57	10.78
−0.1	4.3	8.0	9.70	0.02
	>2.7	>0.85	>0.15	
等当点	7.0	8.8$_5$	9.85	10.80
	>2.7	>0.85	>0.15	
+0.1	9.7	9.7	10.00	0.02
+0.2	10.0	10.0	10.13	10.82

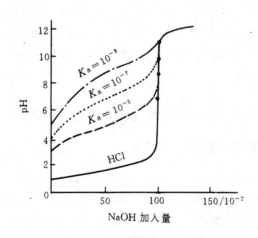

图 3-11 用 0.1mol/L NaOH 滴定 0.1mol/L 各种强度酸的滴定曲线

从表 3-8 和图 3-11 可以看到,当溶液浓度一定时,滴定突跃和酸的强度有关：

1. 酸越弱,滴定常数 K_t 值越小,滴定反应越不完全,滴定突跃越小。

2. 酸越弱,化学计量点时生成的该酸的共轭碱越强,化学计量点的 pH 越大。

3. 化学计量点前后的滴定曲线基本上是对称的,例如弱酸的 $K_a=10^{-7}$ 时,滴定突跃为 9.85±0.15,只有 0.3 个 pH 单位。

三、强酸滴定弱碱

滴定反应是

$$B+H^+ \rightleftharpoons HB^+$$

$$K_t = \frac{[HB^+]}{[B][H^+]} = \frac{1}{K_a} \tag{3-48}$$

这种类型的滴定与强碱滴定弱酸相类似,所不同的仅是溶液的 pOH 值由小到大,pH 值由大到小。0.1000mol/L HCl 滴定 20.00mL 0.1000mol/L NH_3 的滴定曲线如图 3-12 所示。

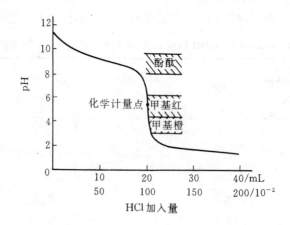

图 3-12 0.1000mol/L HCl 滴定 0.1000mol/L NH_3 的滴定曲线

从图 3-12 可以看到,用 HCl 滴定 NH_3 时,化学计量点和滴定突跃都在酸性范围内。

与强碱滴定弱酸相似,弱碱的强度和弱碱溶液的浓度都影响反应的完全程度和滴定突跃的大小。

§8 指示剂的选择和终点误差

一、指示剂的选择和终点误差

指示剂的选择主要以滴定突跃为依据。如果指示剂的变色范围处于滴定突跃范围之内,终点误差小于±0.1%。如果指示剂的变色范围有一部分处于滴定突跃范围之内,也可以选用,但有时误差稍大。例如 0.1mol/L NaOH 滴定 0.1mol/L HCl 时,滴定突跃 pH=4.30—9.70,酚酞、甲基红都是合适的指示剂。

强碱滴定弱酸时,滴定突跃较小,且处于弱碱性范围内,在酸性范围内变色的指示剂如甲基橙、甲基红等都不适用,只能选择在碱性范围内变色的指示剂,如酚酞、百里酚蓝等。酸越弱,滴定突跃越小。例如滴定 0.1mol/L, $K_a=10^{-7}$ 的弱酸时,滴定突跃为 9.70—10.00,即使能选择到合适的指示剂(指示剂的变色点与化学计量点一致),指示剂的颜色改变也很难辨认,要准确滴定到±0.1%是有困难的,一般可以准确滴定到±0.2%。如果能选择到变色范围较窄的混合指示剂,则有可能准确滴定到±0.1%。

强酸滴定弱碱时,化学计量点和滴定突跃都在酸性范围内,应选择酸性范围内变色的指示剂,如甲基橙、甲基红等。

选择指示剂时还应注意指示剂的颜色变化是否明显,是否易于观察。例如用 0.1 mol/L NaOH 滴定 0.1mol/L HCl,用甲基橙作指示剂,溶液的颜色由橙色变为黄色(pH=4.4)。理论上讲,此时未被滴定的 HCl 小于 0.1%,但由于橙色变为黄色不易分辨,实际的终点难于判定,使终点误差变大;所以选用甲基橙是不合适的。但当用 0.1mol/L HCl 滴定 0.1mol/L NaOH 时,甲基橙由黄色变为橙色,虽有+0.2%误差,但颜色变化明显。因此,强酸滴定强碱时,常选用甲基橙作指示剂。根据同样理由,酚酞指示剂适用于碱滴定酸,不适用于酸滴定碱。

二、终点误差的计算方法

以浓度为 c(mol/L)NaOH 滴定浓度为 c_0(mol/L),溶液体积为 V_0(mL)的酸为例。设滴定到终点时共消耗 NaOH 溶液体积 V(mL),则

$cV = c_0V_0$ 无误差

$cV < c_0V_0$ 负误差

$cV > c_0V_0$ 正误差

终点误差(以 $TE\%$ 表示)为

$$TE\% = \frac{cV - c_0V_0}{c_0V_0} \times 100\% \tag{3-49}$$

(一) 强碱和强酸的滴定

以 NaOH 滴定 HCl 为例。

1. 终点在化学计量点后

此时有过量 NaOH 存在,溶液的质子条件为

$$[H^+] = [OH^-] - c'_b$$

式中 c'_b 为过量 NaOH 的浓度,则

$$c'_b = [OH^-] - [H^+]$$

代入式(3-49),得

$$\begin{aligned}TE\% &= \frac{c'_b V_终}{c_0 V_0} \times 100\% \\ &= \frac{([OH^-] - [H^+])V_终}{c_0 V_0} \times 100\%\end{aligned} \tag{3-50}$$

式中 $V_终$ 为终点时溶液的体积。为简化起见,若 $c \approx c_0$,则 $V_终 \approx V_等 \approx 2V_0$($V_等$ 为化学计量点时溶液的体积),代入式(3-50),得

$$\begin{aligned}TE\% &= \frac{([OH^-] - [H^+])2V_0}{c_0 V_0} \times 100\% \\ &= \frac{2([OH^-] - [H^+])}{c_0} \times 100\%\end{aligned} \tag{3-51}$$

2. 终点在化学计量点前

此时还有一部分 HCl 未被滴定，溶液的质子条件是
$$[H^+]=[OH^-]+c'_a$$
式中 c'_a 是未被滴定 HCl 的浓度，则
$$c'_a=[H^+]-[OH^-]$$
代入式(3-49)，进行同样的简化处理，得
$$TE\% = -\frac{c_a V_终}{c_0 V_0} \times 100\%$$
$$= \frac{2([OH^-]-[H^+])}{c_0} \times 100\% \tag{3-52}$$

式(3-51)与式(3-52)相同，表示无论终点在化学计量点前或是后，终点误差计算公式相同。计算结果的符号相反。

同样，强酸滴定强碱的终点误差计算公式是
$$TE\% = \frac{2}{c_0}([H^+]-[OH^-]) \times 100\% \tag{3-53}$$

例 12 0.1mol/L NaOH 滴定 0.1mol/L HCl，用酚酞作指示剂（变色点 pH=9），计算终点误差。

解 设终点 pH=9，则
$$TE\% = \frac{2([OH^-]-[H^+])}{c_0} \times 100\%$$
$$= \frac{2(10^{-5}-10^{-9})}{0.1} \times 100\% = +0.02\%$$

误差为正值，表示终点在化学计量点后。

（二）强碱滴定一元弱酸

以 NaOH 滴定弱酸 HA 为例。

1. 终点在化学计量点后

此时加入了过量 NaOH，溶液的组成为 A+NaOH，溶液的质子条件式为
$$[H^+]+[HA]=[OH^-]-c'_b$$
式中 c'_b 为过量 NaOH 的浓度，
$$c'_b=[OH^-]-[H^+]-[HA] \tag{3-54}$$
代入式(3-49)得
$$TE\% = \frac{c'_b V_终}{c_0 V_0} \times 100\%$$
$$= \frac{([OH^-]-[H^+]-[HA])V_终}{c_0 V_0} \times 100\%$$
若 $c \approx c_0$，$V_终 \approx 2V_0$ 则
$$TE\% = \frac{2([OH^-]-[H^+]-[HA])}{c_0} \times 100\% \tag{3-55}$$

2. 终点在化学计量点前

还有一部分 HA 未被滴定，溶液的质子条件式为
$$[H^+]+[HA]-c'_a=[OH^-]$$

式中 c'_a 为未被滴定的 HA 的浓度,
$$c'_a = [H^+] - [OH^-] + [HA] \tag{3-56}$$

$$TE\% = -\frac{c'_a V_{终}}{c_0 V_0} \times 100\%$$

$$= -\frac{([H^+] - [OH^-] + [HA])V_{终}}{c_0 V_0} \times 100\%$$

若 $c \approx c_0$, $V_{终} \approx 2V_0$,则

$$TE\% = -\frac{2([H^+] - [OH^-] + [HA])}{c_0} \times 100\% \tag{3-57}$$

式(3-55)和式(3-57)是一致的。

例 13 以 0.1mol/L NaOH 滴定 0.1mol/L HAc,若终点的 pH 值与化学计量点的 pH 值相差±0.5pH 单位,求终点误差。

解 已知 0.1mol/L NaOH 滴定 0.1mol/L HAc 的化学计量点的 pH=8.72。

1. 若终点 pH=8.72−0.5=8.22,则

$$[H^+] = 10^{-8.22} \text{mol/L}, \quad [OH^-] = 10^{-5.78} \text{mol/L}$$

$$[HA] = \frac{c[H^+]}{[H^+] + K_a} = \frac{0.05 \times 10^{-8.22}}{10^{-8.22} + 10^{-4.75}} \text{mol/L} = 10^{-4.77} \text{mol/L}$$

$$TE\% = \frac{2([OH^-] - [H^+] - [HA])}{c_0} \times 100\%$$

$$= \frac{2(10^{-5.78} - 10^{-8.22} - 10^{-4.77})}{0.1} \times 100\% = -0.03\%$$

2. 若终点 pH=8.72+0.5=9.22,则

$$[H^+] = 10^{-9.22} \text{mol/L}, \quad [OH^-] = 10^{-4.78} \text{mol/L}$$

$$[HA] = \frac{0.05 \times 10^{-9.22}}{10^{-9.22} + 10^{-4.75}} \text{mol/L} = 10^{-5.77} \text{mol/L}$$

$$TE\% = \frac{2(10^{-4.78} - 10^{-9.22} - 10^{-5.77})}{0.1} \times 100\% = +0.03\%$$

例 14 以 0.1mol/L NaOH 滴定 0.1mol/L HAc,如果选用甲基红(变色点 pH=5)作指示剂,是否合适?

解 终点 pH=5,求得终点误差为−36%,因此强碱滴定弱酸,不能用甲基红这样的酸性范围内变色的指示剂。

三、用浓度对数图求终点误差*

以例 13 为例。作 HAc 溶液的浓度对数图(c_{HAc}=0.05mol/L),如图 3-13 所示。求化学计量点的 pH 值。列出化学计量点溶液的质子条件式:

$$[H^+] + [HAc] = [OH^-]$$

从图 3-13 可以看出,$[HAc] \gg [H^+]$,上式简化为

$$[HAc] = [OH^-]$$

lg[HAc]-pH 线与 lg[OH$^-$]-pH 线的交点 E 符合此条件,得化学计量点的

$$pH = 8.7$$

当滴定到 pH=8.7−0.5=8.2 时,根据式(3-56),未被滴定的 HAc 的浓度为

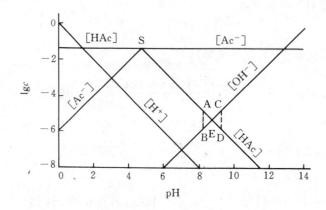

图 3-13　HAc 溶液的 lgc-pH 图（$c_{HAc}=0.05$mol/L）

$$c'_{HAc}=[H^+]-[OH^-]+[HAc]$$

从图 3-13 可以看出 $[HAc]\gg[H^+]$，$[H^+]$ 可以忽略，当 pH=8.2 时，

lg[HAc]=−4.8（图中 A 点），[HAc]=$10^{-4.8}$mol/L，

lg[OH⁻]=−5.8（图中 B 点），[OH⁻]=$10^{-5.8}$mol/L，

$$TE\%=-\frac{c'_{HAc}V_{终}}{c_0V_0}\times 100\%=-\frac{(10^{-4.8}-10^{-5.8})\times 40}{0.1\times 20}\times 100\%=-0.03\%$$

当滴定到 pH=8.7+0.5=9.2 时，根据式(3-54)，过量的 NaOH 的浓度为

$$c'_{NaOH}=[OH^-]-[H^+]-[HAc]$$

从图 3-13，忽略 $[H^+]$，当 pH=9.2 时，

lg[HAc]=−5.8（图中 D 点），[HAc]=$10^{-5.8}$mol/L，

lg[OH⁻]=−4.8（图中 C 点），[OH⁻]=$10^{-4.8}$mol/L

$$TE\%=\frac{c'_{NaOH}V_{终}}{c_0V_0}\times 100\%=\frac{(10^{-4.8}-10^{-5.8})\times 40}{0.1\times 20}\times 100\%=+0.03\%$$

四、酸碱滴定可行性的判断

适用于滴定分析的化学反应必须在化学计量点时，反应定量地进行完全。反应的平衡常数越大，反应越完全，滴定突跃越大，越容易判断化学计量点的到达，越容易准确滴定，因此，反应的完全程度关系着滴定的实际可行性。

对于可行的滴定，平衡常数到底要多大？决定于下面几个因素：(1) 待滴定物与滴定剂的浓度；(2) 滴定准确度的要求；(3) ΔpH 的大小（ΔpH=pH$_{终}$−pH$_{等}$）。滴定突跃为 pH$_{等}$±ΔpH，一般用指示剂目测终点要求 ΔpH 至少为±0.2pH 单位。从表 3-8 所列的数据和图 3-11 所示的滴定曲线可以看到 0.1mol/L NaOH 滴定 0.1mol/L HA 时，当 $K_a=10^{-5}$ 时，滴定突跃为 8.85±0.85，可以准确滴定；当 $K_a=10^{-7}$ 时，滴定突跃为 9.85±0.15，此时用指示剂目测终点已很困难，这是能准确滴定到±0.1% 的下限；而当 $K_a=10^{-9}$ 时，已不能滴定。因此强碱滴定一元弱酸用指示剂目测终点（ΔpH 至少为±0.2pH 单位），准确度为±0.1% 的必要条件为

$$c_aK_a\geq 10^{-8}$$

与此相同,强酸滴定一元弱碱用指示剂目测终点,准确度为±0.1%的必要条件为
$$c_b K_b \geqslant 10^{-8}$$
这与要求滴定反应完全程度达 99.9% 以上时的必要条件 $cK_t \geqslant 10^6$ 是一致的。

如果改变检测终点的方法(如用仪器检测终点),可测出更小的 ΔpH 变化,提高了检测终点的准确度;或降低对准确度的要求(一般常量分析允许误差为±0.1%—±0.5%,有时可达±1%),则 $c_a K_a$ (或 $c_b K_b$) 值稍小于 10^{-8} 时也能滴定。

如果 HA-A 为共轭酸碱,则

1. 当 $K_a > K_b$,表示酸较强,酸的共轭碱较弱,则能用 NaOH 滴定 HA,不能用 HCl 滴定 A。

2. 当 $K_b > K_a$,表示酸较弱,酸的共轭碱较强,则能用 HCl 滴定 A,不能用 NaOH 滴定 HA。

3. 若 $K_a = K_b = 10^{-7}$,当浓度为 0.1mol/L 时,HA 和 A 都可以被滴定,但都不能准确滴定。因此,当浓度为 0.1mol/L 时,$K_a = 10^{-7}$ 或 $K_b = 10^{-7}$ 是能够滴定的下限。

0.1mol/L 强碱滴定各种不同强度的酸和 0.1mol/L 强酸滴定各种不同强度的碱的滴定曲线(不考虑滴定过程中溶液体积的变化)如图 3-14 所示。从图上可以看到共轭酸碱对在滴定中的情况。例如 $K_{HAc} = 10^{-4.75}$, $K_{Ac^-} = 10^{-9.25}$,能用 NaOH 准确滴定 HAc,但不能用 HCl 滴定 Ac^-; $K_{H_3BO_3} = 10^{-9.14}$, $K_{b(H_2BO_3^-)} = 10^{-4.86}$,不能用 NaOH 滴定 H_3BO_3,但可用 HCl 准确滴定硼砂($Na_2B_4O_7$)。

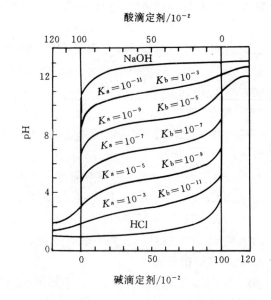

图 3-14 0.1mol/L 酸或碱的滴定曲线

§9 多元酸(或碱)和混合酸的滴定

多元酸(或碱)在水溶液中分级离解,用强碱(或强酸)滴定多元酸(或多元碱)的情况比较复杂。讨论以下几个方面的问题。

1. 多元酸的滴定是分步进行的。在用强碱滴定多元酸时能否准确分步滴定?
2. 能滴定到哪一级?
3. 怎样选择合适的指示剂?终点误差有多大?

一、强碱滴定多元酸

以 NaOH 滴定二元酸 H_2A 为例。

1. 能否分步滴定和分步滴定的条件

H_2A 在水溶液中分两级离解：

$$H_2A \rightleftharpoons H^+ + HA^- \quad K_{a_1} = \frac{[H^+][HA^-]}{[H_2A]} \quad (3\text{-}58)$$

$$HA^- \rightleftharpoons H^+ + A^{2-} \quad K_{a_2} = \frac{[H^+][A^{2-}]}{[HA^-]} \quad (3\text{-}59)$$

在 H_2A 溶液中加入 NaOH，式(3-58)和式(3-59)两个反应同时进行，但进行的程度不同。如果 $K_{a_1} \gg K_{a_2}$，式(3-58)反应进行程度很大，即当 H_2A 几乎定量地滴定到 HA^- 时，只有很少一部分 HA^- 被滴定生成 A^{2-}，这可以忽略不计，此时在滴定曲线第一个化学计量点附近有一个 pH 突跃；如果 K_{a_1} 和 K_{a_2} 相差不大，则 H_2A 尚未定量滴定到 HA^- 时，就有相当量的 HA^- 被滴定到 A^{2-}，这样，在第一个化学计量点附近没有明显的突跃，无法确定终点。

二元酸的 δ-pH 图（见图 3-2, 3-3）清楚地说明了分步滴定的可能性与 K_{a_1}/K_{a_2} 的关系。如果 ΔpH $= \pm 0.3$，允许误差为 $\pm 0.5\%$，即在化学计量点前后 0.5% 有 0.3pH 变化，则要求 $K_{a_1}/K_{a_2} \geqslant 10^5$。

2. 能滴定到哪一级

强碱滴定一元弱酸能够滴定的条件是 $c_a K_a \geqslant 10^{-8}$，这个条件也适用于多元酸。有下列几种情况：

① $K_{a_1}/K_{a_2} \geqslant 10^5$，$c_{等} K_{a_2} \geqslant 10^{-8}$，能分步滴定，并能滴定到第二步；

② $K_{a_1}/K_{a_2} \geqslant 10^5$，$c_{等} K_{a_2} \leqslant 10^{-8}$，能分步滴定，但第二步不能滴定；

③ $K_{a_1}/K_{a_2} \leqslant 10^5$，$c_{等} K_{a_2} \geqslant 10^{-8}$，不能分步滴定，只能一次将 H_2A 滴定到 A^{2-}；

④ $c_a K_{a_1} \leqslant 10^{-8}$，这种二元酸不能直接滴定。

3. 怎样选择指示剂

滴定多元酸，滴定突跃较小，计算不简便，通常近似地用最简式计算化学计量点的 pH 值，根据此 pH 值选择指示剂。允许指示剂的变色点在化学计量点前后有 0.3pH 单位的变化，则终点误差约为 $\pm 0.5\%$。

例 15 讨论用 0.1mol/L NaOH 滴定 0.1mol/L $H_2C_2O_4$ 的情况。

解 $H_2C_2O_4$ 分两级离解：

$$H_2C_2O_4 \rightleftharpoons H^+ + HC_2O_4^{2-} \quad pK_{a_1} = 1.23$$

$$HC_2O_4^- \rightleftharpoons H^+ + C_2O_4^{2-} \quad pK_{a_2} = 4.19$$

因 $pK_{a_1} - pK_{a_2} < 5$，$H_2C_2O_4$ 不能分步滴定，但 $c_{HC_2O_4^-} K_{a_2} > 10^{-8}$，$H_2C_2O_4$ 能一步滴到 $C_2O_4^{2-}$，滴定曲线如图 3-15 所示。从滴定曲线可以看到在第一个化学计量点没有突跃，但因 K_{a_2} 较大，在第二个化学计量点附近有明显的突跃。如果选用酚酞作指示剂，终点误差小于 $\pm 0.1\%$。

多数的有机多元弱酸的情况与此相似，各级相邻的 K_a 值相差太小，不能分步滴定。如

酒石酸：$pK_{a_1} = 2.85$ $pK_{a_2} = 4.34$

柠檬酸：$pK_{a_1} = 3.15$ $pK_{a_2} = 4.77$ $pK_{a_3} = 6.39$

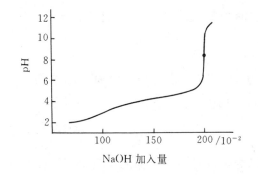

图 3-15 H$_2$C$_2$O$_4$ 的滴定曲线

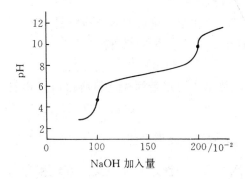

图 3-16 H$_3$PO$_4$ 的滴定曲线

例 16 讨论用 0.1mol/L NaOH 滴定 0.1mol/L H$_3$PO$_4$ 的情况。

解 H$_3$PO$_4$ 分三级离解：

$$H_3PO_4 \rightleftharpoons H^+ + H_2PO_4^- \qquad pK_{a_1}=2.12$$
$$H_2PO_4^- \rightleftharpoons H^+ + HPO_4^{2-} \qquad pK_{a_2}=7.21$$
$$HPO_4^{2-} \rightleftharpoons H^+ + PO_4^{3-} \qquad pK_{a_3}=12.36$$

因 $pK_{a_2}-pK_{a_1}>5$，H$_3$PO$_4$ 被滴定到 H$_2$PO$_4^-$ 时出现第一个突跃；又因 $pK_{a_3}-pK_{a_2}>5$，H$_2$PO$_4^-$ 进一步滴定到 HPO$_4^{2-}$ 时，出现第二个突跃，但因 $c_{HPO_4^{2-}}\cdot K_{a_3}<10^{-8}$，HPO$_4^{2-}$ 不能继续被滴定。用 0.1mol/L NaOH 滴定 0.1mol/L H$_3$PO$_4$ 的滴定曲线见图 3-16。

近似地用最简式(式 3-34)计算化学计量点的 pH 值：

第一个化学计量点，

$$pH=\frac{1}{2}(pK_{a_1}+pK_{a_2})=\frac{1}{2}(2.12+7.21)=4.66$$

可选用甲基橙(橙色→黄色)作指示剂。但因滴定突跃很小，终点误差较大。如果采用同浓度的 NaH$_2$PO$_4$ 溶液作参比，误差不大于 0.5%。有时选用混合指示剂(溴甲酚绿和甲基橙，变色点 pH=4.3，橙色→绿色)，终点时变色较明显。

第二个化学计量点，

$$pH=\frac{1}{2}(pK_{a_2}+pK_{a_3})=\frac{1}{2}(7.21+12.36)=9.78$$

可选用百里酚酞(无色→浅蓝色)作指示剂，误差约为 0.5%。有时选用混合指示剂(酚酞和百里酚酞，无色→紫色)，终点时变色较明显。

HPO$_4^{2-}$ 不能用 NaOH 直接滴定。但可利用生成难溶化合物使弱酸强化的反应进行测定。在 HPO$_4^{2-}$ 溶液中加入 Ca^{2+}，发生下式反应，

$$2HPO_4^{2-}+3Ca^{2+}\longrightarrow Ca_3(PO_4)_2\downarrow+2H^+$$

用 NaOH 滴定释放出来的 H$^+$，为了不使 Ca$_3$(PO$_4$)$_2$ 溶解，选用酚酞作指示剂。

若要更准确地计算用 NaOH 滴定 H$_3$PO$_4$ 第一个化学计量点时的 pH 值，应用近似公式(3-33)，

$$[H^+]=\sqrt{\frac{K_{a_1}K_{a_2}c_{H_2PO_4^-}}{K_{a_1}+c_{H_2PO_4^-}}}=\sqrt{\frac{10^{-2.12}\times 10^{-7.21}\times 0.05}{10^{-2.12}+0.05}}\text{mol/L}=2.0\times 10^{-5}\text{mol/L}$$

pH=4.70

第二个化学计量点的滴定产物是 HPO_4^{2-}，它的浓度 $c_{HPO_4^{2-}}=0.033mol/L$。化学计量点 pH 值的计算参看例 11，得

pH=9.66

计算结果与用最简式计算所得结果相差不大，对指示剂的选择无影响，为了简便起见，选择指示剂时，化学计量点的 pH 值常用最简式计算。

二、强碱滴定混合酸

混合弱酸的滴定与多元酸的滴定相类似，以 NaOH 滴定混合酸 HA（浓度为 c_{HA}）和 HB（浓度为 c_{HB}）为例。这两种酸能分别滴定的条件为

$$\frac{c_{HA}K_{HA}}{c_{HB}K_{HB}} \geq 10^5$$

终点误差约为 0.5%。该混合酸能够滴定的条件为

$$c_{HA}K_{HA} \geq 10^{-8}, \quad c_{HB}K_{HB} \geq 10^{-8}$$

第一个化学计量点的 $[H^+]$ 近似地用下式计算

$$[H^+]=\sqrt{\frac{K_{HA}K_{HB}c_{HB}}{c_{HA}}} \tag{3-60}$$

若 $c_{HA}=c_{HB}$，上式简化为

$$[H^+]=\sqrt{K_{HA}K_{HB}}$$

$$pH=\frac{1}{2}(pK_{HA}+pK_{HB}) \tag{3-61}$$

例 17 用 0.1mol/L NaOH 滴定甲酸（HCOOH，以 HA 表示，$pK_{HA}=3.75$）和硼酸（H_3BO_3，以 HB 表示，$pK_{a_1}=9.14$）混合溶液。讨论在下列三种情况下，能否分别滴定（允许误差 ±0.5%），如果能滴定，求化学计量点的 pH 值。

(1) $c_{HA}=0.1mol/L$, $\quad c_{HB}=0.1mol/L$

(2) $c_{HA}=0.1mol/L$ $\quad c_{HB}=0.001mol/L$

(3) $c_{HA}=0.001mol/L$, $\quad c_{HB}=0.1mol/L$

解 $c_{HA}K_{HA}>10^{-8}$，$c_{HB}K_{HB}<10^{-8}$，甲酸能准确滴定，硼酸不能滴定。

(1) $c_{HA}=0.1mol/L$, $c_{HB}=0.1mol/L$,

$$\frac{c_{HA}K_{HA}}{c_{HB}K_{HB}}=\frac{0.1\times 10^{-3.75}}{0.1\times 10^{-9.14}}=10^{5.39}>10^5$$

所以在 H_3BO_3 存在下，能准确滴定 HCOOH，化学计量点的 pH 值为

$$pH=\frac{1}{2}(pK_{HA}+pK_{HB})=\frac{1}{2}(3.75+9.14)=6.44$$

(2) $c_{HA}=0.1mol/L$, $c_{HB}=0.001mol/L$,

$$\frac{c_{HA}K_{HA}}{c_{HB}K_{HB}}=\frac{0.1\times 10^{-3.75}}{0.001\times 10^{-9.14}}=10^{7.39}>10^5$$

所以在 H_3BO_3 存在下，能准确滴定 HCOOH，化学计量点的 pH 值为

$$[H^+]=\sqrt{\frac{K_{HA}c_{HB}K_{HB}}{c_{HA}}}=\sqrt{\frac{10^{-3.75}\times 10^{-3}\times 10^{-9.14}}{10^{-1}}}\text{mol/L}=10^{-7.44}\text{mol/L}$$
$$pH=7.44$$

(3) $c_{HA}=0.001\text{mol/L}$，$c_{HB}=0.1\text{mol/L}$

$$\frac{c_{HA}K_{HA}}{c_{HB}K_{HB}}=\frac{0.001\times 10^{-3.75}}{0.1\times 10^{-9.14}}=10^{3.39}<10^5$$

可见不能分别滴定。

滴定混合酸，往往由于滴定突跃范围较小，或者没有合适的指示剂，或指示剂的颜色有干扰，常用电位法检测终点。

§10 酸碱滴定法的应用

一、酸、碱标准溶液的配制和标定

（一）酸标准溶液

最常用的标准溶液是 HCl 溶液，HCl 溶液稳定。浓 HCl 不是基准试剂（恒沸点 HCl 除外），一般不能直接配制标准溶液，而是先配成大致所需浓度的溶液，再用基准试剂标定。常用的基准试剂是无水碳酸钠和硼砂。

1. 无水碳酸钠（Na_2CO_3）

碳酸钠易提纯，价格便宜，但有强烈的吸湿性，因此在称量前要在 200℃烘干半小时，放在保干器中冷却备用。Na_2CO_3 是二元碱，在水溶液中分级离解：

$$CO_3^{2-}+H_2O \rightleftharpoons HCO_3^-+OH^- \qquad K_{b_1}=\frac{K_w}{K_{a_2}}=\frac{10^{-14}}{10^{-10.25}}=10^{-3.75}$$

$$HCO_3^-+H_2O \rightleftharpoons H_2CO_3+OH^- \qquad K_{b_2}=\frac{K_w}{K_{a_1}}=\frac{10^{-14}}{10^{-6.37}}=10^{-7.63}$$

HCl 滴定 Na_2CO_3，由于 $K_{b_1}/K_{b_2}=10^{3.88}\approx 10^4<10^5$，滴定到这一步的准确度不高。第一个化学计量点的 pH 值为

$$pH=\frac{1}{2}(pK_{a_1}+pK_{a_2})=\frac{1}{2}(6.37+10.25)=8.31$$

如果选用酚酞作指示剂，颜色变化不明显，终点误差约为 1%。有时采用同浓度的 $NaHCO_3$ 溶液作参比，有时采用混合指示剂（如甲酚红和百里酚蓝）指示终点，终点误差约为 0.5%。

由于 $K_{b_2}=10^{-7.63}$，HCl 滴定 Na_2CO_3 至第二个化学计量点也不够准确，终点产物为 H_2CO_3（CO_2+H_2O），它的饱和溶液的浓度为 0.04mol/L，溶液的 pH 值为

$$[H^+]=\sqrt{K_{a_1}c}=\sqrt{10^{-6.37}\times 0.04}\text{mol/L}=10^{-3.88}\text{mol/L}$$
$$pH=3.88$$

可选用甲基橙或甲基橙-靛蓝磺酸钠混合指示剂，但终点颜色变化不明显，最好采用 CO_2 饱和的含有相同浓度 NaCl 和指示剂的溶液作参比。

滴定到第二个化学计量点时，易形成 CO_2 的过饱和溶液，使溶液的酸度稍有增大，终

点出现稍稍过早,因此,滴定到终点附近时应剧烈地摇动溶液。HCl 滴定 Na_2CO_3 的滴定曲线见图 3-17。

用 Na_2CO_3 标定 HCl 溶液时,利用下式反应,

$$CO_3^{2-} + 2H^+ \rightleftharpoons H_2CO_3$$
$$\hookrightarrow H_2O + CO_2$$

选用甲基橙或甲基红作指示剂,此时 Na_2CO_3 和 HCl 的摩尔比为 1:2。

2. 硼砂($Na_2B_4O_7 \cdot 10H_2O$)

用硼砂标定 HCl 溶液,它作为一种二元碱,反应为

$$B_4O_7^{2-} + 2H^+ + 5H_2O = 4H_3BO_3$$

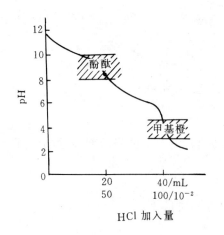

图 3-17 HCl 滴定 Na_2CO_3 的滴定曲线

它与 HCl 反应的摩尔比为 1:2,用 0.05mol/L 硼砂溶液标定 0.1mol/L HCl 溶液时,化学计量点相当于 0.1mol/L H_3BO_3 溶液,此时

$$[H^+] = \sqrt{cK_a} = \sqrt{0.1 \times 10^{-9.14}} \text{mol/L} = 10^{-5.07} \text{mol/L}$$
$$pH = 5.07$$

可选用甲基红作指示剂。

硼砂的摩尔质量较大(381.4g/mol),可以直接称取单份基准物质标定,称量误差较小。但应注意,它在空气中易风化失去部分结晶水,这种部分风化的硼砂不能再作基准试剂,所以应将硼砂储存在含有饱和 NaCl 和蔗糖溶液的保干器中,保持相当于 70% 的湿度,可以防止硼砂风化。

(二) 碱标准溶液

最常用的是 NaOH 溶液。只在很少情况下,当不允许 Na^+ 存在时,可以用 KOH。NaOH 和 KOH 具有很强的吸湿性,也易吸收空气中的 CO_2,因此它们的溶液必须标定。

配好的 NaOH 标准溶液储存在塑料瓶中,并防止与空气接触,才能使它的浓度不变。若储存在玻璃瓶中,它与玻璃缓慢反应生成可溶性硅酸盐。

常用于标定 NaOH 溶液的基准物质有邻苯二甲酸氢钾、草酸等。

1. 邻苯二甲酸氢钾($KHC_8H_4O_4$,简写为 KHP),它是两性物质($pK_{a_2}=5.4$),与 NaOH 的反应为

滴定时以酚酞为指示剂。

邻苯二甲酸氢钾易制得纯品,溶于水,摩尔质量较大(204.2g/mol),不潮解,加热到 135℃ 不分解,是一种很好的标定碱的基准试剂。

2. 草酸($H_2C_2O_4 \cdot 2H_2O$)

是二元弱酸($pK_{a_1}=1.23, pK_{a_2}=4.19$),由于 K_{a_1} 与 K_{a_2} 相差不大,只能一步滴定到

$C_2O_4^{2-}$,选用酚酞作指示剂。

草酸稳定,相对湿度在5%—95%时不会风化而失水,可保存在密闭容器中备用。由于草酸的摩尔质量不大,为减小称量误差,常将标准溶液配在容量瓶中,再移取部分溶液用作标定。

(三)酸碱滴定中 CO_2 的影响

酸碱滴定中,CO_2 的影响有时是不能忽略的。CO_2 的来源很多,如水中溶解的 CO_2,碱标准溶液和配制碱标准溶液的试剂本身吸收了 CO_2(成了碳酸盐),滴定过程中溶液不断吸收 CO_2 等。酸碱滴定中 CO_2 的影响是多方面的,影响有多大,由终点的 pH 而定,因此决定于确定终点所选用的指示剂。

根据 H_2CO_3 的 K_{a_1} 和 K_{a_2},计算不同 pH 时 H_2CO_3 在溶液中存在的各型体的分布系数,如表3-9所示。

表3-9 不同 pH 值时 H_2CO_3 溶液中存在的各种型体的分布系数

pH	$\delta_{H_2CO_3^*}$	$\delta_{HCO_3^-}$	$\delta_{CO_3^{2-}}$
4	0.996	0.004	0.000
5	0.959	0.041	0.000
6	0.701	0.299	0.000
7	0.190	0.810	0.000
8	0.023	0.972	0.005
9	0.002	0.945	0.053

* 包括 $CO_2+H_2CO_3$。

用 HCl 滴定 NaOH 时,如果 NaOH 溶液吸收了 CO_2 转变为 Na_2CO_3,反应为

$$2NaOH+CO_2 = Na_2CO_3+H_2O$$

从反应式可以看到 2mol NaOH ⇌ 1mol Na_2CO_3,滴定时如果用甲基橙作指示剂(终点 pH=4),终点时溶液中存在的主要型体是 H_2CO_3,滴定所消耗的 HCl 与 Na_2CO_3 的摩尔比是 2:1;如果用酚酞作指示剂(终点 pH=9),终点时溶液中存在的主要型体是 HCO_3^-,滴定所消耗的 HCl 与 Na_2CO_3 的摩尔比是 1:1。因此,如果 NaOH 溶液中有 x mol NaOH 与 CO_2 反应生成 $\frac{1}{2}x$ mol Na_2CO_3,用 HCl 滴定到 pH=4 时消耗了 x mol HCl,在这种情况下,CO_2 的影响很小,可以忽略不计,但若滴定到 pH=9,消耗了 $\frac{1}{2}x$ mol HCl,HCl 的消耗量由于 NaOH 吸收了 CO_2 而变少了,CO_2 有明显的影响。

用 NaOH 滴定 HCl 时,若 HCl 溶液中溶解了 CO_2,则相当于 NaOH 滴定 HCl 和 H_2CO_3 的混合酸。若用甲基橙作指示剂,H_2CO_3 不被滴定,没有影响;若用酚酞作指示剂,H_2CO_3 被滴定到 HCO_3^-,NaOH 的消耗量增加了,CO_2 的影响较大。

强酸、强碱滴定或强酸滴定弱碱采用甲基橙作指示剂的优点是 CO_2 的影响很小。当溶液浓度较大时(0.5mol/L)常采用甲基橙作指示剂;即使溶液浓度较小(0.1mol/L),有时宁可用甲基橙作指示剂;但溶液浓度太小(<0.1mol/L)甲基橙就不适宜了。

强碱滴定弱酸,终点在 pH>7 的范围内,CO_2 的影响不能忽略。一般情况下,采用同

一指示剂在相同条件下标定和测定,CO_2 的影响可以部分抵消。有时需要按下法配制不含 CO_2 的 NaOH 溶液。

先配成饱和 NaOH 溶液(约 50%),在这种浓碱溶液中 Na_2CO_3 溶解度很小,待 Na_2CO_3 下沉后,吸取上层清液,用已煮沸除去 CO_2 的蒸馏水稀释到所需的浓度。配制的 NaOH 标准溶液应保存在装有虹吸管及碱石棉管(含有 $Ca(OH)_2$)的瓶中,防止吸收空气中的 CO_2。放置过久,溶液的浓度会改变,应重新标定。

二、应用举例

(一)碱及混合碱的分析

OH^-,CO_3^{2-},HCO_3^- 和它们的混合物都可用 HCl 标准溶液来测定。但要注意,HCO_3^- 和 OH^- 不能同时存在于一个溶液中,它们会发生下式反应:

$$HCO_3^- + OH^- = CO_3^{2-} + H_2O$$

有五种可能组成的试样:(1) NaOH;(2) Na_2CO_3;(3) $NaHCO_3$;(4) $NaOH + Na_2CO_3$;(5) $Na_2CO_3 + NaHCO_3$。用 HCl 滴定时相应的滴定曲线如图 3-18 所示。

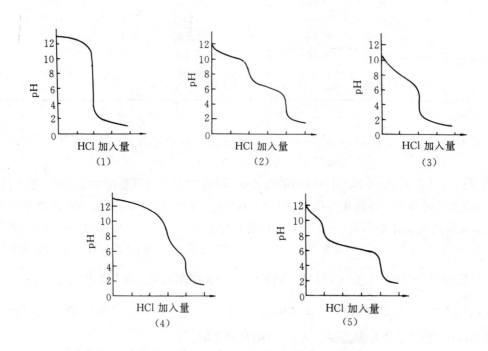

图 3-18 碱及混合碱分析的滴定曲线

碱及混合碱的分析常用双指示剂法。第一步采用酚酞作指示剂,终点由红色变为无色,第二步采用甲基橙作指示剂,终点由黄色变为橙色。用双指示剂法滴定,HCl 溶液消耗的体积与各种碱含量的关系如图 3-19 所示。根据不同指示剂滴定所消耗 HCl 标准溶液的量计算碱和混合碱中各组分的含量。

(二)铵盐中氮的测定

肥料、土壤和含氮有机化合物常需测定其氮的含量。氮的测定在农业分析和有机分析

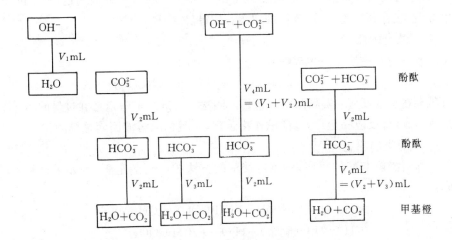

图 3-19 碱及混合碱滴定 HCl 溶液消耗量与碱含量的关系示意图

中比较重要。一般将试样处理后,使试样中的氮转化为 NH_4^+,再用下述方法进行测定。

1. 蒸馏法

将含 NH_4^+ 的试样放入蒸馏瓶中与浓 NaOH 共同煮沸,使 NH_4^+ 转化为 NH_3,加热蒸馏,将 NH_3 吸收在一定量并过量的 HCl 标准溶液中,以甲基橙或甲基红作指示剂,用 NaOH 标准溶液回滴过量的酸。

也可以用过量的 2% H_3BO_3 溶液吸收 NH_3:

$$NH_3 + H_3BO_3 =\!\!=\!\!= NH_4^+ + H_2BO_3^-$$

再用 HCl 标准溶液滴定生成的 $H_2BO_3^-$。终点产物是 $NH_4^+ + H_3BO_3$,pH=5,选用甲基红作指示剂。此法的优点是只需要一种标准溶液(HCl),过量的 H_3BO_3 不干扰滴定,它的浓度和体积都不需准确知道,因此,这种方法现在用得较多。

2. 甲醛法

NH_4^+ 和甲醛反应,定量地生成质子化的六次甲基四胺和 H^+:

$$4NH_4^+ + 6HCHO =\!\!=\!\!= (CH_2)_6N_4H^+ + 3H^+ + 6H_2O$$

以酚酞作指示剂,用 NaOH 标准溶液滴定,因 $(CH_2)_6N_4H^+$ 的 $pK_a=5.13$,滴定的是 $(CH_2)_6N_4H^+$ 和 H^+ 的合量。

(三) 有机物的分析

1. 有机化合物中氮的测定

有机化合物如氨基酸、生物碱、蛋白质中的氮常用克氏(Kjeldahl)法测定。将试样与浓 H_2SO_4 共煮,使其消化分解,有机化合物被氧化为 CO_2 和 H_2O,其中的氮转变为 NH_4^+,常加入 $CuSO_4$ 或汞盐作催化剂。

$$C_mH_nN \xrightarrow[CuSO_4]{H_2SO_4} CO_2\uparrow + H_2O + NH_4^+$$

然后用蒸馏法测定氮的含量。

2. 有机酸的测定

K_a 值较大且易溶于水的有机酸可用 NaOH 标准溶液直接滴定,以酚酞作指示剂,如甲酸、乙酸、丙酸、乙二酸、苯甲酸和酒石酸等。

3. 酸酐的测定

酸酐与水缓慢反应生成酸:

$$(RCO)_2O + H_2O \rightleftharpoons 2RCOOH$$

有碱存在加速反应。实际测定时常用回滴法。将试样与一定量并过量的 NaOH 在烧瓶中加热回流,待反应完全后,以酚酞作指示剂,用酸标准溶液回滴过量的碱。

4. 醇类的测定

利用酸酐与醇的反应,将测定酸酐的方法扩展到测定醇,例如用过量乙酸酐与醇反应:

$$(CH_3CO)_2O + ROH \longrightarrow CH_3COOR + CH_3COOH$$

$$(CH_3CO)_2O(剩余) + H_2O \longrightarrow 2CH_3COOH$$

用 NaOH 标准溶液滴定上述两个反应生成的乙酸。再另取一份等量的乙酸酐与水反应后,用 NaOH 标准溶液滴定,从两份滴定结果之差求得醇的含量。

5. 醛和酮的测定

常用下列两种方法测定。

(1) 盐酸羟胺法

醛和酮与盐酸羟胺发生下式反应:

$$R-\overset{H}{\underset{}{C}}=O + NH_2OH \cdot HCl \rightleftharpoons R-\overset{H}{\underset{}{C}}=NOH + H_2O + HCl$$

$$\overset{R}{\underset{R}{>}}C=O + NH_2OH \cdot HCl \rightleftharpoons \overset{R}{\underset{R}{>}}C=NOH + H_2O + HCl$$

用碱标准溶液滴定生成的游离酸,可求得醛和酮的含量。因溶液中存在过量的 $NH_2OH \cdot HCl$($pK_a = 6.03$),应选用溴酚蓝作指示剂。

(2) 亚硫酸钠法

醛和酮与过量亚硫酸钠发生下式发应:

$$R-\overset{H}{\underset{}{C}}=O + Na_2SO_3 + H_2O \rightleftharpoons \overset{R}{\underset{H}{>}}C\overset{OH}{\underset{SO_3Na}{<}} + NaOH$$

$$\overset{R}{\underset{R}{>}}C=O + Na_2SO_3 + H_2O \rightleftharpoons \overset{R}{\underset{R'}{>}}C\overset{OH}{\underset{SO_3Na}{<}} + NaOH$$

用酸标准溶液滴定反应生成的游离碱,用百里酚酞作指示剂。因测定方法简单,准确度高,常用此法测定甲醛。此法还用来测定较多种醛和少数几种酮。

6. 酯类的测定

酯类和一定量并过量的 NaOH 共热,通过皂化反应转化为有机酸的共轭碱和醇：
$$CH_3COOC_2H_5 + NaOH \rightleftharpoons CH_3COONa + C_2H_5OH$$
反应完毕后用 HCl 标准溶液滴定过量的碱,以酚酞作指示剂。由于大多数酯难溶于水,可用 NaOH 的乙醇标准溶液使它皂化。

(四) 一些不能直接滴定的弱酸(弱碱)的测定

一些极弱的酸(碱),经过适当处理,也可以用酸碱滴定法测定。例如将 HPO_4^{2-} 生成难溶的 $Ca_3(PO_4)_2$ 沉淀,同时释放出 H^+,反应为
$$2HPO_4^{2-} + 3Ca^{3+} \rightleftharpoons Ca_3(PO_4)_2 \downarrow + 2H^+$$
用 NaOH 滴定释放出来的 H^+。又如在 H_3BO_3(pK_a=9.24)溶液中加入多元醇(如甘露醇或甘油)形成配合酸：

$$2 \begin{array}{c} H \\ | \\ R-C-OH \\ | \\ R-C-OH \\ | \\ H \end{array} + H_3BO_3 \rightleftharpoons H\left[\begin{array}{c} H \quad H \\ | \quad\quad | \\ R-C-O \quad O-C-R \\ \quad\quad\diagdown\quad\diagup \\ \quad\quad B \\ \quad\quad\diagup\quad\diagdown \\ R-C-O \quad O-C-R \\ | \quad\quad | \\ H \quad H \end{array}\right] + 3H_2O$$

此配合酸的 K_a 值约为 10^{-6},以酚酞或百里酚酞作指示剂,可以直接用碱标准溶液滴定。滴定曲线见图 3-20。

利用离子交换剂与溶液中离子的交换,一些极弱的酸(如 NH_4Cl)或极弱的碱(如 NaF)和中性盐(如 KNO_3,NaCl 等)也可以用酸碱滴定法来测定。例如 NaF 通过阳离子交换树脂(RSO_3H),Na^+ 和 H^+ 交换生成 HF,
$$RSO_3^-H^+ + NaF \rightleftharpoons RSO_3^-Na^+ + HF$$
用 NaOH 标准溶液滴定滤液和淋洗液中的 HF。利用离子交换法可以测定天然水的总盐量。

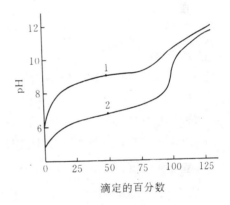

图 3-20 硼酸的滴定曲线
1——硼酸；2——硼酸+甘露醇

§11 非水溶液中的酸碱滴定*

酸碱滴定一般是在水溶液中进行的,以水作溶剂,比较安全、价廉,许多物质特别是无机物易溶于水,但是水溶液中的酸碱滴定法有一定的局限性,例如

(1) 许多弱酸或弱碱,当 c_aK_a 或 c_bK_b 小于 10^{-8} 时,不能准确滴定；

(2) pK_{a_1} 和 pK_{a_2} 相接近的多元酸或 pK_{HA} 和 pK_{HB} 相接近的混合酸不能分步滴定或分别滴定；

(3) 有些有机酸或碱在水中溶解度小。

如果采用非水溶剂作为滴定介质,常常可以克服这些困难,因而扩大了酸碱滴定法的

应用范围,非水滴定在有机分析中应用得更为广泛。

一、溶剂的分类

(一) 两性溶剂

这类溶剂既能给出质子,又能接受质子,即既表现为酸,又表现为碱。根据它们酸碱性的强弱,可以分为以下三类。

1. 中性溶剂

如水和大多数醇(如甲醇 CH_3OH,乙醇 C_2H_5OH 和异丙醇 $(CH_3)_2CHOH$ 等),这些醇具有与水相近的酸碱性,并有与水相似的质子自递反应。例如

$$CH_3OH + CH_3OH \rightleftharpoons \underset{(\text{甲醇合质子})}{CH_3OH_2^+} + \underset{(\text{溶剂阴离子})}{CH_3O^-}$$

$$C_2H_5OH + C_2H_5OH \rightleftharpoons \underset{(\text{乙醇合质子})}{C_2H_5OH_2^+} + \underset{(\text{溶剂阴离子})}{C_2H_5O^-}$$

2. 酸性溶剂

如甲酸($HCOOH$),乙酸(CH_3COOH),丙酸(CH_3CH_2COOH)和硫酸等。它们与水相比,具有显著的酸性,碱性则较水弱,即它们较易给出质子,如乙酸有下式的质子自递反应:

$$HAc + HAc \rightleftharpoons \underset{(\text{乙酸合质子})}{H_2Ac^+} + Ac^-$$

3. 碱性溶剂

如 NH_3,乙二胺($H_2NCH_2CH_2NH_2$,常以 en 表示),二甲基甲酰胺($HCO \cdot N(CH_3)_2$,常以 DMF 表示),二甲亚砜($(CH_3)_2SO$,常以 DMSO 表示)等。它们与水相比,具有明显的碱性,酸性则较水弱,即它们接受质子的倾向较强。如乙二胺有下式的质子自递反应:

$$H_2NCH_2CH_2NH_2 + H_2NCH_2CH_2NH_2 \rightleftharpoons \underset{(\text{乙二胺合质子})}{H_2NCH_2CH_2NH_3^+} + H_2NCH_2CH_2NH^-$$

(二) 惰性溶剂

惰性溶剂的酸碱性极微弱或不具酸碱性,如苯(C_6H_6),三氯甲烷($CHCl_3$),四氯化碳(CCl_4),甲基异丁基酮($CH_3COCH_2CH(CH_3)_2$)等。在惰性溶剂中,溶剂与溶质之间几乎没有质子转移的反应,质子转移直接发生在被滴定物质和滴定剂之间。

另外有一些溶剂具有一定的碱性却没有酸性,常把它们包括在惰性溶剂中。如吡啶(C_5H_5N)能从酸接受一个质子($C_5H_5NH^+$),醚和酮能从强酸(如 H_2SO_4)接受质子,但它们没有可离解的质子。

以上的分类只是为了讨论方便,实际上各类之间没有严格的界限。

二、物质的酸碱性

一种物质在某种溶液中表现出来的酸的强度,取决于这种物质将质子给予溶剂分子的能力;一种物质在某种溶液中表现出来的碱的强度,取决于这种物质从溶剂分子中夺取质子的能力。因此,物质的酸碱性不仅与此物质的本质有关,还与溶剂的性质有关。

溶于某种溶剂的溶质的酸碱性,一般有赖于三种因素的相互作用,即溶剂和溶质的相对酸碱性、溶剂的质子自递常数和溶剂的介电常数。下面分别加以讨论。在讨论中,以水

为溶剂作对比,便于看出其差异。

(一) 溶剂的酸碱性

酸 HB 在溶剂 SH 中的离解与溶剂的碱性有关,如

$$HB + SH \rightleftharpoons SH_2^+ + B^-$$

溶剂的碱性越强,反应向右进行得越完全,HB 的酸性越强。例如将 HCl 溶于两种不同溶剂(H_2O 和冰醋酸)中,

$$HCl + H_2O \rightleftharpoons H_3O^+ + Cl^-$$

$$HCl + HAc \rightleftharpoons H_2Ac^+ + Cl^-$$

因水的碱性比冰醋酸强,HCl 在水中的酸性比在冰醋酸中强。

碱 B 在溶剂 SH 中有下式反应:

$$B + SH \rightleftharpoons BH^+ + S^-$$

溶剂的酸性越强,反应向右进行得越完全,B 的碱性越强。例如将 NH_3 溶于两种不同溶剂(H_2O 和冰醋酸)中:

$$NH_3 + H_2O \rightleftharpoons NH_4^+ + OH^-$$

$$NH_3 + HAc \rightleftharpoons NH_4^+ + Ac^-$$

因冰醋酸的酸性比 H_2O 强,NH_3 在冰醋酸中的碱性比在水中强。

(二) 溶剂的拉平效应和分辨能力

在稀的水溶液中 $HClO_4$,H_2SO_4,HCl 和 HNO_3 等都是强酸,无法区分其强弱。这是因为水的碱性相对较强,上述强酸将质子定量地转移给 H_2O 生成 H_3O^+。例如

$$HClO_4 + H_2O \longrightarrow H_3O^+ + ClO_4^-$$

$$H_2SO_4 + H_2O \longrightarrow H_3O^+ + HSO_4^-$$

H_3O^+ 是水溶液中最强的酸,因此,比 H_3O^+ 更强的酸在水溶液中被拉平到 H_3O^+ 的水平,这种将各种不同强度的酸拉平到溶剂合质子水平的效应称为拉平效应。具有拉平效应的溶剂称为拉平性溶剂。只有比 H_3O^+ 弱的酸,如 HAc,NH_4^+,$C_5H_5NH^+$,HCO_3^- 等才能在水溶液中分辨出强弱,它们在水溶液中的离解度不同。溶剂的这种能分辨酸(或碱)强弱的能力称为分辨能力,具有分辨能力的溶剂称为分辨性溶剂。

同样,在水溶液中 Na_2O,$NaNH_2$,C_2H_5ONa 等比 H_2O 更强的碱被拉平到 OH^- 的水平,如

$$O^{2-} + H_2O \longrightarrow OH^- + OH^-$$

$$NH_2^- + H_2O \longrightarrow OH^- + NH_3$$

只有比 H_2O 弱的碱,如 CO_3^{2-},NH_3,C_5H_5N,Ac^- 等才能分辨出强弱。

很明显,一种溶剂的拉平效应和分辨能力与溶质和溶剂酸碱的相对强度有关。如果把各种酸按其给出质子倾向的大小顺序排列起来,得到溶剂对酸碱拉平效应和分辨能力的示意图(图 3-21)。

从图 3-21 可见,如果以冰醋酸为溶剂,由于 HAc 是比 H_2O 更弱的碱,而 H_2Ac^+ 是比 H_3O^+ 更强的酸,因此,在冰醋酸溶液中只有 $HClO_4$ 表现为强酸,而 H_2SO_4,HCl 和 HNO_3 的离解度有差别,可分辨其强弱,所以冰醋酸是这四种酸的分辨性溶剂;又因 HAc 是比

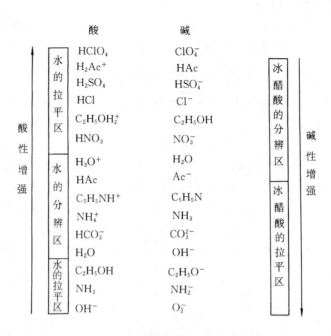

图 3-21 溶剂对酸、碱拉平效应和分辨能力示意图

H_2O 更强的酸,一些在水溶液中呈弱碱性的物质如 NH_3,C_5H_5N,CO_3^{2-} 等都拉平到 Ac^- 的水平成为强碱,因此,冰醋酸是这些碱的拉平性溶剂。

同样,在碱性较强的溶剂如液氨中,HAc 也表现为强酸。所以液氨是 $HClO_4$,H_2SO_4,HCl,HNO_3,HAc 的拉平性溶剂。

在两性溶剂中,最强的酸是溶剂合质子,最强的碱是溶剂阴离子。例如在水溶液中最强的酸是 H_3O^+,最强的碱是 OH^-;在冰醋酸溶液中最强的酸是 H_2Ac^+,最强的碱是 Ac^-;在 C_2H_5OH 溶液中最强的酸是 $C_2H_5OH_2^+$,最强的碱是 $C_2H_5O^-$ 等。在这类溶剂中,把比溶剂合质子更强的酸拉平到溶剂合质子相同的强度,把比溶剂阴离子更强的碱拉平到溶剂阴离子的强度。

惰性溶剂没有明显的质子授受现象,即没有明显的酸性和碱性,因此没有拉平效应,而是很好的分辨性溶剂。

(三)溶剂的质子自递常数

两性溶剂都发生质子自递反应。若以 SH 表示两性溶剂,则

$$SH+SH \rightleftharpoons SH_2^+ + S^-$$

相应的平衡常数式为

$$\frac{[SH_2^+][S^-]}{[SH]^2}=K \tag{3-62}$$

由于溶剂自身离解极微,[SH]可看作是一定值,则得

$$[SH_2^+][S^-]=K_s \tag{3-63}$$

K_s 称为溶剂的质子自递常数,例如

$$[H_3O^+][OH^-]=K_s=K_w=10^{-14}$$

在一定温度下,不同溶剂的质子自递常数不同。几种常见溶剂的 pK_s 列于表 3-10。

表 3-10　几种常见溶剂的 pK_s 值(25℃)

溶剂		pK_s
水	$2H_2O \rightleftharpoons H_3O^+ + OH^-$	14.0
甲醇	$2CH_3OH \rightleftharpoons CH_3OH_2^+ + CH_3O^-$	16.7
乙醇	$2C_2H_5OH \rightleftharpoons C_2H_5OH_2^+ + C_2H_5O^-$	19.1
甲酸	$2HCOOH \rightleftharpoons HCOOH_2^+ + HCOO^-$	6.2
乙酸	$2HAc \rightleftharpoons H_2Ac^+ + Ac^-$	14.45
乙二胺	$2NH_2CH_2CH_2NH_2 \rightleftharpoons NH_2CH_2CH_2NH_3^+ + NH_2CH_2CH_2NH^-$	~13±1
乙腈	$2CH_2=CNH \rightleftharpoons CH_2=CNH_2^+ + CH_2=CN^-$	>28

溶剂的质子自递常数 K_s 越小,即 pK_s 值越大,在溶剂中能存在的酸、碱范围越大,它的分辨能力越强。

在酸碱滴定反应中,溶剂的 K_s 值决定了滴定反应的完全程度。如在两性溶剂 SH 中,强酸是溶剂化质子 SH_2^+(正如水中的强酸是 H_3O^+),强碱是溶剂阴离子 S^-(正如水中的强碱是 OH^-),因此,在两性溶剂中强酸滴定强碱反应的滴定常数为

$$SH_2^+ + S^- \rightleftharpoons 2SH$$

$$K_t = \frac{1}{[SH_2^+][S^-]} = \frac{1}{K_s}$$

(正如在水中强酸滴定强碱反应的滴定常数 $K_t = \frac{1}{K_w}$),可见溶剂的 K_s 值越小,K_t 值越大,滴定反应越完全,滴定突跃越大。

例如以 0.1mol/L 强碱滴定 0.1mol/L 强酸,若以水为溶剂,滴定突跃(±0.1%)的 pH 范围为 4.3—9.7(pH4.3—pOH4.3);若以乙醇为溶剂,因

$$pC_2H_5OH_2 + pC_2H_5O = 19.1$$

则滴定突跃的 pH 范围为 4.3—14.8(p$C_2H_5OH_2$4.3—pC_2H_5O4.3),滴定突跃更大。

由此可见,滴定单一组分时,溶剂的 pK_s 越大,滴定的突跃范围越大,滴定的准确度越高。因此,有些在水中不能滴定的酸和碱,在乙醇中有可能滴定。又因可用的 pH 范围大,还可以连续滴定强度不同的酸或碱的混合物。

(四)溶剂的介电常数

当电解质溶于某溶剂时,受到溶剂分子的作用,电解质离子间的相互吸引力减弱。根据库伦定律,离子间的静电引力 f 为

$$f = \frac{q_+ q_-}{\varepsilon r^2}$$

式中 q_+, q_- 为离子所带正、负电荷数,r 为两电荷中心的距离,ε 为溶剂的介电常数。即在溶液中两个带相反电荷离子间的吸引力与溶剂的介电常数成反比。

不带电荷的酸或碱,在溶剂中的离解分两步进行:

$$HB + SH \underset{\text{电离}}{\overset{(1)}{\rightleftharpoons}} \{SH_2^+ B^-\} \underset{\text{离解}}{\overset{(2)}{\rightleftharpoons}} SH_2^+ + B^-$$

$$B + SH \underset{\text{电离}}{\overset{(1)}{\rightleftharpoons}} \{BH^+ S^-\} \underset{\text{离解}}{\overset{(2)}{\rightleftharpoons}} BH^+ + S^-$$

第一步是电离,酸或碱同溶剂之间发生质子转移,在静电引力作用下形成离子对;第二步是离解,在溶剂分子的作用下,离子对分开为溶剂合阳离子和溶剂阴离子。

介电常数大的溶剂,有利于离子对的离解,酸的强度增加。例如 HAc 溶于水和乙醇两种碱性相近的溶剂中,在介电常数大的水中,HAc 分子电离和离解为 H_3O^+ 和 Ac^-;在介电常数小的乙醇中形成离子对 $H_2Ac^+Ac^-$,只有少数离子对进一步离解,因此 HAc 在水中的酸度比在乙醇中大。

常见溶剂的介电常数列于表 3-11。

表 3-11 某些常见溶剂的介电常数(25℃)

溶 剂	ε	溶 剂	ε
H_2O	78.5	CH_3CN	36.7
CH_3OH	32.6	$CH_3COCH_2CH(CH_3)_2$	13.1
C_2H_5OH	24.3		
$HCOOH$	58.5(16℃)	$(CH_3)_2SO$	46
HAc	6.13	C_6H_6	2.3
$NH_2CH_2CH_2NH_2$	12.9	C_5H_5N	12.3

从表 3-11 看到,HAc 的介电常数很小,在 HAc 溶液中,无论是酸、碱或是离子化合物,形成离子对的倾向极大,自由离子所占的分数极小。在分析化学中,$\varepsilon > 40$,可以不考虑离子对的形成;$\varepsilon = 20-40$,离子对的形成显著,$\varepsilon < 20$,形成离子对的倾向就大了。

对于带电荷的酸如 NH_4^+,$C_5H_5NH^+$ 等,溶剂的介电常数对溶质的酸度影响很小,因为这些酸在离解过程中不形成离子对,如

$$NH_4^+ + SH \underset{\text{电离}}{\overset{(1)}{\rightleftharpoons}} \{NH_3 \cdot SH_2^+\} \underset{\text{离解}}{\overset{(2)}{\rightleftharpoons}} SH_2^+ + NH_3$$

NH_4^+ 的离解几乎不受溶剂介电常数的影响。因此,NH_4^+ 在乙醇中的离解度与在水中的差不多。由于乙醇的 pK_s 较大,在乙醇溶剂中能用强碱滴定 NH_4^+。又因乙醇的介电常数较小,H_3BO_3 在乙醇中更难离解,而乙醇对 NH_4^+ 的离解影响很小,因此,在乙醇溶液中可以在 H_3BO_3 存在下准确滴定 NH_4^+,而在水溶液中因 NH_4^+($pK_a = 9.25$)和 H_3BO_3($pK_a = 9.14$)的 pK_a 值较大,都不能滴定。

三、非水滴定

(一)溶剂的选择

1. 弱酸和弱碱的滴定

在水溶液中用 OH^- 滴定弱酸 HB,c_aK_a 不能小于 10^{-8},因当 HB 很弱时,溶剂水给出

质子的能力与它相近,滴定反应:

$$HB+OH^- \rightleftharpoons B^- +H_2O$$

不能进行完全。若选择一种酸性比水弱的溶剂 SH,以溶剂阴离子来滴定,则

$$HB+S^- \rightleftharpoons B^- +SH$$

因 SH 的酸性较 HB 弱,给出质子的能力也较弱,反应向右进行的程度较大,弱酸 HB 可以滴定。溶剂的酸性越弱,滴定反应越完全,因此,对于很弱的酸的滴定,应选择没有显著酸性的溶剂。

在水溶液中用 H_3O^+ 滴定碱 B 时,$c_b K_b$ 不能小于 10^{-8}。因当 B 很弱时,水将与 B 争夺质子,滴定反应:

$$B+H_3O^+ \rightleftharpoons HB+H_2O$$

不能进行完全,要提高反应的完全程度,应选择碱性更弱的溶剂。溶剂的碱性越弱,滴定反应越完全。对于很弱的碱的滴定,应选择没有显著碱性的溶剂。

2. 混合酸或混合碱的滴定

在水溶液中用 OH^- 滴定混合酸,当酸比 H_3O^+ 更强时,因拉平效应只能滴定酸的总量;用 H_3O^+ 滴定混合碱,当碱比 OH^- 更强时,因拉平效应只能滴定碱的总量。要分别滴定混合酸(或混合碱)应选择酸性及碱性都很弱的溶剂,最好是惰性溶剂,在这种溶剂中,可以分辨很大范围强度不同的酸和碱。

此外,选择溶剂时还应注意溶剂是否能溶解待滴定的酸或碱及滴定反应的产物,有时为了增加溶解度常采用混合溶剂。溶剂还应有一定的纯度,粘度小,挥发性低,易于回收,价廉和安全等。

(二) 滴定剂

酸碱滴定法中用强酸或强碱作滴定剂。水溶液中,由于拉平效应,$HClO_4$,H_2SO_4 和 HCl 等强酸都可作滴定剂,在冰醋酸溶液中,只有 $HClO_4$ 是强酸,常用 $HClO_4$ 的冰醋酸溶液作滴定剂。试剂和冰醋酸中常含水,可加适量的醋酸酐,放置数小时,由于下式反应:

$$(CH_3CO)_2O+H_2O \rightleftharpoons 2CH_3COOH$$

将水分除去,常用的是 0.1mol/L $HClO_4$ 醋酸溶液。

常用的碱性滴定剂有甲醇钠 CH_3ONa(或甲醇钾 CH_3OK)的苯-甲醇溶液和氢氧化四丁基胺 Bu_4NOH(季胺碱类)的苯-甲醇溶液等。

甲醇钠(或甲醇钾)由金属钠(或钾)与甲醇反应制得:

$$2CH_3OH+2Na \rightleftharpoons 2CH_3ONa+H_2\uparrow$$

所得溶液用苯稀释得 CH_3ONa(或 CH_3OK)的苯-甲醇溶液。

氢氧化四丁基胺是由碘化四丁基胺的甲醇溶液加 Ag_2O:

$$2Bu_4NI+Ag_2O+CH_3OH \rightleftharpoons Bu_4NOH+Bu_4NOCH_3+2AgI\downarrow$$

过滤,除去 AgI,用苯稀释制得。

与甲醇钠(或甲醇钾)比较,氢氧化四丁基胺的优点是碱性更强,滴定产物易溶,可以得到很好的电位滴定曲线,如果用指示剂滴定,终点颜色变化明显。

(三) 滴定终点的检测

最常用的方法是电位法。有时也用指示剂,指示剂的选择常用电位法确定,即在电位滴定的同时,观察指示剂颜色的变化,看哪一种指示剂的终点与电位滴定的终点相符合,确定以后,就可以简便地用指示剂目视滴定。常用的指示剂列于表 3-12。

表 3-12 非水滴定中常用的指示剂

滴定剂	溶剂	指示剂	颜色变化
酸性	中性	甲基红 甲基橙	黄→橙→红
	酸性	结晶紫 甲基紫	紫→蓝绿→黄绿
碱性	中性	酚酞 百里酚酞	无→红 无→蓝
	碱性	偶氮紫 百里酚蓝 邻硝基苯胺	黄→紫 黄→蓝 黄→桔红

(四) 应用举例

1. 酸的滴定

有一些羧酸在水中 pK_a 约为 5—6。由于滴定产物有泡沫,在水溶液中滴定终点模糊,可在苯-甲醇混合溶剂中用甲醇钠滴定。

酚类在水中 pK_a 约为 10,不能在水溶液中用 NaOH 滴定。但若在乙二胺中,溶质和溶剂形成离子对,以苯酚为例。

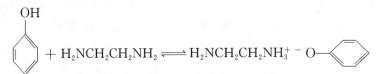

形成的离子对可用氨基乙醇钠 $Na^+{}^-OCH_2CH_2NH_2$(溶于氨基乙醇和乙二胺的混合溶剂中)滴定。对比在水中用 NaOH 滴定苯甲酸和苯酚的滴定曲线(图 3-22(a))与在乙二胺中用氨基乙醇钠滴定这两种酸的滴定曲线(图 3-22(b)),可以看到苯甲酸在乙二胺中已成为强酸,滴定曲线有明显的滴定突跃;苯酚在乙二胺中也成为相当强的酸,滴定曲线有较明显的滴定突跃,与在水溶液中用强碱滴定苯甲酸相似。

氨基酸的酸性和碱性都极弱,且彼此有干扰,在水溶液中很难滴定,但若以二甲基甲酰胺作溶剂,由于溶剂的酸性极弱,可用甲醇钾或季胺碱滴定其中的羧基。

2. 碱的滴定

冰醋酸是滴定弱碱的最好溶剂。冰醋酸的介电常数低,在冰醋酸中,溶质和溶剂以离子对的形式存在。冰醋酸的 $pK_s = 14.45$,它可以区分较多的弱碱,对强碱有拉平效应。例如吡啶,在水溶液中($pK_b = 8.75$)不能用酸滴定,但在冰醋酸中,由于冰醋酸的碱性比水

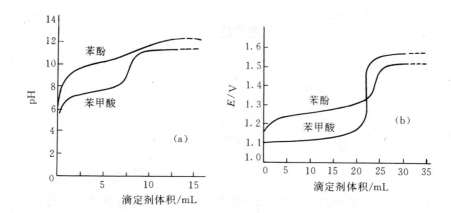

图 3-22　在水中用 NaOH 滴定苯甲酸和苯酚的滴定曲线(a)和在乙二胺中用氨基乙醇钠滴定苯甲酸和苯酚的滴定曲线(b)

弱,反应较完全,可以用酸准确滴定:

$$\text{C}_5\text{H}_5\text{N} + \text{H}_2\text{Ac}^+ \rightleftharpoons \text{C}_5\text{H}_5\text{NH}^+ + \text{HAc}$$

图 3-23 是在水中和在冰醋酸中用 $HClO_4$ 滴定吡啶的滴定曲线。

在冰醋酸中可以滴定的弱碱有胺类、氨基酸、生物碱以及弱酸的阴离子等。

3. 混合酸的滴定

在分辨性溶剂中,混合酸可以分别滴定。例如在甲基异丁基酮中可以分别滴定 $HClO_4$,HCl,水杨酸,HAc 和苯酚。滴定曲线如图 3-24 所示。

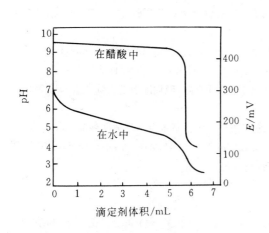

图 3-23　用 $HClO_4$ 滴定吡啶

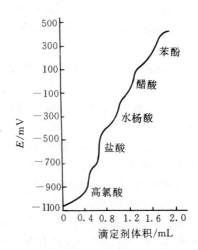

图 3-24　在甲基异丁基酮中用氢氧化四丁基胺滴定强酸、弱酸和极弱酸的滴定曲线

思 考 题

1. 写出下列酸的共轭碱。

$H_2C_2O_4$； NH_4^+； C₆H₅COOH； C₆H₅NH₃⁺； $H_2PO_4^-$； 邻-C₆H₄(COOH)(COOK)。

2. 写出下列碱的共轭酸。

HCO_3^-； H_2O； AsO_4^{3-}； AsO_2^-； C_5H_5N； $CH_2-NH_2 | CH_2-NH_2$。

3. 在 pH=2 的 H_3PO_4 溶液中存在哪些型体，以哪种型体为主？在 pH=12 的 H_3PO_4 溶液中存在哪些型体，以哪种型体为主？

4. 对一元弱酸来说，在什么情况下
$$c-[H^+]\approx c$$

5. 下列说法是否正确？不对的应如何更正？

(1) 对二元弱酸，$pK_{a_1}+pK_{b_1}=pK_w$。

(2) 衡量 KHC_2O_4 酸性的是 K_{a_2}，衡量 KHC_2O_4 碱性的是 K_{b_2}。

(3) 配制 pH=4 的缓冲溶液选择 HCOOH-HCOO⁻ 或酒石酸(H_2A)-酒石酸氢钠(HA^-)较为合适，配制 pH=7 的缓冲溶液选择 $H_2PO_4^--HPO_4^{2-}$ 或柠檬酸(H_3A)的 $H_2A^--HA^{2-}$ 较为合适。

6. 化学计量点、指示剂变色点、滴定终点有何联系，又有何区别？

7. 强碱滴定弱酸或强酸滴定弱碱，c_aK_a 或 c_bK_b 大于 10^{-8} 就可以滴定，如果用 K_t 表示滴定反应的完全程度，那末可以滴定的反应的 cK_t 值应是多少？

8. 下列各物质能否用酸碱滴定法直接滴定？若能滴定，应选用什么标准溶液？选用哪种指示剂？指示剂的颜色变化如何？

(1) HAc； (2) NaAc； (3) NH_3； (4) NH_4Cl； (5) C_5H_5N； (6) $C_5H_5N \cdot HCl$。

9. 下列各物质能否用酸碱滴定法直接滴定？滴定到哪一级？选用什么滴定剂？选用哪种指示剂？

(1) H_3PO_4； (2) KH_2PO_4； (3) K_2HPO_4； (4) K_3PO_4。

10. 下列各多元酸或混合酸能否用酸碱滴定法测定？能否分步滴定或分别滴定？滴定到哪一级（不计算）？

(1) $H_2C_2O_4$； (2) H_2S； (3) 柠檬酸（简写为 H_3A）； (4) 0.1mol/L HAc+0.001mol/L H_3BO_3；
(5) 0.1mol/L H_2SO_4+0.1mol/L H_3BO_3 (6) 0.1mol/L H_2SO_4+0.1mol/L HCl

11. 为什么一般都用强酸、强碱溶液作酸、碱标准溶液？为什么酸、碱标准溶液的浓度常采用 0.05～0.2mol/L，很少用更浓或更稀的溶液？

12. 今欲测定一未知 HCl 溶液（约 0.1mol/L）的准确浓度。实验室备有下列标准溶液，1.060mol/L NaOH；0.0101mol/L NaOH，0.1002mol/L Na_2CO_3，0.1034mol/L KOH，0.0993mol/L KOH，试说明哪几种标准溶液可直接测定 HCl 溶液的浓度？选用哪种指示剂？

13. 如何获得下列物质的标准溶液？

(1) HCl； (2) NaOH； (3) $H_2C_2O_4 \cdot 2H_2O$。

14. 用 $H_2C_2O_4 \cdot 2H_2O$ 标定 NaOH 溶液的浓度。若 $H_2C_2O_4 \cdot 2H_2O$ (1) 部分风化；(2) 带有少量湿存水；(3) 含有不溶性杂质，问标定所得的浓度偏高，偏低还是准确？为什么？

15. 以 $Na_2B_4O_7 \cdot 10H_2O$ 作基准物质标定 HCl 溶液的浓度。若 $Na_2B_4O_7 \cdot 10H_2O$ 因保存不当部分潮解，标定所得 HCl 溶液的浓度偏高还是偏低？若再以此 HCl 标准溶液标定 NaOH 溶液，则标定所得

NaOH 溶液的浓度又是如何?

16. 拟定下列混合物的测定方案,选用什么滴定剂?选用哪种指示剂?(溶液浓度约为 0.1mol/L)。

(1) HAc＋H_3BO_3 测定 HAc;

(2) NH_4^+＋$H_2BO_3^-$ 测定 $H_2BO_3^-$;

(3) Na_2CO_3＋$NaHCO_3$;

(4) NaH_2PO_4＋Na_2HPO_4。

17. 滴定时为什么不能加入过多量的指示剂,如果加入了过多量指示剂,对滴定结果有什么影响?

习 题

1. 从附录一查出下列各酸的 pK_a 值。(1) 计算各酸的 K_a 值,并比较各酸的相对强弱;(2) 写出各相应的共轭碱的化学式,计算共轭碱的 pK_b 值,并比较各碱的相对强弱。

HNO_2; $CH_2ClCOOH$; $H_2C_2O_4$; H_3PO_4。

2. 从附录一查出下列各碱的 pK_b 值,(1) 比较各碱的相对强弱;(2) 写出各相应共轭酸的化学式,计算共轭酸的 pK_a 值,并比较各酸的相对强弱。

NH_2OH; NH_3; $H_2NCH_2CH_2NH_2$; $(CH_2)_6N_4$。

3. 从附录一查出 H_2CO_3,H_2S,H_3PO_4 的 pK_a 值,并比较下列各物质的碱性强弱。

Na_2CO_3; $NaHCO_3$; Na_2S; $NaHS$; Na_2HPO_4; NaH_2PO_4。

4. 计算 pH＝3 时,0.10mol/L $H_2C_2O_4$ 溶液中的[$H_2C_2O_4$],[$HC_2O_4^-$]和[$C_2O_4^{2-}$]。

答:$1.6×10^{-3}$mol/L;$9.2×10^{-2}$mol/L;$5.9×10^{-3}$mol/L

5. 写出下列各物质水溶液的质子条件式。

(1) HCOOH; (2) CH(OH)COOH (酒石酸,以 H_2A 表示); (3) NH_4Cl; (4) $NH_4H_2PO_4$;
　　　　　　　　|
　　　　　　CH(OH)COOH

(5) HAc＋H_2CO_3; (6) A^-(大量)中有浓度为 c_a 的 HA;

(7) A^-(大量)中有浓度为 b 的 NaOH; (8) $NaHCO_3$(大量)中有浓度为 c_b 的 Na_2CO_3。

6. 推导一元强酸溶液[H^+]的计算公式,并计算(1) $1.00×10^{-2}$mol/L HCl 溶液;(2) $1.00×10^{-7}$ mol/L HCl 溶液的 pH 值。 答:(1) $1.00×10^{-2}$mol/L;(2) $1.62×10^{-7}$mol/L

7. 推导二元酸 H_2A 溶液的[H^+]计算公式。

8. 计算下列溶液的 pH 值:

(1) 0.010mol/L 丙二酸;(2) 0.010mol/L 丙二酸氢钾;(3) 0.010mol/L 丙二酸和 0.010mol/L 丙二酸氢钾的混合溶液。 答:(1) 2.50;(2) 4.29;(3) 2.93

9. 分别以 HAc-NaAc 和 $(CH_2)_6N_4H^+$-$(CH_2)_6N_4$ 配制缓冲溶液(pH＝5.0),若两种缓冲溶液的酸的浓度都是 0.10mol/L,求[NaAc]/[HAc]和[$(CH_2)_6N_4$]/[$(CH_2)_6N_4H^+$]之中,哪一种缓冲溶液的缓冲容量较大?

10. 用 0.1000mol/L HCl 滴定 20.00mL 0.1000mol/L $NH_3·H_2O$

(1) 计算下列情况时溶液的 pH 值:① 滴定前;② 加入 10.00mL 0.1000mol/L HCl;③ 加入 19.98mL 0.1000mol/L HCl;④ 加入 20.00mL 0.1000mol/L HCl;⑤ 加入 20.02mL 0.1000mol/L HCl。 答:①11.12;② 9.25;③ 6.25;④ 5.28;⑤ 4.30

(2) 在此滴定中,化学计量点、中性点、滴定突跃的 pH 值各是多少? 答:5.28;7;6.25—4.30

(3) 滴定时选用哪种指示剂,滴定终点的 pH 值是多少? 答:甲基红,5.0

11. 用 0.1000mol/L NaOH 滴定 0.1000mol/L HA(K_a＝10^{-6}),计算:(1) 化学计量点的 pH 值;(2) 如果滴定终点与化学计量点相差±0.5pH 单位,求终点误差。 答:(1) 9.35;(2) ±0.13%

12. 用 Na_2CO_3 作基准物质标定 HCl 溶液的浓度。若以甲基橙作指示剂，称取 Na_2CO_3 0.3524g，用去 HCl 溶液 25.49mL，求 HCl 溶液的浓度。 答：0.2608mol/L

13. 称取仅含有 Na_2CO_3 和 K_2CO_3 的试样 1.000g，溶于水后，以甲基橙作指示剂，用 0.5000mol/L HCl 标准溶液滴定，用去 HCl 溶液 30.00mL，分别计算试样中 Na_2CO_3 和 K_2CO_3 的百分含量。

答：Na_2CO_3 12.02%；K_2CO_3 87.98%

14. 某试样可能含有 NaOH 或 Na_2CO_3，或是它们的混合物，同时还存在惰性杂质。称取试样 0.5895g，用 0.3000mol/L HCl 溶液滴定到酚酞变色时，用去 HCl 溶液 24.08mL。加入甲基橙后继续滴定，又消耗 HCl 溶液 12.02mL。问试样中有哪些组分？各组分的含量是多少？

答：NaOH 24.55%；Na_2CO_3 64.83%

15. 某试样可能含有 Na_2CO_3 或 $NaHCO_3$，或是它们的混合物，同时存在惰性杂质。称取该试样 0.3010g，用酚酞作指示剂，滴定时用去 0.1060mol/L HCl 溶液 20.10mL，加入甲基橙后继续滴定，共消耗 HCl 溶液 47.70mL。问试样中有哪些组分？各组分的含量是多少？

答：Na_2CO_3 75.02%；$NaHCO_3$ 22.19%

16. 某试样 1.026g，用克氏法分析氮的含量。产生的 NH_3 用 H_3BO_3 吸收，用甲基红作指示剂，用 0.1002mol/L HCl 溶液滴定，用去 HCl 溶液 22.85mL，求试样中氮的含量。 答：3.13%

17. 溶解氧化锌 0.1000g 于 50.00mL 0.05505mol/L H_2SO_4 溶液中，用 0.1200mol/L NaOH 溶液回滴过量的 H_2SO_4，消耗 NaOH 溶液 25.50mL，求氧化锌的百分含量。 答：99.49%

18. 钢样 1.000g，溶解后，将其中的磷沉淀为磷钼酸铵 $((NH_4)_2H[PMo_{12}O_{40}]\cdot H_2O)$，用 40.00mL 0.1000mol/L NaOH 标准溶液溶解沉淀，过量的 NaOH 用 0.2000mol/L HNO_3 溶液回滴，用酚酞作指示剂，滴定到酚酞退色，用去 HNO_3 标准溶液 17.50mL。计算钢样中 P% 和 P_2O_5%。

答：0.06542%；0.1478%

第四章 定量分析中的误差和数据处理

只有准确、可靠的分析结果才能在生产和科研中起作用,不准确的分析结果反将导致生产上的损失,资源的浪费和科学上的错误结论。

定量分析是基于反应物之间量的关系进行的。但无论采用哪种分析方法,由于受分析方法本身、量测仪器、试剂和分析工作者等主、客观条件的限制,测定结果不可能和真实含量完全一致。即使采用最可靠的方法,使用最精密的仪器,由熟练的分析工作者在相同条件下对同一试样进行多次重复测定(称为平行测定),其结果也不可能完全一致。这就是说,分析过程中的误差是客观存在的,不可避免的。因此,分析工作者不仅要对试样中的待测组分进行测定;还要对所得测试数据进行正确、合理的取舍,以保证原始测量数据的可靠性;正确表示分析结果;同时还应对测量结果的准确、可靠性作出评价;查出产生误差的原因,并采取相应措施减少误差,使测定结果尽可能接近试样中待测组分的真实含量。

§1 误差的分类、准确度与精密度

一、误差的分类

误差可分类为系统误差(可测误差)和随机误差(偶然误差)。

(一) 系统误差

系统误差是由测定过程中某些确定的因素造成的,它对测定结果的影响比较恒定,在重复测定中重复出现,其大小和正(使结果偏高)负(使结果偏低)是可以测定的,至少在理论上说是可以测定的,所以又称可测误差。它由以下几个方面的原因引起。

1. 方法误差

由于采用的分析方法本身造成的。例如,重量分析中沉淀的溶解使沉淀物在沉淀的形成、洗涤过程中有一定的损失,给分析结果带来负误差;由于共沉淀现象引入杂质以及称量时沉淀吸潮会引起正误差。滴定分析中反应进行不完全,滴定终点和化学计量点不相符合及副反应的发生等都会引起系统误差。

2. 仪器和试剂引入的误差

是由于仪器不够精确、器皿不耐腐蚀或试剂含有杂质等引起的。例如,天平臂长不等;砝码的真实质量与其名义质量不符;容量仪器刻度不准确;常用的玻璃或陶瓷器皿受酸、碱的侵蚀;所用试剂和蒸馏水中含有微量杂质等都会带来误差。

3. 操作误差

由于操作人员主观的原因或习惯造成的。例如,对滴定终点颜色的辨别不同,有人偏深,有人偏浅;对滴定管的读数偏高或偏低等。

虽然系统误差可能随外界条件变化而变化,例如重量分析中沉淀灼烧后易吸水,称量误差不仅随沉淀重量增加而增加,还跟称量时间、空气的温度和湿度有关,但在某具体条件下,它是比较恒定的,从而是可测的,是可以进行校正的。系统误差只影响测量的准确度。

(二)随机误差

随机误差是由于某些难以控制的偶然原因引起的。例如,测定条件(环境温度、湿度和气压等)的瞬时、微小波动;仪器性能的微小变化;分析人员操作的微小差异等。由于它是由某些偶然的原因所引起,其大、小、正、负难以预测,所以又称为偶然误差或不定误差。正因为这类误差的随机性,当对某试样进行多次平行测定时,即使在消除系统误差的影响之后,所得结果亦不可能完全一致。随机误差影响测量数据的精密度,即将影响相同条件下多次平行测定结果彼此符合的程度。随机误差难以觉察、也难以控制,所以难以避免,且不能进行校正。

需要指出的是,由于分析人员的粗枝大叶、操作不正确引起的结果错误,如操作时不严格遵守操作规程;器皿不洁净;试液被沾污;溶液溅出;沉淀损失甚至加错试剂;读数或计算错误等,都属于不应有的"过失",不能称为"误差",必须予以避免。一旦发现有过失,该测定值应弃去,以保证原始测量数据的可靠性。

二、准确度与精密度

系统误差影响测定结果的准确度。准确度是指测定值与真值(如试样中待测组分的真实含量)相符合的程度,用误差或相对误差表示。

对单次测定而言,

$$E = x_i - x_T \quad \text{绝对误差 \quad 测定值 \quad 真值} \tag{4-1}$$

对多次平行测定而言,
$$E = \bar{x} - x_T \tag{4-2}$$

式中 $\bar{x}$ 为多次平行测定结果的算术平均值:

$$\bar{x} = \frac{x_1 + x_2 + \cdots + x_i + \cdots + x_n}{n} \tag{4-3}$$

相对误差:

$$E_r = \frac{E}{x_T} \times 100\% \left(\text{或} \frac{E}{x_T} \times 1000‰ \right) \tag{4-4}$$

严格讲来,由于 x_T 不知,E 和 E_r 无法计算,准确度难以度量。但可以利用 x_T 的如下属性,近似地计算出 E 和 E_r,以估计测量结果的准确度。

1. 虽然任何测量方法都有误差,但任何测量方法都有一定的误差范围,从而可以根据测量误差的范围,估计出该测量量的真值范围。例如,用不同的天平称量一块金属,称量结果和其真实质量的范围估计如表 4-1 所示。

表 4-1 不同天平称量结果和真值范围

	误差范围/g	称量结果/g	真值的范围/g
台 称	±0.1	5.1	5.1±0.1
分析天平	±0.0001	5.1023	5.1023±0.0001
半微量分析天平	±0.00001	5.10228	5.10228±0.00001

2. 以公认真值(约定真值)代替真值。公认真值如原子量、纯物质中各元素的理论含量以及标准试样的标准值(由很多经验丰富的分析人员,采用多种可靠的分析方法,多次重复测定得到的,并经公认的权威机构确认的比较准确的结果。标准试样由公认的权威机构专门发售,并附有相应的证书)等,它们的准确度较高,可视为相对真值。

3. 数理统计方法可以证明,在消除系统误差之后,当测量次数 $n \to \infty$ 时,测量结果的平均值 μ(此时称为总体① 平均值)将趋近于真值:

$$\mu = \frac{\sum x_i}{n} \ (n \to \infty) \to x_T$$

随机误差将影响测定结果的精密度。精密度是指相同条件下,对同一量测定结果之间相符合的程度,它反映了测定结果的再现性。精密度的高低用偏差衡量。单次测量值对平均值 $\bar{x}$ 的偏差 d 为

$$d_i = x_i - \bar{x} \quad (i=1,2,\cdots,n)$$

关于精密度的表示方法将在§3介绍。

三、准确度和精密度的关系

如前所述,准确度是测定值与真值相符合的程度;精密度是在相同条件下,多次重复测定结果之间相符合的程度。那末,准确度和精密度之间有什么关系呢?分析测定中需要的是怎样的测量结果呢?如果用三种不同方法测定同一份试样,得到如图 4-1 所示的三种结果。

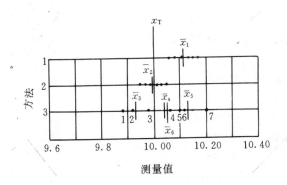

图 4-1 不同方法分析某种试样的结果

第一种方法精密度好,但结果偏高,平均值 $\bar{x}_1$ 与真值 x_T 之差较大,准确度不高。

第二种方法精密度好,准确度也高,平均值 $\bar{x}_2$ 与真值 x_T 很接近。

第三种方法精密度差,测定次数不同,平均值相差很大。例如,取 1—3 次测定值得平均值 $\bar{x}_3$;取 3—5 次测定值得平均值 $\bar{x}_4$;取 5—7 次测定值得平均值 $\bar{x}_5$,…。$\bar{x}_3、\bar{x}_4、\bar{x}_5$,…之

---

① 总体、样本和个体 统计学中研究对象的某种特性值的全体叫总体(或母体),其中每一单元叫个体,从总体中随机抽取出来的部分个体集合体叫样本(或子样),样本所含个体的数目叫样本的容量。例如,在指定条件下对某矿石中铁的含量作了无限次测定,所得无限多个数据的集合,就是总体;其中每个数据就是个体,从其中随机取出一组数据(例如 8 个数据),就是样本,样本容量为 8。

间相差较大。$\bar{x}_4$虽然接近x_T,但有很大的偶然性,这样的结果是不可靠的。如果取1—7次测定值得平均值$\bar{x}_6$,则比较接近x_T。

再看第一种方法,虽然它的准确度不高,但精密度好,如果找到产生误差的原因,减小或消除系统误差,或者对系统误差进行校正,则可能得到较准确的结果。

对于一个理想的测定,最好是第二种方法所得结果,精密度好,准确度亦高。

实际分析中,首先要求良好的精密度,精密度越好,得到准确结果的可能性越大。所以,好的精密度是获得准确结果的前提和保证。虽然好的精密度不一定能保证高的准确度,但通过校正就可能较准确地反映试样中的真实含量。

§2 随机误差的正态分布

一、频数分布

以一个班的学生共40人在相同条件下用滴定分析法测定工业纯碱中Na_2CO_3的百分含量为例。共得数据113个。乍看起来,这些数据高高低低,参差不齐,如果将数据按大小顺序排列如下:

73.30	74.38	74.62	74.97	75.08	75.33
73.30	74.38	74.62	74.97	75.08	75.39
73.30	74.40	74.62	74.97	75.09	75.40
73.53	74.40	74.67	74.97	75.10	75.40
73.61	74.40	74.70	74.97	75.10	75.45
73.64	74.45	74.71	74.97	75.11	75.45
74.00	74.45	74.75	74.98	75.11	75.47
74.00	74.49	74.83	75.00	75.11	75.47
74.06	74.50	74.83	75.00	75.12	75.47
74.09	74.51	74.84	75.00	75.12	75.50
74.12	74.51	74.84	75.02	75.13	75.50
74.19	74.52	74.86	75.02	75.19	75.51
74.20	74.52	74.86	75.02	75.22	75.60
74.20	74.55	74.86	75.02	75.25	75.63
74.20	74.58	74.90	75.05	75.32	75.98
74.30	74.60	74.91	75.06	75.32	76.01
74.30	74.61	74.91	75.06	75.32	76.07
74.30	74.61	74.91	75.06	75.32	78.17
74.38	74.62	74.94	75.08	75.33	

就会看到位于74.70—75.10的数据较多,其它范围的数据较少,小于74.00或大于75.50的数据更少。若将这113个数据分成9个组,为了使每一个数据只能分在一个组内,避免"骑墙"现象(某一数据正好与组界值相等,该数据可以跨两个组),将组界值比测量值多取一位。每个组中数据出现的个数称为频数n_i;频数与数据总数n之比称为相对频数,若以%表示,称为频率,频率除以组距Δs(组中最大值和最小值之差)是频率密度。表

4-2 列出数据的频数分布,并绘出如图 4-2 所示的频数分布直方图(和相对频数分布直方图)。图中横坐标为组界值,纵坐标为相应的频数(和相对频数)。

表 4-2　频数分布表

分　　组	频数	相对频数	分　　组	频数	相对频数
73.105—73.505	3	0.026	75.105—75.505	25	0.221
73.505—73.905	3	0.026	75.505—75.905	3	0.026
73.905—74.305	12	0.106	75.905—76.305	3	0.026
74.305—75.705	25	0.221	…	…	…
74.705—75.105	38	0.336	77.905—78.305	1	0.009

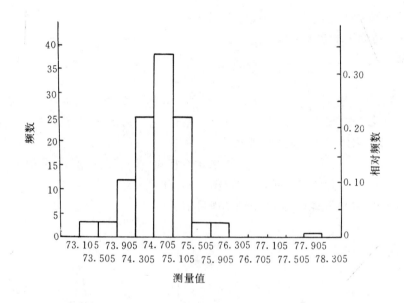

图 4-2　频数分布直方图和相对频数分布直方图

从表 4-2 和图 4-2 可以看到全部测定数据是分散的,但又有明显的集中趋势。由于相对频数的总和为1,相对频数直方图上的矩形总面积为1。

如果测定的数据很多,组分得很细,相对频数直方图趋近的极限是一条连续曲线,它是正态分布曲线,如图 4-3 所示。

二、正态分布

分析测定中的随机误差遵从正态分布(高斯 Gauss 分布)的规律。正态分布曲线呈对称钟形,中间有一个最高点,如果横坐标表示测定值 x 和平均值 μ 之差,纵坐标表示频率,得误差正态分布图(图 4-4)。从该图可以看到随机误差有以下规律性:

1. 偏差大小相等、符号相反的测定值出现的概率大致相等;
2. 偏差小的测定值比偏差较大的测定值出现的概率大,偏差很大的测定值出现的概

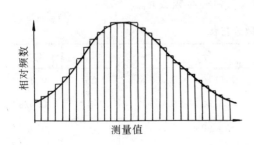
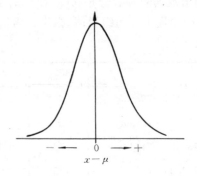

图 4-3　相对频数分布曲线　　　　图 4-4　误差正态分布图

率极小;

3. 测定值的平均值比个别测定值可靠。

正态分布的概率密度函数式是

$$f(x) = \frac{1}{\sigma\sqrt{2\pi}} e^{-\frac{(x-\mu)^2}{2\sigma^2}} \tag{4-5}$$

式中,$f(x)$是概率密度。x 为个别测定值。μ 为总体平均值,相当于曲线的最高点的横坐标值,它表征了数据的集中趋势,在没有系统误差时,它是真值。σ 是总体标准差。是 μ 到曲线拐点的距离,它体现了数据的分散性。

μ,σ 不同,就有不同的正态分布,如果 σ 值相同(等精度的测量),μ 值不同($\mu_1<\mu_2$),曲线的形状相同,只是曲线沿横轴平移(图 4-5)。如果 μ 值一定,σ 值不同($\sigma_1<\sigma_2$),曲线的形状不同,σ 小,曲线陡峭;σ 大,曲线平坦(图 4-6)。

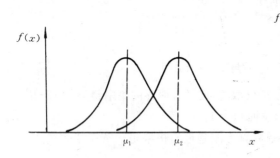
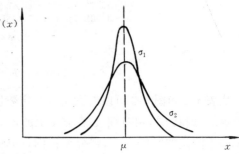

图 4-5　精密度相同,平均值不同的　　　图 4-6　平均值相同,精密度不同的
　　　　　正态分布曲线　　　　　　　　　　　　　正态分布曲线

μ 和 σ 确定了,正态分布就确定了。因此 μ 和 σ 是正态分布的两个基本参数。这样的正态分布常以 $N(\mu,\sigma^2)$ 表示。

显然,不论 σ 为何值,分布曲线和横坐标之间所夹的总面积是各种大小偏差的样本值出现概率的总和,它是概率密度 $f(x)$ 在 $-\infty<x<\infty$ 区间的定积分值,其值为 1:

$$P_{(-\infty<x<\infty)} = \int_{-\infty}^{\infty} f(x)\mathrm{d}x = \frac{1}{\sigma\sqrt{2\pi}}\int_{-\infty}^{\infty} e^{-\frac{(x-\mu)^2}{2\sigma^2}}\mathrm{d}x = 1 \tag{4-6}$$

任何样本值在区间(a,b)出现的概率$P(a<x<b)$等于横坐标在$x=a$,$x=b$区间曲线和横坐标之间所夹的面积(图 4-7):

$$P_{(a\leqslant x\leqslant b)} = \frac{1}{\sigma\sqrt{2\pi}}\int_{a}^{b} e^{-\frac{(x-\mu)^2}{2\sigma^2}}\mathrm{d}x \quad (4-7)$$

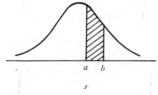

图 4-7 区间(a,b)内的概率

三、标准正态分布

正态分布曲线随 μ 值和 σ 值不同而不同,应用起来不方便。为此采用变量转换的方法,将它化为同一分布——标准正态分布。令

$$u = \frac{x-\mu}{\sigma} \tag{4-8}$$

代入式(4-5),得

$$f(x) = \frac{1}{\sigma\sqrt{2\pi}}e^{-\frac{u^2}{2}}$$

又因

$$\mathrm{d}x = \sigma\mathrm{d}u$$

所以

$$f(x)\mathrm{d}x = \frac{1}{\sqrt{2\pi}}e^{-\frac{u^2}{2}}\mathrm{d}u = \phi(u)\mathrm{d}u$$

式(4-5)转化为只有变量u的方程:

$$\phi(u) = \frac{1}{\sqrt{2\pi}}e^{-\frac{u^2}{2}} \tag{4-9}$$

横坐标是以 σ 为单位的 $x-\mu$ 值,这种正态分布曲线称为标准正态分布曲线,以 $N(0,1)$ 表示。曲线的形状与 σ 值无关,不论分布曲线是陡峭的还是平坦的,都得到相同的标准正态分布曲线(图 4-8)。

四、随机误差的区间概率

正态分布曲线下面的面积表示全部数据出现概率的总和(图 4-8 中的阴影部分),它是u值从$-\infty \to \infty$的积分值,其值为 1:

$$\int_{-\infty}^{\infty} \phi(u)\mathrm{d}u = \frac{1}{\sqrt{2\pi}}\int_{-\infty}^{\infty} e^{-\frac{u^2}{2}}\mathrm{d}u = 1 \tag{4-10}$$

随机误差或测量值在某一区间出现的概率可取不同u值对式 4-9 积分,求得面积。例如$u=\pm 1$,测量值x出现在$\mu\pm\sigma$区间的概率是

$$P_{(-1\leqslant u\leqslant 1)} = \frac{1}{\sqrt{2\pi}}\int_{-1}^{+1} e^{-\frac{u^2}{2}}\mathrm{d}u = 0.683$$

即测量值x出现在$(\mu-\sigma,\mu+\sigma)$区间的概率是 68.3%(图 4-9)。

同样,求得测量值出现在其它区间的概率,计算结果列于表 4-3 中。

从表 4-3 列举的概率值可以看到,在一组测定中,偏差大于两倍标准差的测定值出现的概率小于 5%,即平均 20 次测定中,最多只有一次机会;偏差大于三倍标准差的测定值

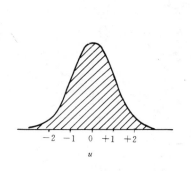
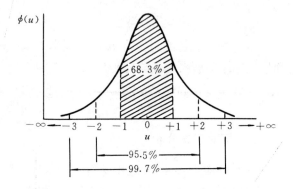

图 4-8 标准正态分布曲线示意图　　　图 4-9 标准正态分布 P 值示意图

出现的概率更小,平均 1000 次测定中,只有三次机会。一般化学分析只作几次测定,出现这样大偏差的测定值照理是不大可能的,如果一旦出现,可认为它不是由于随机因素引起的,应将它舍去。

表 4-3　正态分布误差概率表

区间	概率	区间	概率
$\mu \pm \sigma$	68.3%	$\mu \pm 2.58\sigma$	99.0%
$\mu \pm 1.96\sigma$	95.0%	$\mu \pm 3\sigma$	99.7%
$\mu \pm 2\sigma$	95.5%		

§3　有限次测量数据的统计处理

随机误差的分布规律给数据处理提供了理论基础,它是对无限次量测而言。平均值 μ 衡量数据的集中趋势,标准差 σ 反映了数据的离散程度。但是,分析化学中常常只作有限次测定,下面将讨论如何通过有限次测定结果对 μ 和 σ 进行估计。

一、数据的集中趋势和离散程度

在多次重复测定中,得一系列测定值,$x_1, x_2, \cdots, x_n$,这些数据有集中趋势,又有一定的分散性,它们如何表示?

(一) 数据集中趋势的表示方法

1. 算术平均值 $\bar{x}$

由式(4-3)计算的 n 次测定数据的平均值 $\bar{x}$ 是总体平均值 μ 的最佳估计值。对有限次测定,测定值向 $\bar{x}$ 集中,当

$$n \to \infty, \quad \bar{x} \to \mu$$

2. 中位数 M

将一组测定值按大小顺序排列,M 为位于正中间项的数值。当 n 为奇数时,正中间项

只有一个；当 n 为偶数时，正中间项有两个，中位数是这两个数的平均值。中位数的优点是计算方法简单，它与两端极值大小无关。当测定次数较少，数据取舍难以确定时，用中位数较好，但用它表示数据的集中趋势不如平均值好。

（二）数据分散程度的表示方法

1. 平均偏差 $\bar{d}$ 和相对平均偏差

$$\bar{d} = \frac{|d_1| + |d_2| + \cdots + |d_n|}{n} = \frac{1}{n}\sum_{i=1}^{n}|x_i - \bar{x}| \tag{4-11}$$

$$\text{相对平均偏差} = \frac{\bar{d}}{\bar{x}} \times 100\% \tag{4-12}$$

d_i 称 i 次测量值的偏差（$d_i = x_i - \bar{x}$，$i = 1, 2, \cdots, n$）。

2. 标准偏差 s（简称标准差）和相对标准偏差 s_r [①]：

$$s = \sqrt{\frac{\sum_{i=1}^{n}(x_i - \bar{x})^2}{n-1}} = \sqrt{\frac{\sum_{i=1}^{n}d_i^2}{n-1}} \tag{4-13}$$

$$s_r = \frac{s}{\bar{x}} \times 100\% \tag{4-14}$$

式(4-13)中 $n-1$ 在统计学中称为自由度，常用 f 表示。自由度是能用于计算一组数据分散程度的独立偏差数。例如，在不知道真值的情况下，仅作了一次测量，则独立偏差数为 0，自由度为 0，表示不可能计算测量值的分散度；如果进行了两次测定，独立偏差数为 1，分散度就为这两个测量值之差；如果作了 n 次测定，自由度为 $n-1$；在无限次测定的情况下，$n \to \infty$，$n-1 \to \infty$，自由度就是测量次数：

$$\lim_{n \to \infty} \frac{\sum(x_i - \bar{x})^2}{n-1} = \frac{\sum(x_i - \mu)^2}{n}$$

则有限次测定（样本）的标准差 s 可以作为无限次测定（总体）的标准差 σ：

$$\sigma = \sqrt{\frac{\sum_{i=1}^{n}(x_i - \mu)^2}{n}} \tag{4-15}$$

由于平均偏差 $\bar{d}$ 的计算中平均地对待每个大小不同的偏差 d_i，所以不如用标准偏差 s 表示数据的分散性好。例如，有两组测量数据，各测量值的偏差分别是

甲：+0.3，-0.2，-0.4，+0.2，+0.1，+0.4，0.0，-0.3，+0.2，-0.3；

乙：0.0，+0.1，-0.7，+0.2，-0.1，-0.2，+0.5，-0.2，+0.3，+0.1；

可以明显地看出乙组数据的离散程度大，精密度不如甲组数据，但是

$$\bar{d}_甲 = 0.24, \quad \bar{d}_乙 = 0.24$$

反映不出两组数据的精密度差异，而

$$s_甲 = 0.26, \quad s_乙 = 0.33$$

由于标准差对一组测定值中的极值反应比较灵敏（通过平方运算），所以较好地反映了这

[①] s_r 过去常称为变异系数 C.V.，但最近国际理论及应用化学联合会（IUPAC）及某些分析化学期刊都指出，采用"相对标准偏差"这个名词，不再叫变异系数。

两组数据离散程度的差异。

在使用标准差这一术语时,应严格区分单次测定值的标准差(反映单次测定值之间的离散性)与平均值的标准差(反映若干组平行测定,各平均值之间的离散性),式(4-13)、(4-15)表示的是单次测定值的标准差。若对某试样作若干批测定,每批又作 n 个平行测定,得若干个平均值 $\bar{x}_1,\bar{x}_2,\cdots$,此时应用平均值的标准差 $s_{\bar{x}}$ 来表示这些平均值的离散特性。统计学已证明,对一组等精度的测定,样本平均值的标准差 $s_{\bar{x}}$ 与单次测定值的标准差 s 的关系是

$$s_{\bar{x}} = \frac{s}{\sqrt{n}} \tag{4-16}$$

同理,当 $n \to \infty$ 时,

$$\sigma_{\bar{x}} = \frac{\sigma}{\sqrt{n}} \tag{4-17}$$

平均值的标准差与测定次数 n 的平方根成反比,增加测定次数,$s_{\bar{x}}$ 减小。图 4-10 为 $s_{\bar{x}}/s$ 与测定次数 n 的关系图。从曲线可以看出,开始时,$s_{\bar{x}}/s$ 随 n 的增加减小很快。当 $n>5$ 时,减小得较慢。当 $n>10$,已减小得很慢。再进一步增加测定次数,徒然增加工作量,对提高分析结果可靠性,并无更多好处。一般情况应根据分析要求确定平行测定的次数。如物理常数、原子量的测定,测定次数多,标准试样的分析测定次数也较多,一般的分析则 3—5 次平行测定就可以了。

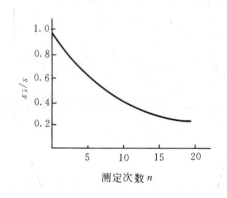

图 4-10 平均值的标准差与测量次数的关系

3. 全距 R(极差)

$$R = x_{\max} - x_{\min} \tag{4-18}$$

式中 $x_{\max}$ 和 $x_{\min}$ 分别是测量数据中的最大值和最小值。用极差表示数据的分散性,没有充分利用所有数据,因而不能很好地反映测定的实际情况。

(三)分析结果的报告

多次重复测定得到一系列测定值 $x_1,x_2,\cdots,x_n$,它们的平均值 $\bar{x}$ 是总体平均值 μ 的最佳估计值,它反映了数据的集中趋势;标准差 s 表示各测定值对 $\bar{x}$ 的偏离,实际测定中用 s 作 σ 的估计值,用 $s_{\bar{x}}$ 作 $\sigma_{\bar{x}}$ 的估计值,它们反映了数据的分散程度。

在报告分析结果时,要反映数据的集中趋势和分散性,一般用下列三项值:平均值 $\bar{x}$

(表示集中趋势)，标准差 s(表示分散性)，和测定次数 n。

例1 分析某铁矿试样中铁的含量，得到下列数据：37.45%，37.30%，37.20%，37.50%，37.25%，报告分析结果。

解 $\bar{x} = \dfrac{(37.45+37.30+37.20+37.50+37.25)\%}{5} = 37.34\%$

个别测定值的偏差 d 依次为 $+0.11, -0.04, -0.14, +0.16, -0.09$，

$$s = \sqrt{\dfrac{(0.11)^2+(0.04)^2+(0.14)^2+(0.16)^2+(0.09)^2}{5-1}}\% = 0.13\%$$

分析结果报告如下：
$$\bar{x} = 37.34\% \quad s = 0.13\% \quad n = 5$$

二、置信度和置信区间

(一) 预测分析数据

假如对某试样作了无限次(20次以上)测定，得平均值 μ(可看作真值)和标准差 σ。若在同样条件下，对该试样再作一次测定，得测定值 x。因随机误差符合正态分布，则可以预测 x 出现在 μ 附近的一个区间的概率。因为

$$\dfrac{x-\mu}{\sigma} = \pm u$$

$$x = \mu \pm u\sigma \tag{4-19}$$

所以 $\mu - u\sigma \leqslant x \leqslant \mu + u\sigma$

从表 4-3，可以得到当 $u = \pm 1$ 时，x 在 $(\mu-\sigma, \mu+\sigma)$ 区间出现的概率为 68.3%；当 $u = \pm 1.96$ 时，x 在 $(\mu-1.96\sigma, \mu+1.96\sigma)$ 区间出现的概率为 95%。

(二) 由 x 值估计总体平均值 μ

实际测定中，μ 值为未知，可以用测定值 x 估计 μ 值。

因为 $\mu = x \pm u\sigma$ (4-20)

所以 $x - u\sigma \leqslant \mu \leqslant x + u\sigma$

从表 4-3 得到以 x 为中心值的区间 $(x-u\sigma, x+u\sigma)$，其中包含 μ 值的区间概率。例如 $u = \pm 1.96$，则有 95% 的 $(x-1.96\sigma, x+1.96\sigma)$ 区间中包含 μ。这就是说，如果测定了 20 次，得到了 20 个 x 值，就有 20 个 $x \pm 1.96\sigma$ 的区间，其中约有 19 个包含 μ 值，不包含 μ 值的大约只有一个，如图 4-11 所示。图中每一条垂直线的中心代表测定值 x_i，两端箭头代表区间 $(x-1.96\sigma, x+1.96\sigma)$ 的范围。若垂直线与水平线 ($x = \mu$) 相交，表示此区间中包含 μ 值。

上面所讲的 68.3%，95%，… 称为置信度，是人们所作判断的可靠程度；$x \pm u\sigma$ (如 $x \pm \sigma$，$x \pm 1.96\sigma$) 区间称为置信区间。置信度表示在置信区间内包含 μ 值的概率。

(三) 平均值的置信区间

如果对试样作 n 次平行测定，得平均值 $\bar{x}$，则

$$\mu = \bar{x} \pm u\dfrac{\sigma}{\sqrt{n}} \tag{4-21}$$

可以用 $\bar{x}$ 预测包含 μ 值的置信区间。表 4-4 列出不同置信度时单次测定值和平均值的置信区间。

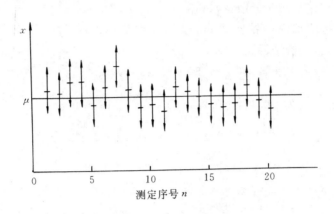

图 4-11 μ 的区间估计

表 4-4 单次测定值和平均值的置信区间

置信区间\置信度\测定值	50%	68%	90%	95%	99%	99.9%
单次测定值 x	$x \pm 0.67\sigma$	$x \pm 1.00\sigma$	$x \pm 1.64\sigma$	$x \pm 1.96\sigma$	$x \pm 2.58\sigma$	$x \pm 3.29\sigma$
平均值 $\bar{x}$	$\bar{x} \pm \dfrac{0.67\sigma}{\sqrt{n}}$	$\bar{x} \pm \dfrac{1.00\sigma}{\sqrt{n}}$	$\bar{x} \pm \dfrac{1.64\sigma}{\sqrt{n}}$	$\bar{x} \pm \dfrac{1.96\sigma}{\sqrt{n}}$	$\bar{x} \pm \dfrac{2.58\sigma}{\sqrt{n}}$	$\bar{x} \pm \dfrac{3.29\sigma}{\sqrt{n}}$

例 2 分析某钢样的含磷量,进行四次平行测定,得 $\bar{x}=0.0087\%$。已知 $\sigma=0.0022\%$,报告分析结果。

解 若取 68% 置信度,$u=\pm 1$,得

$$P = \left(0.0087 \pm \frac{0.0022}{\sqrt{4}}\right)\% = (0.0087 \pm 0.0011)\%$$

即有 68% 把握认为在 $(0.0087\pm0.0011)\%$ 区间包含钢样中磷的真实含量。

若取 95% 置信度,$u=\pm 1.96$,得

$$P = \left(0.0087 \pm 1.96\frac{0.0022}{\sqrt{4}}\right)\% = (0.0087 \pm 0.0022)\%$$

则有 95% 把握认为在 $(0.0087\pm0.0022)\%$ 区间包含钢样中磷的真实含量。

从上例可以看到置信度定得越高,判断失误的机会越小,但往往实用意义不大。且保留过多,易犯"存伪"的错误。如若在上例中将 u 值定为 $\pm\infty$,表示有 100% 把握说在 $\left(0.0087\pm\infty\dfrac{0.0022}{\sqrt{4}}\right)\%$ 区间内包含含磷量的真值,这个结果报告没有任何实际意义。置信度定得过低,判断失误的机会增大,若上例中将 u 值定为 ± 0.67,分析结果报告为

$$P = \left(0.0087 \pm 0.67\frac{0.0022}{\sqrt{4}}\right)\% = (0.0087 \pm 0.0007)\%$$

置信度为 50%,判断失误的可能性达 50%,因舍去过多,易犯"拒真"的错误。

因此,置信度的高低应定得合适。日常生活中人们的判断若有90%或95%的把握,就认为这种判断基本正确。统计学中通常取95%置信度,处理分析数据时,通常也取95%置信度,但这并不是固定不变的,根据具体情况,有时也取90%或99%等置信度。

三、t-分布[①]

实际分析中往往只作几次测定,将s代替σ,必将引进误差。由于测定次数少,$s>\sigma$,分布曲线将变得平坦,为了得到同样置信度(分布曲线与横坐标之间所夹的面积),式(4-19),(4-20)和(4-21)中的u值应用一个大于u值的新系数来代替。

英国统计学家和化学家戈塞特(W. S. Gosset)研究了这个课题,引进了称为"t"值的新系数,t值的定义是

$$\pm t = \frac{\bar{x} - \mu}{s_{\bar{x}}} = (\bar{x} - \mu)\frac{\sqrt{n}}{s} \tag{4-22}$$

表4-5列出不同置信度P和自由度f时部分常用的t值。由表可见,随着自由度增加,t值和u值渐相接近。当$f=20$时,t和u已十分接近;当$f \to \infty$,$s \to \sigma$,$t \to u$。

表 4-5 常用 t 值

f \ $P\%$	50	90	95	99	99.5
1	1.000	6.314	12.706	63.657	127.32
2	0.816	2.920	4.303	9.925	14.039
3	0.765	2.353	3.182	5.841	7.453
4	0.741	2.132	2.776	4.604	5.598
5	0.727	2.015	2.571	4.032	4.773
6	0.718	1.943	2.447	3.707	4.317
7	0.711	1.895	2.365	3.500	4.029
8	0.706	1.860	2.306	3.355	3.832
9	0.703	1.833	2.262	3.250	3.690
10	0.700	1.812	2.228	3.169	3.581
20	0.687	1.725	2.086	2.845	3.153
∞	0.674	1.645	1.960	2.576	2.807

将式(4-22)改写为

$$\mu = \bar{x} \pm t s_{\bar{x}} = \bar{x} \pm t \frac{s}{\sqrt{n}} \tag{4-23}$$

它表示一定置信度时,以$\bar{x}$为中心,包含μ值的置信区间。因此,对有限次测定,不能只用平均值表示分析结果,还必须用置信度和置信区间表达。

例3 测定某矿石中铁的含量,得$\bar{x}=15.30\%$,$s=0.10\%$,$n=4$,求(1)置信度为95%;(2)置信度为99%的置信区间。

[①] 引进t系数的戈塞特当时用笔名"Student"发表论文,故称t-分布。

解 从表 4-5 查得，当 $n=4$，$f=3$ 时，置信度为 95% 和 99% 相应的 t 值分别是 3.182 和 5.841，则平均值的置信区间如下：

(1) 95%置信度

$$\mu = \left(15.30 \pm \frac{3.182 \times 0.10}{\sqrt{4}}\right)\% = (15.30 \pm 0.16)\%$$

表示有 95% 把握断定区间 $(15.30 \pm 0.16)\%$ 将包含铁含量的真值。

(2) 99%置信度

$$\mu = \left(15.30 \pm \frac{5.841 \times 0.10}{\sqrt{4}}\right)\% = (15.30 \pm 0.29)\%$$

表示有 99% 把握断定区间 $(15.30 \pm 0.29)\%$ 将包含铁含量的真值。

四、测定数据的评价

实际工作中，取得了一系列数据后，还应对数据作出评价。首先要判断数据是否都有效。有时数据中有个别测定值与其它测定值相差较大（这个测定值称为离群值），那末，在报告结果时这个离群值要不要参加平均？是否将它舍去？其次要判断数据有差异的原因，差异是由随机误差引起的，还是由系统误差引起的？

（一）显著性检验

工作中有时需要有目的地进行多种试验，如比较不同分析方法的分析结果；比较不同试验室或不同分析人员的分析结果；进行各种测定条件试验等等。怎样才能对测定结果作出合理的评价呢？

例如用两种不同分析方法分析同一种试样，得两组数据，它们的平均值 $\bar{x}_1$ 和 $\bar{x}_2$ 不同，用统计的方法不能说明哪一个平均值是准确的，但是可以判断这两组数据之间的差异是否显著。如果 $\bar{x}_1$ 和 $\bar{x}_2$ 的差异是由随机误差引起的，这是不可避免的，就可以认为差异不显著；如果 $\bar{x}_1$ 和 $\bar{x}_2$ 的差异是由系统误差引起的，就可以认为它们之间的差异显著。用统计的方法检验数据之间是否存在显著性差异的方法称为显著性检验。

1. F-检验法（两个标准差的比较）

检验两组数据的标准差有无显著差异，也就是检验两组数据的精密度有无显著差异。设两组数据的标准差分别为 $s_大$（标准差大的）和 $s_小$（标准差小的）。F 值的定义为

$$F_{计算} = \frac{s_大^2}{s_小^2} \tag{4-24}$$

$F_{计算} > 1$，以 $F_{计算}$ 与表 4-6 中所列的 F 值（$F_表$）比较，如果 $F_{计算} > F_表$，则认为两组数据的标准差之间有显著性差异（95%置信度）。

例 4 测定碱灰中 Na_2CO_3 的含量。用两种不同方法测得 Na_2CO_3 含量的百分率，报告如下：

方法 1	方法 2
$\bar{x}_1 = 42.34\%$	$\bar{x}_2 = 42.44\%$
$s_1 = 0.10\%$	$s_2 = 0.12\%$
$n_1 = 5$	$n_2 = 4$

比较这两种方法的精密度有无显著性差异(95%置信度)。

解 用 F-检验法判断：

$$F_{计算} = \frac{s_{大}^2}{s_{小}^2} = \frac{s_2^2}{s_1^2} = \frac{(0.12)^2}{(0.10)^2} = 1.44$$

查表 4-6，$f_1 = n-1 = 4$，$f_2 = n-1 = 3$，得 $F_{表} = 6.59$，因 $F_{计算} < F_{表}$，这两种方法的精密度没有显著性差异。

表 4-6 置信度 95% 时的 F 值

自由度 f		$s_{大}$								
	2	3	4	5	6	7	8	9	10	∞
2	19.00	19.16	19.25	19.30	19.33	19.35	19.37	19.38	19.40	19.50
3	9.55	9.28	9.12	9.01	8.94	8.89	8.85	8.81	8.79	8.53
4	6.94	6.59	6.39	6.26	6.16	6.09	6.04	6.00	5.96	5.63
5	5.79	5.41	5.19	5.05	4.95	4.88	4.82	4.77	4.74	4.36
6	5.14	4.76	4.53	4.39	4.28	4.21	4.15	4.10	4.06	3.67
7 ($s_{小}$)	4.74	4.35	4.12	3.97	3.87	3.79	3.73	3.68	3.64	3.23
8	4.46	4.07	3.84	3.69	3.58	3.50	3.44	3.39	3.35	2.93
9	4.26	3.86	3.63	3.48	3.37	3.29	3.23	3.18	3.14	2.71
10	4.10	3.71	3.48	3.33	3.22	3.14	3.07	3.02	2.98	2.54
∞	3.00	2.60	2.37	2.21	2.10	2.01	1.94	1.88	1.83	1.00

例 5 甲、乙两人分析同一试样，结果如下：

甲：95.6，96.0，94.9，96.2，95.1，95.8，96.3(%)

乙：93.3，95.1，94.1，95.1，95.6，94.0(%)

问甲、乙两人分析结果的精密度有无显著性差异(95%置信度)？

解 分析结果报告如下：

甲	乙
$\bar{x}_{甲} = 95.7\%$	$\bar{x}_{乙} = 94.5\%$
$s_{甲}^2 = 0.536\%$	$s_{乙} = 0.875\%$
$n_{甲} = 7$	$n_{乙} = 6$

$$F_{计算} = \frac{s_{大}^2}{s_{小}^2} = \frac{s_{乙}^2}{s_{甲}^2} = \frac{0.756}{0.287} = 2.63$$

查表 4-6，得 $F_{表} = 4.39$，说明甲、乙两人分析结果的精密度没有显著性差异。

2. t-检验法(两个平均值的比较)

(1) 样本平均值与公认真值的比较

要检验一种新分析方法是否可靠，常用这种分析方法分析基准物质或标准试样，将所得结果的平均值与公认真值 μ 比较。根据

$$\pm t_{计算} = (\bar{x} - \mu) \frac{\sqrt{n}}{s} \tag{4-25}$$

将 $t_{计算}$ 与所确定置信度(通常取 95%)相对应的 $t_{表}$ 值(表 4-5)比较,若 $t_{计算} > t_{表}$,则说明 $\bar{x}$ 处于以 μ 为中心的 95% 概率的置信区间之外,应承认被检验的平均值和 μ 值有显著性差异,说明有系统误差存在。若 $t_{计算} < t_{表}$,则不存在显著性差异,$\bar{x}$ 与 μ 的差异是由随机误差引起的。

例 6 为了鉴定一种分析方法,取基准物(含量为 100.0%)进行了 10 次平行测定,结果为 100.3, 99.2, 99.4, 100.0, 99.4, 99.9, 99.4, 100.1, 99.4, 99.6(%)。试对此分析方法作出评价(95% 置信度)。

解 分析结果报告为

$$\bar{x} = 99.7\%, s = 0.4\%, n = 10$$

$$t_{计算} = \frac{|\bar{x} - \mu|}{s}\sqrt{n} = \frac{|99.7\% - 100.0\%|}{0.4\%}\sqrt{10} = 2.37$$

查表 4-5,$f = 10 - 1 = 9$ 时,$t_{表} = 2.262$。置信度 95% 时,$t_{计算} > t_{表}$,说明平均值和公认真值有显著性差异,这种方法有系统误差。

例 7 用某种新方法分析一种由标准局提供的铁矿试样,得如下结果:$\bar{x} = 10.52\%$,$s = 0.05\%$,$n = 10$。若标准局的分析结果为 10.60%,问这两种分析结果是否存在显著性差异(95% 置信度)?

解 $$t_{计算} = \frac{|\bar{x} - \mu|}{s}\sqrt{n} = \frac{|10.52\% - 10.60\%|}{0.05\%}\sqrt{10} = 5.06$$

查表 4-5,当 $f = 9$,置信度为 95% 时,$t_{表} = 2.262$。今 $t_{计算} > t_{表}$,说明平均值与标准值有显著性差异,这种新方法有系统误差。

(2) 两组平均值的比较

有时对两种分析方法,两个不同实验室或两个分析人员的分析结果作比较时,对同一试样各进行若干次平行测定,得两组数据,用 t-检验法比较它们的平均值,判断它们之间是否存在显著性差异。

设两组测定结果分别为:$\bar{x}_1, s_1, n_1; \bar{x}_2, s_2, n_2$,按下式计算 t 值:

$$t_{计算} = \frac{|\bar{x}_1 - \bar{x}_2|}{s}\sqrt{\frac{n_1 n_2}{n_1 + n_2}} \tag{4-26}$$

式(4-26)中 s 为合并偏差,其值为

$$s = \sqrt{\frac{(n_1 - 1)s_1^2 + (n_2 - 1)s_2^2}{n_1 + n_2 - 2}} \tag{4-27}$$

为了简化起见,有时不计算合并偏差值。若 $s_1 = s_2$,则 $s = s_1 = s_2$;若 $s_1 \neq s_2$,则式(4-26)中采用两个 s 值中较小者。查表 4-5 中 $t_{表}$ 值($f = n_1 + n_2 - 2$),若 $t_{计算} > t_{表}$,说明两个平均值有显著性差异。

例 8 以例 4 为例,比较两种方法的结果有无显著性差异(95% 置信度)?

解 $$t_{计算} = \frac{|42.34 - 42.44|}{0.10}\sqrt{\frac{5 \times 4}{5 + 4}} = 1.491$$

当 $f = n_1 + n_2 - 2 = 7$,置信度为 95% 时,查表 4-5,得 $t_{表} = 2.365$,因 $t_{计算} < t_{表}$,说明两种方法的结果无显著性差异。

实际分析工作中,对两组数据应先进行 F-检验,当确定数据的精密度不存在显著性差异后,再进行 t-检验,对测定结果的准确度作出评价。

(二) 可疑数据的舍弃

在一组分析数据中有时会出现离群值,那末报告结果时,这个离群值要不要参加平均,是否将它舍去?

首先,要仔细回顾和检查产生离群值的实验过程,是否测定时有过失,如果有过失,此离群值必须舍去。如果找不出引起过失的原因,这个可疑数据是否舍弃,要慎重考虑。从原则上说,无限次测量中任何一个测量值不论其偏差多大都应保留,不能舍弃。因正态分布曲线是渐近线,包括 $-\infty$ 至 ∞ 范围内的任何数据。但在处理少量实验数据时,既不能轻易地保留,也不能轻率地舍弃。若把偏离大本属于过失的数据保留下来,将影响平均值的可靠性,若把有一定偏离仍属随机误差范畴的数据舍去,表面上得到了精密度较好的结果,但这是不科学的、不严肃的。

可疑数据的舍弃实质上是区分随机误差和过失的问题。因此,可以借助统计检验来判别。如果仅由于随机误差的影响,一组测定中出现大偏差的概率是很小的。如果 σ 为已知时,可直接用 2σ(置信度 95.5%)或 3σ(置信度 99.7%)作为取舍的依据。

检验可疑值的方法很多,这里仅介绍格鲁布斯(Grubbs)法。该法的依据是:如果 x 不是异常值,它离 μ(或 $\bar{x}$)相对于 σ(或 s)不应太远。舍弃可疑值的步骤是:

(1) 把测定值按大小顺序排列,$x_1, x_2, \cdots, x_{n-1}, x_n$,求平均值 $\bar{x}$ 和标准差 s。

(2) 计算统计量 T。若 x_1 是可疑值,则

$$T_{计算} = \frac{\bar{x} - x_1}{s} \tag{4-28}$$

若 x_n 是可疑值

$$T'_{计算} = \frac{x_n - \bar{x}}{s} \tag{4-29}$$

(3) 查表 4-7,得相对应于一定置信度和 n 的 $T_表$ 值。

(4) 若 $T_{计算} > T_表$,则该可疑值可以舍去。

如果可疑值有两个,则当有一个数据(如 x_1)决定舍去后,检验另一个数据(如 x_n)时,测定次数应少算一次。

表 4-7 格鲁布斯 T 值表

n \ T	置信度/%		
	95	97.5	99
3	1.15	1.15	1.15
4	1.46	1.48	1.49
5	1.67	1.71	1.75
6	1.82	1.89	1.94
7	1.94	2.02	2.10
8	2.03	2.13	2.22
9	2.11	2.21	2.32
10	2.18	2.29	2.41
20	2.56	2.71	2.88

例9 某一标准溶液的四次标定值为 0.1014，0.1012，0.1025，0.1016(mol/L)，其中可疑值 0.1025mol/L 是否可以舍去？

解 求得 $\bar{x}$=0.1017mol/L　　s=0.00057mol/L

$$T_{计算} = \frac{0.1025 - 0.1017}{0.00057} = 1.40$$

选定置信度95%，查表4-7，得 $T_表$=1.46，由于 $T_{计算}<T_表$，故 0.1025mol/L 这个数据不应舍去。

如果对这个分析准确度要求较高，应再补充1—2个数据，再作处理。有时可用中位数 M 报告结果：

$$M = \frac{0.1014 + 0.1016}{2} \text{mol/L}$$
$$= 0.1015 \text{mol/L}$$

§4 提高分析准确度的方法

一、分析化学中对准确度的要求

为了不同目的进行化学分析所要求的准确度不同，例如原子量的测定允许误差低于 $1/10^4$—$1/10^5$；地球化学研究中，勘探测定岩石和土壤中的重金属，±50%的准确度就可以满足要求。一般科学研究和生产中分析准确度的要求常与试样中各组分相对含量有关，如表4-8所示。

表 4-8　一般分析中准确度与含量的关系

含　量/%	允　许　误　差/%
约 100	1—3
约 50	3
约 10	10
约 1	20—50
约 0.1	50—100
约 0.01—0.001	约 100

一般情况下，使用的仪器越精密，试剂越纯，操作者技术越熟练，越认真仔细，分析的准确度越高。实际工作中不应盲目地追求高准确度，以免造成经济、时间和劳动的浪费。各种分析方法的准确度和灵敏度是不同的。如重量分析法和滴定分析法的准确度较高，在常量组分的测定中，它们的相对误差不大于 0.2%，但它们的灵敏度不高，对低含量组分（小于1%）的测定，误差太大，有时甚至测不出来；一般仪器分析法灵敏度较高，适用于微量组分的测定。例如用光谱分析法测定纯硅中的硼，得结果为 2×10^{-6}%，若此法的相对误差为 50%，则其真实含量为 1×10^{-6}—3×10^{-6}%，虽然该法的准确度较差，但对微量的硼，只要能确定其含量的数量级（10^{-6}%）就能满足要求了。因此，分析时应根据具体情况和分析对准确度的要求选择合适的分析方法、制定分析方案。

二、分析准确度的检验

分析结果是否准确,是否可靠,这是很重要的问题,也是比较难解决的问题。实验中常用下列方法来检查。

(一) 平行测定

在同样条件下,对一试样作多次重复测定,取其平均值。平均值较个别测定值可靠。但是,平行测定的结果相符合,不能说明结果一定准确,因为平行测定中的系统误差是重复出现的;如果平行测定的结果不相符合,说明还有随机误差甚至过失存在,根本不可能得到准确的结果。因此,分析时首先要求平行测定结果相符合,即测定的精密度好。只有精密度好的测定,才有可能得到准确的结果。

(二) 求和法

对一个试样作全分析,各组分百分含量之和应接近100%。一般情况下,组成越简单,误差越小,各组分百分含量之和越接近100%;组成较复杂,各组分百分含量之和与100%相差较大。例如某硅酸盐的全分析结果如表4-9所示。这样复杂试样的分析,一般认为各组分百分含量之和为99.75%—100.30%就满足要求了。而且认为各组分含量之和大于100%更可靠些,因为当和小于100%时,有可能失去1—2个小含量的组分。

表 4-9 某硅酸盐的全分析结果

实验室	SiO_2/%	Al_2O_3/%	CaO/%	MgO/%	K_2O/%	Na_2O/%	合计/%
1	72.40	15.85	1.84	0.87	5.72	3.35	100.03
2	72.75	16.12	1.85	0.81	5.65	3.13	100.31
3	72.65	15.79	1.79	0.86	5.64	3.23	99.91

(三) 离子平衡法

如果试样是电解质,则试样中正、负离子的总电荷数相等。例如某试液中含有 Ca^{2+},Mg^{2+},Na^+,K^+,Cl^-,SO_4^{2-} 和 HCO_3^-,分析得到下列数据:

正离子	含 量		负离子	含 量	
	g/100mL	mmol/L		g/100mL	mmol/L
Ca^{2+}	0.4080	101.8	Cl^-	0.3763	106.1
Mg^{2+}	0.1339	55.0_5	SO_4^{2-}	0.9990	104.0
Na^+	0.2070	90.0	HCO_3^-	0.6332	103.6
K^+	0.0586	15.0			

正电荷总数 = $(101.8 \times 2 + 55.0_5 \times 2 + 90.0 + 15.0)$ mmol/L = 418.7 mmol/L

负电荷总数 = $(106.1 + 104.0 \times 2 + 103.6)$ mmol/L = 418.7 mmol/L

这个分析结果可以认为是比较满意的。

(四) 采用两种不同类型的方法分析

对一种试样用两种不同类型的分析方法分析,比较分析结果。如果结果差异不显著,可以认为结果是可靠的。例如测定某试样中 Fe^{3+} 的含量。一种方法是除去干扰离子后,将

Fe^{3+}沉淀为$Fe(OH)_3$,经过滤、洗涤后,灼烧成Fe_2O_3,再称量。另一种方法是将Fe^{3+}还原为Fe^{2+}后,用标准$K_2Cr_2O_7$溶液滴定Fe^{2+}。如果这两种方法得到的结果一致(即没有显著性差异),就可以认为是可靠的,是准确的,因为这两种方法很难有相同的系统误差。

这是检验分析方法是否可靠的一种常用的也是较好的方法。用以检验复杂物质中某些不常见组分的分析结果时更是简便、有效。

三、提高分析结果准确度的方法

要提高分析结果准确度,就必须减少测定中的系统误差和随机误差。

要减少平均值的随机误差可以增加平行测定的次数。前面已讨论过,增加测定次数,可以减小随机误差,但过多增加测定次数,人力、物力、时间上耗费较多。因此,在实际工作中要根据分析对准确度的要求,确定平行测定的次数。

纠正系统误差的方法通常有下列几种:

(一) 进行对照分析

该法用于校正方法误差。取一已知准确组成的试样(例如标准试样或纯物质),已知试样的组成最好与未知试样相似,含量也相近。用测定试样的方法,在相同的条件下平行测定,得平均值$\bar{x}_标$。

标准试样的已知含量常视为真值μ,用t-检验法检验$\bar{x}_标$与μ之间是否有显著性差异,即检验所采用的测定方法是否有系统误差。如果有系统误差,未知试样测定结果需加以校正。计算如下:

$$\frac{\bar{x}_标}{\mu} = \frac{\bar{x}_未}{x_未} \tag{4-30}$$

式中$\bar{x}_未$为未知试样中待测组分测定值的平均值;$x_未$为未知试样中待测组分的准确含量。则

$$x_未 = \frac{\mu}{\bar{x}_标} \bar{x}_未$$

式中$\mu/\bar{x}_标$作为校正系数。未知试样的测定值经校正后,即能消除测定中的系统误差。

已知准确组成的试样有下列几种:

(1) 标准试样

是由国家有关部门组织生产并由权威机构发给证书的试样,如标准钢样、标准硅酸盐试样等。

(2) 合成试样

根据分析试样的大致组成用纯化合物配制而成,含量是已知的。实验室常选用这种试样。

(3) 管理样

由于标准试样的数量和品种有限,有些单位常自制管理样。管理样是事先经有经验的工作人员反复多次分析,结果是比较可靠的,只是没有经权威机构的认可。

有时对试样组成不完全清楚,可以采用"加入回收法"进行试验。在试样中加入已知量的待测组分,再作对照分析,看加入的待测组分是否能定量地回收,以此判断分析过程是

否存在系统误差。有时用一种比较可靠的分析方法(如经典的分析方法或标准分析方法)进行对照分析,比较两种分析法所得的结果。实验室中常用这两种方法。

(二) 做空白试验

由于试剂中含有干扰杂质或溶液对器皿的侵蚀等所产生的系统误差,可通过空白试验来消除。空白试验是在不加待测试样的情况下,用分析试样完全相同的方法及条件进行平行测定。一般情况与试样同时进行,所得的结果称为空白值。从试样分析结果中扣除空白值,就可得到比较可靠的分析结果。

空白值一般不应过大,特别在微量组分分析时。如果空白值太大,应提纯试剂和改用其它适当的器皿。

(三) 校正仪器

仪器不准确引起的系统误差可以通过仪器校正来减小。在准确度要求高的分析中,天平、砝码、移液管和滴定管等应预先校正,并在计算实验结果时用校正值。

例如名义质量为5g的砝码经校正后其值为5.0001g,则此砝码的校正值为+0.1mg。若用此砝码称量,应以5.0001g值表示该砝码重。一般分析天平出厂时都有"砝码检定合格证",内附各砝码名义值的校正值。砝码使用一段时间后,或在做准确度要求特别高的分析时,应重新校正。

(四) 分析结果的校正

有些分析方法的系统误差可采用其它方法校正。例如电重量法测定铜的纯度,要求分析结果十分准确。但因电解不完全,引起负系统误差。为此,用比色法测定溶液中未被电解的残余铜,将所得结果加到电重量法测定的结果中去,消除系统误差。

§5 有效数字及其运算规则

一、有效数字

一个有效的测量数据,既要能表示出测量值的大小,又要能表示出测量的准确度。例如,从分析天平称得某试样0.5382g,此数据既表示称出的试样质量是0.5382g,同时又表示出,由于分析天平的感量是±0.0001g,此数据的最后一位数"2"是不能完全确定的,该试样的质量实际是0.5381—0.5383g。又如,从滴定管读出某溶液消耗的体积为15.37mL,由于最后一位数"7"是读数时根据滴定管的刻度估计的,"7"是不确定数字,不同的操作人员,会产生±0.01mL的差异,溶液的实际体积为(15.37±0.01)mL。所以,有效数字是指在测量中得到的有实际意义的数字。在记录一个测量数据时,通常只保留一位不确定的数字[1],最后一位不确定数字和所有确定数字的位数,就构成了该测量数据的有效数字的"位数"。上述称量0.5382g和体积读数15.37mL都是四位有效数字。同理,

标准溶液浓度 0.1030mol/L   四位有效数字

配合物稳定常数 $4.90\times10^{10}(mol/L)^{-1}$ 三位有效数字

---

[1] 在极精确的计算中,有时需要把测量数据的第一位非有效数字亦记录下来,写在最后一位有效数字的右下角,如 5.66_2,但"2"不是有效数字。

$[H^+]=9.6\times 10^{-12}$ mol/L	二位有效数字
pH=11.02($[H^+]=9.6\times 10^{-12}$ mol/L)	二位有效数字
3.5×10^4	二位有效数字
3.5000×10^4	五位有效数字
0.0892	三位有效数字

上列最后一个数字由于首数≥7,相当于四位有效数字。某些数字如54000,3500等末位的0,可以是有效数字,也可以是定位的非有效数字,其有效数字位数难以确定。为避免混淆,建议采用科学表示法。如54000,若写成5.4×10^4,为二位有效数字;写成5.40×10^4,为三位有效数字;写成5.4000×10^4,则为五位有效数字。

二、有效数字的修约

最终的分析结果,常常需要若干测量参数经各种数学运算才能求得,而各测量参数的有效数字位数又不尽相同,为了简化计算,使各测量参数的有效数字彼此相适应,常常需要舍去某些测量数据多余的有效数字,称为有效数字的修约。修约时采用"四舍六入五留双"的原则,即当舍去的数字第一位是5时,有两种情况:(1)当5后面的数字并非全部是0时,进1;(2)当5后面的数字全部为0时,前面一位数是奇数进1,是偶数舍去。且当舍去的数字不止一位时,应一次完成,不得连续修约。例如

数据	保留二位	保留三位	保留四位
2.42	2.4		
2.47	2.5		
2.45	2.4		
4.450	4.4	4.45	
4.456	4.5	4.46	
4.3650	4.4	4.36	4.365
23.455	23	23.5	23.46

三、有效数字的运算规则

在进行加减法运算时,结果的有效数字保留取决于绝对误差最大的那个数。例如,0.0121+25.64+1.0445,其中25.64小数点后只有两位,由于尾数"4"的不确定性引入的绝对误差最大,所以,结果只应保留两位小数。在进行具体运算时,可按两种方法处理:一种方法是将所有数据都修约到小数点后两位,再进行具体运算;另一种方法是其它数据先修约到小数点后三位,即暂时多保留一位有效数字,运算后再进行最后的修约:

$$0.01+25.64+1.04=26.69 \quad \text{或} \quad 0.012+25.64+1.044=26.696=26.70$$

两种运算方法的结果在尾数上可能差1,但都是允许的,只要在运算中前后保持一致。

在进行乘除法运算时,结果的有效数字保留取决于相对误差最大的那个数。例如,$15.32\times 0.1232\div 5.32$,其中5.32仅三位有效数字,其尾数"2"的不确定性引入的相对误差最大,所以结果只应保留三位有效数字,

$$\frac{15.32\times 0.1232}{5.32}=0.355$$

而 $$\frac{0.0892 \times 27.62}{20.00} = 0.1232$$

由于 0.0892 的首数大,可视为四位有效数字,所以结果为四位有效数字。

运算中若有 π、e 等常数,以及 $\sqrt{2}$、1/2 等系数,其有效数字位数可视为无限,不影响结果有效数字的确定。

初学者常在计算中保留过多的数字位数,例如测定天平零点或停点计算平均值时,常计算到小数点后第二位;在记录读数时,数字位数又会取得少,特别是最后一位数是 0 时常被疏忽,例如滴定管读数为 25.00mL 时,常记录为 25mL;砝码读数为 20.1850g,记录为 20.185g 等。

使用电子计算器计算分析结果,由于计算器上显示数字位数较多,特别要注意分析结果的有效数字位数。一般定量化学分析结果要求四位有效数字。

思 考 题

1. 准确度和精密度有什么区别?
2. 下列情况引起的误差是系统误差还是随机误差?
    (1) 使用有缺损的砝码;
    (2) 称量试样时吸收了空气中的水分;
    (3) 天平停点稍有变动;
    (4) 读取滴定管读数时,最后一位数字几次读数不一致;
    (5) 标定 NaOH 用的 $H_2C_2O_4 \cdot 2H_2O$ 部分风化;
    (6) 标定 HCl 用的 NaOH 标准溶液中吸收了 CO_2。
3. 实验室中有四种天平,其性能见下表

	台 称	普通天平	分析天平	半微量天平
最大载重	100g	200g	200g	20g
感量(分度值)	0.1g	1mg	0.1mg	0.01mg

为下列称量选择合适的天平:
(1) 准确称取基准邻苯二甲酸氢钾约 0.5g,以标定 NaOH 溶液的浓度;
(2) 称取 10g 工业 $K_2Cr_2O_7$,配取铬酸洗涤液;
(3) 称取甲基橙,配制 0.1% 甲基橙溶液 100mL;
(4) 称一块约 4g 重的铂片,要求准确到小数点后第五位。
4. 如何表示总体数据的集中趋势和分散性?如何表示样本数据的集中趋势和分散性?
5. 如何报告分析结果?
6. 某试样分析结果为 $\bar{x}=16.94\%$,$n=4$,若该分析方法的 $\sigma=0.04\%$,则当置信度为 95% 时,
$$\mu = \left(16.74 \pm 1.96 \frac{0.04}{\sqrt{4}}\right)\% = (16.74 \pm 0.04)\%$$
试就此计算说明置信度和置信区间的含义。
7. 何谓对照分析?何谓空白分析?它们在提高分析结果准确度各起什么作用?
8. 请指出下列实验记录中的错误:
    (1) 测天平零点

(1) 测天平零点

　　e_0: +0.12　+0.02　+0.13,　$\bar{e}_0$=+0.09

(2) 用 HCl 标准溶液滴定 25.00mL NaOH 溶液

　　V_{HCl}: 24.1　24.2　24.1,　$\bar{V}_{HCl}$=24.13

(3) 称取 0.4328g $Na_2B_4O_7$,用量筒加入约 20.00mL 水；

(4) 由滴定管放出 20 mL NaOH 溶液,以甲基橙作指示剂,用 HCl 标准溶液滴定。

习　　题

1. 测定某试样的含铁量,六次平行测定的结果(以%计)是 20.48,20.55,20.58,20.60,20.53 和 20.50。计算这个数据集的平均值、中位数、平均偏差、标准差和全距。应如何报告分析结果？计算95%置信度的置信区间。

答：20.54%,20.54%,0.04%,0.05%,0.12%；
$\bar{x}$=20.54%, s=0.05%, n=6;
μ=(20.54±0.05)%。

2. 某化验室例行化验铁矿,其标准差 σ=0.15%。今测得某铁矿中 Fe_2O_3 的含量为58.25%,若此分析结果分别是根据四次、九次测得的,计算95%置信度时各次结果平均值的置信区间。

答：(58.25±0.15)%；(58.25±0.10)%。

3. 用两种方法测定某矿样锰的百分含量,结果如下：

　　方法 1　$\bar{x}_1$=10.56%, s_1=0.10%, n_1=11；

　　方法 2　$\bar{x}_2$=10.64%, s_2=0.12%, n_2=11。

　问　(1) 标准差之间是否有显著性差异(95%置信度)？

　　　(2) 平均值之间是否有显著性差异(95%置信度)？

答：(1) $F_{计算}$=1.44<2.98,无显著性差异；(2) $t_{计算}$=1.876<2.086,无显著性差异。

4. 标定一溶液的浓度,得到下列结果：0.1141、0.1140、0.1148、0.1142(mol/L)。问第三个结果是否可以舍去(95%置信度)。

答：T=1.39<1.46；不能舍去。

5. 测定某试样含氯百分率,得到下列结果：30.44,30.52,30.60 和 30.12(%)。

　问　(1) 30.12%是否应舍去？

　　　(2) 试样中含氯百分率最好用什么数值表示？

　　　(3) 计算平均值的置信区间(95%置信度)。

答：(1) $T_{计算}$=1.43<1.46,不应舍去； (2) M=30.48%；(3) (30.42±0.33)%。

6. 某分析人员提出一个测定氯的新方法,并以此方法分析了一个标准试样(标准值=16.62%),得结果为 $\bar{x}$=16.72%, s=0.08%, n=4。问95%置信度时,所得结果是否存在系统误差？

答：$t_{计算}$=2.5<3.182,不存在系统误差。

7. 下列各数的有效数字是几位？

(1) 0.00058；　(2) 3.6×10^{-5}；　(3) 0.014%；　(4) 0.0987；　(5) 35000；　(6) 35000±10；

(7) 3.5×10^4；　(8) 3.500×10^4；　(9) 999；　(10) 0.002000。

8. 计算下列算式的结果(确定有效数字的位数)：

(1) $K_2Cr_2O_7$ 的摩尔质量：

$$39.0983 \times 2 + 51.996 \times 2 + 15.9996 \times 7$$

(2) 28.40mL 0.0977mol/L HCl 溶液中 HCl 含量：

$$\frac{28.40\times 0.0977(1.0079+35.453)}{1000}$$

(3) 返滴定法结果计算：

$$x\%=\frac{0.1000(25.00-1.52)\times 246.47}{1.000\times 1000}\times 100\%$$

(4) pH＝5.03，求[H$^+$]；

(5) $\dfrac{31.0\times 4.03\times 10^{-4}}{3.152\times 0.002034}+5.8$

答：(1) 294.19；(2) 0.1012g；(3) 57.87%；(4) 9.3×10^{-6}mol/L；(5) 7.7。

第五章 配位滴定法

配位滴定法是以形成配位化合物反应为基础的滴定分析法。配位滴定反应所涉及的平衡比较复杂，除了待测离子与滴定剂之间的反应外，还可能有其它离子与待测离子、滴定剂或滴定生成物之间的反应。为了定量处理各种因素对配位平衡的影响，本章引进了副反应、副反应系数的概念，导出了条件常数，这是一种处理复杂平衡体系的简便方法。这种方法广泛地应用于涉及复杂平衡的其它体系。

§1 概 述

如前所述，滴定分析对反应有一定要求，那末，哪些配位反应可以用于滴定分析？为此，下面对配位反应作一回顾。

配位反应是金属离子（M）和中性分子或阴离子（称为配位体，以 L 表示）配位，形成配合物的反应。配位反应具有极大普遍性，例如在水溶液中，金属离子与水分子形成水合离子的反应，如 $Cu(H_2O)_4^{2+}$、$Fe(H_2O)_6^{3+}$ 等也是配位反应。

各种配位体中所含的可配位的原子数不同。许多无机配位剂如 H_2O：，：NH_3，：CN^-，：F^- 等配位体中只含有一个可键合的原子，称单齿配位体，它们与配位数为 n 的金属离子配位形成 ML_n 型配合物，如 $Cu(NH_3)_4^{2+}$，$Ag(CN)_2^-$ 等。单齿配合物是逐级形成的，配合物多数不稳定，相邻两级的稳定常数相差很小，因此，除个别反应（如 Ag^+ 和 CN^-、Hg^{2+} 和 Cl^- 等反应）外，大多数反应不能用于滴定分析。在分析化学中单齿配合物主要用作掩蔽剂和辅助配位剂。

有机配位剂如乙二胺 $H_2\dot{N}—CH_2—CH_2—\dot{N}H_2$，氨基三乙酸 $:N\begin{smallmatrix}CH_2COO\ddot{O}H\\—CH_2COO\ddot{O}H\\CH_2COO\ddot{O}H\end{smallmatrix}$ 等配位体中含有两个及两个以上可键合的原子，称为多齿配位体。它们与金属离子配位时，形成配位比简单的、环状结构的螯合物，例如

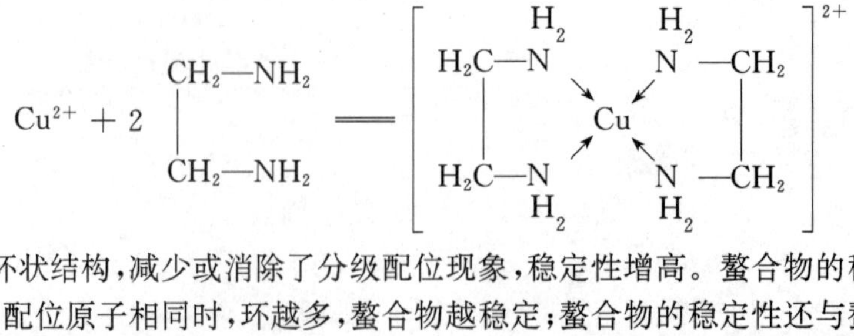

$$Cu^{2+} + 2\begin{vmatrix}CH_2—NH_2\\CH_2—NH_2\end{vmatrix} = \left[\begin{smallmatrix}H_2 & & H_2\\H_2C—N & & N—CH_2\\ & \searrow Cu \swarrow & \\H_2C—N & & N—CH_2\\H_2 & & H_2\end{smallmatrix}\right]^{2+}$$

由于形成了环状结构，减少或消除了分级配位现象，稳定性增高。螯合物的稳定性与成环数目有关，当配位原子相同时，环越多，螯合物越稳定；螯合物的稳定性还与螯环的大小有关，一般五员环或六员环最为稳定。

广泛用作配位滴定剂的，是含有 $—N(CH_2COOH)_2$ 基团的称为氨羧配位剂的有机化

合物,分子中含有氨氮($\overset{..}{\underset{H\ H\ H}{N}}$)和羧氧($-C\overset{O}{\underset{O..}{\lessgtr}}$)的配位原子。它们的配位能力很强。氨羧配位剂中应用最广的是乙二胺四乙酸(EDTA),常用 H_4Y 表示,它的结构式为:

$$\text{HOOCH}_2\text{C} \diagdown \text{CH}_2\text{COOH}$$
$$ N-CH_2-CH_2-N$$
$$\text{HOOCH}_2\text{C} \diagup \text{CH}_2\text{COOH}$$

EDTA 在水中溶解度较小(22℃时,溶解度仅为 0.02g/100mL),难溶于酸和有机溶剂,易溶于 NaOH 和 NH₃,并形成相应的盐,因此,通常使用的是它的二钠盐($Na_2H_2Y \cdot 2H_2O$)。该盐在水中的溶解度较大(22℃时为 11.1g/100mL,浓度约为 0.3mol/L)。EDTA 二钠盐,通常也简称 EDTA,它的 0.01mol/L 水溶液的 pH 约为 4.8。

EDTA 在水溶液中有如下的双偶极离子结构:

$$\text{HOOCH}_2\text{C} \diagdown \overset{H^+}{} \overset{H^+}{} \diagup \text{CH}_2\text{COO}^-$$
$$ N-CH_2-CH_2-N$$
$$^-\text{OOCH}_2\text{C} \diagup \diagdown \text{CH}_2\text{COOH}$$

它的两个羧酸根可再接受 H^+,形成六元酸(H_6Y^{2+}),相应的有六级离解常数:

$$H_6Y^{2+} \rightleftharpoons H^+ + H_5Y^+ \qquad K_{a_1} = 10^{-0.9}$$
$$H_5Y^+ \rightleftharpoons H^+ + H_4Y \qquad K_{a_2} = 10^{-1.6}$$
$$H_4Y \rightleftharpoons H^+ + H_3Y^- \qquad K_{a_3} = 10^{-2.07}$$
$$H_3Y^- \rightleftharpoons H^+ + H_2Y^{2-} \qquad K_{a_4} = 10^{-2.75}$$
$$H_2Y^{2-} \rightleftharpoons H^+ + HY^{3-} \qquad K_{a_5} = 10^{-6.24}$$
$$HY^{3-} \rightleftharpoons H^+ + Y^{4-} \qquad K_{a_6} = 10^{-10.34}$$

所以水溶液中,EDTA 能以 H_6Y^{2+},H_5Y^+,H_4Y,H_3Y^-,H_2Y^{2-},HY^{3-},Y^{4-} 七种型体存在。在不同酸度下,各种型体的浓度不同,它们的分布系数 δ 与 pH 的关系如图 5-1 所示。

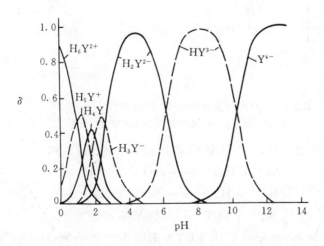

图 5-1 不同 pH 时 EDTA 各种型体的分布

由图可知,pH<1,EDTA 主要以 H_6Y^{2+} 型体存在;pH=2.75—6.24,主要以 H_2Y^{2-} 型体存在;pH>10.34,主要以 Y^{4-} 型体存在。

EDTA 与金属离子的配合物具有以下一些特点:

(1) EDTA 具有广泛的配位性能,几乎能与所有的金属离子配位。

(2) 配合物相当稳定。配合物的立体结构如图 5-2 所示。图中(a)、(b)分别形成三个五员环,(c)形成五个五员环,螯合物都比较稳定。附录三中列出一些常见金属离子与 EDTA 配合物的 $\lg K_稳$ 值,从中可以看到大多数配合物相当稳定。三价、四价金属离子和 Hg^{2+} 所形成的配合物特别稳定, $\lg K_稳>20$;二价过渡金属离子、稀土金属离子及 Al^{3+} 所形成配合物的 $\lg K_稳$ 为 14—18;碱土金属离子与其它配位剂形成配合物的倾向较小,但它们与 EDTA 的配合物比较稳定, $\lg K_稳$ 为 8—11,也可用于滴定分析;一价金属离子的配合物不稳定。

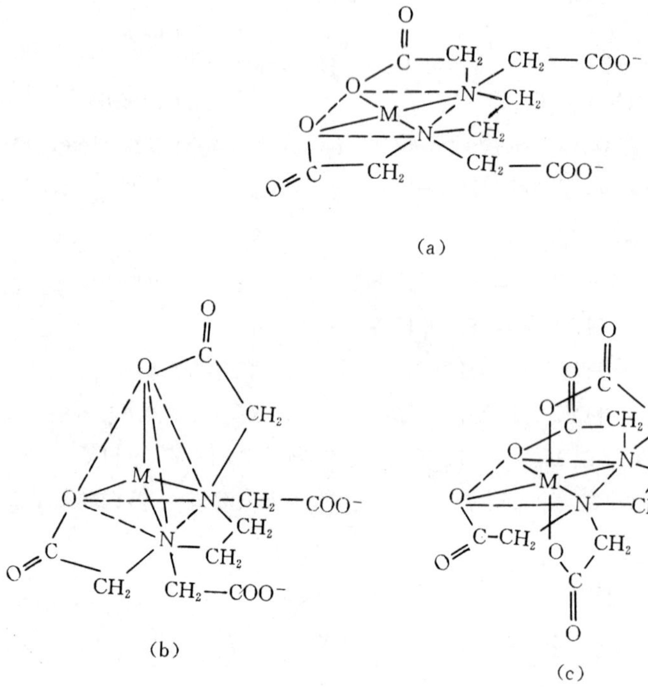

图 5-2 EDTA 与金属离子(M)配合物的结构示意图

(a) 配位数为 4;(b) 配位数为 4;(c) 配位数为 6

(3) 配合物的配位比简单,一般情况下,都形成 1:1 配合物,如

$$Zn^{2+} + H_2Y^{2-} \Longleftrightarrow ZnY^{2-} + 2H^+$$

$$Fe^{3+} + H_2Y^{2-} \Longleftrightarrow FeY^- + 2H^+$$

$$Sn^{4+} + H_2Y^{2-} \Longleftrightarrow SnY + 2H^+$$

只有极少数高价离子除外,如 Mo(V)与 EDTA 形成 2:1 配合物 $(MoO_2)_2Y^{2-}$,在中性或碱性溶液中 Zr(Ⅳ)也形成 2:1 配合物 $(ZrO)_2Y$,Th(Ⅳ)在 EDTA 过量很多时形成 1:2

配合物 ThY_2。

(4) 配合物易溶于水,配位反应速度大多较快,这些都给配位滴定提供了有利条件。

(5) EDTA 与无色金属离子形成无色配合物。这有利于用指示剂检测终点。与有色金属离子生成比金属离子颜色更深的配合物,滴定这些离子时,要控制金属离子的浓度,否则配合物的颜色将干扰终点颜色的观察。如果配合物的颜色太深,只能用电位法来检测终点,如 Cr^{3+} 的测定。

几种金属离子与 EDTA 配合物的颜色列于表 5-1。

表 5-1 几种金属离子-EDTA 配合物的颜色

金属离子	Al^{3+}	Fe^{3+}	Cr^{3+}	Cu^{2+}	Co^{2+}	Ni^{2+}	Mn^{2+}	Zn^{2+}
离子颜色	无色	浅黄色	蓝紫色	浅蓝色	粉红色	绿色	肉色	无色
配合物颜色	无色	黄色	深紫色	蓝色	玫瑰红	蓝绿色	紫红色	无色

§2 配合物的稳定性

一、配合物的稳定常数

金属离子与 EDTA 反应大多形成 1∶1 配合物:
$$M + Y = MY$$
为简化计,式中省去离子电荷。反应的平衡常数表达式为:

$$K_{MY} = \frac{[MY]}{[M][Y]} \tag{5-1}$$

K_{MY} 是配合物 MY 的稳定常数(也称形成常数)。可以用它来衡量配合物的稳定性。K_{MY} 值越大,配合物越稳定。

金属离子还能与配位剂 L 形成 ML_n 型配合物。ML_n 型配合物是逐级形成的,它的逐级形成反应和相应的稳定常数是:

$$M + L = ML \qquad 第一级稳定常数\ K_1 = \frac{[ML]}{[M][L]}$$

$$ML + L = ML_2 \qquad 第二级稳定常数\ K_2 = \frac{[ML_2]}{[ML][L]}$$

$$\cdots \qquad \cdots \qquad \cdots$$

$$ML_{n-1} + L = ML_n \qquad 第 n 级稳定常数\ K_n = \frac{[ML_n]}{[ML_{n-1}][L]} \tag{5-2}$$

配位体 L 能与金属离子配位,也能与 H^+ 结合。在处理配位平衡时,常把酸作为配合物处理,即把配位体与 H^+ 的反应也写成形成反应:

$$H^+ + L \Longleftrightarrow HL$$

它的形成常数 K_{HL}^H(也称 L 的质子化常数)为

$$K_{HL}^H = \frac{[HL]}{[H^+][L]} \tag{5-3}$$

很明显，它是 HL 离解常数 $K_{a(HL)}$ 的倒数。

二、配合物的累积稳定常数

配位平衡计算中常以累积稳定常数来表示配合物的稳定性。若将逐级稳定常数渐次相乘，就得到各级累积稳定常数（简称累积常数），以 β_i 表示，例如

$$M + L = ML \qquad \beta_1 = \frac{[ML]}{[M][L]} = K_1$$

$$M + 2L = ML_2 \qquad \beta_2 = \frac{[ML_2]}{[M][L]^2} = K_1 K_2$$

$$\cdots \qquad\qquad \cdots$$

$$M + nL = ML_n \qquad \beta_n = \frac{[ML_n]}{[M][L]^n} = K_1 K_2 \cdots K_n = K_{稳} \tag{5-4}$$

各级配合物的浓度可分别表示为：

$$[ML] = \beta_1 [M][L]$$

$$[ML_2] = \beta_2 [M][L]^2$$

$$\cdots \qquad \cdots$$

$$[ML_n] = \beta_n [M][L]^n \tag{5-5}$$

因此，各级配合物的浓度 $[ML]$、$[ML_2]$ … $[ML_n]$ 可用游离金属离子的浓度 $[M]$，配位剂的浓度 $[L]$ 和各级累积常数表示。配位平衡处理中，常涉及各级配合物的浓度，以上关系式很重要。

稳定常数和累积常数往往是很大的数值，用它们的对数值表示比较方便，如 $\lg K_1$，$\lg K_2$，$\lg K_{稳}$，$\lg \beta_i$ 等。

三、副反应对 EDTA 与金属离子配合物稳定性的影响

配位滴定中所涉及的化学平衡是比较复杂的。除了待测金属离子 M 和 EDTA 之间的主反应外，还存在不少副反应，平衡关系表示如下：

$$\begin{array}{c} A \diagup M \diagdown OH^- \\ MA \quad MOH \\ MA_2 \quad M(OH)_2 \\ \vdots \quad \vdots \\ MA_n \quad M(OH)_n \end{array} + \begin{array}{c} H^+ \diagup Y \diagdown N \\ HY \quad NY \\ H_2Y \\ \vdots \end{array} = \begin{array}{c} H^+ \diagup MY \diagdown OH^- \\ MHY \quad M(OH)Y \end{array} \quad \left.\begin{array}{c} \text{主反应} \\ \\ \text{副反应} \end{array}\right.$$

A，N 分别是溶液中存在的其它配位剂和其它金属离子。

这些副反应的存在，都将影响配合物 MY 的稳定性。如果一个平衡发生移动，整个平衡体系将随之发生变化。在这样复杂的多元平衡体系中，要解决的问题是每一个副反应对主反应有什么影响。为了定量地处理这个问题，引进副反应系数 α 和配合物条件稳定常数 K'_{MY} 的概念。配位反应

$$M + Y = MY$$

$$K_{MY} = \frac{[MY]}{[M][Y]}$$

没有副反应发生时,以配合物的稳定常数 K_{MY} 衡量配位反应进行的程度,达到平衡时,未参与配位反应的 M 和 Y 的浓度越小,形成的配合物 MY 的浓度越大,反应进行得越完全,配合物 MY 越稳定。当有副反应发生时,未与 Y 配位的金属离子不只是以 M 型体存在,还可能以 $MA, MA_2, \cdots MA_n, MOH, M(OH)_2, \cdots M(OH)_n$ 等型体存在,若它们的总浓度以 $[M']$ 表示,则

$$[M'] = [M] + [MA] + [MA_2] + \cdots + [MA_n] + [MOH]$$
$$+ [M(OH)_2] + \cdots + [M(OH)_n] \tag{5-6}$$

同理,溶液中未与 M 配位的配位剂不只是以 Y 型体存在,还可能以 $HY, H_2Y, \cdots H_6Y, NY$ 等型体存在,若它们的总浓度以 $[Y']$ 表示,则

$$[Y'] = [Y] + [HY] + [H_2Y] + \cdots + [H_6Y] + [NY] \tag{5-7}$$

同理,反应产物的总浓度 $[(MY)']$ 为

$$[(MY)'] = [MY] + [MHY] \quad (\text{在酸性溶液中}) \tag{5-8}$$

$$[(MY)'] = [MY] + [MOHY] \quad (\text{在碱性溶液中}) \tag{5-9}$$

在这种情况下,反映配合物稳定性的是 K'_{MY},

$$K'_{MY} = \frac{[(MY)']}{[M'][Y']} \tag{5-10}$$

K'_{MY} 称为条件稳定常数,简称条件常数。它是考虑了各种副反应存在下的稳定常数。只有条件常数才能衡量有副反应存在时配合物的稳定性。

由于 K_{MY} 值已知,若能找出 $[M']$ 和 $[M]$,$[Y']$ 和 $[Y]$,$[(MY)']$ 和 $[MY]$ 之间的关系,就能将 K'_{MY} 和 K_{MY} 联系起来,使复杂问题简单化。为此,引进副反应系数 α 的概念。

(一) 配位剂的副反应系数 α_Y

配位剂的副反应系数 α_Y 是

$$\alpha_Y = \frac{[Y']}{[Y]} = \frac{[Y] + [HY] + [H_2Y] + \cdots + [H_6Y] + [NY]}{[Y]} \tag{5-11}$$

它表示未与 M 离子配位的配位剂各型体的总浓度 $[Y']$ 是游离配位剂浓度 $[Y]$ 的多少倍。可以用 α_Y 来衡量配位剂副反应发生的程度,α_Y 值越大,表示配位剂发生的副反应越严重。$\alpha_Y = 1$,表示配位剂未发生副反应,$[Y'] = [Y]$。配位剂 Y 与 H^+ 和溶液中其它金属离子 N 发生的副反应分别以 $\alpha_{Y(H)}$ 和 $\alpha_{Y(N)}$ 表示。

1. 酸效应系数 $\alpha_{Y(H)}$

配位剂本身是碱,易于接受质子,因此,配位剂 Y 与 H^+ 的副反应是相当严重的。Y 的逐级质子化反应和相应的质子化常数为

$$Y + H \rightleftharpoons HY \qquad K_1 = \frac{[HY]}{[H][Y]} = 10^{10.34} \qquad \beta_1 = K_1 = 10^{10.34}$$

$$HY + H \rightleftharpoons H_2Y \qquad K_2 = \frac{[H_2Y]}{[H][HY]} = 10^{6.24} \qquad \beta_2 = K_1K_2 = 10^{16.58}$$

$$H_2Y + H \rightleftharpoons H_3Y \qquad K_3 = \frac{[H_3Y]}{[H][H_2Y]} = 10^{2.75} \qquad \beta_3 = K_1K_2K_3 = 10^{19.33}$$

$$H_3Y + H \rightleftharpoons H_4Y \quad K_4 = \frac{[H_4Y]}{[H][H_3Y]} = 10^{2.07} \quad \beta_4 = K_1K_2K_3K_4 = 10^{21.40}$$

$$H_4Y + H \rightleftharpoons H_5Y \quad K_5 = \frac{[H_5Y]}{[H][H_4Y]} = 10^{1.6} \quad \beta_5 = K_1K_2K_3K_4K_5 = 10^{23.0}$$

$$H_5Y + H \rightleftharpoons H_6Y \quad K_6 = \frac{[H_6Y]}{[H][H_5Y]} = 10^{0.9} \quad \beta_6 = K_1K_2K_3K_4K_5K_6 = 10^{23.9}$$

则

$$\alpha_{Y(H)} = \frac{[Y] + [HY] + [H_2Y] + \cdots + [H_6Y]}{[Y]}$$

$$= \frac{[Y] + [H][Y]\beta_1 + [H]^2[Y]\beta_2 + \cdots + [H]^6[Y]\beta_6}{[Y]}$$

$$= 1 + [H]\beta_1 + [H]^2\beta_2 + \cdots + [H]^6\beta_6 \tag{5-12}$$

$\alpha_{Y(H)}$ 是 $[H^+]$ 的函数，溶液的酸度越高，$\alpha_{Y(H)}$ 值越大，配位剂 Y 的配位能力就越低，因此，$\alpha_{Y(H)}$ 又称为配位剂 Y 的酸效应系数。

例1 计算 pH=4 时，EDTA 的 $\alpha_{Y(H)}$ 值。

解 已知 EDTA 的各级累积常数 β_1—β_6 依次为 $10^{10.34}, 10^{16.58}, 10^{19.33}, 10^{21.40}, 10^{23.0}, 10^{23.9}$，由式(5-12)得

$$\alpha_{Y(H)} = 1 + [H]\beta_1 + [H]^2\beta_2 + \cdots + [H]^6\beta_6$$

$$= 1 + 10^{-4} \times 10^{10.34} + (10^{-4})^2 \times 10^{16.58} + (10^{-4})^3 \times 10^{19.33}$$

$$+ (10^{-4})^4 \times 10^{21.40} + (10^{-4})^5 \times 10^{23.0} + (10^{-4})^6 \times 10^{23.9}$$

$$= 1 + 10^{6.34} + \underline{10^{8.58}} + \underline{10^{7.33}} + 10^{5.40} + 10^{3.0} + 10^{0.1}$$

$$= 10^{8.60}$$

计算 $\alpha_{Y(H)}$ 的算式中虽有许多项，但在给定条件下，只有少数项（一般是 2—3 项）是主要的（上例中是划线的两项），其它项均可略去。

$\alpha_{Y(H)}$ 常是较大的值，为应用方便，常采用它的对数值 $\lg\alpha_{Y(H)}$。

研究配位平衡时，$\alpha_{Y(H)}$ 是个很重要的数值。为应用方便，将不同 pH 值下的 $\lg\alpha_{Y(H)}$ 计算出来列成表（表 5-2）或绘成 $\lg\alpha_{Y(H)}$-pH 图（图 5-3）。

表 5-2 EDTA 的 $\lg\alpha_{Y(H)}$ 值

pH	0	1	2	3	4	5	6	7	8	9	10	11	12
$\lg\alpha_{Y(H)}$	24.0	18.3	13.8	10.8	8.6	6.6	4.8	3.4	2.3	1.4	0.5	0.1	0

2. 配位剂与其它金属离子的副反应系数 $\alpha_{Y(N)}$

若溶液中有其它金属离子 N 存在，它也与 Y 配位，相应的副反应系数 $\alpha_{Y(N)}$ 为

$$\alpha_{Y(N)} = \frac{[Y] + [NY]}{[Y]} = \frac{[Y] + [N][Y]K_{NY}}{[Y]} = 1 + [N]K_{NY} \tag{5-13}$$

当配位剂 Y 同时和 H^+ 和 N 发生副反应，则 Y 的总副反应系数为

$$\alpha_Y = \frac{[Y] + [HY] + [H_2Y] + \cdots + [H_6Y] + [NY]}{[Y]}$$

$$= \frac{[Y] + [HY] + [H_2Y] + \cdots + [H_6Y]}{[Y]} + \frac{[Y] + [NY]}{[Y]} - \frac{[Y]}{[Y]}$$

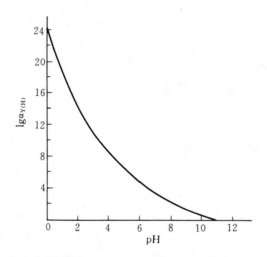

图 5-3　EDTA 的 $\lg\alpha_{Y(H)}$—pH 图

$$= \alpha_{Y(H)} + \alpha_{Y(N)} - 1 \tag{5-14}$$

如果还有第三种金属离子 P 存在,则

$$\alpha_Y = \alpha_{Y(H)} + \alpha_{Y(N)} + \alpha_{Y(P)} - 2 \tag{5-15}$$

(二) 金属离子的副反应系数 α_M

金属离子 M 与其它配位剂 A(可能是辅助配位剂、缓冲剂或掩蔽剂等)或 OH^- 发生副反应。若 M 和 A 发生了副反应,副反应系数 $\alpha_{M(A)}$ 是

$$\alpha_{M(A)} = \frac{[M] + [MA] + [MA_2] + \cdots + [MA_n]}{[M]}$$
$$= 1 + [A]\beta_1 + [A]^2\beta_2 + \cdots + [A]^n\beta_n \tag{5-16}$$

式中 $\beta_1,\beta_2,\cdots,\beta_n$ 分别是 M 和 A 配合物的各级累积常数;若 M 和 OH^- 发生了副反应,生成羟配合物,副反应系数 $\alpha_{M(OH)}$ 是

$$\alpha_{M(OH)} = 1 + [OH]\beta_1 + [OH]^2\beta_2 + \cdots + [OH]^n\beta_n \tag{5-17}$$

式中 $\beta_1,\beta_2,\cdots,\beta_n$ 分别是金属离子羟配合物的各级累积常数。

若 M 同时与 A 和 OH^- 发生副反应,则 M 的总副反应系数 α_M 是

$$\alpha_M = \frac{[M']}{[M]}$$
$$= \frac{[M] + [MA] + [MA_2] + \cdots + [MA_n] + [MOH] + [M(OH)_2] + \cdots + [M(OH)_n]}{[M]}$$
$$= \alpha_{M(A)} + \alpha_{M(OH)} - 1 \tag{5-18}$$

实际情况是金属离子同时发生多个副反应。若 M 与 A,B 和 OH^- 同时发生副反应,则

$$\alpha_M = \alpha_{M(A)} + \alpha_{M(B)} + \alpha_{M(OH)} - 2 \tag{5-19}$$

例 2　计算 $[NH_3] = 0.1\,mol/L$ 时 $\lg\alpha_{Zn(NH_3)}$。

解　锌氨配合物的 $\lg\beta_1 - \lg\beta_4$ 分别为 2.27,4.61,7.01 和 9.06,故

$$\alpha_{Zn(NH_3)} = 1 + [NH_3]\beta_1 + [NH_3]^2\beta_2 + [NH_3]^3\beta_3 + [NH_3]^4\beta_4$$
$$= 1 + 10^{-1} \times 10^{2.3} + (10^{-1})^2 \times 10^{4.6} + (10^{-1})^3 \times 10^{7.0} + (10^{-1})^4 \times 10^{9.1}$$
$$= 1 + 10^{1.3} + 10^{2.6} + 10^{4.0} + 10^{5.1} = 10^{5.1}$$
$$\lg \alpha_{Zn(NH_3)} = 5.1$$

NH_3 是一种常用的辅助配位剂,又是一种缓冲剂,一些常见金属离子的 $\lg\alpha_{M(NH_3)}$-$\lg[NH_3]$ 曲线见图 5-4。

例 3 计算 pH=10 时,$\lg\alpha_{Pb(OH)}$ 值。

解 Pb^{2+} 与 OH^- 的配合物的 $\lg\beta_1$—$\lg\beta_3$ 分别是 6.2,10.3,13.8,故

$$\alpha_{Pb(OH)} = 1 + [OH]\beta_1 + [OH]^2\beta_2 + [OH]^3\beta_3$$
$$= 1 + 10^{-4} \times 10^{6.2} + (10^{-4})^2 \times 10^{10.3} + (10^{-4})^3 \times 10^{13.8}$$
$$= 1 + 10^{2.2} + 10^{2.3} + 10^{1.8}$$
$$= 10^{2.6}$$

$\lg\alpha_{Pb(OH)} = 2.6$

由于金属羟配合物的稳定常数值不易测准,β 值不齐全,有些金属离子还形成多核配合物(如 $Fe_2(OH)_2$,$Pb_2(OH)$,$Pb_4(OH)_4$,$Zn_2(OH)$,$Zn_2(OH)_6$ 等),因此有些 $\alpha_{M(OH)}$ 是实验值。一些常见金属离子的 $\lg\alpha_{M(OH)}$-pH 曲线见图 5-5,不同 pH 值的 $\lg\alpha_{M(OH)}$ 值列于附录五。

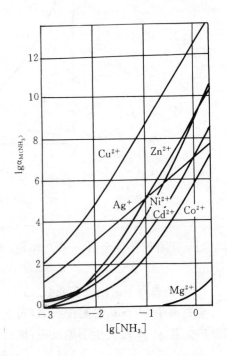

图 5-4 $\lg\alpha_{M(NH_3)}$ 与 $\lg[NH_3]$ 的关系

在考虑 M 与 A 之间发生的副反应时,首先应考虑配位剂 A 本身与 H^+ 间的副反应,因而 A 的平衡浓度同样受溶液 pH 的影响。H^+ 对 A 的副反应系数 $\alpha_{A(H)}$ 为

$$\alpha_{A(H)} = \frac{[A']}{[A]} = \frac{[A] + [HA] + \cdots + [H_nA]}{[A]}$$
$$= 1 + [H^+]\beta_1 + \cdots + [H]^n\beta_n \tag{5-20}$$

式中 $\beta_1,\cdots,\beta_n$ 是 A 和 H^+ 形成反应的各级累积常数。

例 4 计算 pH=10, c_{NH_3}=0.1mol/L 时 $\lg\alpha_{NH_3}$ 值。

解 先计算 pH=10 时,溶液中的 $[NH_3]$,

$$\alpha_{NH_3(H)} = \frac{[NH_3']}{[NH_3]} = \frac{[NH_3] + [NH_4^+]}{[NH_3]} = 1 + \frac{[NH_4^+]}{[NH_3]}$$
$$= 1 + [H]K_{NH_4^+}^H = 1 + 10^{-10} \times 10^{9.25} \approx 10^{0.1}$$

$$[NH_3] = \frac{c_{NH_3}}{\alpha_{NH_3(H)}} = \frac{0.1}{10^{0.1}} = 10^{-1.1} \text{mol/L}$$

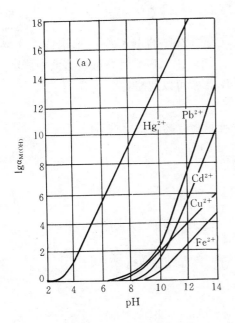
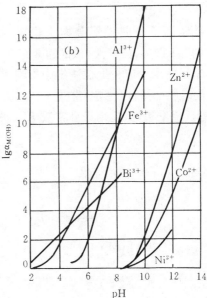

图 5-5 lg$\alpha_{M(OH)}$与 pH 的关系

$$\alpha_{Zn(NH_3)} = 1 + [NH_3]\beta_1 + [NH_3]^2\beta_2 + [NH_3]^3\beta_3 + [NH_3]^4\beta_4$$
$$= 1 + 10^{-1.1} \times 10^{2.3} + 10^{-1.1\times2} \times 10^{4.6} + 10^{-1.1\times3} \times 10^{7.0} + 10^{-1.1\times4} \times 10^{9.1}$$
$$= 1 + 10^{1.2} + 10^{2.4} + 10^{3.7} + 10^{4.7} \approx 10^{4.7}$$

查附录表五得 lg$\alpha_{Zn(OH)}$=2.4,因此得

$$\alpha_{Zn} = \alpha_{Zn(NH_3)} + \alpha_{Zn(OH)} - 1 = 10^{4.7} + 10^{2.4} - 1 \approx 10^{4.7}$$
$$\lg\alpha_{Zn} = 4.7$$

由计算结果可知,在此条件下,Zn 与 NH_3 的副反应是主要的,Zn^{2+} 与 OH^- 的副反应可以不予考虑。

(三) 配合物的副反应系数 α_{MY}

在酸度较高的溶液中,MY 和 H^+ 发生副反应形成酸式配合物 MHY,

$$MY + H = MHY$$

$$K_{MHY}^H = \frac{[MHY]}{[MY][H]} \tag{5-21}$$

K_{MHY}^H 是 MY 和 H^+ 形成 MHY 的稳定常数,副反应系数 $\alpha_{MY(H)}$ 是

$$\alpha_{MY(H)} = \frac{[MY] + [MHY]}{[MY]} = 1 + [H]K_{MHY}^H \tag{5-22}$$

多数金属离子的酸式配合物不稳定,如 Ca^{2+},Cu^{2+},Mg^{2+},Zn^{2+} 的 lgK_{MHY}^H 值依次为 3.1,3.0,4.0,4.4,当 pH 较大时,$\alpha_{MY(H)} \approx 1$。

在碱度较高的溶液中,MY 与 OH^- 发生副反应形成碱式配合物 M(OH)Y:

$$K_{M(OH)Y}^{OH} = \frac{[M(OH)Y]}{[MY][OH]} \tag{5-23}$$

$$\alpha_{MY(OH)} = \frac{[MY] + [M(OH)Y]}{[MY]} = 1 + [OH]K_{M(OH)Y}^{OH} \tag{5-24}$$

多数金属离子的碱式配合物不稳定,如 Cu^{2+},Zn^{2+} 的 $\lg K_{M(OH)Y}^{OH}$ 依次为 2.4,3.0。Al^{3+},Fe^{3+} 的 $\lg K_{M(OH)Y}^{OH}$ 虽较大,依次为 8.1 和 6.5,但 Al^{3+},Fe^{3+} 都在酸性溶液中测定。

因此,MY 的副反应在配位滴定中影响很小,常常可以忽略。

(四) 配合物的条件(稳定)常数

当有副反应发生时,应用条件常数 K'_{MY} 来衡量配合物的稳定性,即

$$K'_{MY} = \frac{[(MY)']}{[M'][Y']} \tag{5-25}$$

$$\frac{[M']}{[M]} = \alpha_M \qquad [M'] = \alpha_M[M]$$

$$\frac{[Y']}{[Y]} = \alpha_Y \qquad [Y'] = \alpha_Y[Y]$$

$$\frac{[(MY)']}{[MY]} = \alpha_{MY} \qquad [(MY)'] = \alpha_{MY}[MY]$$

将这些关系式代入式(5-25),得

$$K'_{MY} = \frac{[(MY)']}{[M'][Y']} = \frac{[MY]\alpha_{MY}}{[M][Y]\alpha_M\alpha_Y} = K_{MY}\frac{\alpha_{MY}}{\alpha_M\alpha_Y} \tag{5-26}$$

在一定条件下(如溶液的 pH 值,溶液中其它配位剂和其它金属离子的浓度一定等),α_M,α_Y 和 α_{MY} 都是定值,因此,K'_{MY} 在一定条件下是常数,称为条件(稳定)常数。有的书上称它为表观稳定常数。

为了明确表示 M,Y 和 MY 中哪一个发生了副反应,在发生副反应的离子(或分子)的右上方加"'"。例如,只有 M 发生了副反应,条件常数写成 $K_{M'Y}$;只有 Y 发生副反应,写成 $K_{MY'}$;M 和 Y 都发生了副反应,写成 $K_{M'Y'}$;M,Y 和 MY 都发生了副反应,则写成 $K_{M'Y'(MY)'}$。可以用 K'_{MY} 表示以上四种条件常数的任何一种。

式(5-26)常用对数式表示:

$$\lg K'_{MY} = \lg K_{MY} + \lg \alpha_{MY} - \lg \alpha_M - \lg \alpha_Y \tag{5-27}$$

因在多数条件下,不形成 MHY 和 MOHY,或形成的 MHY 和 MOHY 不稳定,上式可简化为:

$$\lg K'_{MY} = \lg K_{MY} - \lg \alpha_M - \lg \alpha_Y \tag{5-28}$$

例 5 计算 pH=2 和 5 时 $\lg K'_{ZnY}$。

解 pH=2 时,$\lg \alpha_{Zn(OH)}=0$,$\lg \alpha_{Y(H)}=13.8$,故

$$\lg K'_{ZnY} = \lg K_{ZnY} - \lg \alpha_{Zn(OH)} - \lg \alpha_{Y(H)} = 16.5 - 13.8 = 2.7$$

pH=5 时,$\lg \alpha_{Zn(OH)}=0$, $\lg \alpha_{Y(H)}=6.6$,故

$$\lg K'_{ZnY} = 16.5 - 6.6 = 9.9$$

从计算可以看到,尽管 $\lg K_{ZnY}=16.5$,但当 pH=2 时,$\lg K'_{ZnY}=2.7$,ZnY 极不稳定,在此条件下,Zn^{2+} 不能被滴定。而在 pH=5 时,$\lg K'_{ZnY}=9.9$,ZnY 相当稳定,配位反应进行得相当完全。由此可见配位滴定中控制溶液酸度的重要性。

例 6 计算 pH=10,$c_{NH_3}=0.1 mol/L$ 时的 $\lg K'_{ZnY}$ 值。

解 溶液中的平衡关系是

$$\begin{array}{c} Zn(NH_3) \\ \vdots \end{array} \underset{NH_3}{\overset{Zn}{\diagdown}} \underset{\vdots}{\overset{OH}{\diagup}} ZnOH + \underset{HY}{\overset{Y}{\diagdown}} \underset{\vdots}{\overset{H}{\diagup}} = ZnY$$

从例 4 得 $\alpha_{Zn}=10^{4.7}$,$\lg\alpha_{Zn}=4.7$,从表 5-2 得 $\lg\alpha_{Y(H)}=0.5$,因此

$$\lg K'_{ZnY} = \lg K_{ZnY} - \lg\alpha_{Zn} - \lg\alpha_{Y(H)} = 16.6 - 4.7 - 0.5 = 11.3$$

若 $c_{NH_3}=0.1 mol/L$,计算不同 pH 时的 $\lg K'_{ZnY}$,列于表 5-3。

表 5-3 不同 pH 值下的 $\lg K'_{ZnY}$ 值($c_{NH_3}=0.1 mol/L$)

pH	4	5	6	7	8	9	10	11	12	13
$\lg\alpha_{Zn(OH)}$						0.2	2.4	5.4	8.5	11.8
$\lg\alpha_{Zn(NH_3)}$					0.4	3.2	4.7	5.1	5.1	5.1
$\lg\alpha_{Zn}$					0.4	3.2	4.7	5.6	8.5	11.8
$\lg\alpha_{Y(H)}$	8.6	6.6	4.8	3.4	2.3	1.4	0.5	0.1		
$\lg K'_{ZnY}$	7.9	9.9	11.7	13.1	13.8	11.9	11.3	10.8	8.0	4.7

从表 5-3 可以看到当 pH<8 时,$\lg\alpha_{Zn(NH_3)}$ 几乎为 0,因 pH<8 的溶液中 NH_3 与 H^+ 结合为 NH_4^+,NH_3 的浓度很低;随着 pH 增加,$\lg\alpha_{Zn(NH_3)}$ 增大;当 pH>11 时,$[NH_3]$ 达最大值(0.1mol/L),$\lg\alpha_{Zn(NH_3)}$ 也随之达最大值。

pH≤10 时,Zn^{2+} 的副反应主要来自 NH_3,$\lg\alpha_{Zn}\approx\lg\alpha_{Zn(NH_3)}$;pH≥12 时,$Zn^{2+}$ 的副反应主要来自 OH^-,$\lg\alpha_{Zn}\approx\lg\alpha_{Zn(OH)}$;pH=11 时,$NH_3$ 和 OH^- 对 Zn^{2+} 的副反应都不能忽略,$\alpha_{Zn}=\alpha_{Zn(NH_3)}+\alpha_{Zn(OH)}-1$。

§3 配位滴定法原理

酸碱滴定中,随着滴定剂的加入,溶液的 $[H^+]$ 发生变化,在化学计量点附近,溶液的 $[H^+]$ 发生突变,形成滴定突跃。与酸碱滴定法相似,配位滴定法中,随着滴定剂的加入,金属离子浓度降低,到化学计量点附近,溶液中的金属离子浓度发生突变,也形成滴定突跃。表 5-4 将两种类型的滴定作一对比。

表 5-4 酸碱滴定法和配位滴定法的对比

滴定类型	滴定反应	溶液组成			
		开始	化学计量点前	化学计量点	化学计量点后
酸碱滴定	$H^+ + B = HB$	B	HB+B(剩余)	HB	HB+H^+(过量)
配位滴定	M+Y=MY	M	MY+M(剩余)	MY	MY+Y(过量)

一、滴定曲线

以浓度为 c(0.01mol/L)EDTA 溶液滴定浓度为 c_0(0.01mol/L)体积为 V_0(20.00ml)

Ca^{2+}溶液($\lg K_{CaY}=10.7$)为例,计算pH=12时,滴定过程中pCa的变化,所得数据列于表5-5中。pH=12时

$$\lg \alpha_{Ca(OH)} = 0, \quad \lg \alpha_{Y(H)} = 0$$
$$\lg K'_{CaY} = \lg K_{CaY} = 10.7$$

表5-5 pH=12时,0.01mol/L EDTA滴定20.00ml 0.01mol/L Ca^{2+}时溶液中pCa的变化

加入EDTA溶液		溶液组成	$[Ca^{2+}]$计算公式	pCa	
ml	%				
0	0	Ca^{2+}	$[Ca^{2+}]=c_0$	2.0	
18.00	90			3.3	
19.80	99	$CaY+Ca^{2+}$	按剩余的Ca^{2+}计算(考虑体积变化)	4.3	
19.98	99.9			5.3	滴定突跃
20.00	100.0	CaY	$[Ca^{2+}]=\sqrt{\dfrac{c_{CaY等}}{K_{CaY}}}$	6.5	
20.02	100.1			7.7	
20.20	101	$CaY+Y$	$[Ca^{2+}]=\dfrac{[CaY]}{K_{CaY}[Y]}$	8.7	
40.00	200			10.7	

两点说明:

(1) 化学计量点时,$[Ca^{2+}]=[Y]$,因配合物CaY比较稳定,$[CaY]=c_{CaY等}=\dfrac{1}{2}c_0=5\times10^{-3}$ mol/L。

因为

$$\frac{[CaY]}{[Ca^{2+}][Y]}=\frac{[CaY]}{[Ca^{2+}]^2}=K_{CaY}=10^{10.7}$$

所以

$$[Ca^{2+}]=\sqrt{\frac{c_{CaY等}}{K_{CaY}}}$$
$$=\sqrt{\frac{5\times10^{-3}}{10^{10.7}}}\text{mol/L}=10^{-6.5}\text{mol/L}$$
$$pCa = 6.5$$

(2) 化学计量点以后,溶液中过量的Y抑制了CaY的离解,因此$[CaY]\approx c_{CaY等}$。

将表5-5所列数据,以pCa作纵坐标,加入EDTA溶液的百分数作横坐标,绘制滴定曲线(图5-6)。

从图5-6可以看到,pH=12时,用0.1mol/L EDTA滴定0.1mol/L Ca^{2+},化学计量点pCa=6.5,滴定突跃(±0.1%)的pCa值为5.3—7.7,滴定突跃较大,可以准确滴定。

二、配合物条件常数和金属离子浓度对滴定突跃的影响

酸碱滴定中,用强碱滴定弱酸,当浓度一定时,弱酸的K_a值越大,滴定突跃越大;当K_a值一定时,酸的浓度越大,滴定突跃越大。与酸碱滴定法相似,配位滴定中,浓度一定时,K'_{MY}值越大,滴定突跃越大;当K'_{MY}一定时,溶液浓度越大,滴定突跃越大。

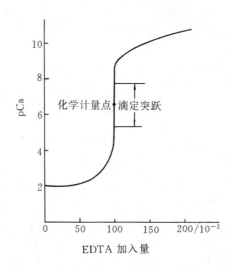

图 5-6　0.01mol/L EDTA 滴定 0.01mol/L Ca^{2+} 的滴定曲线(pH=12)

表 5-6 是 $\lg K'_{MY}$ 不同时,用 0.01mol/L EDTA 滴定 0.01mol/L 金属离子 M,滴定过程中 pM′ 的变化情况。图 5-7 是相应的滴定曲线。

表 5-6　滴定过程中等当点附近 pM′ 值的改变情况

pM′＼$\lg K'_{MY}$ 加入 EDTA 的百分数	4	6	8	10	12	14
99.9	3.180	4.138	5.0	5.3	5.3	5.3
100.0	3.181	4.154	5.2	6.2	7.2	8.2
100.1	3.183	4.169	5.3	7.0	9.0	11.0
滴定突跃	0.003	0.031	0.3	1.7	3.7	5.7

表 5-7 是当 $K'_{MY}=10$,用不同浓度 EDTA 滴定相应浓度 M 时,pM′ 值的变化情况,图 5-8 是相应的滴定曲线。

表 5-7　不同浓度 EDTA 滴定相应浓度 M 时,溶液 pM′ 的变化

pM′＼M 的起始浓度 c_0 加入 EDTA 的百分数	10^{-1}mol/L	10^{-2}mol/L	10^{-3}mol/L	10^{-4}mol/L
99.0	3.30	4.30	5.30	6.30
99.9	4.30	5.30	6.23	7.00
100.0	5.65	6.15	6.65	7.15
100.1	7.00	7.01	7.07	7.30
101.0	8.00	8.00	8.00	8.00

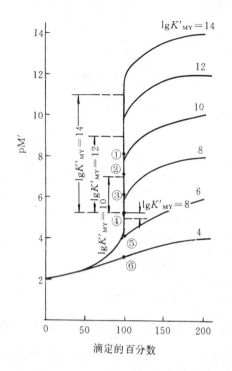
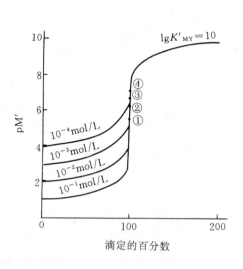

图 5-7 0.01mol/L EDTA 滴定 0.01mol/L 金属离子
（图中①,②,③,④依次为 $\lg K'_{MY}=14,12,10,8$ 的化学计量点）

图 5-8 不同浓度溶液的滴定曲线
（图中①,②,③,④依次为浓度=10^{-1}mol/L,10^{-2}mol/L,10^{-3}mol/L,10^{-4}mol/L 的化学计量点）

三、金属指示剂

金属指示剂通常是同时具有酸碱指示剂性质的有机染料。它对金属离子浓度的改变十分灵敏,在一定 pH 范围内,当金属离子浓度发生突变时,指示剂颜色改变,用它可以确定滴定终点。

（一）金属指示剂作用原理

金属指示剂与金属离子形成与它本身有明显不同颜色的配合物。例如铬黑 T (HIn^{2-})和铬黑 T 镁($MgIn^-$)配合物,其结构如下：

HIn^{2-}（蓝色）　　　　　　　$MgIn^-$（红色）

铬黑 T(EBT)是三元酸的钠盐,在水溶液中有下式平衡:

$$\underset{(红色)}{H_2In^-} \underset{pK_{a_2}=6.2}{\rightleftharpoons} \underset{(蓝色)}{HIn^{2-}} \underset{pK_{a_3}=11.6}{\rightleftharpoons} \underset{(橙色)}{In^{3-}}$$

铬黑 T 在 pH<6 时,呈红色;pH>12 时,呈橙色;pH 为 7—11 呈蓝色,而在此 pH 范围内,铬黑 T 与金属离子(Mg^{2+},Ca^{2+},Zn^{2+} 等)的配合物却呈红色,因此,铬黑 T 能作为这些离子配位滴定的指示剂。例如

$$\underset{}{Mg^{2+}} + \underset{(蓝色)}{HIn^{2-}} \rightleftharpoons \underset{(红色)}{MgIn^-} + H^+$$

滴定时,在 Mg^{2+} 溶液中加入铬黑 T,溶液呈现 $MgIn^-$ 的红色,随着 EDTA 的加入,游离的 Mg^{2+} 逐渐被配位形成 MgY,到达化学计量点附近,稍过量的 EDTA 夺取 $MgIn^-$ 中的 Mg^{2+},使 HIn^- 游离出来,溶液变成蓝色:

$$\underset{(红色)}{MgIn^-} + H_2Y^{2-} \rightleftharpoons MgY^{2-} + \underset{(蓝色)}{HIn^{2-}} + H^+$$

(二)金属指示剂的变色点

金属指示剂(In)和金属离子(M)配位,生成有色配合物(MIn)。如果只考虑 H^+ 对 In 的副反应,则在溶液中有如下的平衡关系:

$$\begin{array}{c} M + In \rightleftharpoons MIn \\ \quad\quad | H^+ \\ \quad\quad HIn \\ \quad\quad H_2In \\ \quad\quad \vdots \end{array}$$

条件常数式为

$$K_{MIn'} = \frac{[MIn]}{[M][In']} = \frac{K_{MIn}}{\alpha_{In(H)}} \tag{5-29}$$

当溶液中 [MIn]=[In'] 时,溶液呈 MIn 和 In 的混合色,此即指示剂的变色点。变色点的金属离子浓度以 $[M]_t$ 表示,从式(5-29)得

$$\frac{1}{[M]_t} = K_{MIn'} = \frac{K_{MIn}}{\alpha_{In(H)}}$$

$$pM_t = \lg K_{MIn} - \lg \alpha_{In(H)} \tag{5-30}$$

例 7 pH=10 时,用铬黑 T 作指示剂滴定 Mg^{2+},计算 pMg_t(已知 $\lg K_{MgIn}=7.0$,铬黑 T 的质子化累积常数的对数值 $\lg\beta_1=11.6$,$\lg\beta_2=17.8$)。

解

因为 $\quad\quad\quad \alpha_{In(H)} = 1 + [H]\beta_1 + [H]^2\beta_2$

所以 $\quad\quad\quad\quad\quad\; = 1 + 10^{-10}\times 10^{11.6} + (10^{-10})^2\times 10^{17.8} \approx 10^{1.6}$

$$pMg_t = \lg K_{MIn} - \lg\alpha_{In(H)} = 7.0 - 1.6 = 5.4$$

以上是指金属离子与指示剂形成配位比为 1:1 的配合物的情况。实际上有时会形成配位比为 1:2 或 1:3 的配合物或酸式配合物,此时 pM_t 的计算比较复杂。由于常数不齐全,有些指示剂的变色点的 pM_t 值是由实验测得的。

表 5-8 列举了几种最常用的金属指示剂的 $\lg\alpha_{In(H)}$ 和 pM_t。

表 5-8 金属指示剂的 $\lg\alpha_{In(H)}$ 值和 pM_t 值

1. 铬黑 T

pH	6.0	7.0	8.0	9.0	10.0	11.0	12.0	13.0	稳定常数
$\lg\alpha_{In(H)}$	6.0	4.6	3.6	2.6	1.6	0.7	0.1		$\lg\beta_1=11.6, \lg\beta_2=17.8$
pCa_t(至红)				1.8	2.8	3.8	4.7	5.3	5.4 $\lg K_{CaIn}=5.4$
pMg_t(至红)	1.0	2.4	3.4	4.4	5.4	6.3	6.9		$\lg K_{MgIn}=7.0$
pZn_t(至红)	6.9	8.3	9.3	10.5	12.2	13.9			$\lg\beta_1=12.9, \lg\beta_2=20.00$

2. PAN

pH	4.0	5.0	6.0	7.0	8.0	9.0	10.0	11.0	稳定常数(20%二氧六环)
$\lg\alpha_{In(H)}$	8.2	7.2	6.2	5.2	4.2	3.2	2.2	1.2	$\lg\beta_1=12.2, \lg\beta_2=14.1$
pCu_t(至红)	7.8	8.8	9.8	10.8	11.8	12.8	13.8	14.8	$\lg K_{CuIn}=16.0$

3. 二甲酚橙①

pH	1.0	2.0	3.0	4.0	4.5	5.0	5.5	6.0	6.5	7.0
pBi_t(至红)	4.0	5.4	6.8							
pCd_t(至红)					4.0	4.5	5.0	5.5	6.3	6.8
pHg_t(至红)						7.4	8.2	9.0		
pPb_t(至红)				4.2	4.8	6.2	7.0	7.6	8.2	
pTh_t(至红)	3.6	4.9	6.3							
pZn_t(至红)					4.1	4.8	5.7	6.5	7.3	8.0

(三)金属指示剂应具备的条件

作为金属指示剂应具备以下条件:

(1) 在滴定的 pH 范围内,金属-指示剂配合物(MIn)与指示剂(In)本身的颜色应有明显的区别,终点颜色变化才明显。

(2) 金属-指示剂配合物的稳定性要适当。具体地说,MIn 的稳定性要比 MY 的稳定性稍低,这样,稍过量的 EDTA 才能夺取 MIn 中的 M,使溶液在化学计量点附近发生颜色的变化。如果 MIn 的稳定性比 MY 的稳定性低很多,则在化学计量点前指示剂就游离出来,使终点提前到达,就会出现一个较长的颜色变化过程;如果 MIn 比 MY 更稳定,则当加入过量 EDTA 也不能将金属离子从 MIn 中夺取出来,在化学计量点附近溶液颜色不发生变化,这种现象称为指示剂的封闭,例如 Al^{3+},Fe^{3+},Cu^{2+},Co^{2+},Ni^{2+} 等离子与铬黑 T 形成稳定红色配合物($\lg K_{CuIn}=21.38, \lg K_{CoIn}=20.0$)。在 pH=10,用铬黑 T 作指示剂测定 Ca^{2+},Mg^{2+} 含量时,这些离子会封闭指示剂,无法确定终点。解决的办法是加入掩蔽剂使生成更稳定的配合物,不再与指示剂作用,例如微量的 Al^{3+},Fe^{3+} 可用三乙醇胺掩蔽,Cu^{2+},Co^{2+},Ni^{2+} 等可用 KCN 掩蔽。如果干扰离子量太大,则需预先分离除去。

---

① 二甲酚橙与各金属离子配合物的 pM_t 值均由实验测得。

(3) 金属-指示剂配合物应易溶于水。有些指示剂或金属-指示剂配合物在水中溶解度很小，滴定时 EDTA 与 MIn 的交换缓慢，终点拖长。这种现象称为指示剂的僵化。解决的办法是加热或加入有机溶剂以增加它们的溶解度。例如用 PAN 作指示剂，滴定时常加热或加入酒精。如果僵化现象不严重，在接近化学计量点时，放慢滴定速度，剧烈振荡，也可以得到准确的结果。

(4) 指示剂与金属离子的反应必须迅速，并具有良好的可逆性。

此外，指示剂应比较稳定，便于贮存和使用。有些指示剂易被日光、氧化剂、空气所分解，有些指示剂的水溶液不稳定。例如配制铬黑 T 时，常加入适量的还原剂或配成三乙醇胺溶液；钙指示剂配成固体混合物等。一般指示剂溶液都不宜久存，最好是使用时配制。

(四) 常用的金属指示剂

配位滴定中常用的金属指示剂列于表 5-9，关于它们的详细介绍，可以参考分析化学手册。

还有一类间接金属指示剂，如 Cu-PAN 指示剂[①]，它是 CuY 和 PAN 的混合溶液。以 pH=10 的氨性溶液中，用 EDTA 滴定 Ca^{2+} 为例说明。当加入 Cu-PAN 指示剂时，发生下式置换反应：

$$CuY + PAN + Ca \rightleftharpoons CaY + Cu\text{-}PAN$$
（蓝色）（黄色）　　　　　　（紫红色）
　　　（黄绿色）

即滴定开始时，溶液呈紫红色，加入 EDTA，当 Ca^{2+} 定量配位后，EDTA 夺取 Cu-PAN 中的 Cu^{2+}，使 PAN 游离出来：

$$Cu\text{-}PAN + Y \rightleftharpoons CuY + PAN$$
（紫红色）　　（黄绿色）

因滴定前加入的 CuY 量和最后生成的 CuY 量是相等的，加入的 CuY 不影响测定结果。Cu-PAN 可在很宽的 pH 范围(1.9—12.2)内使用。因此，用调节溶液 pH 的方法，连续滴定几种离子的混合溶液时，若采用 Cu-PAN 作指示剂，可以连续指示终点。

此外，还可利用 MgY-铬黑 T 作间接金属指示剂。在 pH=10 的溶液中，用 EDTA 测定 Ca^{2+}，Ba^{2+} 时，终点由红色变为蓝色，颜色变化明显。

四、终点误差

用 EDTA(Y)滴定金属离子(M)的终点误差 TE 为

$$TE\% = \frac{\text{毫摩尔过量的 Y（或少加的 Y）}}{\text{毫摩尔被滴定的 M}} \times 100\% \tag{5-31}$$

计算终点误差的公式[注]为

$$TE\% = \frac{10^{\Delta pM} - 10^{-\Delta pM}}{\sqrt{c_{M\text{等}} K'_{MY}}} \times 100\% \tag{5-32}$$

[①] Cu-PAN 指示剂的配制取 0.05mol/L Cu^{2+} 溶液 10mL，加 HAc-NaAc 缓冲溶液(pH=5—6)10mL，0.2% PAN 乙醇溶液 3 滴，加热至 60℃，用 EDTA 滴定到蓝紫色变为绿色。测定时，取适量此溶液加入待测溶液中，再加几滴 PAN 指示剂。

表 5-9 常用的金属指示剂

指示剂	使用pH范围	颜色变化 MIn	颜色变化 In	直接滴定的离子	干扰离子及消除方法	配制方法
铬黑 T (Eriochrome Black T)	7—10	红	蓝	pH10, Mg^{2+}, Zn^{2+}, Cd^{2+}, Pb^{2+}, Mn^{2+}, 希土离子	微量 Al^{3+},Fe^{3+}用三乙醇胺消除;Cu^{2+},Co^{2+},Ni^{2+}用 KCN 消除	三乙醇胺溶液并加盐酸羟胺;1:100 NaCl(固体)
钙指示剂 (Calconcarboxylic Acid)	10—13	红	蓝	pH 12—13, Ca^{2+}		1:100 NaCl(固体)
二甲酚橙 (Xylenol Orange)	<6	紫红	亮黄	pH<1, ZrO_2^{2+}; pH 1—2, Bi^{3+}; pH 2.5—3.5, Th^{4+}; pH 5—6, Zn^{2+},Pb^{2+},Cd^{2+}, Hg^{2+},希土离子	Fe^{3+}用抗坏血酸消除;Al^{3+},Ti^{4+}用 NH_4F 掩蔽;Cu^{2+},Co^{2+},Ni^{2+}加邻二氮菲消除	0.2%水溶液
酸性铬蓝 K (Acid Chrome Blue K)	8—13	红	蓝	pH10, Mg^{2+},Zn^{2+}; pH13, Ca^{2+}		1:100 NaCl(固体)
PAN	2—12	红	黄	pH2—3, Bi^{3+},Th^{4+}; pH4—6, Cu^{2+},Ni^{2+},Cd^{2+},Zn^{2+}等		0.2%乙醇溶液
磺基水扬酸	1.5—3	紫红	无色*	pH1.5—3 Fe^{3+}		2%水溶液

* 磺基水扬酸本身无色,与 Fe^{3+} 形成紫红色配合物。滴定到达终点时,溶液中有 FeY^-,使溶液呈亮黄色。

式中 $c_{M_{等}}$ 是化学计量点时金属离子的浓度，K'_{MY} 是配合物的条件常数，ΔpM 是终点和化学计量点 pM 值之差，即

$$\Delta pM' = pM_{终}' - pM_{等}' = \Delta pM$$

从误差公式可以看到决定终点误差的因素是：(1) 配合物的稳定性，K'_{MY} 越大，误差越小；(2) 金属离子的浓度，c_M 越大，误差越小；(3) ΔpM 越小，误差越小。

为了避免繁杂的计算，可先将终点误差公式绘成图，再根据上述三个参数直接从图上读出终点误差。式(5-32)两边取对数，得

$$\lg TE\% = -\frac{1}{2}\lg[c_{M_{等}}K'_{MY}] + [\lg(10^{\Delta pM} - 10^{-\Delta pM}) + 2] \tag{5-33}$$

取半对数坐标纸作图。横坐标是普通坐标，表示 $\lg c_{M_{等}}K'_{MY}$，纵坐标为对数坐标，表示 $TE\%$ 值，取不同的 ΔpM 值，从公式(5-33)计算 $\lg TE\%$，作图，在图上得到一系列斜率为 $-\frac{1}{2}$ 的平行直线，每一直线对应于一定的 ΔpM 值，此即终点误差图(图 5-9)。

注 终点误差公式(5-32)的推导

为了简化，不考虑副反应的影响。

用配位剂 Y(浓度为 c_Y)滴定金属离子 M(浓度为 c_{M_0}，体积为 V_0)至终点。溶液中 Y 有两个来源，一是加入过量的 Y(浓度以 $[Y]_{过量}$ 表示，如果终点在化学计量点前，它是负值)；另一是 MY 离解所得的 Y(浓度以 $[Y]_{离解}$ 表示)，即

$$[Y]_{终} = [Y]_{过量} + [Y]_{离解}$$

又因 $\qquad MY \rightleftharpoons M + Y$

由离解所得的 Y 和 M 的浓度相等，因 M 的浓度就是终点时 M 的浓度，即

$$[Y]_{离解} = [M]_{离解} = [M]_{终}$$

所以 $\qquad [Y]_{终} = [Y]_{过量} + [M]_{终}$

$$[Y]_{过量} = [Y]_{终} - [M]_{终}$$

代入式(5-31)，得

$$TE\% = \frac{([Y]_{终} - [M]_{终})V_{终}}{c_{M_0}V_0} \times 100\%$$

因 $c_{M_0}V_0 = c_{M_{等}}V_{等}$，则

$$TE\% = \frac{([Y]_{终} - [M]_{终})V_{终}}{c_{M_{等}}V_{等}} \times 100\%$$

又因 $V_{终} \approx V_{等}$，上式简化为

$$TE\% = \frac{[Y]_{终} - [M]_{终}}{c_{M_{等}}} \times 100\% \tag{5-34}$$

设终点与化学计量点 pM 之差为 ΔpM，pY 之差为 ΔpY，则

$$\Delta pM = pM_{终} - pM_{等} = -\lg[M]_{终} + \lg[M]_{等}$$

取其负值，并写成指数形式，得

$$10^{-\Delta pM} = \frac{[M]_{终}}{[M]_{等}}$$

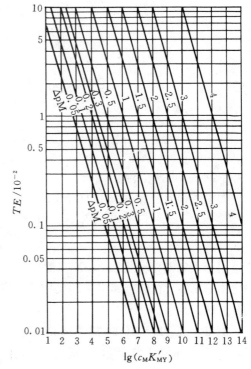

图 5-9 终点误差图

同样推导得
$$[M]_{终} = [M]_{等} 10^{-\Delta pM}$$

$$[Y]_{终} = [Y]_{等} 10^{-\Delta pY}$$

代入式(5-34),得

$$TE\% = \frac{[Y]_{等} 10^{-\Delta pY} - [M]_{等} 10^{-\Delta pM}}{c_{M_{等}}} \times 100\% \tag{5-35}$$

ΔpM 和 ΔpY 有什么关系呢,从 MY 的稳定常数式

$$K_{MY} = \frac{[MY]}{[M][Y]}$$

$$\lg K_{MY} = \lg[MY] - \lg[M] - \lg[Y] = \lg[MY] + pM + pY$$

因[MY]接近常数,$\lg K_{MY} - \lg[MY] \approx$ 常数,则

$$pM + pY = 常数$$

因此,pM 增加多少,pY 就要减少多少,即

$$\Delta pM = -\Delta pY \tag{5-36}$$

又因化学计量点时,$[M]_{等} = [Y]_{等}$,代入式(5-35)得

$$TE\% = \frac{[M]_{等}(10^{\Delta pM} - 10^{-\Delta pM})}{c_{M_{等}}} \times 100\% \tag{5-37}$$

又因

$$K_{MY} = \frac{[MY]}{[M][Y]} = \frac{c_{M_{等}}}{([M]_{等})^2}$$

$$[M]_{等} = \sqrt{\frac{c_{M_{等}}}{K_{MY}}}$$

代入式(5-37),得

$$TE\% = \sqrt{\frac{c_{M_{等}}}{K_{MY}}} \cdot \frac{10^{\Delta pM} - 10^{-\Delta pM}}{c_{M_{等}}} \times 100\% = \frac{10^{\Delta pM} - 10^{-\Delta pM}}{\sqrt{c_{M_{等}} K_{MY}}} \times 100\% \tag{5-38}$$

得式(5-32)所示的误差公式

如果将误差公式(式 5-32)写成下列形式,

$$TE\% = \frac{10^{\Delta pX} - 10^{-\Delta pX}}{\sqrt{c_{等} K_t}} \times 100\% \tag{5-39}$$

则适用于其它滴定分析法,ΔpX 在配位滴定中是 ΔpM,在酸碱滴定中是 ΔpH,K_t 在配位滴定中是 K'_{MY},在酸碱滴定中是反应的滴定常数 K_t。因此,终点误差图也适用于其它滴定分析法。

例8 在 pH=10 的氨性溶液中,以 2×10^{-2} mol/L EDTA 滴定 2×10^{-2} mol/L Mg^{2+}。若以铬黑 T 作指示剂,滴定到变色点,求终点误差。

解 从例7得 $pMg_t = 5.4$,又因 $\alpha_{Mg(OH)} = 0$,$pMg_{终} = 5.4$,

$$\lg K'_{MgY} = \lg K_{MgY} - \lg \alpha_{Y(H)} = 8.6 - 0.5 = 8.1$$

$$[Mg]_{等} = \sqrt{\frac{c_{MgY_{等}}}{K'_{MgY}}} = \sqrt{\frac{1\times10^{-2}}{10^{8.1}}} \text{mol/L} = 10^{-5.1} \text{mol/L}$$

$$pMg_{等} = 5.1$$

查误差图,$\Delta pM = pMg_{终} - pMg_{等} = 5.4 - 5.1 = +0.3$,$\lg c K'_{MgY} = 6.1$,$TE = +0.1\%$

实际情况是若在铬黑 T 变色点终止滴定,溶液从红色变为紫色,颜色变化不明显。一般情况下,加入稍过量的 EDTA,当溶液转变为纯蓝色时终止滴定,若此时 $pM_终$ 比 pMg_t 大 0.5 个 pMg 单位,即 $pMg_终=5.4+0.5=5.9$,则 $\Delta pM=5.9-5.1=0.8$,查误差图,$TE=+0.5\%$。

例 9 pH=2 时,用 EDTA 滴定 Fe^{3+},已知 $\Delta pM=\pm 0.5$,若要求 $TE\approx \pm 0.1\%$,则待测 Fe^{3+} 的浓度应是多大?

解 pH=2 时,$\lg\alpha_{Fe(OH)}=0$,$\lg\alpha_{Y(H)}=13.8$

$$\lg K_{FeY'}=25.1-13.8=11.3$$

查误差图,当 $TE=\pm 0.1\%$,$\Delta pM=\pm 0.5$ 时

$$\lg c_{Fe_等}K_{FeY'}=7$$
$$\lg c_{Fe_等}=7-\lg K_{FeY'}=7-11.3\approx -4$$
$$c_{Fe_等}=10^{-4}\text{mol/L}$$

因此,待测 Fe^{3+} 的浓度

$$c_{Fe_0}=2c_{Fe_等}=2\times 10^{-4}\text{mol/L}$$

例 10 在 pH=5.5 的六次甲基四胺的缓冲溶液中,以 2×10^{-2}mol/L EDTA 滴定同浓度的 Zn^{2+},计算滴定突跃($\pm 0.1\%$),并选择合适的指示剂。

解 pH=5.5 时,$\lg\alpha_{Zn(OH)}=0$,$\lg\alpha_{Y(H)}=5.0$

$$\lg K_{ZnY}=16.5-5.0=11.5$$

查误差图,$\lg c_{Zn_等}K_{ZnY}=-2+11.5=9.5$,$TE=\pm 0.1\%$ 时,

$$\Delta pZn=\pm 1.7$$
$$[Zn']_等=\sqrt{\frac{c_{ZnY_等}}{K_{ZnY'}}}=\sqrt{\frac{10^{-2}}{10^{11.5}}}\text{mol/L}=10^{6.8}\text{mol/L}$$
$$pZn'_等=6.8$$

滴定突跃为 $pZn'_等\pm\Delta pZn'=6.8\pm 1.7$,即 pZn' 为 5.1~8.5,查表 5-8,二甲酚橙在 pH=5.5时,$pZn_t=5.7$,处于滴定突跃范围内,是合适的指示剂。

五、配位滴定可行性的判断

与酸碱滴定相似,配位滴定是否可行决定于:(1)滴定反应的 K_t(即 K'_{MY});(2)待滴定物和滴定剂的浓度 c;(3)滴定准确度的要求(允许终点误差为 TE);(4)ΔpM 的大小。查终点误差图,当 $TE=\pm 0.1\%$,$\Delta pM=\pm 0.2$(用指示剂目测终点要求 ΔpM 至少有 $\pm 0.2 pM$ 单位),则

$$\lg c_{M_等}K'_{MY}\geqslant 6$$

通常简写为 $\lg cK'\geqslant 6$,作为判断能否用配位滴定测定的条件。

与酸碱滴定相似,若降低分析准确度的要求,或改变检测终点的准确度(ΔpM 的大小),则滴定要求的 $\lg cK'$ 也会改变,例如

$TE=\pm 0.5\%$, $\Delta pM=\pm 0.2$ 时, $\lg cK'\approx 5$ 时可以滴定;

$TE=\pm 0.3\%$, $\Delta pM=\pm 0.5$ 时, $\lg cK'\approx 6$ 时可以滴定。

因 $K'_{MY} = \dfrac{K_{MY}}{\alpha_M \alpha_Y}$，配合物的稳定性与外界条件有关，溶液中存在的副反应对配位滴定是否可行有很大影响。不同条件下，用 10^{-2}mol/L EDTA 滴定 10^{-2}mol/L Ca^{2+} 的滴定曲线如图 5-10 所示。可以看到，金属离子的浓度与溶液的 pH 有关。化学计量点前因 $\alpha_{Ca(OH)}=1$，不同 pH 时的滴定曲线是重合的；化学计量点后由于 $\alpha_{Y(H)}$ 的影响，pH 越大，K'_{CaY} 越大，配合物越稳定，滴定突跃越大；pH 越小，滴定突跃越小。当 pH=7 时，$\lg K'_{CaY}=10.7-3.4=7.3<8$，已不能准确滴定了。

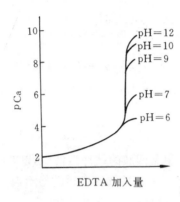

图 5-10　0.01mol/L EDTA 滴定
0.01mol/L Ca^{2+} 的滴定曲线

六、配位滴定中酸度的控制

配位滴定中溶液酸度的控制极为重要。如果不考虑其它配位剂的影响，那末，在什么酸度条件下，金属离子能准确滴定？

以 2×10^{-2}mol/L EDTA 滴定 2×10^{-2}mol/L 金属离子 M 为例。若 $\Delta pM=\pm0.2$，要求 $TE\leqslant\pm0.1\%$，溶液的 pH 值最低应是多少（不考虑 $\alpha_{M(OH)}$ 的影响）？

查误差图，当 $\Delta pM=\pm0.2$，$TE=\pm0.1\%$ 时，$\lg c_{M_{等}}K'_{MY}=6$，因为

$$c_{M_{等}} = \dfrac{c_{M_0}}{2} = 10^{-2}\text{mol/L}$$

所以 $\lg K_{MY'} = 8$

因 M 离子没有发生副反应，$\lg K_{MY'}$ 即 $\lg K_{MY'}$，而

$$\lg K_{MY'} = \lg K_{MY} - \lg\alpha_{Y(H)} = 8$$
$$\lg\alpha_{Y(H)} = \lg K_{MY} - 8 \tag{5-40}$$

从表 5-2 或图 5-3 查得相应的 pH 值，即为所要求的最低 pH 值。测定时溶液的 pH 若低于此值，$\lg\alpha_{Y(H)}$ 增大，$\lg K_{MY'}$ 将小于 8，M 离子就不能准确滴定。

不同金属-EDTA 配合物的 $\lg K_{MY}$ 值不同，为了使 $\lg K_{MY'}$ 达到 8 所要求的最低 pH 值也不同。若以不同 $\lg K_{MY}$ 对相应的最低 pH 值作图，得图 5-11 所示的曲线，称为酸效应曲线，也称林旁(Ringbom)曲线。

$\lg K_{MY}$-pH 曲线（图 5-11）和 $\lg\alpha_{Y(H)}$-pH 曲线（图 5-3）完全相同，只是纵坐标相差 8 个

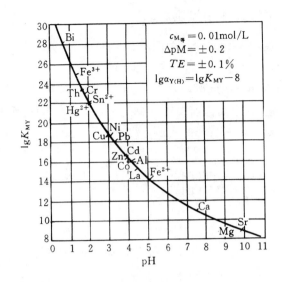

图 5-11 EDTA 滴定一些金属离子所允许的最低 pH 值（酸效应曲线）

单位。必须注意，从图 5-11 查得的滴定某种金属离子的最低 pH 值，相应于以下条件：$c_{M^{n+}}=10^{-2}$mol/L，$\Delta pM=\pm0.2$，$TE=\pm0.1\%$，金属离子未发生副反应。如果条件改变，要求的最低 pH 值也就不同。

若溶液的酸度过低，金属离子发生水解，甚至生成沉淀，影响 M 离子的准确滴定。允许的最高 pH 值可由 $M(OH)_n$ 的溶度积求得。

例 11 用 2×10^{-2}mol/L EDTA 滴定同浓度的 Fe^{3+}，若 $\Delta pM=\pm0.2$，$TE\leqslant\pm0.1\%$，pH 值最低应是多少？允许的最高 pH 值应是多少？

解 $\lg\alpha_{Y(H)}=\lg K_{FeY}-8=25.1-8=17.1$

查 $\lg\alpha_{Y(H)}$-pH 曲线（图 5-3），pH 约为 1，此即最低 pH 值。

为防止滴定开始时生成 $Fe(OH)_3$ 沉淀，必须满足：

$$[OH^-]\leqslant\sqrt[3]{\frac{K_{spFe(OH)_3}}{[Fe^{3+}]}}=\sqrt[3]{\frac{10^{-35.96}}{2\times10^{-2}}}\text{mol/L}=10^{-11.4}\text{mol/L}$$

允许的最高 pH=14-11.4=2.6

若加入适当的辅助配位剂，防止金属离子水解沉淀，就可以在更低酸度下滴定，但必须考虑辅助配位剂可能与金属离子发生的副反应。因此，配位滴定时，必须选择一个合适的 pH 范围。除了考虑上述因素外，还应考虑指示剂的合适 pH 范围和 pH 对指示剂 pM_t 的影响等。

§4 混合离子的滴定

EDTA 与金属离子具有广泛的配位作用，当多种金属离子同时存在时往往互相干扰。因此，提高配位滴定的选择性就成为配位滴定需要解决的重要课题。

一、控制溶液的 pH 值进行分别滴定

若溶液中含有金属离子 M 和 N，它们都和 EDTA 形成配合物，且 $K_{MY}>K_{NY}$。当用 EDTA 滴定时首先被滴定的是 M。现在要讨论两个问题：(1) 有 N 离子存在时，能否准确滴定 M 离子? 这是分别滴定的问题；(2) M 离子滴定后，N 离子能否准确滴定? 这实际上是单个离子的滴定问题，这个问题前面已解决。这一节主要讨论 M 和 N 能否分别滴定的问题。该溶液中的主要平衡关系是：

$$\begin{array}{c} A\diagup\overset{M}{}\diagdown OH \\ MA \quad\quad MOH \\ MA_2 \quad\quad M(OH)_2 \\ \vdots \quad\quad\quad \vdots \end{array} + \begin{array}{c} H\diagup\overset{Y}{}\diagdown N \\ HY \quad\quad NY \\ H_2Y \\ \vdots \end{array} = MY$$

为了便于讨论，把 H^+ 和 N 的影响都作为对 Y 的副反应处理，并假设 M 离子不发生副反应，则

$$\alpha_Y = \alpha_{Y(H)} + \alpha_{Y(N)} - 1 \tag{5-41}$$

而

$$\alpha_{Y(N)} = \frac{[Y]+[NY]}{[Y]} = \frac{[Y]+K_{NY}[N][Y]}{[Y]}$$

$$= 1+[N]K_{NY} \approx [N]K_{NY} \tag{5-42}$$

假设在 N 存在下能准确滴定 M，则当 M 和 Y 定量配位时，N 和 Y 的配位反应可以忽略不计，因此

$$[N] \approx c_N$$

$$\alpha_{Y(N)} \approx c_N K_{NY} \tag{5-43}$$

$\alpha_{Y(H)}$ 的大小决定于溶液的 pH 值；从式(5-43)可以看到 $\alpha_{Y(N)}$ 仅决定于 c_N 和 K_{NY}，与溶液的 pH 值无关。绘制 $\lg\alpha_{Y(H)}$，$\lg\alpha_{Y(N)}$ 和 $\lg\alpha_Y$ 与 pH 的关系图(图 5-12)。

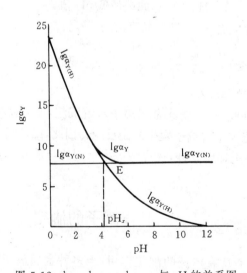

图 5-12　$\lg\alpha_Y$，$\lg\alpha_{Y(H)}$，$\lg\alpha_{Y(N)}$ 与 pH 的关系图

图中 $\alpha_{Y(H)}$ 随溶液 pH 增高而减小,它们之间的关系可用酸效应曲线来描述;$\lg\alpha_{Y(N)}$ 与溶液的 pH 无关,在图中是一水平线。上述两线交于 E 点,相应的 pH 为 pH_x,此时 $\lg\alpha_{Y(H)} = \lg\alpha_{Y(N)}$。

下面讨论两种情况:

(1) 在酸度较高的情况下($pH < pH_x$)滴定 M 离子

$$pH < pH_x \text{ 时},\ \alpha_{Y(H)} \gg \alpha_{Y(N)},\ \alpha_Y \approx \alpha_{Y(H)}$$

N 对 Y 的副反应可以忽略,只需考虑 H^+ 对 Y 的副反应,这就相当于 N 不存在时滴定 M 离子。

(2) 在酸度较低的情况下($pH > pH_x$)滴定 M 离子

$$pH > pH_x \text{ 时},\ \alpha_{Y(H)} \ll \alpha_{Y(N)},\ \alpha_Y \approx \alpha_{Y(N)}$$

H^+ 对 Y 的副反应可以忽略,N 对 Y 的副反应是主要的,因此

$$K'_{MY} = \frac{K_{MY}}{\alpha_Y} \approx \frac{K_{MY}}{\alpha_{Y(N)}} = \frac{K_{MY}}{c_N K_{NY}} \tag{5-44}$$

求出 K'_{MY},若 $\lg c_M K'_{MY} \geq 6$,则在 N 离子存在下可以准确滴定 M 离子。

在 M 和 N 的混合溶液中,K_{MY} 和 K_{NY} 相差多大,才能准确滴定 M 离子?式(5-44)两端乘以 c_M,并取对数,得

$$\lg(c_M K'_{MY}) = \lg K_{MY} - \lg K_{NY} + \lg \frac{c_M}{c_N} = \Delta\lg K + \lg \frac{c_M}{c_N} \tag{5-45}$$

即两种金属离子配合物的稳定常数相差越大($\Delta\lg K$ 越大),待测金属离子的浓度(c_M)越大,干扰离子的浓度(c_N)越小,则在 N 离子存在下准确滴定 M 离子的可能性越大。

能够分别滴定的 $\Delta\lg K$ 取决于滴定要求的准确度(允许的 TE),ΔpM 和 c_M/c_N。

若 $c_M = c_N$,从式(5-45)得

$$\lg c_M K'_{MY} = \Delta\lg K$$

若 $\Delta pM = \pm 0.2$,$TE = \pm 0.1\%$,查误差图得

$$\lg c_M K'_{MY} = 6$$

即 $$\Delta\lg K = 6$$

一般说 $\Delta\lg K = 6$,能在 N 存在下准确滴定 M 离子是有条件的。如果条件改变,能够分别滴定的 $\Delta\lg K$ 也将改变。

若 $c_M = 10 c_N$,其它条件不变,则

$$\lg c_M K'_{MY} = \Delta\lg K + 1$$
$$\Delta\lg K = 6 - 1 = 5$$

若要求的准确度低一些,$\Delta\lg K$ 还可小一些。必须指出,以上的结论是在假设 M 和 N 不发生其它副反应的条件下得到的。实际上当溶液的 pH 增加至一定值时,M 和 N 都将与 OH^- 发生反应,情况更为复杂,这里不再讨论。

例12 在 0.1 mol/L HNO_3 介质中,能否用 EDTA 准确滴定 Bi^{3+} 和 Pb^{2+} 混合溶液中的 Bi^{3+}?(EDTA,Bi^{3+} 和 Pb^{2+} 的浓度均为 2×10^{-2} mol/L)

解 在 0.1 mol/L HNO_3 溶液中,$\lg\alpha_{Y(H)} = 18.3$,而

$$\alpha_{Y(Pb)} \approx c_{Pb} K_{PbY} = 10^{-2} \times 10^{18.0} = 10^{16.0}$$

因为 $\alpha_{Y(H)} > \alpha_{Y(Pb)}$，$\alpha_Y \approx \alpha_{Y(H)}$ 可以不考虑 Pb^{2+} 的干扰，此时
$$\lg K_{BiY'} = \lg K_{BiY} - \lg \alpha_Y = 28.2 - 18.3 = 9.9$$
在上述条件下可以准确滴定 Bi^{3+}。

例 13 某含有 Fe^{3+} 和 Al^{3+} 的溶液（Fe^{3+} 和 Al^{3+} 的浓度均为 2×10^{-2} mol/L）能否用同浓度的 EDTA 准确滴定 Fe^{3+}，并求滴定的酸度范围。

解 $\Delta \lg K = \lg K_{FeY} - \lg K_{AlY} = 25.1 - 16.1 = 9.0$ 有可能在 Al^{3+} 存在下滴定 Fe^{3+}。
因为 $\alpha_{Y(Al)} \approx c_{Al} K_{AlY} = 10^{-2} \times 10^{16.1} = 10^{14.1}$
查 $\lg \alpha_{Y(H)}$-pH 曲线（图 5-3），当 $\lg \alpha_{Y(H)} = 14.1$ 时，相应的 pH=1.9。因此，若 pH<1.9，$\alpha_{Y(H)} > \alpha_{Y(Al)}$，可以不考虑 Al^{3+} 的干扰滴定 Fe^{3+}；若 pH>1.9，$\alpha_Y = \alpha_{Y(Al)}$ 是定值，则
$$\lg K_{FeY'} = \lg K_{FeY} - \lg \alpha_Y = 25.1 - 14.1 = 10.0$$
Fe^{3+} 也能准确滴定。但是由于 Fe^{3+} 的水解，从例 11 得 pH=2.7 时，Fe^{3+} 生成 $Fe(OH)_3$ 沉淀，所以应选择 pH<2.7 时滴定，一般选在 pH=2.0—2.5 时滴定 Fe^{3+}。

二、利用掩蔽和解蔽的方法

配位滴定混合金属离子，若待测金属离子的配合物与干扰离子的配合物的稳定性相差不大，有时甚至 $\lg K_{MY} < \lg K_{NY}$，就不能用控制酸度的方法分别滴定。通常利用加入掩蔽剂的方法消除干扰。掩蔽剂是一种试剂，它与干扰离子 N 反应，使溶液中 [N] 降低，N 对 M 测定的干扰就可以减小或消除，这种方法称为掩蔽法。按掩蔽所用反应类型不同，掩蔽法分为下列几类：

（一）配位掩蔽法

这是一种应用最广的掩蔽法。掩蔽剂是一种配位剂，溶液中加入掩蔽剂 A 后，主要的平衡关系是：

$$M + \begin{matrix} HY \\ H_2Y \\ NY \\ \vdots \end{matrix} \underset{NA\cdots}{\overset{A}{\rightleftharpoons}} MY$$

将 A 和 N 的反应看作是 N 和 Y 反应的副反应，则加入掩蔽剂后，[N] 降低：

$$[N] = \frac{[N]'}{\alpha_{N(A)}} \approx \frac{c_N}{\alpha_{N(A)}}$$

$$\alpha_{Y(N)} = 1 + [N]K_{NY} = 1 + \frac{c_N}{\alpha_{N(A)}} K_{NY} \approx \frac{c_N}{\alpha_{N(A)}} K_{NY} \quad (5-46)$$

此时有两种情况：

（1）加入掩蔽剂 A 后，若 $\alpha_{Y(N)} < \alpha_{Y(H)}$，则 N 的干扰消除，M 离子能否滴定仅决定于溶液的 pH 值。

（2）加入掩蔽剂 A 后，若 $\alpha_{Y(N)} > \alpha_{Y(H)}$，则仍要考虑 N 的干扰，M 离子能否滴定决定于 $\alpha_{Y(N)}$，也就是决定被掩蔽后的 [N]。

例 14 在 Al^{3+} 和 Zn^{2+} 的混合溶液（浓度均为 2×10^{-2} mol/L）中，加入 NH_4F 掩蔽 Al^{3+}，若终点时溶液中 $[F^-] = 10^{-2}$ mol/L，则在 pH=5.5 时，能否用同浓度的 EDTA 准确

滴定 Zn^{2+}？

解 已知铝氟配合物的 $\lg\beta_1, \lg\beta_2, \lg\beta_3, \lg\beta_4, \lg\beta_5, \lg\beta_6$ 依次为 $6.16, 11.2, 15.1, 17.8, 19.2, 19.24$，则

$$\alpha_{Al(F)} = 1 + [F]\beta_1 + [F]^2\beta_2 + [F]^3\beta_3 + [F]^4\beta_4 + [F]^5\beta_5 + [F]^6\beta_6$$
$$= 1 + 10^{-2} \times 10^{6.2} + 10^{-4} \times 10^{11.2} + 10^{-6} \times 10^{15.1}$$
$$+ 10^{-8} \times 10^{17.8} + 10^{-10} \times 10^{19.2} + 10^{-12} \times 10^{19.2} \approx 10^{10}$$

代入式(5-46)，得

$$\alpha_{Y(Al)} \approx \frac{c_{Al}}{\alpha_{Al(F)}} K_{AlY} = \frac{0.01}{10^{10}} \times 10^{16.1} = 10^{4.1}$$

因 pH=5.5 时，$\lg\alpha_{Y(H)} = 5.5$，故

$$\alpha_Y \approx \alpha_{Y(H)} = 10^{5.5}$$
$$\lg K_{ZnY'} = \lg K_{ZnY} - \lg\alpha_Y = 16.5 - 5.5 = 11$$

可以准确滴定 Zn^{2+}，即 Al^{3+} 的干扰已消除。

例 15 在 Zn^{2+}，Cd^{2+} 混合溶液(浓度均为 2×10^{-2} mol/L)中，加入 KI 掩蔽 Cd^{2+}。若终点时$[I^-]=0.5$mol/L，在 pH=5.5 时，能否用同浓度的 EDTA 准确滴定 Zn^{2+}？

解 镉碘配合物的 $\lg\beta_1, \lg\beta_2, \lg\beta_3, \lg\beta_4$ 依次为 $2.4, 3.4, 5.0, 6.15$，则

$$\alpha_{Cd(I)} = 1 + [I]\beta_1 + [I]^2\beta_2 + [I]^3\beta_3 + [I]^4\beta_4$$
$$= 1 + 10^{-0.3} \times 10^{2.4} + 10^{-0.6} \times 10^{3.4} + 10^{-0.9} \times 10^{5.0} + 10^{-1.2} \times 10^{6.2}$$
$$\approx 10^{5.0}$$

$$\alpha_{Y(Cd)} = \frac{c_{Cd}}{\alpha_{Cd(I)}} K_{CdY} = \frac{10^{-2}}{10^{5.0}} \times 10^{16.5} = 10^{9.5}$$

因 pH=5.5 时，$\alpha_{Y(H)} = 10^{5.5} < \alpha_{Y(Cd)}$，所以

$$\alpha_Y \approx \alpha_{Y(Cd)} = 10^{9.5}$$
$$\lg K_{ZnY'} = \lg K_{ZnY} - \lg\alpha_Y = 16.5 - 9.5 = 7.0 < 8$$

在这样的情况下，Cd^{2+} 的干扰虽已减小，但由于镉碘配合物的稳定性不够高，Zn^{2+} 仍不能准确滴定。

为了得到良好的掩蔽效果，所选择的掩蔽剂应满足下列要求：

(1) 掩蔽剂与干扰离子生成的配合物应比 EDTA 与干扰离子生成的配合物更稳定；
(2) 掩蔽剂不与待测离子配位或配位的倾向很小；
(3) 掩蔽剂与干扰离子形成的配合物应是无色的或是浅色的，这样才不影响终点的观察；
(4) 应用掩蔽剂所需的 pH 范围应与测定所需的 pH 范围一致。

EDTA 滴定中常用的配位掩蔽剂见表 5-10。

上面讨论的是加入掩蔽剂掩蔽 N 离子测定 M 离子的情况。如果还要测定被掩蔽的 N 离子，有时可以在滴定 M 离子后，加入一种试剂(称为解蔽剂)，破坏 N 与掩蔽剂的配合物，把 N 离子释放出来。这种方法称为解蔽法。例如测定溶液中 Zn^{2+} 和 Mg^{2+} 的含量。在氨性缓冲溶液中加入 KCN 掩蔽 Zn^{2+}，以铬黑 T 为指示剂，用 EDTA 滴定 Mg^{2+} 的量。然后加入甲醛，破坏 $Zn(CN)_4^{2-}$，释放出 Zn^{2+}：

表 5-10 EDTA 滴定中常用的配位掩蔽剂

掩 蔽 剂	掩蔽离子	测定离子	pH	指示剂	备 注
二硫基丙醇 (BAL) $CH_2—SH$ | $CH_2—SH$ | $CH_2—OH$	$Ag^+, As^{3+}, Bi^{3+},$ $Cd^{2+}, Hg^{2+},$ $Pb^{2+},$ Sb^{3+}, Sn^{4+} 及少量 $Co^{2+}, Cu^{2+}, Ni^{2+}$	$Ca^{2+}, Mg^{2+},$ Mn^{2+}①	10	铬黑 T	$Co^{2+}, Cu^{2+}, Ni^{2+}$ 与 BAL 的配合 物有色
三乙醇胺 (TEA) 　　CH_2CH_2OH 　　| $N—CH_2CH_2OH$ 　　| 　　CH_2CH_2OH	Al^{3+} Al^{3+}(少量) Al^{3+}, Fe^{3+} $Al^{3+}, Fe^{3+},$ Mn^{2+}(少量) $Al^{3+}, Fe^{3+}, Ti^{4+}$ Mn^{2+}①(少量) $Al^{3+}, Fe^{3+},$ Sn^{4+}, Ti^{4+}	Mg^{2+} Zn^{2+} Ca^{2+} Ca^{2+} Ni^{2+} $Cd^{2+}, Mg^{2+},$ Mn^{2+}①, Pb^{2+}, Zn^{2+}	10 10 碱性 >12 10 10	铬黑 T 铬黑 T Cu-PAN 紫脲酸铵或 钙指示剂 紫脲酸铵 铬黑 T	
酒石酸盐 　　COO^- 　　| 　　$CHOH$ 　　| 　　$CHOH$ 　　| 　　COO^-	Al^{3+} Al^{3+}, Fe^{3+} $Al^{3+}, Fe^{3+},$ 少量 Ti^{4+}	Zn^{2+} Ca^{2+}, Mn^{2+}① Ca^{2+}	5.2 10 >12	三甲酚橙 Cu-PAN 钙黄绿素或 钙指示剂	
柠檬酸 　　CH_2COOH 　　| 　　$HOC—COOH$ 　　| 　　CH_2COOH	少量 Al^{3+} Fe^{3+}	Zn^{2+} $Cd^{2+}, Cu^{2+},$ Pb^{2+}	8.5—9.5 8.5	铬黑 T 萘基偶氮羟 啉 S	30℃ 丙酮(黄→粉红) 测定 Cu^{2+} 和 Pb^{2+} 时加入 Cu-EDTA
氰化物② CN^-	$Ag^+, Cd^{2+},$ $Co^{2+}, Cu^{2+},$ $Fe^{2+}, Hg^{2+},$ Ni^{2+}, Zn^{2+} 和铂系 金属	Ba^{2+}, Sr^{2+} Ca^{2+} $Mg^{2+},$ $Mg^{2+}+Ca^{2+},$ Mn^{2+}, Pb^{2+} Mn^{2+}, Pb^{2+}	10.5—11 >12 10 10	金属酞 钙指示剂 铬黑 T 铬红 B	50%甲醇溶液

① 测定 Mn^{2+} 或掩蔽 Mn^{2+} 时,需加入还原剂 $NH_2OH \cdot HCl$;
② KCN 是剧毒物,使用时应特别小心。只允许在碱性或极弱的酸性溶液中使用。在酸性溶液中产生 HCN 气体,对人体有严重的危害。滴定后的溶液应用 Na_2CO_3 和 $FeSO_4$ 的溶液处理,使 CN^- 变为稳定的 $Fe(CN)_6^{4-}$。

续表

掩蔽剂	掩蔽离子	测定离子	pH	指示剂	备 注
氟化物	Al^{3+}	Cu^{2+}	3—3.5	萘基偶氮羟啉 S	氟化物又是沉淀掩蔽剂
		Zn^{2+}	5—6	二甲酚橙	
	Al^{3+},Fe^{3+}	Cu^{2+}	6—6.5	铬天菁 S	
碘化钾	Hg^{2+}	Cu^{2+}	7	PAN	70℃
		Zn^{2+}	6.4	萘基偶氮羟啉 S	

$$Zn(CN)_4^{2-} + 4HCHO + 4H_2O = Zn^{2+} + 4H_2C{\overset{OH}{\underset{CN}{\diagdown}}} + 4OH^-$$

（羟基乙腈）

继续用 EDTA 滴定 Zn^{2+}。

又如在 Zn^{2+} 和 Ni^{2+} 混合溶液中测定 Zn^{2+}，先在氨性缓冲溶液中加入 KCN，Zn^{2+} 和 Ni^{2+} 分别与 CN^- 配位为 $Zn(CN)_4^{2-}$（$\lg K_{Zn(CN)_4^{2-}}=16.7$）和 $Ni(CN)_4^{2-}$（$\lg K_{Ni(CN)_4^{2-}}=31.3$），然后加入解蔽剂 HCHO，由于 $Ni(CN)_4^{2-}$ 特别稳定，只有 Zn^{2+} 释放出来，可用 EDTA 滴定 Zn^{2+} 的量。

（二）氧化还原掩蔽法

利用氧化还原反应消除干扰的方法称为氧化还原掩蔽法。例如 Fe^{3+} 与 Bi^{3+} 共存时，Fe^{3+} 干扰 Bi^{3+} 的测定（$\lg K_{BiY}=28.2$，$\lg K_{FeY^-}=25.1$）。若用抗坏血酸（$C_6H_8O_6$）或盐酸羟胺（$NH_2OH \cdot HCl$）等还原剂将 Fe^{3+} 还原为 Fe^{2+}，由于 FeY^{2-} 稳定性较差（$\lg K_{FeY^{2-}}=14.33$），就可以用控制溶液 pH 值的方法滴定 Bi^{3+}，消除了 Fe^{3+} 的干扰。其它如滴定 ZrO^{2+}，Th^{4+}，Sn^{4+}，Hg^{2+} 时也可用同样的方法消除 Fe^{3+} 的干扰。

有些氧化还原掩蔽剂同时兼有配位作用。例如 $Na_2S_2O_3$ 既将 Cu^{2+} 还原为 Cu^+，又与 Cu^+ 配位，反应如下：

$$2Cu^{2+} + 2S_2O_3^{2-} = 2Cu^+ + S_4O_6^{2-}$$
$$Cu^+ + 2S_2O_3^{2-} = [Cu(S_2O_3)_2]^{3-}$$

有些金属离子如果把它们氧化为高价态的酸根离子，如 $Cr^{3+} \rightarrow Cr_2O_7^{2-}$，$Mn^{2+} \rightarrow MnO_4^-$，$VO^{2+} \rightarrow VO_3^-$，$Mo^{5+} \rightarrow MoO_4^{2-}$ 等，就不再和 EDTA 配位，因而可消除干扰。

常用的还原剂有抗坏血酸，盐酸羟胺，联胺（$NH_2—NH_2$）、硫脲（ $H_2N—\overset{\overset{\displaystyle S}{\|}}{C}—NH_2$ ），$Na_2S_2O_3$，半胱氨酸（ $HOOC—\overset{\overset{\displaystyle H}{|}}{\underset{\underset{\displaystyle NH_2}{|}}{C}}—CH_2SH$ ）等；常用的氧化剂有 H_2O_2，$(NH_4)_2S_2O_8$ 等。

（三）沉淀掩蔽法

加入沉淀剂,利用沉淀反应降低干扰离子的浓度,在不分离沉淀的条件下直接滴定。这种方法称为沉淀掩蔽法。例如 Ca^{2+},Mg^{2+} 的 EDTA 配合物稳定性相近($\lg K_{CaY}=10.7$,$\lg K_{MgY}=8.6$),不能用控制酸度的方法分别滴定,但它们的氢氧化物溶解度相差较大($pK_{sp,Ca(OH)_2}=4.9$,$pK_{sp,Mg(OH)_2}=10.9$),在 pH=12 时,用 EDTA 滴定 Ca^{2+},Mg^{2+} 形成 $Mg(OH)_2$ 沉淀,不干扰测定。

配位滴定法中常用的沉淀掩蔽法实例如表 5-11 所示。

表 5-11 沉淀掩蔽法示例

掩蔽剂	被掩蔽离子	被测定离子	pH	指示剂	备注
氢氧根 (OH^-)	Al^{3+}(转为 AlO_2^-),Mg^{2+}	Ca^{2+}	12	钙指示剂	
氟化物 (F^-)	Ba^{2+},Sr^{2+},Ca^{2+},Mg^{2+}	Zn^{2+},Cd^{2+},Mn^{2+}	10	铬黑 T	测定 Mn^{2+} 时,应加入还原剂
硫酸盐 (SO_4^{2-})	Ba^{2+},Sr^{2+}	Ca^{2+},Mg^{2+}	10	铬黑 T	
硫化钠 (Na_2S)	少量重金属	Ca^{2+},Mg^{2+}	10	铬黑 T	
钼酸根 (MoO_4^{2-})	Pb^{2+}	Cu^{2+}	8	紫脲酸铵	酸性溶液中加入 MoO_4^{2-}

必须指出,沉淀掩蔽法存在下列缺点:① 一些沉淀反应不够完全,沉淀掩蔽不够完全;②有时发生共沉淀现象,影响滴定的准确度;③有时沉淀对指示剂有吸附作用,影响终点的观察;④沉淀有色或体积庞大,妨碍观察终点。因此,实际工作中,沉淀掩蔽法应用得不广泛。

三、选用其它配位剂作滴定剂

除 EDTA 外,还有其它氨羧配位剂,利用它们与金属离子形成配合物稳定性的差别,可以选择性地滴定某些离子,例如

(1) EGTA(乙二醇二乙醚二胺四乙酸)

$$\begin{array}{l} CH_2-O-CH_2-CH_2-N \overset{H^+CH_2COO^-}{\underset{CH_2COOH}{\diagup}} \\ CH_2-O-CH_2-CH_2-N \overset{CH_2COOH}{\underset{H^+CH_2COO^-}{\diagup}} \end{array}$$

EGTA 和 EDTA 与 Mg^{2+},Ca^{2+},Sr^{2+},Ba^{2+} 所形成的配合物的 $\lg K$ 值比较如下:

	Mg^{2+}	Ca^{2+}	Sr^{2+}	Ba^{2+}
$\lg K_{M\text{-}EGTA}$	5.2	11.0	8.5	8.4
$\lg K_{M\text{-}EDTA}$	8.6	10.7	8.6	7.8

可见 $\lg K_{Mg\text{-}EGTA} \ll \lg K_{Ca\text{-}EGTA}$，因此选用 EGTA 作滴定剂，可以在 Mg^{2+} 存在下滴定 Ca^{2+}。

(2) EDTP(乙二胺四丙酸)

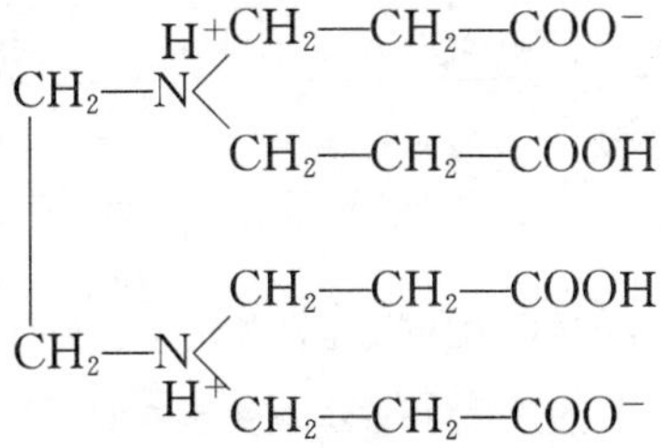

$$\begin{array}{l} CH_2-\overset{H^+}{N}\diagup \begin{array}{l}CH_2-CH_2-COO^-\\ CH_2-CH_2-COOH\end{array}\\ CH_2-\underset{H^+}{N}\diagdown \begin{array}{l}CH_2-CH_2-COOH\\ CH_2-CH_2-COO^-\end{array}\end{array}$$

EDTP 与金属离子形成的配合物的稳定性普遍地比相应的 EDTA 配合物的差，但 $\lg K_{Cu\text{-}EDTP}=15.4$，稳定性仍很高，见下表：

	Cu^{2+}	Zn^{2+}	Cd^{2+}	Mn^{2+}	Mg^{2+}
$\lg K_{M\text{-}EDTP}$	15.4	7.8	6.0	4.7	1.8
$\lg K_{M\text{-}EDTA}$	18.8	16.5	16.5	14.0	8.6

因此，控制溶液的 pH 值，用 EDTP 滴定 Cu^{2+} 时，Zn^{2+}，Cd^{2+}，Mn^{2+}，Mg^{2+} 等都不干扰。

还有其它配位剂如环己二胺四乙酸(CYDTA)、氨三乙酸(NTA)、2-羟乙基二胺三乙酸(NEDTA)、三乙撑四胺(Trien)等，目前虽有不少被采用，但应用都不广泛。

若采用上述控制酸度、掩蔽干扰离子或选用其它滴定剂等方法仍不能消除干扰离子的影响，只有采用分离的方法除去干扰离子了。

§5 配位滴定的方式和应用

配位滴定可以采用直接滴定、返滴定、置换滴定和间接滴定等方式，因此，配位滴定可以直接或间接测定周期表中大多数元素，如图 5-13 所示。

一、滴定方式

(一) 直接滴定

如果金属离子与 EDTA 的配位反应能满足滴定分析的要求，就可以直接滴定。一些元素常用的 EDTA 直接滴定法列于表 5-12。

直接滴定法简便、迅速、可能引入的误差较少。只要条件允许，应尽可能地采用直接滴定法，但有下列任何一种情况，都不宜直接滴定：

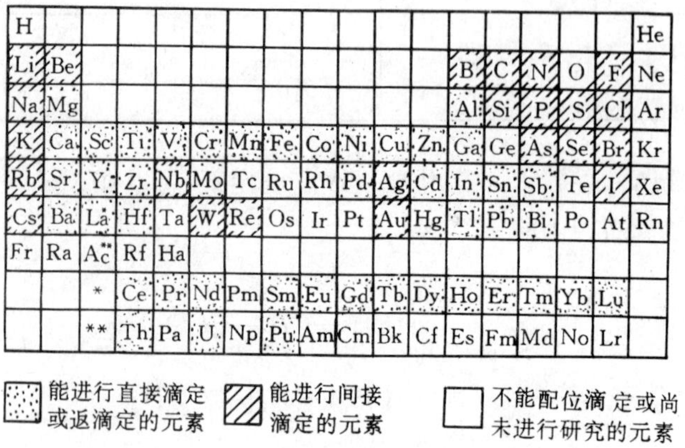

图 5-13　配位滴定法能测定的元素

表 5-12　直接滴定法示例

金属离子	pH	指示剂	其它主要滴定条件	终点颜色变化
Bi^{3+}	1	二甲酚橙	HNO_3 介质	紫红→黄
Ca^{2+}	12—13	钙指示剂		酒红→蓝
$Cd^{2+},Fe^{2+},Pb^{2+},Zn^{2+}$	5—6	二甲酚橙	六次甲基四胺	红紫→黄
Co^{2+}	5—6	二甲酚橙	六次甲基四胺,加热至 80℃	红紫→黄
Cd^{2+},Mg^{2+},Zn^{2+}	9—10	铬黑 T	氨性缓冲液	红→蓝
Cu^{2+}	2.5—10	PAN	加热或加乙醇	红→黄绿
Fe^{3+}	1.5—2.5	磺基水杨酸	加热	红紫→黄
Mn^{2+}	9—10	铬黑 T	氨性缓冲溶液,加抗坏血酸或 $NH_2OH \cdot HCl$ 或酒石酸	红→蓝
Ni^{2+}	9—10	紫脲酸胺	加热至 50—60℃	黄绿→紫红
Pb^{2+}	9—10	铬黑 T	氨性缓冲溶液,加酒石酸,并加热至 40—70℃	红→蓝
Th^{4+}	1.7—3.5	二甲酚橙	HNO_3 介质	紫红→黄

(1) 待测离子与 EDTA 形成的配合物不稳定。

(2) 待测离子与 EDTA 的配位反应很慢,例如 Al^{3+},Cr^{3+},Zr^{4+} 等的配合物虽稳定,但在常温下反应进行得很慢。

(3) 没有适当的指示剂,或金属离子对指示剂有严重的封闭或僵化现象。

(4) 在滴定条件下,金属离子水解或生成沉淀,滴定过程中沉淀不易溶解,也不能用加入辅助配位剂的方法防止这种现象的发生。

(二) 返滴定法

返滴定法是在适当的酸度下在试液中加入已知量且过量的 EDTA,加热(或不加热)使待测离子与 EDTA 配位完全,然后调节溶液的 pH 值,加入指示剂,以适当的金属离子的标准溶液作为返滴定剂,滴定过量的 EDTA。例如 Al^{3+} 与 EDTA 配位缓慢,Al^{3+} 对二甲酚橙指示剂有封闭作用,酸度不高时,Al^{3+} 水解形成多种多核羟配合物,因此,Al^{3+} 不能直接滴定。用返滴定法测定 Al^{3+} 时,试液中先加入一定量并过量的 EDTA 标准溶液,调节 pH≈3.5,煮沸,加速 Al^{3+} 与 EDTA 的反应。此时,溶液的酸度较高,又有过量 EDTA 存在,Al^{3+} 不会形成羟配合物。冷却后,调节 pH 至 5—6,以保证 Al^{3+} 与 EDTA 定量配位,然后用二甲酚橙作指示剂(此时 Al^{3+} 已形成 AlY,不再封闭指示剂),用 Zn^{2+} 标准溶液滴定过量的 EDTA。

用作返滴定剂的金属离子 N 与 EDTA 的配合物 NY 应有足够的稳定性,以保证测定的准确度,但又不能比待测离子 M 与 EDTA 的配合物 MY 更稳定,否则将发生下式反应:

$$N + MY \rightleftharpoons NY + M$$

使测定结果偏低。上例中 ZnY 虽比 AlY 稍稳定($\lg K_{ZnY}=16.5, \lg K_{AlY}=16.1$),但因 Al^{3+} 与 EDTA 配位缓慢,一旦形成了 AlY 后,离解也慢,因此,在滴定条件下 Zn^{2+} 不会把 AlY 中的 Al^{3+} 置换出来。在表 5-13 列出了常用作返滴定剂的金属离子和滴定条件。

表 5-13 常用的返滴定剂和滴定条件

待测定的金属离子	pH	返滴定剂	指示剂	终点颜色变化
Al^{3+}, Ni^{2+}	5—6	Zn^{2+}	二甲酚橙	黄→紫红
Al^{3+}	5—6	Cu^{2+}	PAN	黄→蓝紫(或紫红)
Fe^{2+}	9	Zn^{2+}	铬黑 T	蓝→红
Hg^{2+}	10	Mg^{2+}, Zn^{2+}	铬黑 T	蓝→红
Sn^{4+}	2	Th^{4+}	二甲酚橙	黄→红

(三)置换滴定法

配位滴定中用到的置换滴定有下列两类:

(1)置换出金属离子

例如 Ag^+ 与 EDTA 配合物不够稳定($\lg K_{AgY}=7.3$),不能直接滴定。在 Ag^+ 试液中加入过量 $Ni(CN)_4^{2-}$,发生下式置换反应:

$$2Ag^+ + Ni(CN)_4^{2-} \rightleftharpoons 2Ag(CN)_2^- + Ni^{2+}$$

然后在 pH=10 的氨性溶液中,以紫脲酸胺为指示剂,用 EDTA 滴定置换出的 Ni^{2+},即可求得 Ag^+ 含量。

银币中的 Ag 和 Cu 可按下法测定。将试样溶于 HNO_3,加氨调节 pH≈8,以紫脲酸铵作指示剂,用 EDTA 先滴定 Cu^{2+},再用置换滴定法测定 Ag^+。

(2)置换出 EDTA

例如测定某复杂试样中的 Al^{3+},试样中可能含有 $Pb^{2+}, Zn^{2+}, Fe^{3+}$ 等杂质离子。用返滴定法测定 Al^{3+} 时,实际上得到的是这些离子的合量。为了得到准确的 Al^{3+} 量,在返滴定至终点后,加入 NH_4F,发生下式反应:

$$AlY^- + 6F^- + 2H^+ \rightleftharpoons AlF_6^{3-} + H_2Y^{2-}$$

置换出与 Al^{3+} 等摩尔的 EDTA,再用 Zn^{2+} 标准溶液滴定 EDTA,得 Al^{3+} 的准确含量。

锡的测定也常用此法。例如分析锡-铅焊料时,试样溶解后加入一定量并过量的

EDTA,煮沸,冷却后用六次甲基四胺调节溶液 pH 至 5—6,以二甲酚橙作指示剂,用 Pb^{2+} 标准溶液滴定 Sn^{4+} 和 Pb^{2+} 的总量。然后加入过量 NH_4F,置换出 SnY 中的 EDTA,再用 Pb^{2+} 标准溶液滴定,即可求得 Sn^{4+} 的含量。

置换滴定法不仅能扩大配位滴定法的应用范围,还可以提高配位滴定法的选择性。

(四) 间接滴定法

有些离子和 EDTA 生成的配合物不稳定,如 Na^+,K^+ 等;有些离子和 EDTA 不配位,如 SO_4^{2-},PO_4^{3-},CN^-,Cl^- 等阴离子。这些离子可采用间接滴定法测定。表 5-14 列出常用的间接滴定法。

表 5-14 常用的间接滴定法

待测离子	主要步骤
K^+	沉淀为 $K_2Na[Co(NO_2)_6] \cdot 6H_2O$,沉淀经过滤、洗涤、溶解后,测定其中的 Co^{2+}
Na^+	沉淀为 $NaZn(UO_2)_3Ac_9 \cdot 9H_2O$,沉淀经过滤、洗涤、溶解后,测定其中的 Zn^{2+}
PO_4^{3-}	沉淀为 $MgNH_4PO_4 \cdot 6H_2O$,沉淀经过滤、洗涤、溶解后,测定其中的 Mg^{2+};或测定滤液中过量的 Mg^{2+}
S^{2-}	沉淀为 CuS,测定滤液中过量的 Cu^{2+}
SO_4^{2-}	沉淀为 $BaSO_4$,测定滤液中过量的 Ba^{2+},用 MgY-铬黑 T 作指示剂
CN^-	加一定量并过量的 Ni^{2+},使形成 $Ni(CN)_4^{2-}$,测定过量的 Ni^{2+}
Cl^-,Br^-,I^-	沉淀为卤化银,过滤,滤液中过量的 Ag^+ 与 $Ni(CN)_4^{2-}$ 置换,测定置换出的 Ni^{2+}

间接滴定法扩大了配位滴定法的测定范围,但间接滴定法手续较繁琐,引入误差机会较多,并不是理想的方法。

二、EDTA 标准溶液的配制和标定

EDTA 标准溶液常采用 EDTA 二钠盐($Na_2H_2Y \cdot 2H_2O$)配制。EDTA 二钠盐是白色微晶粉末,易溶于水,经提纯后可作基准。但一般实验室中 EDTA 标准溶液常采用标定法配制。

用于标定 EDTA 标准溶液的基准试剂很多,例如纯金属有 Bi,Cd,Cu,Zn,Ni 和 Pb 等,它们的纯度可达到 99.99%,一般也应在 99.95% 以上。金属表面如有氧化膜,应先用酸洗去,再用水或乙醇洗涤,在 105℃ 烘干。金属氧化物及其盐也可作基准,例如 Bi_2O_3,$CaCO_3$,MgO,$MgSO_4 \cdot 7H_2O$,ZnO 等。标定 EDTA 常用的基准试剂见表 5-15。

实际工作中,如果标定和测定条件不同,会带来较大误差。这是因为:① 不同金属离子与 EDTA 反应完全程度不同;② 不同指示剂的变色点不同;③ 不同条件下溶液中存在的杂质离子的干扰情况不同。如果标定和测定的条件相同,这些影响大致相同,可以抵消一部分。因此为了提高测定的准确度,标定条件和测定条件尽可能相接近。例如若选用待测元素的纯金属或其化合物作基准,就可以得到比较准确的结果。

EDTA 溶液应贮存在聚乙烯塑料瓶或硬质玻璃瓶中。若贮存于软质玻璃瓶中,EDTA 会溶解玻璃中的 Ca^{2+} 形成 CaY,使溶液浓度降低。

表 5-15 标定 EDTA 常用的基准试剂

基准试剂	处 理 方 法	滴 定 条 件		终点颜色变化
		pH	指示剂	
Cu	1∶1 HNO₃ 溶解,加 H₂SO₄ 蒸发,除去 NO₂	4.3 (HAc-NaAc)	PAN	红→黄绿
Pb	1∶1 HNO₃ 溶解,加热,除去 NO₂	10 (NH₃-NH₄Cl)	铬黑T	红→蓝
Zn		5—6 (六次甲基四胺)	二甲酚橙	红→黄
CaCO₃	1∶1 HCl 溶解	>12 (KOH)	钙指示剂	酒红→蓝
MgO		10 (NH₃-NH₄Cl)	铬黑T	红→蓝

三、应用举例

以硅酸盐中 Fe_2O_3,Al_2O_3,CaO,MgO 的测定为例。硅酸盐中主要成分为 SiO_2,Fe_2O_3,Al_2O_3,CaO,MgO,分离除去 SiO_2 的溶液中,可用配位滴定法测定 Fe_2O_3,Al_2O_3,CaO 和 MgO 的含量,分析流程图如下:

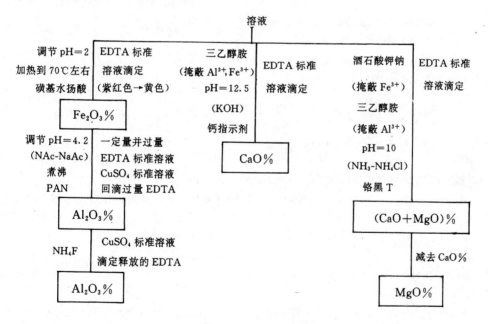

思 考 题

1. 已知铝配合物的常数如下:
   柠檬酸配合物　　　$K_{稳}=10^{20}$
   EDTA 配合物　　　$\lg K_{稳}=16.13$
   乙酰丙酮配合物　　$\beta_1=4.0\times10^8$,$\beta_2=3.2\times10^{16}$,$\beta_3=2.0\times10^{22}$

EGTA 配合物 $K_稳=7.9\times10^{13}$

NEDTA 配合物 $\lg K_稳=14.4$

氟配合物 $\lg K_1,\lg K_2,\lg K_3,\lg K_4,\lg K_5,\lg K_6$ 依次为 6.16, 5.04, 3.9, 2.7, 1.4, 0.04

试以 $\lg K_稳$ 表示各配合物的稳定性，并从大到小按次序排列起来。

2. 用 EDTA 测定某种离子时，Al^{3+} 有干扰。假如除 EDTA 外，上题所列配位剂都不和该离子形成稳定配合物，那末，哪些配位剂可掩蔽 Al^{3+}，哪一种最好？为什么？

3. 配合物的稳定常数和条件常数有什么不同？为什么要引用条件常数？

4. 配位滴定中控制溶液的 pH 值有什么重要意义？实际工作中应如何全面考虑选择滴定的 pH 值？

5. 配位滴定法中如何检验蒸馏水中是否含有 Ca^{2+} 和 Mg^{2+}？

6. 拟出用配位滴定法测定下列划线组分的简单分析方案(考虑消除干扰，滴定方式，滴定条件和指示剂的选择以及终点颜色的变化等)。

(1) $\underline{Bi^{3+}}$, Fe^{3+}；(2) $\underline{Mg^{2+}},\underline{Zn^{2+}}$；(3) $\underline{Pb^{2+}},\underline{Cu^{2+}}$；(4) $\underline{Fe^{3+}}$，Fe^{2+} 和总量；(5) $Ni^{2+},\underline{Zn^{2+}}$。

7. 若以含有少量 Ca^{2+} 和 Mg^{2+} 的水配制了 EDTA 溶液，判断下列情况对测定结果的影响。

(1) pH=5—6 时，以金属 Zn 为基准物质，二甲酚橙为指示剂标定此 EDTA 溶液，用以测定试液中 Ca^{2+} 和 Mg^{2+} 含量。

(2) pH=10 时，以 $CaCO_3$ 为基准物质，铬黑 T 为指示剂标定此 EDTA 溶液，用以测定试液中 Ca^{2+} 和 Mg^{2+} 含量。

问哪一种情况下测定结果比较准确，为什么？以此说明配位滴定中为什么标定和测定的条件尽可能一致。

8. 测定某试液中的 Pb^{2+}，若该试液中含有杂质离子 Zn^{2+} 和 Mg^{2+}。

(1) pH=5—6，用二甲酚橙作指示剂；

(2) pH=10，用铬黑 T 作指示剂，杂质离子是否有干扰？

问用 EDTA 滴定该试液时，哪一种离子干扰大？

习 题

1. 计算 pH=5.5 时，EDTA 的 $\lg\alpha_{Y(H)}$。   答：5.65

2. 当溶液中 Mg^{2+} 浓度为 2×10^{-2} mol/L 时，问在 pH=5 时能否用同浓度的 EDTA 滴定 Mg^{2+}？在 pH=10 时情况如何？如果继续降低酸度至 pH=12，情况又如何？

3. 计算 pH=10 时，以 0.02000mol/L EDTA 溶液滴定同浓度的 Zn^{2+}，计算滴定到(1) 99.9%；(2) 100.0%；(3) 100.1%时溶液的 pZn 值。   答：7.4；10.2；13

4. pH=9 时，在 $c_{NH_3+NH_4^+}=0.1$ mol/L, $c_{H_2C_2O_4}=0.1$ mol/L 溶液中，计算

(1) $\lg\alpha_{Cu(NH_3)}$ 值；   答：6.9

(2) $\lg\alpha_{Cu}$ (已知 $\lg\alpha_{Cu(OH)}=0.8$, $\lg\alpha_{Cu(H_2C_2O_4)}=6.9$)；   答：7.2

(3) $\lg K_{Cu'Y'}$。   答：10.2

5. 已知下列指示剂的质子化累积常数 $\lg\beta_1$ 和 $\lg\beta_2$ 及它们和 Mg^{2+} 配合物的稳定常数 $\lg K_{MgIn}$ 分别是：

	$\lg\beta_1$	$\lg\beta_2$	$\lg K_{MgIn}$
埃铬黑 R	13.5	20.5	7.6
铬黑 T	11.6	17.8	7.0

如果在 pH=10 时,以 1×10^{-2} mol/L EDTA 滴定同浓度的 Mg^{2+},分别用这两种指示剂,计算化学计量点和滴定终点的 pMg 值,从误差图求误差各是多少? 选用哪一种指示剂较好?

答:化学计量点 5.2,埃铬黑 R4.1,-1%;铬黑 T 5.4$+0.1\%$

6. pH=10 的氨性溶液中,以 2×10^{-2} mol/L EDTA 溶液滴定同浓度的 Ca^{2+},用铬黑 T 作指示剂,计算:(1) $\lg K_{CaY'}$;(2) $pCa_{等}$;(3) $\lg K_{CaIn'}$($\lg K_{CaIn}=5.4$);(4) $pCa_{终}$;(5) 由误差图求终点误差。

答:(1) 10.2;(2) 6.1;(3) 3.8;(4) 3.8;(5) -1.3%

7. 某试液含 Fe^{3+} 和 Co^{2+},浓度均为 2×10^{-2} mol/L,今欲用同浓度的 EDTA 分别滴定。问

(1) 有无可能分别滴定?

(2) 滴定 Fe^{3+} 的合适的酸度范围; 答:$1.8<pH<2.7$

(3) 滴定 Fe^{3+} 后,是否有可能滴定 Co^{2+},求滴定 Co^{2+} 的合适的酸度范围。($pK_{spCo(OH)_2}=14.7$)

答:$4<pH<7.8$

8. Hg^{2+} 和 Zn^{2+} 混合溶液,浓度均为 2×10^{-2} mol/L。今以 KI 掩蔽 Hg^{2+},若终点时溶液中游离的 $[I^-]$ 为 10^{-2} mol/L。在 pH=5 时,以 2×10^{-2} mol/L EDTA 溶液滴定 Zn^{2+},如果 $\Delta pZn=\pm0.5$,计算终点误差。 答:$\pm0.03\%$

9. 用配位滴定法连续滴定某试液中的 Fe^{3+} 和 Al^{3+}。取 50.00ml 试液,调节溶液 pH=2,以磺基水扬酸作指示剂,加热至约 50℃,用 0.04852mol/L EDTA 标准溶液滴定到紫红色恰好消失,用去 20.45ml。在滴定 Fe^{3+} 后的溶液中加入上述 EDTA 标准溶液 50.00ml,煮沸片刻,使 Al^{3+} 和 EDTA 充分配位,冷却后,调节 pH=5,用二甲酚橙作指示剂,用 0.05069mol/L Zn^{2+} 标准溶液回滴过量 EDTA,用去 14.96mL,计算试液中 Fe^{3+} 和 Al^{3+} 的含量(以 g/L 表示)。 答:1.108g/L,0.899g/L

10. 测定某硅酸盐中 Fe_2O_3 和 Al_2O_3 含量。称取试样 Wg,用碱熔融后,分离除去 SiO_2,滤液在容量瓶中冲稀到 250.0mL。吸取此溶液 25.00mL,调节 pH≈2,加入过量 EDTA 标准溶液(浓度为 c_{EDTA},体积为 V_{EDTA} mL)后,加热煮沸,使 Al^{3+} 与 EDTA 充分配位,调节 pH=5,以 PAN 为指示剂,趁热用 $CuSO_4$ 标准溶液滴定到终点($CuSO_4$ 溶液浓度为 c_{CuSO_4},体积为 V_{CuSO_4} mL)。然后加入过量 NH_4F,加热煮沸,将 AlY 中的 Y 释放出来,再用上述 $CuSO_4$ 标准溶液滴定释放出来的 Y,消耗 $CuSO_4$ 溶液 V'_{CuSO_4} mL。推导硅酸盐中 Fe_2O_3 和 Al_2O_3 百分含量的计算公式。

11. 测定某水样中 SO_4^{2-} 含量。吸取水样 50.00mL,加入 0.01000mol/L $BaCl_2$ 标准溶液 30.00mL,加热使 SO_4^{2-} 定量沉淀为 $BaSO_4$。过量的 Ba^{2+} 用 0.01025 mol/L EDTA 标准溶液滴定,消耗 11.50mL。计算水样中 SO_4^{2-} 的含量(以 mg/L 表示)。 答:349.9mg/L

12. 分析铜-锌-镁合金。称取试样 0.5000g,溶解后,用容量瓶配成 250.0mL 试液。吸取试液 25.00mL,调节溶液的 pH=6,用 PAN 作指示剂,用 0.02000mol/L EDTA 标准溶液滴定 Cu^{2+} 和 Zn^{2+},用去 37.30mL。另外吸取试液 25.00mL,调节 pH=10,用 KCN 掩蔽 Cu^{2+} 和 Zn^{2+},用 0.01000mol/L EDTA 标准溶液滴定 Mg^{2+},用去 4.10 mL。然后用甲醛解蔽 Zn^{2+},再用 0.02000mol/L EDTA 标准溶液滴定,用去 13.40 mL。计算试样中 Cu,Zn,Mg 的百分含量。 答:60.75%,35.04%,1.993%

第六章 沉淀测定法

以沉淀反应为基础的分析方法有重量分析法和沉淀滴定法。
对沉淀反应应考虑以下几个方面的问题。
(1) 待测组分必须定量地沉淀完全。
(2) 沉淀应是纯净的。
(3) 沉淀应呈适宜的物理形态。重量分析法中沉淀应易于过滤和洗涤；在沉淀滴定法中，沉淀应不影响滴定终点的观察。
(4) 反应选择性好。

§1 沉淀溶解度及其影响因素

无论是以沉淀反应为基础的重量分析法和沉淀滴定法，还是沉淀分离，都要求沉淀反应定量完全，这与沉淀产物的溶解度直接有关。

一、沉淀的活度积、溶度积和溶解度

I-I型难溶强电解质 MA 的饱和溶液中，存在如下溶解平衡：
$$MA(s) \rightleftharpoons M^+ + A^- \text{(sln)}$$
一定温度下，M^+，A^- 离子的活度积是一个常数
$$a_{M^+} a_{A^-} = K_{ap} \tag{6-1}$$
式中 a_{M^+} 和 a_{A^-} 分别表示 M^+ 和 A^- 的活度，K_{ap} 称 MA 的活度积。因为
$$a_{M^+} = \gamma_{M^+}[M^+] \qquad a_{A^-} = \gamma_{A^-}[A^-]$$
式中 $[M^+]$，$[A^-]$ 和 γ_{M^+}，γ_{A^-} 分别是 M^+ 和 A^- 的平衡浓度和活度系数，$\gamma_{M^+} \leqslant 1$，$\gamma_{A^-} \leqslant 1$。代入式(6-1)得
$$[M^+][A^-] = \frac{K_{ap}}{\gamma_{M^+}\gamma_{A^-}} \tag{6-2}$$
令
$$[M^+][A^-] = K_{sp}$$
K_{sp} 称为溶度积常数，简称溶度积，则
$$K_{sp} = \frac{K_{ap}}{\gamma_{M^+}\gamma_{A^-}} \tag{6-3}$$
由于离子的活度系数决定于溶液中的离子强度，当沉淀的溶解度不是很大，溶液中共存离子浓度较低时，忽略离子强度的影响，$\gamma_{M^+} \rightarrow 1$，$\gamma_{A^-} \rightarrow 1$，此时
$$K_{sp} \approx K_{ap}$$
纯水中，难溶强电解质 MA 的溶解度 S 可用 $[M^+]$ 或 $[A^-]$ 表示，即
$$S = [M^+] = [A^-] = \sqrt{K_{sp}} \approx \sqrt{K_{ap}} \tag{6-4}$$

手册中通常列出的是 K_{ap}。当溶液的离子强度较小时，K_{sp} 值非常接近于 K_{ap} 值。

二、影响沉淀溶解度的因素

通常，沉淀的生成和溶解，总是在有其它电解质存在的环境里，沉淀的溶解度不仅受离子强度的影响，而且还受到因共存离子引起的副反应等的影响。

（一）离子强度的影响

以 AgCl 在纯水和在 0.1mol/L HNO₃ 溶液中的溶解度为例。已知其 $K_{ap}=10^{-9.81}$。在纯水中，AgCl 的溶解度很小，由它溶解产生的 Ag^+ 和 Cl^- 很少，离子强度 $I\approx 0$，活度系数 $\gamma_{\pm}\approx 1$，所以其溶解度 S：

$$S = \sqrt{K_{sp}} \approx \sqrt{K_{ap}} = \sqrt{10^{-9.81}}\text{mol/L} = 1.3\times 10^{-5}\text{mol/L}$$

在 0.1 mol/L HNO₃ 溶液中，溶液的离子强度可以仅从 HNO₃ 溶液的离解来考虑，则 $I=0.1$，查表 2-1 得 $\gamma_{Ag^+}=0.80$，$\gamma_{Cl^-}=0.80$，所以

$$S = [Ag^+] = [Cl^-] = \sqrt{K_{sp}} = \sqrt{\frac{K_{ap}}{\gamma_{Ag^+}\gamma_{Cl^-}}} = 1.6\times 10^{-5}\text{mol/L}$$

可见 AgCl 在 0.1mol/L HNO₃ 中的溶解度比在纯水中的大。难溶电解质在含有其它电解质的溶液中的溶解度比同温度下在纯水中溶解度增大的现象，称为盐效应。

（二）共同离子效应

当沉淀反应达到平衡后，若向溶液中加入含有共同离子的电解质（通常指过量沉淀剂）时，沉淀的溶解度将减小，这种影响称为共同离子效应。表 6-1 是 PbSO₄ 在含不同浓度 Na₂SO₄ 溶液中的溶解度。随 Na₂SO₄ 浓度的增加，PbSO₄ 溶解度最先呈现减小，而后又呈现增大的趋势。这是由于最先是共同离子效应，而后又是盐效应影响占优势之故。

表 6-1　PbSO₄ 在 Na₂SO₄ 溶液中的溶解度

Na₂SO₄ 的浓度/mol/L	0	0.001	0.01	0.04	0.10	0.35
S_{PbSO_4}/mmol/L	0.15	0.024	0.016	0.013	0.016	0.023

（三）副反应的影响

如果沉淀 MA 离解的离子与溶液中共存的其它物质发生反应，其溶解度将受到相应副反应的影响。例如

$$\text{MA(固)} \rightleftharpoons \begin{array}{c} L \swarrow M \searrow OH^- \\ ML \quad MOH \\ \vdots \quad \vdots \end{array} + \begin{array}{c} A \searrow H^+ \\ HA \\ \vdots \end{array}$$

为叙述简便省去了离子的电荷符号。

$$\alpha_M = \alpha_{M(L)} + \alpha_{M(OH)} - 1, \qquad [M'] = \alpha_M[M]$$
$$\alpha_A = \alpha_{A(H)}, \qquad [A'] = \alpha_A[A]$$

因为副反应系数 $\alpha \geqslant 1$，副反应的存在使沉淀溶解度增大。

令 $$K'_{sp} = [M'][A'] \tag{6-5}$$

K'_{sp} 称为条件溶度积,则

$$K'_{sp} = [M']\alpha_M[A']\alpha_A = K_{sp}\alpha_M\alpha_A \tag{6-6}$$

此时 MA 的溶解度应用[M']或[A']表示,

$$S = [M'] = [A'] = \sqrt{K_{sp}\alpha_M\alpha_A} \tag{6-7}$$

同理,对 MA_2 型难溶强电解质有

$$MA_2 \rightleftharpoons M + 2A$$

当有副反应存在时

$$K'_{sp} = [M'][A']^2 = [M]\alpha_M([A]\alpha_A)^2$$
$$= K_{sp}\alpha_M\alpha_A^2 \tag{6-8}$$

MA_2 的溶解度 S:

$$S = [M'] = \frac{[A']}{2}$$

代入式(6-8),得

$$S = \sqrt[3]{\frac{K'_{sp}}{4}} = \sqrt[3]{\frac{K_{sp}\alpha_M\alpha_A^2}{4}} \tag{6-9}$$

类似地可以导出其它类型难溶强电解质的溶解度与 K'_{sp} 或 K_{sp} 的关系。下面分别举例说明不同副反应存在时对溶解度的影响。

1. 酸效应

酸效应对沉淀溶解度的影响表现在 $\alpha_{M(OH)}$ 和 $\alpha_{A(H)}$。如第五章所述,$\alpha_{M(OH)}$ 计算所需常数不全,主要靠实验测定,所以此处只讨论 $\alpha_{A(H)}$ 的影响。

例1 计算 pH=4 或 pH=10 时,若 Ca^{2+} 与 $C_2O_4^{2-}$ 恰好按化学计量反应,Ca^{2+} 是否能定量沉淀完全?设反应时溶液总体积为 400mL。

解

$$\begin{array}{cccc} CaC_2O_4(s) \rightleftharpoons & Ca^{2+} & + & C_2O_4^{2-} \\ & |OH & & |H^+ \\ & Ca(OH)^+ & & HC_2O_4^- \\ & Ca(OH)_2 & & H_2C_2O_4 \end{array}$$

查得 $H_2C_2O_4$ 的 $K_{a_1}=10^{-1.23}$,$K_{a_2}=10^{-4.19}$,CaC_2O_4 的 $K_{sp}=10^{-8.59}$,由

$$\alpha_{C_2O_4^{2-}(H)} = 1 + \beta_1[H^+] + \beta_2[H^+]^2 = 1 + \frac{1}{K_{a_2}}[H^+] + \frac{1}{K_{a_1}K_{a_2}}[H^+]^2$$

$$= 1 + 10^{4.19}[H^+] + 10^{5.42}[H^+]^2$$

$$K'_{sp} = K_{sp}\alpha_{C_2O_4^{2-}(H)}\alpha_{Ca^{2+}(OH)}$$

得 pH=4 时,$\alpha_{C_2O_4^{2-}(H)}=10^{0.41}$,$\alpha_{Ca^{2+}(OH)}=1$,$K'_{sp}=10^{-8.18}$,$S=10^{-4.09}$ mol/L

pH=10 时,$\alpha_{C_2O_4^{2-}(H)}\approx 1$,$\alpha_{Ca^{2+}(OH)}=1$,$K'_{sp}\approx K_{sp}=10^{-8.59}$,$S=10^{-4.29}$ mol/L

从而可计算出 400mL 溶液溶解的 $CaC_2O_4 \cdot H_2O$ 的质量:

pH=4 时,$146.1 \times 10^{-4.09} \times \frac{400}{1000}g=4.75 \times 10^{-3}g>0.0001$g

$$pH=10 \text{ 时}, 146.1 \times 10^{-4.29} \times \frac{400}{1000}g = 3.00 \times 10^{-3}g > 0.0001g$$

从本例结果可见,当溶液 pH 增大至 10 时,CaC_2O_4 的溶解度虽有所降低,但仍不能定量地沉淀完全(溶解量损失超过了分析天平的感量)。

例 2 计算 pH=4 时,在浓度为 0.01 mol/L 的 $Na_2C_2O_4$ 溶液中,Ca^{2+} 是否能定量地沉淀完全?

解 在此情况下,虽有酸效应,但还有同离子效应。设此时 CaC_2O_4 的溶解度为 S,则
$$[(Ca^{2+})'] = S, \quad [(C_2O_4^{2-})'] = S + 0.01$$

由例 1 得 pH=4 时 $[(Ca^{2+})'][(C_2O_4^{2-})'] = K'_{sp} = 10^{-8.18}$

即 $$S(S+0.01) = 10^{-8.18}$$

因为 $$S + 0.01 \approx 0.01$$

所以 $$S = \frac{10^{-8.18}}{0.01} \text{mol/L} = 10^{-6.18} \text{mol/L}$$

则在 400mL 溶液中溶解的 $CaC_2O_4 \cdot H_2O$ 质量为:
$$146.1 \times 10^{-6.18} \times \frac{400}{1000}g = 3.86 \times 10^{-5}g < 0.0001g$$

从本例结果可见,pH=4 时,在过量沉淀剂存在下,Ca^{2+} 能定量地沉淀完全。

2. 配位效应

配位效应有两种情况:一种是沉淀剂本身又是配位剂;另一种情况是有外部配位剂存在。

(1) 沉淀剂本身又是配位剂时,对于过量沉淀剂的存在,既要考虑由于共同离子效应使沉淀溶解度降低,又要考虑由于配位效应使沉淀溶解度增大的因素,但仍可以按副反应系数的方式简单地求解。以 AgCl 在不同浓度 Cl^- 溶液中的溶解情况为例:

$$AgCl(s) \rightleftharpoons Ag^+ + Cl^-$$
$$\downarrow Cl^-$$
$$AgCl, AgCl_2^- \cdots$$

此时,AgCl 的溶解度 S 可以用 Ag^+ 的总浓度$[(Ag^+)']$来表示:

$$S = [(Ag^+)'] = [Ag^+] + [AgCl] + [AgCl_2^-] + \cdots$$
$$\alpha_{Ag^+(Cl)} = 1 + \beta_1[Cl^-] + \beta_2[Cl^-]^2 + \cdots$$
$$S = \frac{K'_{sp}}{[Cl^-]} = \frac{K_{sp}\alpha_{Ag^+(Cl)}}{[Cl^-]} = \frac{K_{sp}(1+\beta_1[Cl^-]+\beta_2[Cl^-]^2+\cdots)}{[Cl^-]}$$
$$= K_{sp}\left(\frac{1}{[Cl^-]} + \beta_1 + \beta_2[Cl^-] + \cdots\right) \tag{6-10}$$

从 Ag^+ 和 Cl^- 形成配合物的累积稳定常数 $\lg\beta_1, \lg\beta_2, \lg\beta_3, \lg\beta_4$ 依次为 3.4, 5.3, 5.48, 5.4。可见,$AgCl_3^{2-}$ 和 $AgCl_4^{3-}$ 的形成可以忽略不计,从而可按简化的式(6-10)计算不同浓度 Cl^- 溶液中 AgCl 的溶解度。用类似方法计算出的卤化银 AgX 在不同浓度卤素离子 X^- 溶液中的溶解度如图 6-1 所示。

从图 6-1 可见,当 X^- 浓度不是太高时,决定 AgX 沉淀溶解度的主要因素是共同离子效应,AgX 溶解度随 X^- 浓度增大而减小;当 X^- 浓度较大时,配位效应起主导作用,AgX

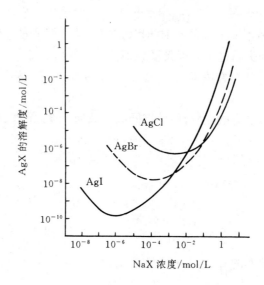

图 6-1　18℃时卤化银在卤化钠溶液中的溶解度

的溶解度随 X^- 浓度的增大而增大。

（2）外部配位剂存在时的情况，以 AgCl 在 0.01 mol/L NH_3 水溶液中的溶解度为例。已知其 $K_{sp}=10^{-9.81}$，Ag^+-NH_3 配合物的累积稳定常数分别为 $\lg\beta_1=3.4$，$\lg\beta_2=7.4$。

$$AgCl(s) \Longleftrightarrow Ag^+ + Cl^-$$
$$\downarrow NH_3$$
$$Ag(NH_3)^+, Ag(NH_3)_2^+$$

$$\alpha_{Ag(NH_3)} = 1 + \beta_1[NH_3] + \beta_2[NH_3]^2$$
$$= 1 + 10^{3.4} \cdot 10^{-2} + 10^{7.4} \cdot (10^{-2})^2 \approx 10^{3.4}$$
$$K'_{sp} = [(Ag^+)'][Cl^-] = K_{sp}\alpha_{Ag(NH_3)} = 10^{-9.81} \times 10^{3.4} = 10^{-6.4}$$
$$S = \sqrt{K'_{sp}} = 10^{-3.2} \text{mol/L}$$

需要指出的是，由于配位剂配位体的浓度常受控于酸效应，因此，在考虑配位效应对沉淀溶解度的影响时，常常需要同时考虑配位体酸效应的影响。

例3　计算 pH=10 的 NH_3-NH_4Cl（$c=0.10$mol/L）缓冲溶液中 Ag_2S 的溶解度。

解
$$Ag_2S \Longleftrightarrow 2Ag^+ + S^{2-}$$

$$\begin{array}{cc} \Big| NH_3 \xrightleftharpoons[H^+]{H^+} NH_4^+ & \Big| H^+ \\ Ag(NH_3)^+ & HS^- \\ Ag(NH_3)_2^+ & H_2S \end{array}$$

查得：　NH_4^+ 的 $pK_a=9.25$，Ag_2S 的 $pK_{sp}=48.8$

H_2S 的 $pK_{a_1}=7.04$，$pK_{a_2}=11.96$

Ag^+-NH_3 配合物的 $\lg\beta_1=3.40$，$\lg\beta_2=7.40$

因为 $\alpha_{NH_3(H)}=1+K^H[H^+]=1+\dfrac{[H^+]}{K_a}=1+\dfrac{10^{-10}}{10^{-9.25}}=10^{0.071}$

$[NH_3]=\dfrac{[NH_3']}{\alpha_{NH_3(H)}}\approx\dfrac{c}{\alpha_{NH_3(H)}}=\dfrac{10^{-1.0}}{10^{0.071}}=10^{-1.07}$

所以 $\alpha_{Ag(NH_3)}=1+[NH_3]\beta_1+[NH_3]^2\beta_2=1+10^{-1.07}\cdot 10^{3.40}+(10^{-1.07})^2\cdot 10^{7.40}$

$=1+10^{2.33}+10^{5.26}\approx 10^{5.26}$

另外，$\alpha_{S^{2-}(H)}=1+\dfrac{[H^+]}{K_{a_2}}+\dfrac{[H^+]^2}{K_{a_1}K_{a_2}}=1+\dfrac{10^{-10}}{10^{-11.9}}+\dfrac{(10^{-10})^2}{10^{-11.96}\cdot 10^{-7.04}}$

$=1+10^{1.96}+10^{1.0}=10^{2.01}$

$K'_{sp}=K_{sp}\alpha_{S(H)}\alpha^2_{Ag^+(NH_3)}=10^{-48.8}\cdot 10^{2.01}\cdot(10^{5.26})^2$

$=10^{-36.3}$

$S=\sqrt[3]{\dfrac{K'_{sp}}{4}}=10^{-12.3} mol/L=5.0\times 10^{-13} mol/L$

（四）影响沉淀溶解度的其它因素

1. 温度

沉淀的溶解度一般随温度升高而增大。重量分析中，对溶解度大的晶形沉淀，如 $BaSO_4$，CaC_2O_4，$MgNH_4PO_4$ 等，沉淀的溶解损失是主要矛盾，应冷却至室温后过滤和洗涤；反之，对溶解度很小的无定形沉淀，如 $Fe_2O_3\cdot xH_2O$，$Al_2O_3\cdot xH_2O$ 等，过滤洗涤难是主要矛盾，可趁热过滤和洗涤。

2. 溶剂

大多数无机物沉淀是离子型晶体，它们在有机溶剂中的溶解度比在水中的溶解度小，例如 $PbSO_4$ 在纯水中的溶解度为 $1.5\times 10^{-4} mol/L$，而在含10%乙醇的水溶液中的溶解度则为 $5.6\times 10^{-5} mol/L$。

3. 沉淀颗粒大小

同一种沉淀，颗粒越小，溶解度越大，所以重量分析中需要控制适当的沉淀条件，以获得较大颗粒的沉淀。同时，颗粒大小不同溶解度不同的这种特性已被用于晶型沉淀的陈化。

4. 沉淀结构

有些沉淀在初形成和放置后，因沉淀结构发生转变，溶解度也发生较大的变化，例如

初生成的 NiS（α 型）　　　$K_{sp}=3\times 10^{-19}$

放置后的 NiS（β 型）　　　$K_{sp}=1\times 10^{-24}$

放置后的 NiS（γ 型）　　　$K_{sp}=2\times 10^{-26}$

§2 沉淀的形成和沉淀的沾污

一、沉淀的形成

重量分析要求得到尽可能纯净的，易于过滤洗涤的沉淀形式。根据沉淀的物理性质，可粗略地将沉淀分类为：晶形沉淀，如 $BaSO_4$，$MgNH_4PO_4$ 等；无定形沉淀，如 $Fe_2O_3\cdot xH_2O$ 等；以及介于两者之间的凝乳状沉淀，如 AgCl 等。它们之间的差别主要是粒度不

同。晶形沉淀的颗粒直径约为 0.1—1μm,无定形沉淀的颗粒直径小于 0.02μm,凝乳状沉淀的颗粒直径介于两者之间。生成的沉淀属于哪种类型,主要决定于沉淀的性质,但与沉淀时的反应条件以及沉淀后的处理也密切相关。一般说来,溶解度大的易形成晶形沉淀,溶解度小的易形成无定形沉淀。

沉淀的形成是一个复杂的过程,有关理论目前尚处于定性或经验公式的描述阶段。其过程可大致表示为:

即沉淀的形成大致可分为晶核形成和晶核成长两个阶段。图 6-2 所示的溶解度曲线中,AA'表示饱和溶液曲线,LL'表示过饱和溶液曲线。LL'曲线以上称为不稳定区,AA'曲线以下称为未饱和区,两条曲线之间的区域则称为亚稳定区。当溶液浓度处于过饱和的不稳定区域时,构晶离子则会因相互间的静电作用缔合,从均匀液相中自发地形成晶核(称均相成核)。当溶液浓度处于亚稳定区域时,并不一定析出沉淀。此时,若溶液中存在某些固体微粒(外部投入的沉淀微粒、灰尘、试剂或溶剂中的不溶性杂质微粒,乃至烧杯壁上的玻璃核等)则会诱发晶核的形成(称异相成核)。

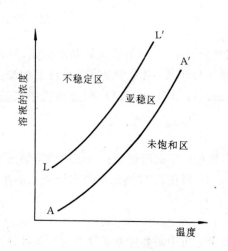

图 6-2 溶解度曲线

实际上,纯粹的自发成核远不如诱发成核的可能性高。通常分析试剂中总会有某些不溶性物质,所以在进行沉淀反应时,异相成核作用总是存在的。已有的研究表明,晶核仅含数对构晶离子,有了晶核以后,溶液中的构晶离子向晶核表面扩散并沉积到晶核上成长为沉淀微粒。最终沉淀颗粒的大小和形态则决定于晶核形成速度和晶核定向成长速度的相对大小。如果晶核的形成速度过快,大量微晶的形成势必使溶质大量消耗而难于长大,只能聚集起来得到无定形沉淀。反之,若晶核的形成速度小于晶核的成长速度,则可能经定向排列成长为颗粒较大的晶形沉淀,直到经重力作用而沉降下来。晶核形成的数量与初始沉淀速度密切相关。1926 年冯·韦曼(Von Weimarn)提出沉淀生成的初始速度(即晶核的形成速度)与溶液的相对过饱和度成正比:

$$沉淀初始速度 = K \frac{Q-S}{S}$$

式中 Q 表示开始沉淀的瞬间,沉淀产物的总浓度,S 表示晶核阶段沉淀产物的溶解度,$(Q-S)$ 表示了溶液的过饱和度,$(Q-S)/S$ 则为相对过饱和度。该式表明,最终沉淀颗粒的大小反比例于沉淀时溶液的相对过饱和度。从上述讨论中可以看出,对于晶型沉淀,沉淀反应应尽可能在异相成核区进行,才有可能得到颗粒较大的晶形沉淀。

二、沉淀的沾污

沉淀从溶液中析出时,总是或多或少地混杂了溶液中其它组分,这种现象称为沉淀的沾污,其原因大致可分为两大类:

（一）共沉淀

共沉淀指的是沉淀过程中其它可溶性物质同时产生沉淀的一切过程,包括表面吸附,吸留所引起的共沉淀,形成混晶或固溶体等。

1. 吸附共沉淀

由沉淀表面剩余力场,即表面吸附引起的杂质共沉淀。它常常是无定形沉淀沾污的主要原因。图 6-3 是一种简单立方体型(NaCl 型)构晶沉淀的断面示意。处于表面的构晶离子 B 与处于中心位置的 A 不同,只有五个相邻的负离子(a,e,f 和与纸面垂直的两个离子)和它作用,其静电作用力未达到平衡。在棱上和角上的离子的这种不平衡状态更为显著,因此,处于这些部位的离子就具有吸引溶液中带相反电荷质点的能力。它们首先吸附过量存在的带相反电荷的构晶离子,组成吸附层。例如,当 KI 溶液逐渐加入 $AgNO_3$ 溶液中时,生成的 AgI 沉淀首先吸附过量存在的 Ag^+ 而形成吸附层。由于此时沉淀带有正电荷,为了保持电的中性,吸附层外面还会吸引带负电荷的离子,如 NO_3^-（称为抗衡离子）,而形成扩散层。吸附层和扩散层共同组成包围着沉淀的双电层(参见图 6-4)。这种结构可表示为:

$$AgI \cdot Ag^+ \vdots NO_3^-$$

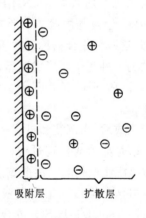

图 6-3　简单立方型晶体的横截面示意图　　图 6-4　AgI 沉淀表面吸附情况示意图

显然,吸附层的离子将随沉淀的移动而移动,而扩散层的抗衡离子则以其热运动的形式松散地围绕在沉淀周围。由吸附层和扩散层离子组成的化合物可能作为杂质造成沉淀的沾污。随着沉淀剂 KI 的继续加入,I^- 不断取代 NO_3^- 形成 AgI 沉淀。当 I^- 过量时,沉淀结构

转变为

$$AgI \cdot I^- \vdots K^+$$

沉淀表面吸附离子是有选择性的,一般情况将首先吸附过量存在的构晶离子。同时,与构晶离子电荷相同,大小相近的离子也易被吸附。例如,在含有 Pb^{2+} 的溶液中沉淀 $BaSO_4$ 时,$BaSO_4$ 表面也可以吸附溶液中的 Pb^{2+}。同时,作为抗衡离子,如果各种离子浓度相同,则优先吸附那些与构晶离子(吸附层离子)形成溶解度最小,或离解度最小的化合物的离子,或易极化的离子,例如

$$BaSO_4 \cdot SO_4^{2-} \vdots \begin{matrix} Ca^{2+} \\ Mg^{2+} \end{matrix} \quad (Ca^{2+}\text{优先被吸附})$$

$$As_2O_3 \cdot S^{2-} \vdots \begin{matrix} Na^+ \\ H^+ \end{matrix} \quad (H^+\text{优先被吸附})$$

$$AgCl \cdot Ag^+ \vdots 染料 \quad (\text{染料阴离子易极化})$$

由吸附层和扩散层所组成的吸附化合物的量,还与下列因素有关:①杂质离子价态越高,浓度越大,越易被吸附;②沉淀表面积越大,吸附的杂质量越多。无定形沉淀比表面积很大,表面吸附现象将特别严重,所以是这类沉淀沾污的主要原因。

2. 吸留

吸留的发生是由于沉淀生成太快,表面吸附的杂质或母液来不及离开,被随后生成的沉淀覆盖而被包夹在沉淀内部。这常常是晶形沉淀沾污的主要原因。吸留引起的共沉淀因杂质留在沉淀内部,不能用洗涤方法除去。

3. 生成混晶或固溶体

混晶或固溶体的形成发生在杂质离子与沉淀构晶离子半径相近,晶体结构相似或化学类型相同的情况。前者如 $MgNH_4PO_4$-$MgKPO_4$,$BaSO_4$-$PbSO_4$ 混晶,后者如 $KMnO_4$-$BaSO_4$,$NaNO_3$-$CaCO_3$ 等固溶体的形成。如果两种化合物的分子式类型相同而且晶体的几何形状相似,这两种化合物称为类质同晶。当它们的晶格大小大致相同时,一种离子可取代晶体中的另一种离子而形成混晶,此过程称为类质同晶取代。例如,以磷酸铵镁形式沉淀 Mg^{2+} 时,K^+ 和 NH_4^+ 的离子大小相近,因而 K^+ 可取代部分 NH_4^+ 形成磷酸镁钾。

(二) 后沉淀

沉淀反应完成后,当沉淀和母液一起放置一定时间(通常是几小时),母液中某种本难于析出沉淀,或是能形成稳定过饱和溶液而不能单独沉淀的物质随后也沉淀下来,这就是后沉淀。后沉淀使最初的沉淀严重沾污,且随沉淀放置时间的延长而增多。避免或减少后沉淀的主要办法是缩短沉淀和母液共置的时间。表 6-2 是向 0.025mol/L $HgCl_2$,0.025 mol/L $ZnSO_4$,0.18mol/L H_2SO_4 混合溶液中通入 H_2S 时,ZnS 随 HgS 的后沉淀情况。

表 6-2 ZnS 在 HgS 上的后沉淀

通入 H_2S 的时间 /min	沉淀放置时间/min(在 H_2S 气氛中振动)	沉淀中 Zn 占总 Zn 的百分数
3	0	37.3
4	10	89.2
3	20	91.5
3	60	94.5
3	30	0.1(酸度相同,但无 $HgCl_2$)

三、沉淀沾污对分析结果的影响

沉淀沾污对重量分析结果的影响视具体情况而异。表 6-3 列出 $BaSO_4$ 沉淀被沾污时的影响。又如以 CaC_2O_4 沉淀形式沉淀 Ca^{2+},若混入 $H_2C_2O_4$ 杂质,当用重量法进行测定,因灼烧沉淀时 $H_2C_2O_4$ 的分解而对结果无影响(请考虑若以滴定法测定 Ca^{2+} 时对结果有何影响?)。

表 6-3 沉淀的沾污对分析结果的影响

待测离子	沉淀剂	生成沉淀	混入杂质	对分析结果的影响	原　因
SO_4^{2-}	$BaCl_2$	$BaSO_4$	Na_2SO_4	偏低	Na_2SO_4 的摩尔质量比 $BaSO_4$ 的小
SO_4^{2-}	$BaCl_2$	$BaSO_4$	$BaCl_2$	偏高	沉淀量是净增加的
SO_4^{2-}	$BaCl_2$	$BaSO_4$	$Ba(NO_3)_2$	偏高	
SO_4^{2-}	$BaCl_2$	$BaSO_4$	H_2SO_4	偏低	灼烧时 H_2SO_4 逸去
Ba^{2+}	H_2SO_4	$BaSO_4$	$BaCl_2$	偏低	$BaCl_2$ 的摩尔质量比 $BaSO_4$ 的小
Ba^{2+}	H_2SO_4	$BaSO_4$	$Ba(NO_3)_2$	偏低	灼烧后分解为 $Ba(NO_2)_2$,其摩尔质量比 $BaSO_4$ 的小
Ba^{2+}	H_2SO_4	$BaSO_4$	H_2SO_4	不影响结果	灼烧时 H_2SO_4 逸去

§3　沉淀条件的控制

为了得到纯净、易于过滤和洗涤的沉淀,应根据沉淀产物的类型,采用不同的沉淀条件。

一、晶形沉淀的沉淀条件

对于晶形沉淀,主要考虑如何得到较大的沉淀颗粒,以使沉淀纯净并易于过滤洗涤,因此必须控制较小的相对过饱和度,沉淀后还需陈化。通常采用的沉淀条件是:

(1) 在适当稀的溶液中沉淀,以保持开始沉淀时,沉淀产物的总浓度 Q 较低;

(2) 在不断搅拌下缓慢滴加稀的沉淀剂,以保持低的 Q 值和避免试剂局部过浓;

(3) 在热溶液中进行沉淀以增大溶解度,冷却后再过滤以得到定量沉淀;

(4) 在保证沉淀定量完全的条件下,适当增高沉淀时溶液的酸度。这是利用沉淀阴离子的酸效应增大沉淀的溶解度。

(5) 沉淀完全后,陈化一定时间

陈化是指沉淀完成后,沉淀与母液一起放置一定时间后再过滤。陈化过程主要涉及初生成的沉淀微粒的重结晶过程和亚稳态晶型转变为稳态晶型的过程。由于小颗粒沉淀的溶解度大于大颗粒沉淀的溶解度,小颗粒沉淀溶解,大颗粒沉淀进一步长大,从而获得粒度更大,晶体结构更为完整和纯净的晶型沉淀。加热和搅拌可以加速陈化过程。显然,陈化过程只适于晶型沉淀。

二、无定形沉淀的沉淀条件

通常无定形沉淀溶解度较小,体积庞大,易于吸附杂质且难以过滤和洗涤,甚至产生胶溶作用。因此,沉淀条件的控制主要考虑如何加速沉淀微粒的凝聚,使沉淀紧密,减少杂质吸附和防止形成胶体溶液。其沉淀条件是:

(1) 在较浓的溶液中进行沉淀,较快加入沉淀剂;
(2) 在热溶液中进行沉淀;
(3) 沉淀前加入适当的电解质,通常是易分解挥发的铵盐;
(4) 沉淀完全后立即用较多热水冲稀,趁热过滤,并用稀酸或易分解的铵盐的稀溶液洗涤。不要陈化。

三、均匀沉淀法

如前所述的沉淀法中,即使是逐滴地加入沉淀剂,有时亦难于避免局部过浓现象。均匀沉淀法是通过缓慢的化学反应过程,逐步地、均匀地产生沉淀剂,从而使沉淀在整个溶液中缓慢、均匀地析出,借以获得颗粒较大、结构更紧密、易过滤的沉淀。通常采用下述两种方法来实现:

1. 利用酸效应

例如,在酸性含 Ca^{2+} 试液中加入过量草酸或草酸铵,由于酸效应,此时并无 CaC_2O_4 沉淀析出。然后加入尿素,利用尿素水解产生的 NH_3 逐渐提高溶液的 pH,使 CaC_2O_4 沉淀均匀缓慢地形成:

$$CO(NH_2)_2 + H_2O \xrightarrow{\triangle} 2NH_3 + CO_2$$

尿素水解的速度随温度增高而加快,从而还可以控制温度来控制溶液 pH 提高的速度。

2. 加入能缓慢地分解产生沉淀剂的试剂

例如,常利用尿素的水解来沉淀氢氧化物;利用硫代乙酰胺(CH_3CSNH_2)水解产生 H_2S 来沉淀各种硫化物;利用磺胺酸(NH_2SO_3H)或硫酸甲酯($(CH_3)_2SO_4$)水解产生 SO_4^{2-} 来沉淀 Ba^{2+},Pb^{2+},Sr^{2+} 等:

$$CH_3CSNH_2 + H_2O \rightleftharpoons CH_3CONH_2 + H_2S$$
$$NH_2SO_3H + H_2O \rightleftharpoons NH_4^+ + H^+ + SO_4^{2-}$$
$$(CH_3)_2SO_4 + 2H_2O \rightleftharpoons 2CH_3OH + 2H^+ + SO_4^{2-}$$

此外,还可以利用配合物分解或氧化还原反应产生沉淀离子等来实现均匀沉淀。均匀沉淀法由于控制了过饱和度,所得沉淀颗粒大而紧密,吸附和包藏的杂质较少,能提高沉淀纯度且易过滤洗涤,但是均匀沉淀法费时,对避免混晶和减少后沉淀并无改善。另外,由于长时间的加热,容器壁易沉积一层致密沉淀,不易定量转移。

§4 有机沉淀剂的应用

总的说来,无机沉淀剂的选择性较差,生成沉淀的溶解度较大,吸附杂质较多,生成的无定形沉淀往往不易过滤和洗涤。有机沉淀剂具有选择性高,生成的沉淀溶解度小,吸附杂质少,分子相对质量大等优点。按其作用原理,有机沉淀剂可分为两大类：

1. 形成离子缔合物沉淀

这类沉淀剂在水溶液中离解为大体积的阳离子或阴离子,它与带不同电荷的金属离子或金属离子的配离子缔合成不带电荷的、难溶于水的中性分子而沉淀。例如氯化四苯钾,在水中离解出四苯钾阳离子,它能与某些体积庞大的含氧酸阴离子或金属卤化物的配阴离子缔合成难溶沉淀：

$$(C_6H_5)_4As^+ + MnO_4^- \rightleftharpoons (C_6H_5)_4AsMnO_4 \downarrow$$

$$2(C_6H_5)_4As^+ + HgCl_4^{2-} \rightleftharpoons [(C_6H_5)_4As]_2HgCl_4 \downarrow$$

四苯硼酸阴离子是 K^+ 和其它体积大的一价金属离子(如 Rb^+,Cs^+,$Tl(I)$)的很好的沉淀剂。沉淀组成恒定,烘干后可直接称量。

$$B(C_6H_5)_4^- + K^+ \rightleftharpoons KB(C_6H_5)_4 \downarrow$$

苯胂酸在酸性溶液中可沉淀锆,使之与 Ti^{4+} 分离：

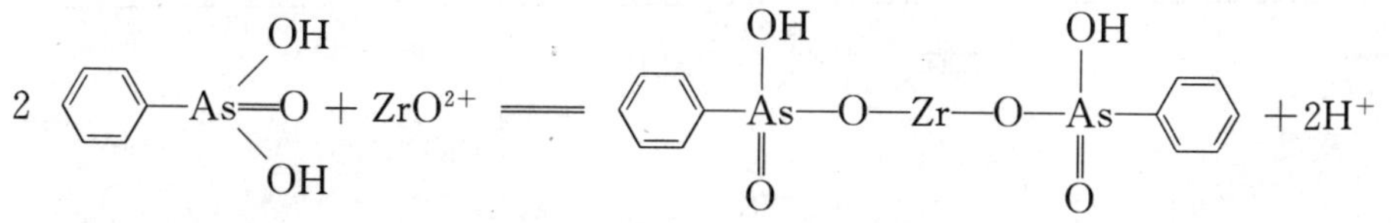

$$2\ \text{苯胂酸} + ZrO^{2+} \rightleftharpoons \text{络合物} + 2H^+$$

2. 形成难溶螯合物的沉淀

有机螯合沉淀剂至少含有一个可被置换的氢离子基团如—COOH,—OH,—SH,—SO_3H 等和一个含有给电子的配位基团如—$\ddot{N}H_2$, $\ddot{N}H$, $=\ddot{N}-$, —$\ddot{N}=\ddot{N}-$, $\overset{..}{C}=O$, $\overset{..}{C}=\overset{..}{S}$ 等。这些沉淀剂能与金属离子形成五员环或六员环的螯合物。这些螯合物溶解度小,有利于定量沉淀某些金属离子。例如丁二肟与 Ni^{2+} 的反应：

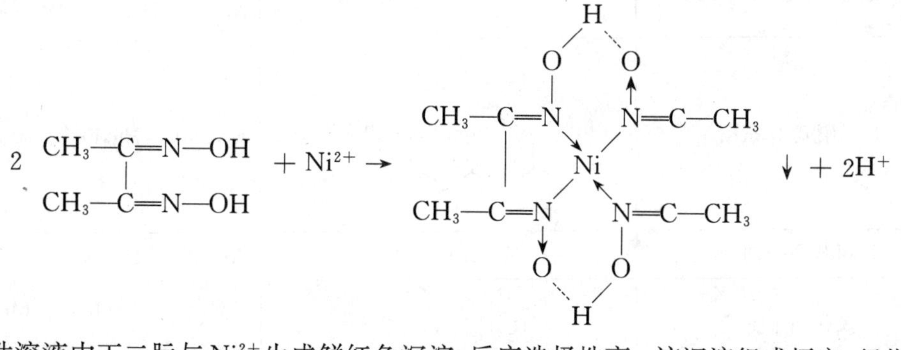

$$2\ \begin{matrix} CH_3-C=N-OH \\ CH_3-C=N-OH \end{matrix} + Ni^{2+} \rightarrow \text{螯合物} \downarrow + 2H^+$$

在氨性溶液中丁二肟与 Ni^{2+} 生成鲜红色沉淀,反应选择性高。该沉淀组成恒定,经烘干后可直接称量,常用于重量法测定 Ni^{2+}

某些用于重量分析的沉淀剂列于表 6-4。

表 6-4 某些用于重量分析的有机沉淀剂

试剂名称	结构	被沉淀的元素
α-苯偶姻肟(试铜灵)	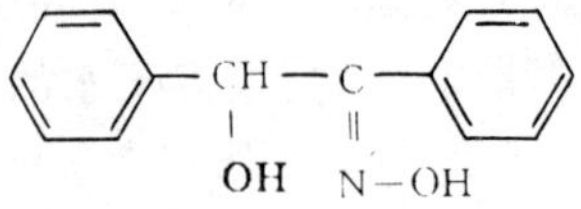 C₆H₅—CH(OH)—C(=N—OH)—C₆H₅	Bi,Cu,Mo,Zn
丁二肟	CH₃—C(=N—OH)—C(=N—OH)—CH₃	Ni,Pd
8-羟基喹啉	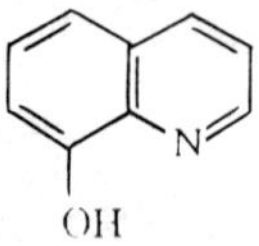 (8-羟基喹啉结构)	Al,Bi,Cd,Cu,Fe,Mg,Pb,Ti,U,Zn
硝酸灵	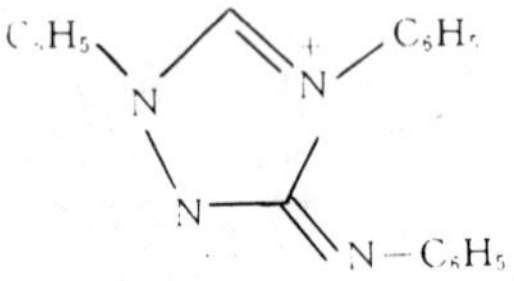 (三唑结构)	ClO_4^-,NO_3^-
亚硝基苯胲铵(铜铁灵)	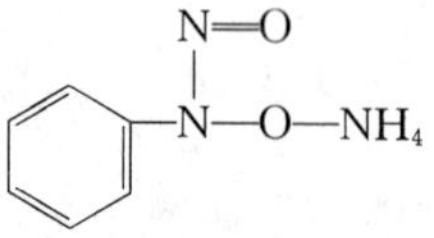 C₆H₅—N(NO)—O—NH₄	Fe,V,Ti,Zr,Sn,U
二乙基二硫代氨基甲酸钠	$(C_2H_5)_2N-C(=S)-SNa$	酸性溶液中能沉淀很多金属: $M^{n+}+nNaR \longrightarrow MR_n+nNa^+$
1-亚硝基-2-萘酚	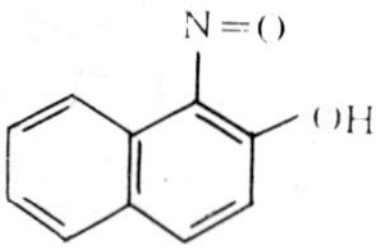 (萘酚结构, N=O, OH)	Bi,Cr,Co,Hg,Fe
四苯硼酸钠	$Na^+B(C_6H_5)_4^-$	Ag^+,Cs^+,K^+,NH_4^+,Rb^+
氯化四苯钾	$(C_6H_5)_4As^+Cl^-$	ClO_4^-, MnO_4^-, MoO_4^{2-}, ReO_4^{2-}, WO_4^{2-}

§5 重量分析法

一、概述

重量分析法是最古老,同时又是准确度最高、精密度最好的常量分析方法之一。它可分类为：

1. 沉淀法

沉淀法是最重要的重量分析法。本章将重点介绍沉淀重量法。

2. 气化法

利用待测组分的挥发性，通过加热或其它方法，使其从试样中气化逸出，根据气体逸出前后试样重量之差（失重法）或者用某种吸收剂将其吸收，根据吸收剂重量的增加（增重法），即可计算待测组分的含量。例如，为测定试样中湿存水或结晶水，可将试样在预先已恒重的容器中加热烘干至恒重，试样减轻的重量即为水分重量；或者将逸出的水汽用已知重量的干燥剂吸收，干燥剂增加的重量即为试样中水分重量。气化法亦可用于试样中 CO_2 等挥发性组分的测定。由于试样中可能含有除待测组分以外的挥发性物质，失重法通常不如增重法可靠。

3. 电解法

利用电解原理，控制适当电位使待测金属离子在电极上还原析出，电极增加的重量即为待测金属离子含量。

4. 提取法

例如测定农产品中油脂的含量，可以称取一定量的试样，用有机溶剂（如乙醚、石油醚等）反复提取，然后称量干燥后的剩余物重量；或者通过加热将提取液中的有机溶剂蒸发除去，称量剩下的油脂重量，即可计算试样中油脂的百分含量。

由于重量法不用基准物质或标准试样进行比较，可以直接通过称量得到分析结果，避免了因容量仪器不准等引入的误差，其准确度较高。重量法测定是否成功，很大程度上决定于试样的组成。对于被测组分含量大于 1% 的简单体系，相对误差约为 0.1%～0.2%。缺点是手续繁琐、费时和难于测定微量组分，已逐渐为其它分析方法所代替。但目前某些元素如硅、硫、磷、钨、钼、锆、铪、铌、钽等的常量分析以及常量水分的精确测定，仍多采用重量法。有时为核对其它分析方法的准确度，亦常用重量法的测定结果作为标准。

二、沉淀重量法的分析过程

试样经分解制成溶液后，加入适当的沉淀剂使待测组分选择性地以某种沉淀形式沉淀出来，后经过滤、洗涤和在一定温度下烘干或灼烧成称量形式后准确称重[①]。根据称量形式的重量和化学式即可计算待测组分在试样中的含量。以 SO_4^{2-} 和 Mg^{2+} 的测定为例，其分析步骤简述为：

$$SO_4^{2-} + \underset{\text{沉淀剂}}{BaCl_2} \longrightarrow \underset{\text{沉淀形式}}{BaSO_4} \downarrow \xrightarrow[\text{洗涤}]{\text{过滤}} \xrightarrow{800℃\text{灼烧}} \underset{\text{称量形式}}{BaSO_4}$$

$$Mg^{2+} + \underset{\text{沉淀剂}}{(NH_4)_2HPO_4} \longrightarrow \underset{\text{沉淀形式}}{MgNH_4PO_4 \cdot 6H_2O} \downarrow \xrightarrow[\text{洗涤}]{\text{过滤}} \xrightarrow{1100℃\text{灼烧}} \underset{\text{称量形式}}{Mg_2P_2O_7}$$

由此可见，沉淀形式和称量形式的化学式可能相同，亦可能不同。

[①] 装盛沉淀物的容器事先在相同条件下处理至恒重，此时称量形式的质量实际是烘干或灼烧后容器加沉淀称量形式与容器的质量差。

三、对沉淀形式的要求

(1) 沉淀的溶解度要小,必须保证沉淀反应定量完全;
(2) 沉淀要便于过滤和洗涤;
(3) 沉淀的纯度要高。

四、对称量形式的要求

(1) 必须具有确定的化学组成;
(2) 稳定,不受空气中 CO_2,水分和 O_2 等因素的影响而发生变化,干燥或灼烧时不分解或变质;
(3) 摩尔质量尽可能大,这样可以增加称量形式的重量,减少称量误差的影响。

五、沉淀重量法应用举例

(一) 硫的测定

试样中的硫经氧化为 SO_4^{2-} 后,在酸性溶液中,以稍过量的 $BaCl_2$ 沉淀为 $BaSO_4$。在 800—850℃灼烧至恒重,称量。

试样中不允许存在易被吸附的离子,如 Fe^{3+},NO_3^-,ClO_3^- 等。若含有 Fe^{3+},可将其还原为 Fe^{2+} 或用 EDTA 掩蔽消除干扰;NO_3^- 或 ClO_3^- 应加入 HCl,蒸发除去。

分析结果计算:

$$S\% = \frac{BaSO_4 \text{沉淀的量} \times \frac{S}{BaSO_4}}{\text{试样重(g)}} \times 100\%$$

$$\frac{S}{BaSO_4} = \frac{S \text{摩尔质量}}{BaSO_4 \text{摩尔质量}} = \frac{\text{待测组分的摩尔质量}}{\text{称量形式的摩尔质量}} = \text{换算因数}$$

换算因数又称化学因数,是一常数。表 6-5 列出几种常见物质的换算因数。计算换算因数时应在待测组分的摩尔质量和称量形式的摩尔质量前乘以适当的系数,使分子分母中待测元素的原子数相等。

表 6-5 几种常见物质的换算因数

称 量 形 式	待 测 物 质	换 算 因 数
$BaSO_4$	S	$S/BaSO_4 = 0.1374$
$BaSO_4$	Ba	$Ba/BaSO_4 = 0.5884$
Fe_2O_3	Fe	$2Fe/Fe_2O_3 = 0.6994$
$Mg_2P_2O_7$	MgO	$2MgO/Mg_2P_2O_7 = 0.3621$
$Mg_2P_2O_7$	P	$2P/Mg_2P_2O_7 = 0.2783$
$Mg_2P_2O_4$	P_2O_5	$P_2O_5/Mg_2P_2O_7 = 0.6377$

(二) 硅酸盐中 SiO_2 的测定

硅酸盐在自然界分布极广,各种矿石和岩石中都有硅酸盐。测定硅酸盐经典方法主要步骤如下：

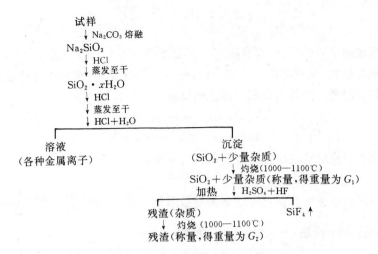

两次称量之差(G_1-G_2)，是纯SiO_2的重量。这个方法比较准确，干扰离子的分离相当完全，常用于审核分析方法或分析标准试样，但手续繁琐，需要时间长，一般情况较少采用。

(三) 几种常用的重量分析法

现将一些元素常用的重量分析法列于表6-6，供参考。

表6-6 常用的重量分析方法

元素	沉淀剂	沉淀形式	洗涤剂	称量形式	干燥或灼烧温度/℃
K	$HClO_4$＋有机溶剂	$KClO_4$	有机溶剂	$KClO_4$	110—130
Na	UO_2Ac_2＋$ZnAc_2$	$NaZn(UO_2)_3Ac_9 \cdot 6H_2O$	沉淀剂的乙醇溶液、丙酮	$NaZn(UO_2)_3Ac_9 \cdot 6H_2O$	室温
Ni	丁二肟	$Ni(C_4H_7O_2N_2)_2 \cdot 2H_2O$	热水	$Ni(C_4H_7O_2N_2)_2$	120
Cu	电解	Cu	乙醇、丙酮	Cu	烘干
Sn	浓HNO_3	$SnO_2 \cdot xH_2O$	稀HNO_3	SnO_2	1100
W	HNO_3＋辛可宁	$H_2WO_4 \cdot H_2O$	稀HNO_3＋辛可宁	WO_3	>1000
PO_4^{3-}	$MgCl_2$＋$NH_3 \cdot H_2O$	$MgNH_4PO_4 \cdot 6H_2O$	稀氨水	$Mg_2P_2O_7$	1100
Cl^-	$AgNO_3$	$AgCl$	稀HNO_3	$AgCl$	110—130
Br^-	$AgNO_3$	$AgBr$	稀HNO_3	$AgBr$	110—130
I^-	$AgNO_3$	AgI	稀HNO_3	AgI	110—130

§6 沉淀滴定法

形成沉淀的反应很多，但符合滴定分析要求的并不多。很多沉淀没有固定的组成；有些沉淀溶解度较大，反应不能定量完全；有些沉淀反应较慢，有时还伴随着副反应及共沉淀等。目前应用最广的是生成难溶银盐的反应。例如：

$$Ag^+ + Cl^- \rightleftharpoons AgCl \downarrow$$
$$Ag^+ + SCN^- \rightleftharpoons AgSCN \downarrow$$

利用这类反应的滴定法称为银量法。用银量法可以测定 Cl^-，Br^-，I^-，CN^-，SCN^- 和 Ag^+。

本章只讨论银量法。银量法根据所用指示剂不同，按创立者的名字命名。

一、摩尔(Mohr)法——铬酸钾作指示剂

在中性或弱碱性溶液中，以 K_2CrO_4 作指示剂，用 $AgNO_3$ 标准溶液滴定 Cl^-（或 Br^-）。根据分步沉淀的原理，溶液中首先析出 AgCl 沉淀，待滴定到化学计量点附近，由于 Ag^+ 浓度增加，出现砖红色 Ag_2CrO_4 沉淀，指示滴定终点。

为了准确滴定 Cl^-，必须控制指示剂的浓度。如果溶液中 CrO_4^{2-} 浓度过高，终点出现过早；如果溶液中 CrO_4^{2-} 浓度过低，终点出现过迟，都会影响滴定的准确度。实验证明，K_2CrO_4 的浓度约为 5×10^{-3} mol/L（$10^{-2.30}$ mol/L）为宜。下面通过计算说明这是指示剂的合适浓度。

以 0.1000mol/L $AgNO_3$ 滴定 0.1000mol/L NaCl 为例，化学计量点时

$$[Ag^+]_{等} = \sqrt{K_{sp(AgCl)}} = \sqrt{10^{-9.81}} \text{mol/L} = 10^{-4.90} \text{mol/L}$$

当 Ag_2CrO_4 开始沉淀时，溶液中的 Ag^+ 浓度为：

$$[Ag^+] = \sqrt{\frac{K_{sp(Ag_2CrO_4)}}{[CrO_4^{2-}]}} = \sqrt{\frac{10^{-11.04}}{10^{-2.30}}} \text{mol/L} = 10^{-4.37} \text{mol/L}$$

很明显，滴定到终点，Ag^+ 已过量。设滴定到 100.1%，即已加入了 0.1%过量的 $AgNO_3$ 溶液，则

$$[Ag^+] = \frac{0.1000}{2} \times 0.1\% = 5\times10^{-5} \text{mol/L} = 10^{-4.30} \text{mol/L} > 10^{-4.37} \text{mol/L}$$

这就说明当 K_2CrO_4 浓度约为 5×10^{-3} mol/L 时，终点误差不超过 +0.1%。

应用 K_2CrO_4 作指示剂时应注意以下几点：

(1) 酸性溶液中，CrO_4^{2-} 与 H^+ 发生反应：

$$2H^+ + CrO_4^{2-} \rightleftharpoons 2HCrO_4^- \rightleftharpoons Cr_2O_7^{2-} + H_2O$$

降低了 CrO_4^{2-} 的浓度，影响 Ag_2CrO_4 沉淀的生成，滴定时溶液的 pH 值不能小于 6.3。若试液酸性太强，可用 $NaHCO_3$，$CaCO_3$ 或 $Na_2B_4O_7$ 中和。

(2) Ag^+ 在强碱性溶液中沉淀为 Ag_2O，

$$2Ag^+ + 2OH^- \rightleftharpoons 2AgOH \rightleftharpoons Ag_2O + H_2O$$

滴定时溶液的pH不能大于10.5。若试液碱性太强,可用HNO_3中和。

(3) 不能在含有NH_3或其它能与Ag^+生成配合物的物质的溶液中滴定。如果有NH_3存在,预先用HNO_3中和;如果有NH_4^+存在,滴定时控制溶液的pH为6.5—7.2。

(4) 凡能与CrO_4^{2-}生成沉淀的阳离子(如Ba^{2+},Pb^{2+},Hg^{2+}等)及能与Ag^+生成沉淀的阴离子(如CO_3^{2-},PO_4^{3-},AsO_4^{3-},$C_2O_4^{2-}$,S^{2-}等)都干扰测定。

(5) 摩尔法能测定Cl^-和Br^-,但不能测定I^-和SCN^-,因AgI和AgSCN强烈吸附I^-和SCN^-。

(6) 生成的AgCl(或AgBr)沉淀吸附Cl^-(或Br^-),使终点提前到达。滴定时必须剧烈摇动溶液,使被吸附的Cl^-(或Br^-)释出。

摩尔法选择性较差,应用受到一定限制。但它是直接滴定,比较简单。对含氯量较低,干扰很少的试样如天然水等的分析,可以得到准确的结果。

二、佛尔哈德(Volhard)法——铁铵矾作指示剂

(一) 直接滴定法

在含Ag^+的HNO_3溶液中,以铁铵矾($NH_4Fe(SO_4)_2 \cdot 12H_2O$)作指示剂,用$NH_4SCN$标准溶液滴定$Ag^+$。当AgSCN定量沉淀后,稍过量的$SCN^-$与$Fe^{3+}$生成红色配合物,指示滴定终点:

$$Ag^+ + SCN^- \Longleftrightarrow AgSCN \downarrow (白色)$$
$$Fe^{3+} + SCN^- \Longleftrightarrow FeSCN^{2+} (红色)$$

滴定时,为了防止水解,溶液的酸度控制在0.1—1mol/L。实际滴定时,由于AgSCN沉淀吸附Ag^+,使终点过早出现,结果偏低。因此,滴定时应充分摇动溶液,使被吸附的Ag^+及时释放出来。

(二) 回滴法

在含有卤素离子的HNO_3溶液中,加入一定量并过量的$AgNO_3$标准溶液,以铁铵矾作指示剂,用NH_4SCN标准溶液回滴过量的Ag^+。由于AgCl的溶解度比AgSCN的大,在接近化学计量点时,SCN^-可能与AgCl发生反应:

$$AgCl + SCN^- \Longleftrightarrow AgSCN \downarrow + Cl^-$$

从而引进误差。但因沉淀的转化缓慢,影响不大。如果剧烈摇动溶液,上式反应不断向右进行,$FeSCN^{2+}$的红色消失。如果要得到持久的红色,需继续加入SCN^-,直到Cl^-和SCN^-之间建立平衡为止。这样将引进较大的误差。为了避免上述现象的发生,通常采用下列措施。

(1) 试液中加入过量$AgNO_3$后,将溶液煮沸,使AgCl凝聚,减少对Ag^+的吸附。然后过滤,并用稀HNO_3充分洗涤沉淀,洗涤液并入滤液中,最后用NH_4SCN回滴滤液中过量的Ag^+。

(2) 试液中加入过量的$AgNO_3$后,加入有机溶剂(如硝基苯)1—2mL,充分摇动,AgCl沉淀表面覆盖一层有机溶剂,不再与滴定剂接触,可以阻止SCN^-与AgCl发生沉淀转化的反应。此法比较简单,但硝基苯有毒。

(3) 如果分析要求不是太高,可以不加硝基苯滴定。但在接近终点时,滴定要快,摇动

不要太剧烈。

用回滴法测定 Br^- 和 I^- 时,由于 AgBr 和 AgI 的溶解度比 AgSCN 小,不发生沉淀转化反应,不必采取上述措施。

佛尔哈德法的滴定在 HNO_3 介质中进行,许多弱酸盐如 PO_4^{3-},AsO_4^{3-},CO_3^{2-},$C_2O_4^{2-}$,S^{2-} 等不干扰测定。

三、法扬司(Fajans)法——吸附指示剂

吸附指示剂是一种有色的有机化合物。它的阴离子被吸附在胶体微粒表面后,结构发生变化,引起颜色的改变,从而指示终点。

例如以 $AgNO_3$ 标准溶液滴定 Cl^-,可用荧光黄作指示剂。荧光黄(以 HFIn 表示)是有机弱酸,它在水溶液中离解为荧光黄阴离子(FIn^-),呈黄绿色,带荧光,化学计量点前,溶液中 Cl^- 过量,AgCl 沉淀表面吸附 Cl^-,不吸附 FIn^-,化学计量点后,溶液中 Ag^+ 过量,AgCl 沉淀表面吸附 Ag^+ 而带正电荷,吸附 FIn^-,在 AgCl 沉淀表面生成粉红色荧光黄银,反应为:

$$AgCl \cdot Ag^+ + \underset{(黄绿色有荧光)}{FIn^-} \Longleftrightarrow \underset{(粉红色)}{AgCl \cdot Ag^+ \vdots FIn^-}$$

此时,整个溶液从带荧光的黄绿色转变为不带荧光的粉红色,指示到达终点。

为了使终点颜色变化明显,应用吸附指示剂应注意以下几点:

(1) 由于吸附指示剂的颜色变化发生在沉淀表面上,应尽可能使沉淀呈胶体状态,具有较大的表面积。为此滴定时常加入糊精或淀粉等胶体保护剂,防止卤化银沉淀凝聚。

(2) 常用的吸附指示剂是有机弱酸,起作用的是指示剂的阴离子。为了使指示剂呈阴离子状态,应根据指示剂的 K_a 值确定滴定合适的 pH 范围。例如荧光黄($K_a \approx 10^{-7}$)应在 pH=7—10 滴定;二氯荧光黄($K_a \approx 10^{-4}$),可在 pH=4—10 滴定;曙红($K_a \approx 10^{-2}$)在 pH=2 时仍可应用。

(3) 溶液中待测离子的浓度不能太低。浓度太低,沉淀太少,观察终点比较困难,例如当 Cl^- 浓度低于 0.005mol/L 时,不能用荧光黄作指示剂。

(4) 卤化银沉淀感光后,析出金属银使沉淀变为灰色,影响终点观察。滴定时应避免强光照射。

几种常用吸附指示剂列于表 6-7 中。

表 6-7 几种常用的吸附指示剂

名称	待测离子	滴定剂	颜色变色	适用的 pH
荧光黄 (荧光素)	Cl^-	Ag^+	黄绿色(有荧光) →粉红色	7—10
二氯荧光黄	Cl^-	Ag^+	黄绿色(有荧光) →红色	4—10
曙红 (四溴荧光黄)	Br^-,I^- SCN^-	Ag^+	橙黄色(有荧光) →红紫色	2—10
酚藏红	Cl^-,Br^-	Ag^+	红色→蓝色	酸性

四、银量法的应用

（一）标准溶液的配制与标定

1. $AgNO_3$ 标准溶液

$AgNO_3$ 可制得很纯，因此，可直接配制标准溶液。实际工作中，仍用标定法配制，以 NaCl 作基准物质，用测定相同的方法标定，这样可消除由方法引起的误差。$AgNO_3$ 溶液应保存在棕色瓶中，以防见光分解。

2. NaCl 标准溶液

将 NaCl 基准试剂放于洁净、干燥的坩埚中，加热至 500—600℃，至不再有盐的爆裂声为止。在保干器中冷却后，直接称量配制标准溶液。

3. NH_4SCN 标准溶液

用标定法配制。用已标定的 $AgNO_3$ 标准溶液按佛尔哈德法的直接滴定法标定。

（二）测定示例

1. 天然水中氯含量的测定

天然水中几乎都含有 Cl^-，一般多用莫尔法测定。如果水中含有 SO_4^{2-}，PO_4^{3-} 和 S^{2-}，则采用佛尔哈德法。

2. 有机卤化物中卤素的测定

含有较活泼卤素原子的有机化合物与 NaOH（或 KOH）乙醇溶液一起加热回流煮沸，有机卤素原子以 X^- 的形式转入溶液，例如

$$RCH_2X + OH^- = RCH_2OH + X^-$$

$$\text{Cl-C}_6H_3(NO_2)_2 + OH^- \rightleftharpoons HO\text{-}C_6H_3(NO_2)_2 + Cl^-$$

溶液冷却后，用 HNO_3 酸化，用佛尔哈德法测定释放出来的 X^-。

3. 银合金中银含量的测定

试样用 HNO_3 溶解，加热除去氮的氧化物，用佛尔哈德法直接滴定。

思 考 题

1. 什么叫沉淀反应定量地进行完全？
2. 为使沉淀完全，必须加入过量沉淀剂，为什么又不能过量太多？
3. 在含有 AgCl 沉淀的饱和溶液中，分别加入下列试剂，对 AgCl 的溶解度有什么影响？
   (1) 适量 HCl；(2) 大量 HCl；(3) 大量 NaCl；(4) $NH_3 \cdot H_2O$；(5) $NH_3 \cdot HCl$；(6) HNO_3。
4. 沉淀过程中沉淀为什么会沾污？
5. 以 H_2SO_4 沉淀 Ba^{2+} 测定钡含量为例，回答下列问题：
   (1) 加入的 H_2SO_4 沉淀剂过量较多，有何影响？
   (2) 沉淀为什么在稀溶液中进行？
   (3) 试液中为什么要加入少量 HCl？

(4) 沉淀为什么在热溶液中进行？是否要趁热过滤？为什么？

(5) 沉淀为什么要陈化？

6. 重量分析中对沉淀的称量形式有什么要求？

(1) 用下列步骤测定 Ca^{2+}：

$$Ca^{2+} \xrightarrow[C_2O_4^{2-}]{NH_3} CaC_2O_4 \cdot H_2O \downarrow \xrightarrow{灼烧} CaO \xrightarrow{H_2SO_4} CaSO_4$$

常以 $CaSO_4$ 而不以 CaO 为称量形式，为什么？

(2) 用下列步骤测定 Ni^{2+}：

$$Ni^{2+} \xrightarrow[丁二肟]{NH_3} (C_4H_7N_2O_2)_2Ni \begin{array}{c} \nearrow 称量 \\ \searrow NiO\ 称量 \end{array}$$

(丁二肟镍)

可用 $(C_4H_7N_2O_2)_2Ni$ 或 NiO 作称量形式，哪一种较好，为什么？

7. 如何求银量法的滴定常数 K_t 值？

8. 用沉淀滴定法分别测定下列试样中的 Cl^-，简单说明哪一种方法较好？

1. NH_4Cl；2. $FeCl_3$；3. $NaCl+Na_2HPO_4$；4. $NaCl+Na_2SO_4$；5. $NaCl+Na_2CO_3$。

习 题

1. 求 CaF_2 在 0.010 mol/L $CaCl_2$ 溶液中的溶解度（以 mol/L 表示，$pK_{sp(CaF_2)}=10.40$）。

答：3.2×10^{-5} mol/L

2. 考虑酸效应，计算 CaF_2 在 pH=2 水溶液中的溶解度（已知 HF 的 $pK_a=3.45$）。 答：2.0×10^{-3} mol/L

3. $MgNH_4PO_4$ 饱和溶液中，$[H^+]=2.0\times10^{-10}$ mol/L，$[Mg^{2+}]=5.6\times10^{-4}$ mol/L，计算 $MgNH_4PO_4$ 的 K_{sp}。 答：1.02×10^{-13}

4. 称取 5.00g CaC_2O_4 置于 1L 已调至 pH=4.00 的 0.0100mol/L $Na_2C_2O_4$ 和 0.0100mol/L EDTA 的混合溶液中，振荡达平衡后，计算 CaC_2O_4 在此溶液中的溶解度及 $[Ca^{2+}]$。

答：1.48×10^{-6} mol/L；6.61×10^{-7} mol/L

5. 用重量法测定 $BaCl_2\cdot2H_2O$ 中 Ba^{2+} 含量。若 $BaCl_2\cdot2H_2O$ 的纯度约为 95%，要求得到约 0.5g $BaSO_4$ 沉淀，应称取试样多少克？若欲使 H_2SO_4 过量 50%，则需加入 1mol/L H_2SO_4 多少毫升？在这样的条件下，400mL 溶液中 $BaSO_4$ 的溶解损失是否超过 0.0002g？ 答：0.55g；3.2mL；<0.0002g

6. 计算将 628mg $Zr(HPO_4)_2$ 灼烧成 ZrP_2O_7 后的重量。 答：588mg

7. 某试样含 $BaCl_2\cdot2H_2O$、KCl 和惰性物质。称量试样 0.8417g，在 160℃ 加热 45min 后重量为 0.8076g，将其溶于水后，用稍过量的 $AgNO_3$ 沉淀。沉淀经过滤、洗涤后称重，得 0.5847g。分别计算试样中 $BaCl_2\cdot2H_2O$ 和 KCl 的百分含量。 答：$BaCl_2\cdot2H_2O$ 27.45%；KCl 19.40%

8. 某有机农药（摩尔质量为 183.7g/mol）含 Cl 为 8.43%。某试样含此农药和不含氯的其它惰性物质。称该试样 0.627g，在乙醇溶液中用金属钠分解，转化得 Cl^- 以 AgCl 形式重量测定。设最后得到的 AgCl 沉淀为 0.0831g，计算试样中农药的百分含量。 答：38.9%

9. 3.6342g 未干燥的某种树叶中的含氮量经测定为 4.63%。如果树叶的含水量为 8.68%，计算经彻底干燥后树叶中的含氮百分数。 答：5.07%

10. 计算以 0.1000mol/L $AgNO_3$ 滴定 0.1000mol/L NaBr 溶液的化学计量点的 pAg。滴定时若选用 K_2CrO_4 作指示剂，浓度约 5×10^{-3}mol/L，试将它的终点误差与同浓度 $AgNO_3$ 滴定 Cl^- 的终点误差作一比较。 答：6.06；$<0.1\%$

11. 称取氯化物 2.066g。溶解后，加入 0.1000mol/L $AgNO_3$ 标准溶液 30.00mL，过量的 $AgNO_3$ 用

0.05000mol/L NH_4SCN 标准溶液滴定，用去 NH_4SCN 标准溶液 18.00mL，计算此氯化物中氯的百分含量。 答：3.603%

12. 称取某种银合金 0.2500g。用 HNO_3 溶解，除去氮的氧化物，以铁铵矾作指示剂，用 0.1000mol/L NH_4SCN 标准溶液滴定，用去 NH_4SCN 标准溶液 21.94mL。求银合金中银的百分含量。 答：94.69%

13. 农药"666"($C_6H_6Cl_6$) 0.2600g，与 KOH 乙醇溶液一起加热回流煮沸，发生下式反应：

$$C_6H_6Cl_6 + 3OH^- = C_6H_3Cl_3 + 3Cl^- + 3H_2O$$

溶液冷却后，用 HNO_3 调至酸性，加入 0.1000mol/L $AgNO_3$ 标准溶液 30.00mL，以铁铵矾作指示剂，用 0.1000mol/L 10.25mL NH_4SCN 标准溶液回滴过量 $AgNO_3$。求"666"的纯度。 答：73.62%

14. 称取一定量含有 60% NaCl 和 37% KCl 试样。溶于水后，加入 0.1000mol/L $AgNO_3$ 标准溶液 30.00mL。过量的 $AgNO_3$ 需用 10.00mL NH_4SCN 标准溶液回滴。已知 1.00mL NH_4SCN 溶液相当于 1.10mL $AgNO_3$ 溶液，问应称取试样多少克？ 答：0.1248g

第七章 氧化还原滴定法

氧化还原滴定法是利用氧化还原反应的滴定分析方法。与酸碱滴定法比较,氧化还原滴定法要复杂得多。酸碱滴定根据滴定反应的 K_t 即可判断滴定是否可行,氧化还原滴定中,有些氧化还原反应的 K_t 很大,但并不表示这个反应能用于滴定分析,因为有些反应速度很慢;有些反应机理比较复杂,反应往往是分步进行的;有些反应除主反应外,伴随着各种副反应;有时介质对反应有很大影响,因此,在讨论氧化还原滴定法时,除了从反应的平衡常数来判断反应的可行性外,还应考虑反应速度、反应机理和反应条件等问题。

§1 氧化还原反应的方向和程度

一、条件电极电位

简称条件电位。氧化剂和还原剂的强弱可以用有关电对的电极电位(简称电位)来衡量。电对的电位越大,其氧化形是越强的氧化剂;电对的电位值越小,其还原形是越强的还原剂。例如 Fe^{3+}/Fe^{2+} 电对的标准电位 ($\varphi^{\ominus}_{Fe^{3+}/Fe^{2+}} = 0.77V$) 比 Sn^{4+}/Sn^{2+} 电对的标准电位 ($\varphi^{\ominus}_{Sn^{4+}/Sn^{2+}} = 0.15V$) 大,对氧化形 Fe^{3+} 和 Sn^{4+} 来说,Fe^{3+} 是更强的氧化剂;对还原形 Fe^{2+} 和 Sn^{2+} 来说,Sn^{2+} 是更强的还原剂,因此发生下式反应:

$$2Fe^{3+} + Sn^{2+} \rightleftharpoons 2Fe^{2+} + Sn^{4+}$$

根据有关电对的电位值,可以判断反应的方向和反应进行的完全程度。

氧化还原电对的电位可用能斯特(Nernst)方程表示,例如下式半反应:

$$Ox + ne \rightleftharpoons Red$$

它的能斯特方程为:

$$\varphi = \varphi^{\ominus} + \frac{RT}{nF} \ln \frac{a_{Ox}}{a_{Red}} \tag{7-1}$$

式中 φ 是电对的电位,$\varphi^{\ominus}$ 是电对的标准电位,a_{Ox} 和 a_{Red} 分别表示氧化形和还原形的活度,R 是气体常数,等于 $8.314 J/(mol \cdot K)$;T 是绝对温度(K);F 是法拉第常数,等于 96487 $C \cdot mol^{-1}$;n 是半反应中电子转移数。从式(7-1)可以看到 φ 是温度的函数。25℃时

$$\varphi = \varphi^{\ominus} + \frac{0.059}{n} \lg \frac{a_{Ox}}{a_{Red}} \tag{7-2}$$

采用平衡常数式的同样规定,半反应中的固态物质的活度定为1,稀溶液中水的活度也定为1,气态物质的活度以逸度表示,通常当气体压力不超过 $1.01325 \times 10^5 Pa$ 时,近似地用气体分压表示它的逸度。

实际上知道的是各种物质的浓度而不是活度,因此必须引进相应的活度系数 γ_{Ox},γ_{Red}:

$$a_{Ox} = \gamma_{Ox}[Ox] \quad a_{Red} = \gamma_{Red}[Red]$$

如果考虑还有副反应发生,还须引进相应的副反应系数 $\alpha_{Ox}, \alpha_{Red}$:

$$a_{Ox} = \gamma_{Ox}[Ox] = \gamma_{Ox} c_{Ox}/\alpha_{Ox}$$

$$a_{Red} = \gamma_{Red}[Red] = \gamma_{Red} c_{Red}/\alpha_{Red}$$

式中 c_{Ox}, c_{Red} 分别表示氧化形和还原形的分析浓度,将以上关系式代入式(7-2),得

$$\varphi = \varphi^{\ominus} + \frac{0.059}{n} \lg \frac{\gamma_{Ox} c_{Ox} \alpha_{Red}}{\gamma_{Red} c_{Red} \alpha_{Ox}}$$

$$= \varphi^{\ominus} + \frac{0.059}{n} \lg \frac{\gamma_{Ox} \alpha_{Red}}{\gamma_{Red} \alpha_{Ox}} + \frac{0.059}{n} \lg \frac{c_{Ox}}{c_{Red}}$$

设

$$\varphi^{\ominus\prime} = \varphi^{\ominus} + \frac{0.059}{n} \lg \frac{\gamma_{Ox} \alpha_{Red}}{\gamma_{Red} \alpha_{Ox}} \tag{7-3}$$

则

$$\varphi = \varphi^{\ominus\prime} + \frac{0.059}{n} \lg \frac{c_{Ox}}{c_{Red}} \tag{7-4}$$

式中 $\varphi^{\ominus\prime}$ 称为条件电位。它是在一定条件下,当氧化形和还原形的分析浓度均为 1mol/L 或它们的浓度比为 1 时的实际电位。在一定条件下它是一常数。条件电位 $\varphi^{\ominus\prime}$ 和标准电位 $\varphi^{\ominus}$ 的关系与条件常数 K' 和活度常数 K^0 的关系相似。

理论上可用式(7-3)计算电对的条件电位,实际上有时溶液的离子强度较大,活度系数不易求得,有时同时有几种副反应发生,有关常数又不齐全,因此,用式(7-3)计算 $\varphi^{\ominus\prime}$ 是有困难的。各种条件下电对的条件电位值常常由实验测定。附录七列出部分氧化还原电对的条件电位。若没有相同条件的条件电位,可采用条件相近的条件电位。例如未查到 1mol/L H_2SO_4 溶液中 Fe^{3+}/Fe^{2+} 电对的条件电位,可用 0.5mol/LH_2SO_4 溶液中 Fe^{3+}/Fe^{2+} 电对的条件电位(0.679V)代替。如果没有指定条件的条件电位数据,只能采用标准电位时,误差可能较大。

例 1 计算$[F^-]=0.1$mol/L 时,Fe^{3+}/Fe^{2+} 电对的条件电位。(忽略离子强度的影响)

解 已知铁(Ⅲ)氟配合物的 $\lg\beta_1, \lg\beta_2, \lg\beta_3$ 依次为 5.21, 9.16, 11.86,铁(Ⅱ)氟配合物很不稳定($\lg\beta_1=1.5$)。

因为

$$[Fe^{3+}] = \frac{c_{Fe(Ⅲ)}}{\alpha_{Fe^{3+}(F)}} \qquad [Fe^{2+}] \approx c_{Fe(Ⅱ)}$$

$$\varphi = \varphi^{\ominus}_{Fe^{3+}/Fe^{2+}} + 0.059\lg \frac{[Fe^{3+}]}{[Fe^{2+}]}$$

$$= \varphi^{\ominus}_{Fe^{3+}/Fe^{2+}} + 0.059\lg \frac{c_{Fe(Ⅲ)}/\alpha_{Fe^{3+}(F)}}{c_{Fe(Ⅱ)}}$$

$$= \varphi^{\ominus}_{Fe^{3+}/Fe^{2+}} + 0.059\lg \frac{1}{\alpha_{Fe^{3+}(F)}} + 0.059\lg \frac{c_{Fe(Ⅲ)}}{c_{Fe(Ⅱ)}}$$

得

$$\varphi^{\ominus\prime}_{Fe^{3+}/Fe^{2+}} = \varphi^{\ominus}_{Fe^{3+}/Fe^{2+}} + 0.059\lg \frac{1}{\alpha_{Fe^{3+}(F)}}$$

因为

$$\alpha_{Fe^{3+}(F)} = 1 + [F]\beta_1 + [F]^2\beta_2 + [F]^3\beta_3$$

$$= 1 + 10^{-1} \cdot 10^{5.2} + 10^{-2} \cdot 10^{9.2} + 10^{-3} \cdot 10^{11.9} \approx 10^{8.9}$$

故

$$\varphi^{\ominus\prime}_{Fe^{3+}/Fe^{2+}} = 0.77 + 0.059\lg \frac{1}{10^{8.9}} = (0.77 - 0.53)V = 0.24V$$

因铁(Ⅲ)氟配合物比较稳定,当溶液中有 F^- 存在时,Fe^{3+}/Fe^{2+} 的条件电位降低,F^- 浓度

越大,电位降低越多,此时 Fe^{3+} 成为较弱的氧化剂。一般情况下,Fe^{3+} 可以氧化 I^-,反应为:

$$2Fe^{3+} + 2I^- = 2Fe^{2+} + I_2$$

但当溶液中有过量 F^- 存在时,I^- 不再被 Fe^{3+} 氧化。

溶液中如果有与 $Fe(Ⅲ)$ 形成稳定配合物的其它配位剂(如 H_3PO_4,$H_2C_2O_4$ 等),情况与此类似。

例 2 求含有邻二氮菲(以 Ph 表示)的溶液中 Fe^{3+}/Fe^{2+} 电对的条件电位。(忽略离子强度的影响)

解 已知 $\lg K_{Fe(Ph)_3^{3+}} = 14.1$,$\lg K_{Fe(Ph)_3^{2+}} = 21.3$

则
$$\alpha_{Fe^{3+}(Ph)} = 1 + K_{Fe(Ph)_3^{3+}}[Ph]^3 \approx K_{Fe(Ph)_3^{3+}}[Ph]^3 = 10^{14.1}[Ph]^3$$

$$\alpha_{Fe^{2+}(Ph)} = 1 + K_{Fe(Ph)_3^{2+}}[Ph]^3 \approx K_{Fe(Ph)_3^{2+}}[Ph]^3 = 10^{21.3}[Ph]^3$$

$$\varphi = \varphi^{\ominus}_{Fe^{3+}/Fe^{2+}} + 0.059\lg\frac{[Fe^{3+}]}{[Fe^{2+}]}$$

$$= \varphi^{\ominus}_{Fe^{3+}/Fe^{2+}} + 0.059\lg\frac{c_{Fe(Ⅲ)}/\alpha_{Fe^{3+}(Ph)}}{c_{Fe(Ⅱ)}/\alpha_{Fe^{2+}(Ph)}}$$

$$= \varphi^{\ominus}_{Fe^{3+}/Fe^{2+}} + 0.059\lg\frac{c_{Fe(Ⅲ)} \cdot 10^{21.3}[Ph]^3}{c_{Fe(Ⅱ)} \cdot 10^{14.1}[Ph]^3}$$

$$= \varphi^{\ominus}_{Fe^{3+}/Fe^{2+}} + 0.059\lg\frac{10^{21.3}}{10^{14.1}} + 0.059\lg\frac{c_{Fe(Ⅲ)}}{c_{Fe(Ⅱ)}}$$

得
$$\varphi^{\ominus\prime}_{Fe^{3+}/Fe^{2+}} = (0.77 + 0.059\lg 10^{7.2})V = 1.19V$$

因 $K_{Fe(Ph)_3^{2+}} \gg K_{Fe(Ph)_3^{3+}}$,所以在含有邻二氮菲的溶液中,$Fe^{3+}/Fe^{2+}$ 电对的条件电位升高,表示 Fe^{3+} 成为更强的氧化剂。

例 3 Ag^+ 溶液中加入 I^-,生成 AgI 沉淀。若 $[I^-]=1mol/L$,求 Ag^+/Ag 电对的电位。

解 已知 $[Ag^+][I^-] = K_{sp(AgI)} = 10^{-15.82}$

$$\varphi = \varphi^{\ominus}_{Ag^+/Ag} + 0.059\lg[Ag^+]$$

$$= \varphi^{\ominus}_{Ag^+/Ag} + 0.059\lg\frac{K_{sp(AgI)}}{[I^-]}$$

当 $[I^-]=1mol/L$ 时

$$\varphi^{\ominus\prime}_{Ag^+/Ag} = (0.80 + 0.059\lg 10^{-15.82})V = -0.13V$$

在 Ag^+ 溶液中加入 I^- 后,由于生成 AgI 沉淀,极大地降低了 $[Ag^+]$,Ag^+/Ag 电对的电位降低,表示 Ag 的还原能力增强。在这样的条件下,Ag 可以还原 H^+,反应为:

$$2Ag + 2HI \rightleftharpoons 2AgI\downarrow + H_2\uparrow$$

例 4 计算不同酸度下,MnO_4^-/Mn^{2+} 电对的条件电位。(忽略离子强度的影响)

解 MnO_4^- 在酸性溶液中的半反应为:

$$MnO_4^- + 8H^+ + 5e \rightleftharpoons Mn^{2+} + 4H_2O$$

由能斯特方程得

$$\varphi = \varphi^{\ominus}_{MnO_4^-/Mn} + \frac{0.059}{5}\lg\frac{[MnO_4^-][H^+]^8}{[Mn^{2+}]}$$

$$= \varphi^{\ominus}_{MnO_4^-/Mn} + \frac{0.059}{5}\lg[H^+]^8 + \frac{0.059}{5}\lg\frac{[MnO_4^-]}{[Mn^{2+}]}$$

如果没有其它副反应存在,则

$$\varphi^{\ominus\prime}{}_{MnO_4^-/Mn} = \varphi^{\ominus}_{MnO_4^-/Mn^{2+}} + \frac{0.059}{5}\lg[H^+]^8$$

当 $[H^+] = 1mol/L$ 时, $\quad \varphi^{\ominus\prime}{}_{MnO_4^-/Mn^{2+}} = \varphi^{\ominus}_{MnO_4^-/Mn^{2+}}$

当 pH = 3 时, $\quad \varphi^{\ominus\prime}_{MnO_4^-/Mn^{2+}} = \varphi^{\ominus}_{MnO_4^-/Mn^{2+}} + \frac{0.059}{2}\lg 10^{-24} = \varphi^{\ominus}_{MnO_4^-/Mn^{2+}} - 0.28(V)$

当 pH = 6 时, $\quad \varphi^{\ominus\prime}_{MnO_4^-/Mn^{2+}} = \varphi^{\ominus}_{MnO_4^-/Mn^{2+}} + \frac{0.059}{5}\lg 10^{-48} = \varphi^{\ominus}_{MnO_4^-/Mn^{2+}} - 0.57(V)$

从上例可以看到 MnO_4^-/Mn^{2+} 电对的反应有 H^+ 参加,溶液的酸度对电对的电位值影响很大。利用这个性质可用 MnO_4^- 选择性地氧化卤素离子。当 pH=5—6 时,仅 I^- 被 MnO_4^- 氧化为 I_2;当 pH=3 时,I^- 和 Br^- 都可被 MnO_4^- 氧化,Cl^- 不起作用;只有在更高酸度的溶液中,Cl^- 才被 MnO_4^- 氧化。

氧化还原电对常粗略地分为可逆的和不可逆的两大类。可逆电对在电极上的正向和反向反应是同一个反应,如 $Ag^+ + e \rightleftharpoons Ag$,它们是互相可逆的,且两个反应的速度都比较快,在反应的任一瞬间,能迅速地建立平衡,它所显示的电位与能斯特公式计算所得的理论电位相符或相差很小。不可逆电对在反应的任一瞬间不能建立起按氧化还原半反应所示的平衡,它的实际电位与理论电位相差较大,例如相差 100mV 或 200mV 以上,因此,能斯特公式适用于可逆电对,如 Fe^{3+}/Fe^{2+},I_2/I^-,$Fe(CN)_6^{3-}/Fe(CN)_6^{4-}$ 等,而不适用于不可逆电对如 MnO_4^-/Mn^{2+},$Cr_2O_7^{2-}/Cr^{3+}$,$S_4O_6^{2-}/S_2O_3^{2-}$,$CO_2/C_2O_4^{2-}$ 等。但是对于不可逆电对,用能斯特公式的计算结果作为初步判断,仍有一定的实际意义。

二、氧化还原反应进行的程度

滴定分析法要求反应定量地完全。一般氧化还原反应可通过反应的平衡常数(或条件常数)来判断反应进行的程度。氧化还原反应的平衡常数 K(或条件常数 K')可以从有关电对的标准电位 $\varphi^{\ominus}$(或条件电位 $\varphi^{\ominus\prime}$)求得。

1. 若氧化还原反应为

$$Ox_1 + Red_2 \rightleftharpoons Red_1 + Ox_2 \tag{7-5}$$

电对 1 $\quad Ox_1 + ne \rightleftharpoons Red_1 \quad \varphi_1 = \varphi_1^{\ominus\prime} + \frac{0.059}{n}\lg\frac{c_{Ox_1}}{c_{Red_1}} \tag{7-6}$

电对 2 $\quad Ox_2 + ne \rightleftharpoons Red_2 \quad \varphi_2 = \varphi_2^{\ominus\prime} + \frac{0.059}{n}\lg\frac{c_{Ox_2}}{c_{Red_2}} \tag{7-7}$

反应达到平衡时,$\varphi_1 = \varphi_2$

$$\varphi_1^{\ominus\prime} + \frac{0.059}{n}\lg\frac{c_{Ox_1}}{c_{Red_1}} = \varphi_2^{\ominus\prime} + \frac{0.059}{n}\lg\frac{c_{Ox_2}}{c_{Red_2}}$$

$$\frac{0.059}{n}\lg\frac{c_{Ox_2}c_{Red_1}}{c_{Ox_1}c_{Red_2}} = \varphi_1^{\ominus\prime} - \varphi_2^{\ominus\prime}$$

反应(7-5)的条件常数

$$K' = \frac{c_{Ox_2} c_{Red_1}}{c_{Ox_1} c_{Red_2}}$$

$$\lg K' = \frac{n(\varphi_1^{\ominus\prime} - \varphi_2^{\ominus\prime})}{0.059} \tag{7-8}$$

2. 若氧化还原反应为

$$m\text{Ox}_1 + n\text{Red}_2 \rightleftharpoons m\text{Red}_1 + n\text{Ox}_2 \quad (m \neq n) \tag{7-9}$$

电对 1 $\quad \text{Ox}_1 + ne \rightleftharpoons \text{Red}_1 \quad \varphi_1 = \varphi_1^{\ominus\prime} + \frac{0.059}{n} \lg \frac{c_{Ox_1}}{c_{Red_1}} \tag{7-10}$

电对 2 $\quad \text{Ox}_2 + me \rightleftharpoons \text{Red}_2 \quad \varphi_2 = \varphi_2^{\ominus\prime} + \frac{0.059}{m} \lg \frac{c_{Ox_2}}{c_{Red_2}} \tag{7-11}$

反应达到平衡时，$\quad \varphi_1 = \varphi_2$

$$\varphi_1^{\ominus\prime} + \frac{0.059}{n} \lg \frac{c_{Ox_1}}{c_{Red_1}} = \varphi_2^{\ominus\prime} + \frac{0.059}{m} \lg \frac{c_{Ox_2}}{c_{Red_2}}$$

$$\frac{0.059}{mn} \lg \left\{ \left(\frac{c_{Ox_2}}{c_{Red_2}}\right)^n \left(\frac{c_{Red_1}}{c_{Ox_1}}\right)^m \right\} = \varphi_1^{\ominus\prime} - \varphi_2^{\ominus\prime}$$

反应(7-9)的条件常数

$$K' = \left(\frac{c_{Ox_2}}{c_{Red_2}}\right)^n \left(\frac{c_{Red_1}}{c_{Ox_1}}\right)^m$$

$$\lg K' = \frac{mn(\varphi_1^{\ominus\prime} - \varphi_2^{\ominus\prime})}{0.059} \tag{7-12}$$

例 5 计算 $0.5 \text{ mol/L } H_2SO_4$ 溶液中下式反应的条件常数：

$$\text{Ce}(\text{IV}) + \text{Fe}(\text{II}) \rightleftharpoons \text{Ce}(\text{III}) + \text{Fe}(\text{III})$$

解 已知 $0.5 \text{ mol/L } H_2SO_4$ 溶液中，$\varphi^{\ominus\prime}_{Ce(IV)/Ce(III)} = 1.46\text{V}$，$\varphi^{\ominus\prime}_{Fe(III)/Fe(II)} = 0.68\text{V}$，所以

$$\lg K' = \frac{\varphi^{\ominus\prime}_{Ce(IV)/Ce(III)} - \varphi^{\ominus\prime}_{Fe(III)/Fe(II)}}{0.059} = \frac{1.46 - 0.68}{0.059} = 13.2$$

$$K' = 10^{13.2}$$

条件常数很大，反应完全。

例 6 计算 $0.5 \text{ mol/L } H_2SO_4$ 溶液中下式反应的条件常数：

$$2\text{Fe}^{3+} + 3\text{I}^- \rightleftharpoons 2\text{Fe}^{2+} + \text{I}_3^-$$

解 已知 $\varphi^{\ominus\prime}_{Fe^{3+}/Fe^{2+}} = 0.68\text{V}$，$\varphi^{\ominus\prime}_{I_3^-/I^-} = 0.54\text{V}$，

$$\lg K' = \frac{2(\varphi^{\ominus\prime}_{Fe^{3+}/Fe^{2+}} - \varphi^{\ominus\prime}_{I_3^-/I^-})}{0.059} = \frac{2(0.68 - 0.54)}{0.059} = 4.7$$

$$K' = \left(\frac{c_{Fe^{2+}}}{c_{Fe^{3+}}}\right)^2 \frac{c_{I_3^-}}{(c_{I^-})^3} = 10^{4.7}$$

条件常数不够大，在这样的条件下，反应不能定量地完全。

从上面的例子可以看到两电对的条件电位相差越大，氧化还原反应的条件常数越大，

反应进行得越完全。那末,两电对的条件电位相差多大,反应才能满足滴定分析的要求呢? 对滴定反应一般要求反应完全程度达 99.9% 以上,对 $n=m=1$ 型的反应,滴定到终点时,要求

$$\frac{c_{Ox_2}}{c_{Red_2}} \geqslant 10^3 \qquad \frac{c_{Red_1}}{c_{Ox_1}} \geqslant 10^3$$

则

$$K' \geqslant 10^6 \qquad \lg K' \geqslant 6$$

得

$$\varphi_1^{\ominus'} - \varphi_2^{\ominus'} = \frac{0.059}{n} \lg K' \geqslant 0.059 \times 6 \text{V} \approx 0.35 \text{V}$$

对 $n \neq m \neq 1$ 型的反应,则要求

$$\lg K' \geqslant 3(m+n)$$

$$\varphi_1^{\ominus'} - \varphi_2^{\ominus'} = 3(m+n) \frac{0.059}{mn} < 0.35 \text{V}$$

因此,一般认为两电对的条件电位之差大于 0.4V,反应能定量进行完全。氧化还原滴定中,常用强氧化剂(如 $Ce(SO_4)_2$, $KMnO_4$, $K_2Cr_2O_7$ 等)和较强的还原剂(如 $(NH_4)_2Fe(SO_4)_2$, $Na_2S_2O_3$ 等)作滴定剂,要达到这个要求是不困难的。有时还可以控制介质条件改变电对的电位,以达到这个要求。

例7 pH=8 时,判断下式反应的方向和反应进行的程度。(忽略离子强度的影响)

$$H_3AsO_4 + 2I^- + 2H^+ \rightleftharpoons HAsO_2 + I_2 + 2H_2O \tag{7-13}$$

解 已知 H_3AsO_4 的 pK_{a_1}, pK_{a_2}, pK_{a_3} 依次为 2.25, 6.77, 11.60; $HAsO_2$ 的 $pK_a = 9.22$。

电对的半反应为:

$$H_3AsO_4 + 2H^+ + 2e \rightleftharpoons HAsO_2 + 2H_2O \qquad \varphi^{\ominus}_{As(V)/As(III)} = +0.58\text{V}$$

$$I_2 + 2e \rightleftharpoons 2I^- \qquad \varphi^{\ominus}_{I_2/I^-} = +0.54\text{V}$$

pH 不同时,H_3AsO_4 和 $HAsO_2$ 在体系中各型体分布不同,当分析浓度一定时,它们的平衡浓度由分布系数 δ 决定:

$$[H_3AsO_4] = \delta_{H_3AsO_4} c_{As(V)}, \quad [HAsO_2] = \delta_{HAsO_2} c_{As(III)}$$

当 pH=8 时,

$$\delta_{H_3AsO_4} = \frac{[H^+]^3}{[H^+]^3 + [H^+]^2 K_{a_1} + [H^+] K_{a_1} K_{a_2} + K_{a_1} K_{a_2} K_{a_3}}$$

$$= \frac{10^{-24}}{10^{-24} + 10^{-16} \times 10^{-2.2} + 10^{-8} \times 10^{-2.2} \times 10^{-6.8} + 10^{-2.2} \times 10^{-6.8} \times 10^{-11.6}}$$

$$= 10^{-7.0}$$

$$\delta_{HAsO_2} = \frac{[H^+]}{[H^+] + K_a} = \frac{10^{-8}}{10^{-8} + 10^{-9.2}} \approx 1$$

$$\varphi_1 = \varphi^{\ominus}_{As(V)/As(III)} + \frac{0.059}{2} \lg \frac{[H_3AsO_4][H^+]^2}{[HAsO_2]}$$

$$= \varphi^{\ominus}_{As(V)/As(III)} + \frac{0.059}{2} \lg \frac{\delta_{H_3AsO_4} c_{As(V)} [H^+]^2}{\delta_{HAsO_2} c_{As(III)}}$$

$$=\varphi^{\ominus}_{As(V)/As(III)}+\frac{0.059}{2}\lg\frac{\delta_{H_3AsO_4}}{\delta_{HAsO_2}}+\frac{0.059}{2}\lg[H^+]^2+\frac{0.059}{2}\lg\frac{c_{As(V)}}{c_{As(III)}}$$

得

$$\varphi^{\ominus\prime}_{As(V)/As(III)}=\varphi^{\ominus}_{As(V)/As(III)}+\frac{0.059}{2}\lg\frac{\delta_{H_3AsO_4}}{\delta_{HAsO_2}}+\frac{0.059}{2}\lg[H^+]^2$$

$$=0.58+\frac{0.059}{2}\lg 10^{-7.0}+\frac{0.059}{2}\lg 10^{-16}=-0.10V$$

因 $\varphi^{\ominus}_{I_2/I^-}$ 不受 $[H^+]$ 的影响。在这样的条件下,$\varphi^{\ominus}_{I_2/I^-}-\varphi^{\ominus\prime}_{As(V)/As(III)}>0.4V$,反应(7-13)自右向左进行,且定量地完全,即 I_2 能定量地氧化 $HAsO_2$。这是碘量法的一个重要反应。

§2 氧化还原反应的速度

氧化还原反应的机理比较复杂。反应的平衡常数可以判断反应的方向和完全程度,但不能说明反应的速度。不同的氧化还原反应的反应速度的差别很大,有的反应快,有的反应慢,有的反应的平衡常数值很大,但实际上几乎觉察不到反应的进行,例如反应:

$$2Ce^{4+}+HAsO_2+2H_2O\xrightleftharpoons{0.5\ mol/L\ H_2SO_4}2Ce^{3+}+H_3AsO_4+2H^+$$

$$\varphi^{\ominus\prime}_{Ce^{4+}/Ce^{3+}}=1.46V,\varphi^{\ominus\prime}_{As(V)/As(III)}=0.58V$$

该反应的条件常数 $K'\approx 10^{30}$。若仅从平衡考虑,反应进行完全,实际上反应极慢,若不加催化剂,反应几乎不发生。又如水中溶解氧的半反应:

$$O_2+4H^++4e\rightleftharpoons 2H_2O \qquad \varphi^{\ominus}=1.23V$$

若仅从平衡考虑,强氧化剂(如 Ce^{4+},$\varphi^{\ominus}_{Ce^{4+}/Ce^{3+}}=1.61V$)可以氧化 H_2O,生成氧,反应为:

$$4Ce^{4+}+2H_2O\rightleftharpoons 4Ce^{3+}+O_2+4H^+ \qquad K\approx 10^{26}$$

强还原剂(如 Sn^{2+},$\varphi^{\ominus}_{Sn^{4+}/Sn^{2+}}=0.15V$)会被水中的氧所氧化,反应为

$$2Sn^{2+}+O_2+4H^+\rightleftharpoons 2Sn^{4+}+2H_2O \qquad K\approx 10^{36}$$

实际上,Ce^{4+} 在水中很稳定,Sn^{2+} 的水溶液也有一定稳定性,这都是因为上述反应的速度很慢。这些反应不会干扰氧化还原滴定,反应速度慢起了积极作用。

滴定分析要求反应快速进行。氧化还原滴定中不仅要从反应的平衡常数判断反应的可行性,还要从反应速度来考虑反应的现实性。因此,讨论氧化还原滴定时,应先讨论氧化还原反应的速度问题。

一、氧化还原反应的历程

有很多氧化还原反应是分步进行的,其中只要有一步反应是慢的,就影响了总的反应速度。例如,酸性溶液中,MnO_4^- 和 $C_2O_4^{2-}$ 的反应,

$$2MnO_4^-+5C_2O_4^{2-}+16H^+\rightleftharpoons 2Mn^{2+}+10CO_2+8H_2O$$

这个反应方程式,只表示了反应的最初状态和最终状态,实际上反应历程比较复杂。从实验中可以看到反应开始时,速度缓慢,到一定阶段后,速度逐渐加快,最后几乎是瞬间完成的。推断它的反应历程是这样的,如果溶液中有 Mn^{2+} 存在,第一步反应是:

$$MnO_4^- + Mn^{2+} + C_2O_4^{2-} \longrightarrow MnO_4^{2-} + MnC_2O_4^+$$

在酸性溶液中，MnO_4^{2-} 立即被还原，反应如下：

$$Mn(Ⅵ) + Mn(Ⅱ) \longrightarrow 2Mn(Ⅳ)$$
$$Mn(Ⅳ) + Mn(Ⅱ) \longrightarrow 2Mn(Ⅲ)$$

实验过程中不能从溶液中检出 $Mn(Ⅵ)$ 和 $Mn(Ⅳ)$ 等中间产物，但可以看到 $Mn(Ⅲ)$ 和 $C_2O_4^{2-}$ 形成的几种配合物 $MnC_2O_4^+$（红色），$Mn(C_2O_4)_2^-$（黄色），$Mn(C_2O_4)_3^{3-}$（红色），总反应式可写成：

$$MnO_4^- + 4Mn^{2+} + 5nC_2O_4^{2-} + 8H^+ \longrightarrow 5Mn(C_2O_4)_n^{+3-2n} + 4H_2O \qquad (7\text{-}14)$$

在酸性溶液中，$Mn(Ⅲ)$ 的草酸配合物 $Mn(C_2O_4)_n^{+3-2n}$ 缓慢地分解为 Mn^{2+} 和 CO_2，这步反应决定了 $MnO_4^- \longrightarrow Mn^{2+}$ 反应的速度。$Mn(C_2O_4)_n^{+3-2n}$ 的分解反应历程如下（以 $Mn(C_2O_4)_2^-$ 为例）：

$$Mn(C_2O_4)_2^- + H^+ \longrightarrow Mn^{2+} + C_2O_4^{2-} + CO_2 + \cdot COOH \quad (\text{慢}) \qquad (7\text{-}15)$$
$$MnO_4^- + \cdot COOH \longrightarrow MnO_4^{2-} + H^+ + CO_2 \quad (\text{快}) \qquad (7\text{-}16)$$

或
$$Mn(Ⅲ) + \cdot COOH \longrightarrow Mn^{2+} + H^+ + CO_2 \quad (\text{快}) \qquad (7\text{-}17)$$

如果反应开始时，溶液中加入了 Mn^{2+}，由于 Mn^{2+} 的浓度增大，较快地形成 $Mn(C_2O_4)_2^-$，加速了式（7-15）的反应；如果不加入 Mn^{2+}，由于反应生成 Mn^{2+}，它也可以起加速反应的作用，这种由生成物本身起了催化作用的反应，称为自动催化反应。

实验中可以看到这样的现象，如果滴定前溶液中加入少量 Mn^{2+}，可以加快反应速度；如果不加入 Mn^{2+}，滴定开始时反应极慢，随着反应的进行，反应越来越快。

二、影响氧化还原反应速度的因素

（一）浓度

许多氧化还原反应是分步进行的，不能从总的氧化还原反应方程式来判断反应物浓度对反应速度的影响。但一般来说，增加反应物的浓度就能加快反应速度。例如用 $K_2Cr_2O_7$ 标定 $Na_2S_2O_3$ 溶液，反应如下：

$$Cr_2O_7^{2-} + 6I^- + 14H^+ \Longleftrightarrow 2Cr^{3+} + 3I_2 + 7H_2O \quad (\text{慢}) \qquad (7\text{-}18)$$
$$I_2 + 2S_2O_3^{2-} \Longleftrightarrow 2I^- + S_4O_6^{2-} \quad (\text{快}) \qquad (7\text{-}19)$$

称取一定量的 $K_2Cr_2O_7$，用少量水溶解后，加入过量 KI，待反应完全后，以淀粉为指示剂，用 $Na_2S_2O_3$ 溶液滴定析出的 I_2。滴定到 I_2-淀粉的蓝色恰好消失为止。因终点生成物中有 Cr^{3+}，呈蓝绿色，终点应由深蓝色变为亮绿色。若 Cr^{3+} 浓度过大，将干扰终点颜色的观察，最好在稀溶液中滴定。

什么时候将溶液冲稀呢？如果先将 $K_2Cr_2O_7$ 溶液冲稀，因为反应（7-18）是慢反应，加入 KI 后，$Cr_2O_7^{2-}$ 和 I^- 的反应不能在用 $Na_2S_2O_3$ 溶液滴定前完成，因此，必须在较浓的 $Cr_2O_7^{2-}$ 溶液中，加入过量的 I^- 和 H^+，使反应（7-18）较快地进行，再放置一段时间，待反应（7-18）进行完全后，再将溶液冲稀，然后用 $Na_2S_2O_3$ 溶液滴定。

此外，在氧化还原滴定过程中，由于反应物的浓度降低，特别是接近化学计量点时，反应速度减慢，因此，滴定时应注意控制滴定速度与反应速度相适应。

(二) 温度

对大多数反应来说,升高温度可以提高反应的速度。例如酸性溶液中 MnO_4^- 和 $C_2O_4^{2-}$ 的反应,在室温下反应缓慢,加热能加快反应,通常控制在 70—80℃ 滴定。但应考虑升高温度时可能引起的其它一些不利因素。例如 MnO_4^- 滴定 $C_2O_4^{2-}$ 的反应,温度过高会引起部分 $H_2C_2O_4$ 分解:

$$H_2C_2O_4 \xrightarrow{\triangle} H_2O + CO + CO_2$$

有些物质(如 I_2)易挥发,加热时会引起挥发损失;有些物质(如 Sn^{2+},Fe^{2+} 等)加热会促使它们被空气中的氧氧化。因此必须根据具体情况确定反应最适宜的温度。

(三) 催化剂

催化剂对反应速度的影响很大,催化反应的机理复杂。反应过程中由于催化剂的存在,可能产生一些中间价态的离子、游离基或活泼的中间配合物,从而改变了原来的反应历程,使反应速度发生变化。例如前面提到的 Ce^{4+} 氧化 $As(III)$ 的反应,实际上是分两步进行的:

$$Ce(IV) + As(III) \longrightarrow Ce(III) + As(IV) \quad (慢)$$
$$Ce(IV) + As(IV) \longrightarrow Ce(III) + As(V) \quad (快)$$

由于第一步反应的影响,总的反应速度很慢。如果加入少量 I^-,则发生下列反应:

$$Ce(IV) + I^- \longrightarrow I^0 + Ce(III)$$
$$2I^0 \longrightarrow I_2$$
$$I_2 + H_2O \longrightarrow HIO + H^+ + I^-$$
$$HAsO_2 + HIO + H_2O \longrightarrow H_3AsO_4 + H^+ + I^-$$

总反应为:

$$2Ce^{4+} + HAsO_2 + 2H_2O \xrightleftharpoons{I^-} 2Ce^{3+} + H_3AsO_4 + 2H^+$$

在这一反应中,少量的 I^- 起了催化剂的作用,加速了 $Ce(IV)$ 与 $As(III)$ 的反应。又因反应速度和 I^- 浓度成正比,利用这个关系可测定低到 $0.05\mu g$ 的 I^-。这种借助催化反应来测定微量催化剂的方法叫做动力催化分析法。它的灵敏度高,常用于测定微量元素。

(四) 诱导反应

有些氧化还原反应进行极慢,但当有另一个反应进行时,会促使这一反应加速进行:

$$A + C \longrightarrow 0 \quad (\text{"0" 表示慢反应}) \qquad (7\text{-}20)$$
$$A + B \longrightarrow + \quad (\text{"+" 表示快反应}) \qquad (7\text{-}21)$$

如果在 B,C 混合溶液中加入 A,则由于反应(7-21)的存在,加速了反应(7-20):

$$\begin{cases} A + B \longrightarrow + \\ A + C \longrightarrow + \end{cases}$$

反应(7-21)称为诱导反应。反应(7-20)称受诱反应,式中 A 称为作用体,B 称为诱导体,C 称为受诱体。

例如,在 HCl 溶液中用 MnO_4^- 滴定 $As(III)$,H_2O_2,Sn^{2+},因 MnO_4^- 和 Cl^- 反应极慢,对滴定结果几乎没有影响。但如果在 HCl 溶液中用 MnO_4^- 滴定 Fe^{2+},由于 MnO_4^- 与 Fe^{2+}

的反应诱导了 MnO_4^- 与 Cl^- 的反应,使滴定结果偏高。

诱导反应的发生可能与氧化还原反应过程中产生的具有更强氧化能力的不稳定的中间价态离子有关。上例中可能由于 MnO_4^- 被 Fe^{2+} 还原产生中间价态离子(如 $Mn(Ⅵ)$,$Mn(Ⅴ)$,$Mn(Ⅳ)$,$Mn(Ⅲ)$ 等),它们能与 Cl^- 反应,因而出现了受诱反应。如果在溶液中先加入了 Mn^{2+},一方面 Mn^{2+} 使 MnO_4^- 迅速地还原为较低价的 $Mn(Ⅲ)$;另一方面,因溶液中有大量 Mn^{2+} 存在,若还有 H_3PO_4 与 $Mn(Ⅲ)$ 配位,降低了 $Mn(Ⅲ)/Mn(Ⅱ)$ 电对的电位,使 $Mn(Ⅲ)$ 只能与 Fe^{2+} 反应而不与 Cl^- 反应。这样就可以抑制 MnO_4^- 与 Cl^- 的反应。因此,在 HCl 介质中用 $KMnO_4$ 滴定 Fe^{2+} 时,常先加入 $MnSO_4$-H_3PO_4-H_2SO_4 混合溶液。此混合溶液称保护混合液。

实验证明,$KMnO_4$ 测定 Fe^{2+} 时,如果待测的 Fe^{2+} 量较大,Cl^- 浓度较低,溶液的酸度不太高,由诱导反应带来的误差并不显著。但当 Fe^{2+} 的含量较低,Cl^- 浓度较高,溶液的酸度也较高时,对分析结果的影响较大。若用 $K_2Cr_2O_7$ 法测定 Fe^{2+},Cl^- 则没有影响,因此,工业上更多采用 $K_2Cr_2O_7$ 法测定 Fe^{2+}。

诱导反应与催化反应不同。催化反应中催化剂参加反应后恢复其原来的状态,而在诱导反应中,诱导体参加反应后变为其它物质。诱导反应增加了作用体的消耗量,从而引进了误差。诱导反应与副反应也不相同,主反应的反应速度是不受副反应影响的。

§3 氧化还原滴定

一、氧化还原滴定曲线

和其它滴定分析法相似,氧化还原滴定过程中,随着滴定剂的加入,溶液中氧化剂和还原剂的浓度逐渐变化,有关电对电位也随之改变。若反应中两电对都是可逆的,就可以根据能斯特方程,由两电对的条件电位计算滴定过程中溶液电位的变化,并描绘滴定曲线。

以 0.1000 mol/L $Ce(SO_4)_2$ 溶液在 0.5 mol/L H_2SO_4 溶液中滴定 0.1000 mol/L $FeSO_4$ 溶液为例。滴定反应为:

$$Ce^{4+} + Fe^{2+} \rightleftharpoons Ce^{3+} + Fe^{3+} \tag{7-22}$$

滴定过程中溶液组成的变化如下:

  滴定前 Fe^{2+}
  化学计量点前 Fe^{2+},Fe^{3+},Ce^{3+}(反应完全,$[Ce^{4+}]$很小)
  化学计量点 Fe^{3+},Ce^{3+}($[Fe^{2+}]$,$[Ce^{4+}]$很小)
  化学计量点后 Fe^{3+},Ce^{3+},Ce^{4+}($[Fe^{2+}]$很小)

因

$$\varphi_{Fe^{3+}/Fe^{2+}} = \varphi^{\ominus\prime}{}_{Fe^{3+}/Fe^{2+}} + 0.059 \lg \frac{c_{Fe^{3+}}}{c_{Fe^{2+}}} \quad \varphi^{\ominus\prime}{}_{Fe^{3+}/Fe^{2+}} = 0.68V \tag{7-23}$$

$$\varphi_{Ce^{4+}/Ce^{3+}} = \varphi^{\ominus\prime}{}_{Ce^{4+}/Ce^{3+}} + 0.059 \lg \frac{c_{Ce^{4+}}}{c_{Ce^{3+}}} \quad \varphi^{\ominus\prime}{}_{Ce^{4+}/Ce^{3+}} = 1.46V \tag{7-24}$$

滴定过程中,在 Fe^{2+} 溶液中每加一份 Ce^{4+} 溶液,反应达到平衡时,$\varphi_{Fe^{3+}/Fe^{2+}} = \varphi_{Ce^{4+}/Ce^{3+}}$,因此,滴定的各个阶段,各平衡点的电位可从两个电对中选用便于计算的电对,按能斯特方程计算体系的电位值。

1. 化学计量点前

因加入的 Ce^{4+} 几乎全部被 Fe^{2+} 还原为 Ce^{3+}，到达平衡时，Ce^{4+} 的浓度很小，不易直接求得，但如果知道了滴定百分数，就可求得 $c_{Fe^{3+}}/c_{Fe^{2+}}$，可按式(7-23)计算 φ 值。

设 Fe^{2+} 被滴定了 $a\%$，则

$$\varphi = \varphi^{\ominus\prime}{}_{Fe^{3+}/Fe^{2+}} + 0.059\lg\frac{a}{100-a} \tag{7-25}$$

2. 化学计量点后

Fe^{2+} 几乎全部被 Ce^{4+} 氧化为 Fe^{3+}，$c_{Fe^{2+}}$ 不易直接求得，但只要知道加入过量 Ce^{4+} 的百分数，就可以用 $c_{Ce^{4+}}/c_{Ce^{3+}}$ 按式(7-24)求 φ 值。

设加入了 $b\%Ce^{4+}$，则过量的 Ce^{4+} 为 $(b-100)\%$，得

$$\varphi = \varphi^{\ominus\prime}{}_{Ce^{4+}/Ce^{3+}} + 0.059\lg\frac{b-100}{100} \tag{7-26}$$

3. 化学计量点

Ce^{4+} 和 Fe^{2+} 分别定量地转变为 Ce^{3+} 和 Fe^{3+}，未反应的 $c_{Ce^{4+}}$ 和 $c_{Fe^{2+}}$ 很小，不能直接求得，但从反应方程式(7-22)可得

$$c_{Ce^{4+}} = c_{Fe^{2+}} \qquad c_{Ce^{3+}} = c_{Fe^{3+}}$$

$$\left(\frac{c_{Ce^{4+}}}{c_{Ce^{3+}}}\right)_{等} = \left(\frac{c_{Fe^{2+}}}{c_{Fe^{3+}}}\right)_{等}$$

化学计量点的电位以 $\varphi_{等}$ 表示，则

$$\varphi_{等} = \varphi^{\ominus\prime}{}_{Fe^{3+}/Fe^{2+}} + 0.059\lg\left(\frac{c_{Fe^{3+}}}{c_{Fe^{2+}}}\right)_{等}$$

$$\varphi_{等} = \varphi^{\ominus\prime}{}_{Ce^{4+}/Ce^{3+}} + 0.059\lg\left(\frac{c_{Ce^{4+}}}{c_{Ce^{3+}}}\right)_{等}$$

两式相加

$$2\varphi_{等} = \varphi^{\ominus\prime}{}_{Fe^{3+}/Fe^{2+}} + \varphi^{\ominus\prime}{}_{Ce^{4+}/Ce^{3+}}$$

$$\varphi_{等} = \frac{1}{2}(\varphi^{\ominus\prime}{}_{Fe^{3+}/Fe^{2+}} + \varphi^{\ominus\prime}{}_{Ce^{4+}/Ce^{3+}}) = \frac{1}{2}(0.68+1.46)V = 1.07V \tag{7-27}$$

计算各滴定点溶液的电位，列于表 7-1，并绘制滴定曲线(图 7-1)

从图 7-1 可见：(1) 化学计量点附近体系的电位有明显的突变，称为滴定突跃；(2) 滴定百分数为 50% 时的电位是还原剂电对的条件电位($\varphi^{\ominus\prime}{}_{Fe^{3+}/Fe^{2+}}$)。这一区域内电位比较稳定，曲线平坦，与强碱滴定弱酸，当弱酸被滴定 50% 时(pH＝pK_a)有一个缓冲区相似；(3) 由于两电对的电子转移数相等(都是 1)，化学计量点的电位恰好处于滴定突跃的中间，在化学计量点附近滴定曲线是对称的。

对于电子转移数不同的氧化还原反应，如

$$mOx_1 + nRed_2 \Longrightarrow mRed_1 + nOx_2$$

$$Ox_1 + ne \Longrightarrow Red_1 \qquad \varphi = \varphi^{\ominus\prime}{}_1 + \frac{0.059}{n}\lg\frac{c_{Ox_1}}{c_{Red_1}}$$

$$Ox_2 + me \rightleftharpoons Red_2 \qquad \varphi = \varphi^{\ominus\prime}_2 + \frac{0.059}{m}\lg\frac{c_{Ox_2}}{c_{Red_2}}$$

表 7-1 在 0.5 mol/L H_2SO_4 溶液中用 0.1000 mol/L Ce^{4+}
滴定 0.1000 mol/L Fe^{2+} 溶液电位的变化

加入 Ce^{4+} 溶液(用 Fe^{2+} 的百分数表示)	$c_{Fe^{3+}}/c_{Fe^{2+}}$ 的比值	电位 E/V
9	0.1	0.62
50	1	0.68
91	10	0.74
99	100	0.80
99.9	1000	0.86
100		1.07($E_{等}$)
	$c_{Ce^{4+}}/c_{Ce^{3+}}$ 的比值	
100.1	0.001	1.28
101	0.01	1.34
110	0.1	1.40
150	0.5	1.44

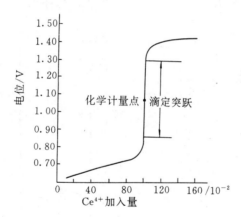

图 7-1 用 0.1000 mol/L Ce^{4+} 滴定 0.1000 mol/L Fe^{2+} 的滴定曲线(0.5 mol/L H_2SO_4)

化学计量点 $\varphi_{等}$ 的计算通式：

$$\varphi_{等} = \frac{n\varphi_1^{\ominus} + m\varphi_2^{\ominus}}{m+n} \tag{7-28}$$

滴定突跃范围为：

$$\varphi_2^{\ominus} + \frac{3 \times 0.059}{m} \longrightarrow \varphi_1^{\ominus} - \frac{3 \times 0.059}{n} \tag{7-29}$$

例如，1 mol/L $HClO_4$ 溶液中，用 $KMnO_4$ 滴定 Fe^{2+}，因为

$$\varphi^{\ominus}_{MnO_4^-/Mn^{2+}}{}' = 1.45V \quad \varphi^{\ominus}_{Fe^{3+}/Fe^{2+}}{}' = 0.75V$$

所以
$$\varphi_{等} = \frac{5\varphi^{\ominus}_{MnO_4^-/Mn^{2+}}{}' + \varphi^{\ominus}_{Fe^{3+}/Fe^{2+}}{}'}{5+1} = \frac{5 \times 1.45 + 0.75}{6}V = 1.33V$$

滴定突跃范围为

$$(0.75 + 3 \times 0.059)V \longrightarrow \left(1.45 - \frac{3 \times 0.059}{5}\right)V$$

即
$$0.93V \longrightarrow 1.41V$$

因 $m \neq n$，化学计量点的电位不在滴定突跃中间，故在化学计量点附近，滴定曲线是不对称的，化学计量点的电位偏向得失电子数较多的一方（图 7-2）。

MnO_4^-/Mn^{2+} 是不可逆电对。用电位法测定的滴定曲线与计算结果计算的滴定曲线有较大差别（图 7-2）。用电位法测定曲线后，常以曲线上的拐点作为滴定终点。若滴定反应中氧化剂和还原剂得失电子数相同，滴定曲线在化学计量点附近是对称的，拐点和化学计量点一致，如图 7-1 所示；如果滴定反应中氧化剂和还原剂得失电子数不同，拐点和化学计量点不一致，如图 7-2 所示。

二、滴定突跃与两个电对条件电位的关系

化学计量点附近电位突跃的大小与两个电对条件电位相差的大小有关。电位相差越大，滴定突跃越大。以不同氧化剂滴定 Fe^{2+} 为例，滴定曲线如图 7-3 所示。

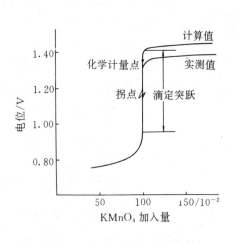

图 7-2 $KMnO_4$ 滴定 Fe^{2+} 的滴定曲线

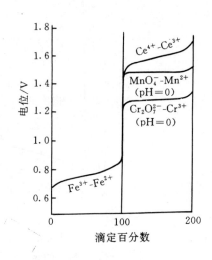

图 7-3 不同氧化剂滴定 Fe^{2+} 的滴定曲线

从图 7-3 可以看到：(1) 氧化剂越强，滴定突跃越大，越易准确滴定；(2) 曲线的形状与氧化剂或还原剂得失电子数有关，Fe^{3+}-Fe^{2+} 和 Ce^{4+}-Ce^{3+} 的曲线要陡些，MnO_4^--Mn^{2+} ($n=5$) 和 $Cr_2O_7^{2-}$-Cr^{3+} ($n=6$) 曲线比较平坦。

在不同介质的条件下，氧化还原电对的条件电位不同，氧化还原滴定曲线常因滴定时介质不同而改变其突跃的大小。例如 $KMnO_4$ 在不同介质中滴定 Fe^{2+} 的滴定曲线如图 7-4 所示（图中曲线由实验测得）。图中曲线说明以下三点：(1) 化学计量点以前溶液的电位

由 $\varphi^{\ominus\prime}{}_{Fe^{3+}/Fe^{2+}}$ 决定,因 Fe^{3+} 与阴离子的配位作用不同而影响该电位的大小。由于 PO_4^{3-} 与 Fe^{3+} 形成稳定配离子 $[Fe(HPO_4)_2]^-$ 使 $\varphi^{\ominus\prime}{}_{Fe^{3+}/Fe^{2+}}$ 降低,ClO_4^- 不与 Fe^{3+} 配位,$\varphi^{\ominus\prime}{}_{Fe^{3+}/Fe^{2+}}$ 较高,因此在 $HCl+H_3PO_4$ 介质中,滴定 Fe^{2+} 的曲线位置最低,突跃最大,滴定到终点时颜色变化明显;(2) 化学计量点后,溶液中存在过量的 $KMnO_4$,实际上决定溶液电位的是 $Mn(Ⅲ)/Mn(Ⅱ)$ 电对,由于 $Mn(Ⅲ)$ 易与 PO_4^{3-},SO_4^{2-} 等阴离子配位降低了 $\varphi^{\ominus\prime}{}_{Mn(Ⅲ)/Mn(Ⅱ)}$,$Mn(Ⅲ)$ 与 ClO_4^- 不配位,因此在 $HClO_4$ 介质中用 $KMnO_4$ 滴定 Fe^{2+} 时,在化学

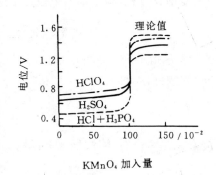

图 7-4 $KMnO_4$ 在不同介质中滴定 Fe^{2+} 的滴定曲线

计量点后曲线位置最高;(3) MnO_4^-/Mn^{2+} 是不可逆电对,计算所得的滴定曲线(理论值)和实验测定的滴定曲线有较大差异。

三、氧化还原滴定中的指示剂

应用于氧化还原滴定的指示剂有以下三类:

(一)氧化还原指示剂

氧化还原指示剂是本身具有氧化还原性质的复杂的有机化合物。它的氧化形(In_{Ox})和还原形(In_{Red})具有不同的颜色。它的氧化还原半反应为:

$$In_{Ox} + ne \rightleftharpoons In_{Red} \tag{7-30}$$

在滴定过程中,它参与氧化还原反应后结构发生改变而引起颜色的变化,例如,

二苯胺磺酸

↓

二苯联苯胺磺酸(无色) $+2H^+ +2e$

⇅

二苯联苯胺磺酸紫(紫色) $+2H^+ +2e$

根据能斯特方程,指示剂的电位与浓度之间的关系为:

$$\varphi = \varphi^{\ominus\prime}_{\text{In}} + \frac{0.059}{n}\lg\frac{c_{\text{In(Ox)}}}{c_{\text{In(Red)}}} \tag{7-31}$$

式中 $\varphi^{\ominus\prime}_{\text{In}}$ 表示指示剂的条件电位。与酸碱指示剂情况相似,当 $c_{\text{In(Ox)}}/c_{\text{In(Red)}} \geqslant 10$ 时,溶液呈现 In_{Ox} 的颜色,此时

$$\varphi \geqslant \varphi^{\ominus\prime}_{\text{In}} + \frac{0.059}{n}\lg 10 = \varphi^{\ominus\prime}_{\text{In}} + \frac{0.059}{n} \tag{7-32}$$

当 $c_{\text{In(Ox)}}/c_{\text{In(Red)}} \leqslant \frac{1}{10}$ 时,溶液呈现 In_{Red} 的颜色,此时

$$\varphi \leqslant \varphi^{\ominus\prime}_{\text{In}} + \frac{0.059}{n}\lg\frac{1}{10} = \varphi^{\ominus\prime}_{\text{In}} - \frac{0.059}{n} \tag{7-33}$$

指示剂的变色电位范围是:

$$\varphi^{\ominus\prime}_{\text{In}} - \frac{0.059}{n} \longrightarrow \varphi^{\ominus\prime}_{\text{In}} + \frac{0.059}{n} \tag{7-34}$$

指示剂不同,$\varphi^{\ominus\prime}_{\text{In}}$ 值不同,在表 7-2 列出几种常用的氧化还原指示剂。

表 7-2　几种氧化还原指示剂

指示剂	$\varphi^{\ominus\prime}_{\text{In}}/\text{V}$ $[\text{H}^+]=1\text{ mol/L}$	颜　色		指示剂溶液
		氧化态	还原态	
甲基蓝	0.53	蓝绿	无色	0.05%水溶液
二苯胺	0.76	紫	无色	0.1%浓 H_2SO_4 溶液
二苯胺磺酸钠	0.85	紫红	无色	0.05%水溶液
羊毛罂红 A	1.00	橙红	黄绿	0.1%水溶液
邻二氮菲亚铁	1.06	浅蓝	红	0.025 mol/L 水溶液
邻苯氨基苯甲酸	1.08	紫红	无色	0.1% Na_2CO_3 溶液
硝基邻二氮菲亚铁	1.25	浅蓝	紫红	0.025 mol/L 水溶液

氧化还原指示剂是氧化还原滴定的通用指示剂。选择指示剂时应注意以下两点:

(1) 指示剂变色的电位范围应在滴定突跃范围之内。由于指示剂变色的电位范围很小,简单地说,可选择指示剂条件电位 $\varphi^{\ominus\prime}_{\text{In}}$ 处于滴定突跃范围之内的指示剂。例如在 0.5 mol/L H_2SO_4 溶液中,用 Ce^{4+} 滴定 Fe^{2+} 时,滴定突跃为 0.86—1.28V,如果选用邻苯氨基苯甲酸($\varphi^{\ominus\prime}=1.08\text{V}$)或邻二氮菲亚铁($\varphi^{\ominus\prime}=1.06\text{V}$),滴定误差小于 0.1%,都是合适的指示剂。如果选用二苯胺磺酸钠($\varphi^{\ominus\prime}=0.85\text{V}$),误差大于 0.1%。此时若在溶液中加入 H_3PO_4,由于 Fe^{3+} 与 PO_4^{3-} 形成稳定配离子,$\text{Fe}^{3+}/\text{Fe}^{2+}$ 电对的条件电位降低(见图 7-4),这样,二苯胺磺酸钠也就适用了。

氧化还原滴定中,常用加入配位剂的方法来"拉长"滴定突跃,使指示剂变色点的电位处于滴定突跃范围之内。

(2) 氧化还原滴定中,滴定剂和被滴定的物质常是有色的,反应前后颜色改变,观察到的是离子的颜色和指示剂所显示颜色的混合色,选择指示剂时应注意化学计量点前后颜色变化是否明显。例如用 $\text{Cr}_2\text{O}_7^{2-}$ 滴定 Fe^{2+} 时,常选用二苯胺磺酸钠作指示剂,滴定过

程中溶液颜色变化如下：

	滴定前	化学计量点前	化学计量点后
离子的颜色	Fe^{2+}（几乎无色）	Fe^{2+},Fe^{3+},Cr^{3+}（绿色渐加深）	Fe^{3+},Cr^{3+}（亮绿色）
指示剂的颜色		还原形（无色）	氧化形（紫色）
溶液的颜色		绿色渐加深	紫色

至终点时，溶液由亮绿色变为紫色，颜色变化明显。若选用羊毛绿 B 作指示剂（$\varphi^{\ominus\prime}_{In}=1.0V$），则滴定过程中溶液颜色变化如下：

	滴定前	化学计量点前	化学计量点后
离子的颜色	Fe^{2+}（几乎无色）	Fe^{2+},Fe^{3+},Cr^{3+}（绿色渐加深）	Fe^{3+},Cr^{3}（亮绿色）
指示剂的颜色		还原形（蓝绿）	氧化形（橙黄）
溶液的颜色		蓝绿	黄绿

至终点时，溶液由蓝绿色变为黄绿色，颜色变化不明显。这种指示剂的变色点电位虽在滴定突跃范围之内，但仍不适用。

此外，滴定过程中指示剂本身要消耗少量滴定剂，如果滴定剂的浓度较大（约 0.1 mol/L），指示剂所消耗的滴定剂的量很小，对分析结果影响不大；如果滴定剂的浓度较小（约 0.01 mol/L），则应作指示剂空白校正。

（二）自身指示剂

氧化还原滴定中，有些标准溶液或被滴定物质本身有很深的颜色，而滴定产物为无色或颜色很浅，滴定时勿需另加指示剂，它们本身颜色的变化就起着指示剂的作用。这种物质叫做自身指示剂。例如用 $KMnO_4$ 作滴定剂，MnO_4^- 本身呈深紫色，在酸性溶液中还原为几乎是无色的 Mn^{2+}，滴定到化学计量点后，稍过量的 MnO_4^- 就可使溶液呈粉红色（此时 MnO_4^- 的浓度约为 2×10^{-6} mol/L），指示终点的到达。

（三）专用指示剂

专用指示剂是能与滴定剂或被滴定物质反应生成特殊颜色的物质，因而指示终点。例如可溶性淀粉溶液与 I_2 生成深蓝色吸附化合物，当 I_2 被还原为 I^- 时，深蓝色立即消失，反应极灵敏，当 I_2 溶液浓度为 1×10^{-5} mol/L 时，即能看到蓝色。因此可从蓝色的出现或消失指示终点。又如 SCN^- 和 Fe^{3+} 生成深红色配合物，用 $TiCl_3$ 滴定 Fe^{3+} 时，SCN^- 是适宜的指示剂。当 Fe^{3+} 全部被还原时，SCN^- 与 Fe^{3+} 配合物的红色消失，指示终点的到达。

§4 氧化还原滴定的预先处理

用氧化还原法分析试样时，往往需要进行预先处理，使试样中的待测组分处于一定价态。例如测定钢中锰、铬含量时，钢溶解后，它们以 Mn^{2+}，Cr^{3+} 的形式存在。因 $\varphi^\ominus_{MnO_4^-/Mn^{2+}}$，$\varphi^\ominus_{Cr_2O_7^{2-}/Cr^{3+}}$ 都很高，要找一个电位比它们高的氧化剂作滴定剂直接滴定 Mn^{2+} 和 Cr^{3+} 是不可能的，但是可以用 $(NH_4)_2S_2O_8$ 进行预先处理，将 Mn^{2+} 和 Cr^{3+} 分别氧化为 MnO_4^- 和 $Cr_2O_7^{2-}$，然后用 Fe^{2+} 标准溶液滴定。又如测定铁矿中的总铁量时，将 Fe^{3+} 预先还原为 Fe^{2+}，然后用 $K_2Cr_2O_7$ 或 $KMnO_4$ 滴定。

预先处理要符合下列要求：

1. 反应速度快。

2. 待测组分应定量地氧化或还原。

3. 反应具有一定的选择性，反应能定量地氧化或还原待测组分，而不与试样中其它组分发生反应。例如测定铁矿中铁的含量，若用 Zn 作预先还原剂，它不仅还原 Fe^{3+}，同时还原 Ti^{4+}，用 $K_2Cr_2O_7$ 滴定 Fe^{2+} 时，Ti^{3+} 也被滴定。若选用 $SnCl_2$ 作预先还原剂，则仅还原 Fe^{3+}，反应具有一定的选择性。

4. 加入的过量氧化剂或还原剂须易于除去。除去的方法有：

(1) 加热

如 $(NH_4)_2S_2O_8$，H_2O_2，Cl_2 等易分解或易挥发的物质可用加热煮沸的方法除去；

(2) 过滤

如 $NaBiO_3$，Zn 等难溶于水，可过滤除去；

(3) 利用化学反应

如加入 $HgCl_2$ 除去过量的 $SnCl_2$，反应为：

$$SnCl_2 + 2HgCl_2 = SnCl_4 + Hg_2Cl_2 \downarrow$$

Hg_2Cl_2 沉淀一般不被滴定剂氧化，不必分离。

常用的预先处理的氧化剂和还原剂列于表 7-3 和表 7-4。

表 7-3 几种常用于预先处理的氧化剂

氧 化 剂	反 应 条 件	主 要 应 用	除 去 方 法
Cl_2 $Cl_2 + 2e = 2Cl^-$ $\varphi^\ominus = 1.36V$	酸性或中性	$I^- \longrightarrow IO_3^-$	煮沸或通空气流
$(NH_4)_2S_2O_8$ $S_2O_8^{2-} + 2e = 2SO_4^{2-}$ $\varphi^\ominus = 2.01V$	酸性 Ag^+ 作催化剂	$Ce^{3+} \longrightarrow Ce^{4+}$ $Mn^{2+} \longrightarrow MnO_4^-$ $Cr^{3+} \longrightarrow Cr_2O_7^{2-}$ $VO^{2+} \longrightarrow VO_3^-$	煮沸分解
H_2O_2 $HO_2^- + H_2O + 2e = 3OH^-$ $\varphi^\ominus = 0.88V$	NaOH 介质 HCO_3^- 介质 碱性介质	$Cr^{3+} \longrightarrow CrO_4^{2-}$ $Co(II) \longrightarrow Co(III)$ $Mn(II) \longrightarrow Mn(IV)$	煮沸分解，加少量 Ni^{2+} 或 I^- 作催化剂，加速 H_2O_2 的分解
$NaBiO_3$ $NaBiO_3(s) + 6H^+ + 2e$ $= Bi^{3+} + Na^+ + 3H_2O$ $\varphi^\ominus = 1.80V$	室温 HNO_3 介质 H_2SO_4 介质	$Mn^{2+} \longrightarrow MnO_4^-$ $Ce^{3+} \longrightarrow Ce^{4+}$	过滤

续表

氧 化 剂	反 应 条 件	主 要 应 用	除 去 方 法
Na_2O_2	熔融	$Fe(CrO_2)_2 \longrightarrow CrO_4^{2-}$	在酸性溶液中煮沸

表 7-4 几种常用于预先处理的还原剂

还 原 剂	反 应 条 件	主 要 应 用	除 去 方 法
SO_2 $SO_4^{2-}+4H^++2e$ $=\!\!=\!\!SO_2(水)+2H_2O$ $\varphi^\ominus=0.20V$	1 mol/L H_2SO_4 (有 SCN^- 共存， 加速反应) 有 SCN^- 共存	$Fe(Ⅲ)\longrightarrow Fe(Ⅱ)$ $As(V)\longrightarrow As(Ⅲ)$ $Sb(V)\longrightarrow Sb(Ⅲ)$ $Cu(Ⅱ)\longrightarrow Cu(Ⅰ)$	煮沸，通 CO_2
$SnCl_2$ $Sn^{4+}+2e=\!\!=\!\!Sn^{2+}$ $\varphi^\ominus=0.15V$	酸性，加热	$Fe(Ⅲ)\longrightarrow Fe(Ⅱ)$ $Mo(Ⅵ)\longrightarrow Mo(V)$ $As(V)\longrightarrow As(Ⅲ)$	快速加入过量的 $HgCl_2$ $Sn^{2+}+2HgCl_2$ $=\!\!=\!\!Sn^{4+}+Hg_2Cl_2+2Cl^-$
$TiCl_3$ $Ti(OH)^{3+}+H^++e$ $=\!\!=\!\!Ti^{3+}+H_2O$ $\varphi^\ominus=0.06V$	酸性	$Fe(Ⅲ)\longrightarrow Fe(Ⅱ)$	少量 Ti^{3+}，被水中 O_2 氧化
金属锌、铝等或金属的汞齐	酸性	$Fe(Ⅲ)\longrightarrow Fe(Ⅱ)$ $Ti(Ⅳ)\longrightarrow Ti(Ⅲ)$ $Cr(Ⅲ)\longrightarrow Cr(Ⅱ)$ $V(V)\longrightarrow V(Ⅱ)$	过滤，或加酸溶解

§5 常用的氧化还原滴定法

氧化还原滴定法常以滴定剂命名并分类。

一、高锰酸钾法

高锰酸钾是一种强氧化剂。用它可以直接滴定 $Fe(Ⅱ)$，$As(Ⅲ)$，$Sb(Ⅲ)$，H_2O_2，$C_2O_4^{2-}$，NO_2^- 以及其它具有还原性的物质(包括很多有机化合物)，还可以间接测定能与 $C_2O_4^{2-}$ 定量沉淀为草酸盐的金属离子(如 Ca^{2+}、Th^{4+}，稀土离子等)。$KMnO_4$ 本身呈紫色，滴定时无需另加指示剂。这些都是它的优点，因此，高锰酸钾法应用广泛。它的主要缺点是试剂含有少量杂质，标准溶液不够稳定，反应历程复杂，并常伴有副反应发生。滴定时要严格控制条件，已标定的 $KMnO_4$ 溶液放置一段时间后应重新标定。

MnO_4^- 的氧化作用与溶液的酸度有关。在强酸性溶液中，反应为：
$$MnO_4^- + 8H^+ + 5e =\!\!= Mn^{2+} + 4H_2O \quad \varphi^\ominus = 1.491V$$
在微酸性、中性或弱碱性溶液中，反应为：
$$MnO_4^- + 2H_2O + 3e =\!\!= MnO_2 + 4OH^- \quad \varphi^\ominus = 0.588V$$
反应后生成棕色的 MnO_2，妨碍终点的观察，这个反应在定量分析中很少应用。在强碱性

溶液中(NaOH 的浓度大于 2 mol/L),很多有机化合物与 MnO_4^- 反应,半反应式为:
$$MnO_4^- + e = MnO_4^{2-} \quad \varphi^\ominus = 0.564V$$

(一) 标准溶液的配制和标定

市售的 $KMnO_4$ 试剂常含有少量 MnO_2 和其它杂质。同时由于 $KMnO_4$ 的氧化性强,在生产、储存和配制溶液过程中易与还原性物质作用,如蒸馏水中含有的少量有机物质等。$KMnO_4$ 与有机物质缓慢反应生成 $MnO(OH)_2$,因此,$KMnO_4$ 标准溶液不能直接配制。

为了配制较稳定的 $KMnO_4$ 溶液,可称取稍多于计算用量的 $KMnO_4$,溶于一定体积蒸馏水中。在暗处放置 7—10 天;或将溶液加热至沸,并保持微沸一小时,使水中还原性物质与 $KMnO_4$ 充分作用。用微孔玻璃砂漏斗过滤除去 $MnO(OH)_2$ 沉淀。溶液贮存于棕色瓶中,标定后使用。

标定 $KMnO_4$ 的基准物质很多,如 $H_2C_2O_4 \cdot 2H_2O$,$Na_2C_2O_4$,$(NH_4)_2Fe(SO_4)_2 \cdot 6H_2O$,$As_2O_3$,纯铁丝等。其中最常用的是 $Na_2C_2O_4$,它易于提纯,稳定,不含结晶水,在 105—110℃ 烘干两小时,即可使用。

在 H_2SO_4 溶液中,MnO_4^- 和 $C_2O_4^{2-}$ 发生下式反应:
$$2MnO_4^- + 5C_2O_4^{2-} + 16H^+ = 2Mn^{2+} + 10CO_2 + 8H_2O$$
为使反应定量进行,应注意以下滴定条件:

(1) 酸度

酸度过低,MnO_4^- 部分还原为 MnO_2;酸度过高,会促使 $H_2C_2O_4$ 分解。一般在滴定开始时,溶液的酸度约为 1 mol/L。

(2) 温度

为了加快反应速度,需加热至 70—80℃ 滴定。

(3) 滴定速度

开始滴定时,由于反应速度缓慢,应在加入一滴 MnO_4^- 溶液褪色后再加入第二滴。如果滴定速度过快,$KMnO_4$ 还来不及与 $C_2O_4^{2-}$ 反应,就会在热的酸性溶液中分解:
$$4MnO_4^- + 12H^+ = 4Mn^{2+} + 5O_2 + 6H_2O$$
导致标定结果偏低。随着滴定进行,由于生成物 Mn^{2+} 起了催化作用,滴定速度可以加快。

(二) 测定示例

1. 直接滴定法

高锰酸钾氧化能力强,可以直接滴定许多还原性物质。以 H_2O_2 为例,
$$2MnO_4^- + 5H_2O_2 + 6H^+ = 2Mn^{2+} + 5O_2 + 8H_2O$$
与测定 $C_2O_4^{2-}$ 相似,滴定开始反应速度极慢,但因 H_2O_2 不稳定,不能加热,随着 Mn^{2+} 的生成,催化反应,使反应速度加快。

H_2O_2 不稳定。工业用 H_2O_2 常加入某些有机化合物(如乙酰苯胺等)作稳定剂。这些有机化合物大多数能与 MnO_4^- 反应而干扰测定。在这种情况下最好改用碘量法测定 H_2O_2。

2. 间接滴定法

以 Ca^{2+} 的测定为例。Ca^{2+} 先沉淀为 CaC_2O_4,经过滤洗涤后,溶于热的稀 H_2SO_4 中,用

$KMnO_4$ 标准溶液滴定 $H_2C_2O_4$,根据所消耗的 $KMnO_4$ 的量求得 Ca^{2+} 的量。

凡能与 $C_2O_4^{2-}$ 定量生成沉淀的金属离子,都可用上述方法间接测定。

3. 回滴法

以 MnO_2 和有机化合物的测定为例。

MnO_2 在酸性溶液中与一定量且过量的 $C_2O_4^{2-}$ 反应:

$$MnO_2 + C_2O_4^{2-} + 4H^+ \xrightarrow{\triangle} Mn^{2+} + 2CO_2 + 2H_2O$$

待反应完全后,用 $KMnO_4$ 标准溶液滴定过量的 $C_2O_4^{2-}$。此法可用于 PbO_2 的测定。

在强碱性溶液中过量 $KMnO_4$ 能定量地氧化某些有机化合物。以甘油的测定为例。在含有甘油的强碱性试液中加入一定量且过量的 $KMnO_4$ 标准溶液,发生下式反应:

$$\begin{array}{l} H_2C-OH \\ | \\ HC-OH \\ | \\ H_2C-OH \end{array} + 14MnO_4^- + 20OH^- = 3CO_3^{2-} + 14MnO_4^{2-} + 14H_2O$$

放置,待反应完全后将溶液酸化,MnO_4^{2-} 歧化为 MnO_4^- 和 MnO_2。加入一定量且过量的 Fe^{2+} 标准溶液,还原溶液中所有高价锰离子为 Mn^{2+},再用 $KMnO_4$ 标准溶液回滴过量的 Fe^{2+}。根据两次 $KMnO_4$ 加入量和 Fe^{2+} 的量计算甘油的含量。

用此法可测定甲醇、甲酸、羟基乙酸、酒石酸、柠檬酸、葡萄糖等。

二、重铬酸钾法

(一)概述

重铬酸钾是一种常用的氧化剂,在酸性溶液中被还原为 Cr^{3+}:

$$Cr_2O_7^{2-} + 14H^+ + 6e = 2Cr^{3+} + 7H_2O \quad \varphi^\ominus = 1.33V$$

$K_2Cr_2O_7$ 用作滴定剂有以下优点:

(1) $K_2Cr_2O_7$ 易提纯(纯度可达 99.99%),在 140—150℃ 烘干后,可以直接配制标准溶液。

(2) $K_2Cr_2O_7$ 标准溶液非常稳定,长期密封储存,浓度不变。

(3) $K_2Cr_2O_7$ 的氧化能力(在 1 mol/L HCl 中 $\varphi^{\ominus\prime}=1.00V$,在 0.5 mol/L H_2SO_4 中,$\varphi^{\ominus\prime}=1.08V$)较 $KMnO_4$ 弱,室温下不氧化 Cl^-($\varphi^\ominus=1.36V$),因此可以在 HCl 介质中用 $K_2Cr_2O_7$ 滴定 Fe^{2+}。

滴定过程中,橙色的 $Cr_2O_7^{2-}$ 还原后转变为绿色的 Cr^{3+},需用指示剂确定滴定终点。常用的指示剂是二苯胺磺酸钠。

(二)测定示例

1. 铁的测定

酸性溶液中 $Cr_2O_7^{2-}$ 和 Fe^{2+} 的反应为:

$$Cr_2O_7^{2-} + 6Fe^{2+} + 14H^+ = 2Cr^{3+} + 6Fe^{3+} + 7H_2O$$

为了减少终点误差,常加入 H_3PO_4"拉长"滴定突跃范围,使指示剂的变色点处于滴定突跃范围之内,又因生成的 $Fe(HPO_4)_2^-$ 为无色,有利于终点的观察。

$K_2Cr_2O_7$ 法是测定铁矿、合金中铁含量的常用方法。试样溶于浓 HCl，滴定前需将 Fe^{3+} 还原为 Fe^{2+}，在表7-5介绍几种常用的还原方法，表7-6列出有关电对的标准电位。

表 7-5 几种常用的还原方法的比较

还原剂	反应	消除过量还原剂的方法	优缺点
$SnCl_2$	$2Fe^{3+}+Sn^{2+} = 2Fe^{2+}+Sn^{4+}$	加入 $HgCl_2$，反应为：$SnCl_2+HgCl_2 = SnCl_4+Hg_2Cl_2\downarrow$ 白色丝状	Ti(Ⅳ)不干扰测定；$SnCl_2$ 不能过量太多，因 Hg_2Cl_2 进一步还原为 Hg，影响测定；$HgCl_2$ 有毒
$TiCl_3$	$Fe^{3+}+Ti^{3+} = Fe^{2+}+Ti(Ⅳ)$	在 Cu^{2+} 催化下，由溶解氧的氧化作用	Ti(Ⅳ)不干扰测定，$TiCl_3$ 无毒
Zn，Al 等	$2Fe^{3+}+Zn = 2Fe^{2+}+Zn^{2+}$	过滤除去	Ti(Ⅳ)干扰测定，过量 Zn 易除去

表 7-6 几种电对的标准电位

半反应	$\varphi^{\ominus}/V$
$Cr_2O_7^{2-}+14H^++6e = 2Cr^{3+}+7H_2O$	1.33
$Fe^{3+}+e = Fe^{2+}$	0.77
$2HgCl_2+2e = Hg_2Cl_2(s)+2Cl^-$	0.63
$Hg_2Cl_2(s)+2e = 2Hg+2Cl^-$	0.27
$Sn^{4+}+2e = Sn^{2+}$	0.15
$Ti(OH)^{3+}+H^++e = Ti^{3+}+H_2O$	0.06
$Zn^{2+}+2e = Zn$	-0.76

有时用锌汞齐在 Jones 还原器(图 7-5)中进行。玻璃管长 35—55cm，直径约 2cm，管下端置一有孔瓷板，其上铺一层石棉或玻璃纤维，上面放约 25—35cm 高的锌汞齐，管下端有活塞，用以控制流速。

用 Zn 或 Zn-Hg 齐还原应作一空白试验。

2. 利用 $Cr_2O_7^{2-}$-Fe^{2+} 的反应测定其它物质

(1) 测定氧化剂

如测定 $Cr_2O_7^{2-}$，MnO_4^-，VO_3^-，NO_3^-，Ce^{4+} 等。试液中加入一定量并过量的 Fe^{2+} 标准溶液，待反应完全后，用 $K_2Cr_2O_7$ 标准溶液滴定过量的 Fe^{2+}。

(2) 测定还原剂

水中的还原性物质大部分能被 $K_2Cr_2O_7$ 氧化。在酸性溶液中，以 Ag_2SO_4 作催化剂，加入一定量并过量的 $K_2Cr_2O_7$ 标准溶液，充分反应后，以邻二氮菲亚铁为指示剂，用 Fe^{2+} 标准溶液滴定。用此法可以测定水的污染程度，称为水的化学耗氧量(COD)的测定。

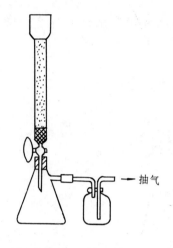

图 7-5　Jones 还原器

又如甲醇的测定,在工业甲醇的 H_2SO_4 溶液,加入一定量并过量的 $K_2Cr_2O_7$ 标准溶液,起下式反应:

$$CH_3OH + Cr_2O_7^{2-} + 8H^+ \Longleftrightarrow CO_2 + 2Cr^{3+} + 6H_2O$$

待反应完成后,以邻苯氨基苯甲酸作指示剂,用 Fe^{2+} 标准溶液回滴剩余的 $Cr_2O_7^{2-}$,即可求得 CH_3OH 含量。

(3) 测定非氧化、还原性物质

如测定 Ba^{2+}、Pb^{2+} 等。Ba^{2+} 和 Pb^{2+} 与 CrO_4^{2-} 反应分别定量地沉淀为 $BaCrO_4$ 和 $PbCrO_4$。沉淀经过滤、洗涤、溶解后,用 Fe^{2+} 标准溶液滴定 $Cr_2O_7^{2-}$,间接求出 Ba^{2+} 和 Pb^{2+} 的量。

三、碘量法

碘量法是利用 I_2 的氧化性和 I^- 的还原性进行滴定的方法。由于固体 I_2 在水中溶解度很小(在 25℃ 时为 1.18×10^{-3} mol/L),且易挥发,通常将 I_2 溶于 KI 溶液中,

$$I_2 + I^- \Longleftrightarrow I_3^-$$

碘量法的基本反应是:

$I_3^- + 2e \Longleftrightarrow 3I^-$　　($\varphi^{\ominus} = 0.5338V$,在 0.5mol/L H_2SO_4 中 $\varphi^{\ominus\prime} = 0.5446V$)

I_2 是较弱的氧化剂,只能滴定较强的还原剂;I^- 是中等强度的还原剂,可以间接测定多种氧化剂。如表 7-7 所示。

表 7-7　碘量法可测定的物质

	直接滴定(I_2 滴定法)	间接滴定(滴定 I_2 法)
标准溶液	I_2 溶液	$Na_2S_2O_3$ 溶液
可测定的物质	Sn(Ⅱ) $S_2O_3^{2-}$ SO_3^{2-} S^{2-} As(Ⅲ) 某些有机物	MnO_4^- $Cr_2O_7^{2-}$ IO_3^- BrO_3^- ⎫ +I^-(过量)→I_2 As(Ⅴ) Cu^{2+} 某些有机物

碘量法采用淀粉作指示剂。直接滴定时,溶液呈蓝色;间接滴定时,溶液的蓝色消失,表示到达终点。

碘量法既可测定氧化剂,又可测定还原剂。I_3^-/I^- 电对的可逆性好,副反应少,它不仅可在酸性介质中滴定,还可以在中性或弱碱性介质中滴定。碘量法有灵敏的指示剂——淀粉。因此碘量法应用广泛。

(一) 标准溶液的配制和标定

碘量法中常用 $Na_2S_2O_3$ 和 I_2 两种标准溶液。

1. Na$_2$S$_2$O$_3$ 标准溶液的配制和标定

结晶的 Na$_2$S$_2$O$_3$·5H$_2$O 含有杂质，且易风化，不能直接配制标准溶液；配好的 Na$_2$S$_2$O$_3$ 溶液的浓度易改变，这是因为：

(1) 被酸分解

$$S_2O_3^{2-} + H^+ \rightleftharpoons HSO_3^- + S\downarrow$$

水中溶解的 CO$_2$ 也能使它分解

$$S_2O_3^{2-} + CO_2 + H_2O \rightleftharpoons HSO_3^- + HCO_3^- + S\downarrow$$

(2) 与空气中的氧作用

$$S_2O_3^{2-} \longrightarrow SO_3^{2-} + S \quad (慢)$$

$$SO_3^{2-} + \frac{1}{2}O_2 \longrightarrow SO_4^{2-} \quad (快)$$

由于 S$_2$O$_3^{2-}$ 分解为 SO$_3^{2-}$ 和 S 的反应速度慢，一般情况下空气中氧的氧化作用可以忽略。但如果溶液中有 Cu(Ⅱ)和 Fe(Ⅲ)存在，可以催化反应，促使 S$_2$O$_3^{2-}$ 氧化。

(3) 细菌的作用

$$S_2O_3^{2-} \xrightarrow{细菌} SO_3^{2-} + S$$

因此，配制 Na$_2$S$_2$O$_3$ 溶液时，应用新煮沸并冷却了的蒸馏水，其目的在于杀死细菌并除去水中的 CO$_2$ 和 O$_2$。有时加入少量 Na$_2$CO$_3$（浓度约为 0.02%）保持溶液呈弱碱性以抑制细菌的生长。为了避免光促使 Na$_2$S$_2$O$_3$ 分解，溶液保存在棕色瓶中，使用一段时间后应重新标定。如果发现溶液变浑，应弃去重配。

可用 K$_2$Cr$_2$O$_7$，KBrO$_3$，KIO$_3$ 等基准物质标定 Na$_2$S$_2$O$_3$ 溶液，标定用间接滴定法。

2. 碘标准溶液的配制和标定

用升华法制得的纯 I$_2$ 可以直接配制标准溶液，但 I$_2$ 易挥发，准确称量比较困难，一般仍用标定法配制。配制时，将 I$_2$ 溶于 KI 溶液，贮于棕色瓶中。

碘溶液常用 As$_2$O$_3$ 基准物质标定。用升华的办法可以得到几乎 100.00% 纯度的 As$_2$O$_3$。As$_2$O$_3$ 难溶于水，可用 NaOH 溶液溶解，酸化后，加 NaHCO$_3$ 调节溶液的 pH=8，与 I$_2$ 发生下式反应：

$$HAsO_2 + I_2 + 2H_2O \rightleftharpoons HAsO_4^{2-} + 2I^- + 4H^+$$

有时也用已标定的 Na$_2$S$_2$O$_3$ 溶液标定。

(二) 碘量法的误差来源

1. 碘的挥发

为防止 I$_2$ 挥发，溶液中加入足够量的 KI，I$_2$ 形成 I$_3^-$。当溶液中含有约 4% 的 KI 时，在室温下滴定，I$_2$ 的挥发可以忽略。

如果反应同时有气体发生，I$_2$ 的挥发增加，此时最好用碘瓶（图 7-6）进行反应。反应完毕后，立即滴定。

2. I$^-$ 的氧化

反应如下：

$$4I^- + O_2 + 4H^+ = 2I_2 + 2H_2O$$

在中性介质和没有催化剂的情况下,此氧化作用进行得很慢,可以忽略。随着 H^+ 浓度增加,或直射光照射,反应速度加快。由于间接法测定时,常在强酸溶液中进行,因此,如果反应必须放置一段时间,应将容器盖好并放在暗处,待反应完毕后,尽快滴定。如果存在杂质(如 Cu^{2+},NO 等)催化反应,必须预先除去。

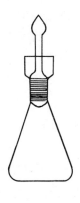

图 7-6 碘瓶

(三) 碘量法中的两个重要反应

1. I_2 和 $S_2O_3^{2-}$ 的反应

$S_2O_3^{2-}$ 可以和许多氧化剂反应,如 MnO_4^-,$Cr_2O_7^{2-}$ 等,但这些反应没有一定的计量关系,生成物可能是 $S_4O_6^{2-}$,SO_4^{2-} 等,所以不能用 $Na_2S_2O_3$ 直接滴定这些氧化剂。但 $S_2O_3^{2-}$ 与 I_2 的反应,能定量地进行完全,且反应快,所以用间接法测定氧化剂时,析出的 I_2 都是用 $Na_2S_2O_3$ 滴定的。

$S_2O_3^{2-}$ 与 I_3^- 的反应的中间过程有:

$$\left. \begin{array}{l} S_2O_3^{2-} + I_3^- \rightleftharpoons S_2O_3I^- + 2I^- \\ 2S_2O_3I^- + I^- \longrightarrow S_4O_6^{2-} + I_3^- \\ S_2O_3I^- + S_2O_3^{2-} \longrightarrow S_4O_6^{2-} + I^- \end{array} \right\} (快)$$

总反应为:

$$2S_2O_3^{2-} + I_3^- = S_4O_6^{2-} + 3I^- \quad (7\text{-}35)$$

I_2 和 $Na_2S_2O_3$ 的摩尔比是 1:2,要保证反应按式(7-35)进行,要求一定的条件,如果 I_2 的浓度很低(<0.003 mol/L),可能发生下式反应:

$$S_2O_3I^- + 3I_3^- + 5H_2O \longrightarrow 2SO_4^{2-} + 10H^+ + 10I^- \quad (慢) \quad (7\text{-}36)$$

此反应速度慢,在正常滴定的情况下,它的影响可以不予考虑。

$S_2O_3^{2-}$ 和 I_2 的反应应在弱酸性介质中进行。当溶液 pH>8,发生下列反应:

$$I_2 + 2OH^- = IO^- + I^- + H_2O$$
$$S_2O_3^{2-} + 4IO^- + 2OH^- = 2SO_4^{2-} + 4I^- + H_2O$$

总反应为:

$$S_2O_3^{2-} + 4I_2 + 10OH^- = 2SO_4^{2-} + 8I^- + 5H_2O \quad (7\text{-}37)$$

I_2 和 $S_2O_3^{2-}$ 的摩尔比是 4:1,因此造成误差。

如果在强酸性溶液中,则发生下列反应:

$$S_2O_3^{2-} + 2H^+ \longrightarrow H_2SO_3 + S$$
$$H_2SO_3 + I_2 + H_2O \longrightarrow SO_4^{2-} + 4H^+ + 2I^-$$

总反应为:

$$S_2O_3^{2-} + I_2 + H_2O \longrightarrow SO_4^{2-} + S + 2H^+ + 2I^- \quad (7\text{-}38)$$

I_2 和 $Na_2S_2O_3$ 的摩尔比是 1:1,因此造成误差。

实际滴定中,如果以 $S_2O_3^{2-}$ 滴定 I_2,由于 $S_2O_3^{2-}$ 和 I_2 的反应快,式(7-38)的反应还来

不及进行，$S_2O_3^{2-}$ 已被 I_2 氧化。所以酸度较高时，如果在搅拌下慢慢滴入 $Na_2S_2O_3$，不使 $Na_2S_2O_3$ 局部过浓，可以得到满意的结果。但如果用 I_2 滴定 $S_2O_3^{2-}$，就不能在酸性溶液中进行，因为 $S_2O_3^{2-}$ 在滴定前就和 H^+ 反应了。

2. I_2 与 As_2O_3 的反应

As_2O_3 溶于碱溶液中：

$$As_2O_3 + 2OH^- \rightleftharpoons 2AsO_2^- + H_2O$$

I_2 与 $HAsO_2$ 的反应是可逆的：

$$HAsO_2 + I_2 + 2H_2O \rightleftharpoons HAsO_4^{2-} + 2I^- + 4H^+$$

当溶液中 H^+ 浓度在 4 mol/L 以上，反应定量向左进行。基于此反应，可以用间接法测定 H_3AsO_4。在 pH≈8 的溶液中，反应定量向右进行，因此可用 As_2O_3 标定 I_2 溶液。

当 pH 为 9—11 时，可能发生下列反应：

$$I_2 + 2OH^- \rightleftharpoons IO^- + I^- + H_2O$$

$$HAsO_2 + IO^- + 2OH^- \rightleftharpoons HAsO_4^{2-} + I^- + H_2O$$

这个反应定量进行，总反应为：

$$I_2 + HAsO_2 + 4OH^- \rightleftharpoons HAsO_4^{2-} + 2I^- + 2H_2O \tag{7-39}$$

当 pH＞11 时，发生下式反应：

$$3I_2 + 6OH^- \rightleftharpoons IO_3^- + 5I^- + 3H_2O \tag{7-40}$$

IO_3^- 不能立即氧化 As(Ⅲ)。因此，用 I_2 滴定 As(Ⅲ) 时，溶液 pH 可以大于 8，不能大于 11，此时有可能发生式(7-39)的反应，因式中 I_2 和 As(Ⅲ) 的摩尔比仍为 1∶1，不影响分析结果。但如果用 As(Ⅲ) 滴定 I_2，溶液 pH 不能大于 9，因在此溶液中有一部分 I_2 可能转变为 IO_3^-，影响分析结果。一般加入 $NaHCO_3$，Na_2HPO_4 或 $Na_2B_4O_7$ 形成缓冲溶液(pH 为 8—9)，以控制溶液的 pH 值。

(四) 测定示例

1. 铜的测定

Cu^{2+} 和过量 KI 反应定量地析出 I_2，然后用 $Na_2S_2O_3$ 标准溶液滴定析出的 I_2，以淀粉作指示剂。反应如下：

$$2Cu^{2+} + 4I^- \rightleftharpoons 2CuI\downarrow + I_2$$

$$I_2 + 2S_2O_3^{2-} \rightleftharpoons 2I^- + S_4O_6^{2-}$$

CuI 表面吸附 I_2，使分析结果偏低。为了减少 CuI 对 I_2 的吸附，在大部分 I_2 被 $S_2O_3^{2-}$ 滴定后，加入 SCN^-，使 CuI 转化为溶解度更小的 CuSCN：

$$CuI + SCN^- \rightleftharpoons CuSCN\downarrow + I^-$$

CuSCN 吸附 I_2 较少，可以提高测定的准确度。

如果测定铜矿中的铜，试样用 HNO_3 溶解，试样中某些杂质也可以形成高价态化合物而进入溶液，其中 Fe^{3+}，H_3AsO_4，H_3SbO_4 及过量 HNO_3 均可氧化 I^- 而干扰测定。因此，应加浓 H_2SO_4 并加热至冒白烟，以除去 HNO_3 及氮的氧化物。加入 NH_4F 使 Fe^{3+} 生成稳定配合物消除干扰。当 pH＞3.5 时，H_3AsO_4 和 H_3SbO_4 均不氧化 I^-。因此用碘量法测定 Cu^{2+} 时，控制溶液的 pH 为 3.5—4。

碘量法测定 Cu^{2+} 的方法简便、准确,是生产上常用的方法。铜矿、铜合金、矿渣、电镀液中的铜常用此法测定。

2. S^{2-} 或 H_2S 的测定

酸性溶液中 I_2 能氧化 H_2S:

$$H_2S + I_2 = S + 2I^- + 2H^+$$

测定硫化物时,可用 I_2 标准溶液直接滴定。为防止 H_2S 挥发,可将试液加入一定量并过量的酸性 I_2 标准溶液中,再用 $Na_2S_2O_3$ 标准溶液回滴过量的 I_2。

能与酸作用生成 H_2S 的物质(如含硫的矿石,石油和废水中的硫化物,钢铁中的硫以及某些有机化合物中的硫),可用镉盐或锌盐的氨溶液吸收它们与酸反应生成的 H_2S,再用碘量法测定其中的含硫量。

3. 漂白粉中有效氯的测定

漂白粉的主要组成是 $Ca(ClO)_2$ 与 $CaCl_2 \cdot Ca(OH)_2 \cdot H_2O$,质量好的漂白粉,这两种组成比接近 1:1。工业上用"有效氯"来评价漂白粉的质量,它的含量常用碘量法测定。在酸性溶液中,漂白粉与过量 KI 反应:

$$ClO^- + 2I^- + 2H^+ = I_2 + Cl^- + H_2O$$

再用 $Na_2S_2O_3$ 标准溶液滴定析出的 I_2。

4. 某些有机化合物的测定

碘量法在有机分析中应用广泛。凡能被 I_2 直接氧化的物质,只要反应速度足够快,就可用 I_2 直接滴定。如巯基乙酸、四乙基铅($Pb(C_2H_5)_4$)、抗坏血酸等。

间接碘量法的应用更为广泛,如葡萄糖的测定。葡萄糖分子中的醛基在碱性溶液中能被过量 I_2 氧化成羧基,反应为:

$$I_2 + 2OH^- = IO^- + I^- + H_2O$$

$$CH_2OH(CHOH)_4CHO + IO^- + OH^- = CH_2OH(CHOH)_4COO^- + I^- + H_2O$$

剩余的 IO^- 在碱溶液中歧化为 IO_3^- 和 I^-,

$$3IO^- = IO_3^- + 2I^-$$

溶液酸化后,析出的 I_2 用 $Na_2S_2O_3$ 标准溶液滴定:

$$IO_3^- + 5I^- + 6H^+ = 3I_2 + 3H_2O$$

此法还可测定甲醛,丙酮和硫脲等。

不饱和化合物也可以用这个方法测定(碘值法)。将碘溶于冰醋酸中,通入氯气,反应为:

$$I_2 + Cl_2 = 2ICl$$

用过量的 ICl 作用于不饱和化合物时,在双键处发生加成反应:

$$CH_3-(CH_2)_7-CH=CH-(CH_2)_7-COOH + ICl \longrightarrow$$
$$CH_3-(CH_2)_7-\underset{I}{CH}-\underset{Cl}{CH}-(CH_2)_7-COOH$$

反应完毕后加入 KI,与过量 ICl 反应:

$$ICl + KI = KCl + I_2$$

用 $Na_2S_2O_3$ 标准溶液滴定析出的 I_2。

用此法可测定油脂、不饱和烃、不饱和酯、不饱和醇和不饱和脂肪酸等。

5. 卡尔·费休(Karl Fischer)法测定微量水分

当 I_2 氧化 SO_2 时,需要定量的 H_2O,反应如下:

$$I_2 + SO_2 + 2H_2O \rightleftharpoons 2HI + H_2SO_4$$

这个反应是可逆的,反应应在碱性溶液中进行。一般采用吡啶作溶剂,反应才能定量向右进行:

$$C_5H_5N \cdot I_2 + C_5H_5N \cdot SO_2 + C_5H_5N + H_2O \rightleftharpoons 2C_5H_5N\begin{matrix}H\\I\end{matrix} + C_5H_5N\begin{matrix}SO_2\\O\end{matrix}$$

生成的 $C_5H_5N \cdot SO_3$ 很不稳定,也能与水反应,消耗一部分水,因而干扰测定。

$$C_5H_5N\begin{matrix}SO_2\\O\end{matrix} + H_2O \longrightarrow C_5H_5N\begin{matrix}H\\SO_4H\end{matrix}$$

为此,加入甲醇以防止上述反应:

$$C_5H_5N\begin{matrix}SO_2\\O\end{matrix} + CH_3OH \longrightarrow C_5H_5N\begin{matrix}H\\SO_4 \cdot CH_3\end{matrix}$$

滴定时的标准溶液是 I_2,SO_2,C_5H_5N 和 CH_3OH 的混合溶液,称为费休试剂。此试剂具有 I_2 的红棕色,与 H_2O 反应后棕色褪去,当溶液又出现红棕色时表示到达终点。常用仪器检测终点。

费休法为非水滴定法,所有容器都需干燥。

费休法广泛应用于测定无机物和有机物中的水分。有时根据有机功能团反应生成水或消耗水的量间接测定某些有机功能团。

其它氧化还原滴定法如硫酸铈法、溴酸钾法(以 $KBrO_3$-KBr 为标准溶液)、碘酸钾法等在此不一一叙述。

思 考 题

1. 何谓条件电位?它与标准电位有什么关系?为什么实际工作中应采用条件电位?

2. 为什么说两个电对的电位差大于 0.4V,反应能定量地进行完全?

3. 是否能定量进行完全的氧化还原反应都能用于滴定分析?为什么?

4. 为什么氧化还原滴定中,可以用氧化剂和还原剂这两个电对的任一个电对的电位计算滴定过程中溶液的电位?

5. 氧化还原滴定中如何估计滴定突跃的电位范围?如何确定化学计量点的电位?滴定曲线在化学计量点附近是否总是对称的?

6. 如何确定氧化还原指示剂的变色范围?如果指示剂的条件电位 $\varphi^{\circ'}{}_{In}=0.85V$,计算它的变色范围。

7. 氧化还原滴定法中选择指示剂的原则与酸碱滴定法有何异同?

8. 用 $K_2Cr_2O_7$ 测定 Fe^{2+},化学计量点的电位为 1.28V,滴定突跃为(0.94—1.34)V。下表所列指示

剂哪些是合适的指示剂？应采取什么措施？哪些不适用,为什么？

指示剂	颜色变化		$\varphi^{\ominus\prime}([H^+]=1\ mol/L)/V$
	氧化形	还原形	
二苯胺	紫	无色	0.76
二苯胺磺酸钠	紫	无色	0.85
毛绿染蓝	橙	黄绿	1.00

9. 在氧化还原滴定中,有时为什么要进行预先处理？对预先处理所用的氧化剂和还原剂有什么要求？

10. 以 $K_2Cr_2O_7$ 作基准物质,用碘量法标定 $Na_2S_2O_3$ 溶液的浓度,为什么先在浓溶液中反应,而在滴定前又要冲稀溶液？如果开始反应时就将溶液冲稀,结果如何？有什么现象发生？

11. 用 $KMnO_4$ 溶液滴定 $H_2C_2O_4$ 时,为什么第一滴 $KMnO_4$ 溶液滴入后,紫色褪去很慢？为什么要等紫色褪去后才能加第二滴？为什么随着滴定的进行,反应越来越快？

12. 试设计下列混合液(或混合物)中各组分含量的分析方案。
(1) $Fe^{2+}+Fe^{3+}$；(2) $Sn^{4+}+Fe^{2+}$；(3) $Cr^{3+}+Fe^{3+}$；
(4) $As_2O_3+As_2O_5$；(5) $S^{2-}+S_2O_3^{2-}$。

习　题

1. 计算 pH=10 的氨性缓冲溶液([NH_3]+[NH_4^+]=0.1 mol/L)中 Zn^{2+}/Zn 电对的条件电位。(忽略离子强度的影响)　　　　　　　　　　　　　　　　　　　　　　　答：-0.905V

2. 计算 pH=3, c_{EDTA}=0.1 mol/L 溶液中 Fe^{3+}/Fe^{2+} 电对的条件电位。(忽略离子强度的影响)
答：0.13V

3. 证明用氧化剂(Ox_2)滴定还原剂(Red_1)时,化学计量点的电位为：

$$\varphi_{等} = \frac{n\varphi_1^{\ominus\prime} + m\varphi_2^{\ominus\prime}}{n+m}$$

已知　　　　　　　　　　　$Ox_1 + ne \rightleftharpoons Red_1 \quad \varphi_1^{\ominus\prime}$
　　　　　　　　　　　　　$Ox_2 + me \rightleftharpoons Red_2 \quad \varphi_2^{\ominus\prime}$

4. 计算 0.1 mol/L HCl 溶液中,用 Fe^{3+} 滴定 Sn^{2+} 的化学计量点电位,并计算滴定到 99.9% 和 100.1% 时的电位。(已知 $\varphi^{\ominus\prime}_{Fe^{3+}/Fe^{2+}}$=0.77V, $\varphi^{\ominus\prime}_{Sn^{4+}/Sn^{2+}}$=0.14V)　　　答：0.35V；0.23V；0.59V

5. 分析某试样中 MnO_2 含量。称取试样 1.0000g,在酸性介质中加入过量 $Na_2C_2O_4$(0.4020g),过量的 $Na_2C_2O_4$ 在酸性溶液中用 0.02000 mol/L $KMnO_4$ 标准溶液滴定,消耗 $KMnO_4$ 溶液 20.00 mL,计算试样中 MnO_2 的百分含量。　　　　　　　　　　　　　　　　　　　　答：17.39%

6. 分析某试样中 Na_2S 含量。称取试样 0.5000g,溶于水后,加入 NaOH 至碱性,加入过量 0.02000 mol/L $KMnO_4$ 标准溶液 25.00 mL,将 S^{2-} 氧化为 SO_4^{2-}。此时 $KMnO_4$ 被还原为 MnO_2,过滤除去,将滤液酸化,加入过量 KI,再用 0.1000 mol/L $Na_2S_2O_3$ 标准溶液滴定析出的 I_2,消耗 $Na_2S_2O_3$ 溶液 7.50mL。求试样中 Na_2S 百分含量。　　　　　　　　　　　　　　　　　　　　　　　　　　答：2.049%

7. 分析某种含有铬和锰的钢样中铬的含量。称取试样 W(g),用 H_2SO_4 和 HNO_3 溶解后,用水冲稀,加入$(NH_4)_2S_2O_8$ 及少量 $AgNO_3$(作催化剂),煮沸至溶液呈现紫色为止。再加入 NaCl 溶液,煮沸至红色消失,继续煮沸除去过量$(NH_4)_2S_2O_8$ 和 Cl_2。冷却后,在 H_2SO_4 和 H_3PO_4 溶液中加入一定量过量 Fe^{2+} 标准溶液,其浓度为 $c_{Fe^{2+}}$,体积为 $V_{Fe^{2+}}$ mL,溶液从黄色变为亮绿色。再用 $KMnO_4$ 标准溶液(浓度为 $c_{MnO_4^-}$)滴定过量的 Fe^{2+},消耗 $KMnO_4$ 溶液 $V_{MnO_4^-}$(ml)。写出每一步反应的方程式,并推导 Cr 的百分含量的计算公式。

8. 称取含有苯酚的试样 0.5000g,溶解后加入 0.1000 mol/L KBrO₃ 标准溶液(其中含有过量 KBr)25.00mL,加入 HCl 酸化,放置,发生下列反应:

$$BrO_3^- + 5Br^- + 6H^+ = 3Br_2 + 3H_2O$$

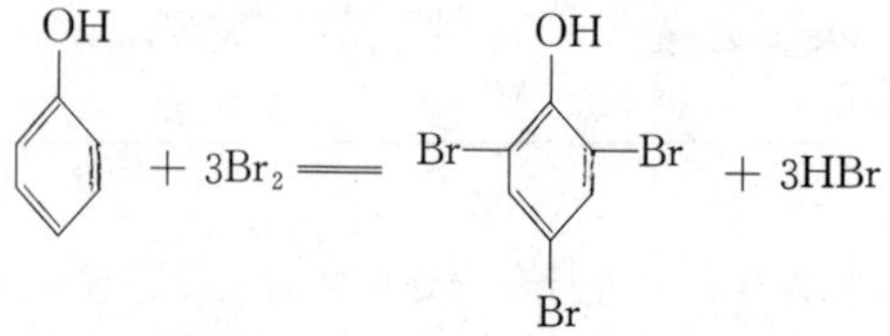

$$C_6H_5OH + 3Br_2 = C_6H_2Br_3OH + 3HBr$$

待反应完全后,过量的 Br₂ 用 KI 还原,用 Na₂S₂O₃ 标准溶液滴定析出的 I₂,消耗 0.1000 mol/L Na₂S₂O₃ 溶液 29.91mL,计算试样中苯酚的百分含量。　　　　　　　　　　　　　　　　　答:37.65%

9. 25.00 mL KI 溶液用稀 HCl 及 10.00mL 0.05000 mol/L KIO₃ 标准溶液处理。煮沸,除去反应后生成的 I₂。冷却后,加入过量 KI 使之与剩余的 KIO₃ 反应。用 0.1000 mol/L Na₂S₂O₃ 标准溶液滴定析出的 I₂,消耗 Na₂S₂O₃ 溶液 20.00mL,计算原 KI 溶液的浓度。　　　　　　　　答:0.03333 mol/L

10. 测定乙二醇的方法如下(过碘酸钾将乙二醇氧化为醛):

$$CH_2(OH)-CH_2(OH) + KIO_4(过量) \rightarrow 2H-CHO + KIO_3 + H_2O$$

过量的 KIO₄ 与 KI 作用析出 I₂:

$$IO_4^- + 7I^- + 8H^+ = 4I_2 + 4H_2O$$

反应生成的 KIO₃ 与 KI 作用也析出 I₂:

$$IO_3^- + 5I^- + 6H^+ = 3I_2 + 3H_2O$$

用 Na₂S₂O₃ 标准溶液滴定所有析出的 I₂。

称取乙二醇试样 1.425g 于 250.0 mL 容量瓶中,冲稀至刻度,摇匀。吸取此试液 10.00 mL 于碘瓶中,加入 1% KIO₄ 溶液 25.00 mL,再加入过量 KI,酸化并用水稀释后用 0.2000 mol/L Na₂S₂O₃ 标准溶液滴定,消耗 Na₂S₂O₃ 溶液 40.27 mL。同时,在同样条件下做空白试验,消耗同浓度 Na₂S₂O₃ 溶液 49.00 mL,求试样中乙二醇的百分含量。　　　　　　　　　　　　　　　　　　　　　　　　　　　　答:95.06%

第八章 电位分析法

电位分析法是一种电化学分析法,它包括直接电位法和电位滴定法。

直接电位法是通过测量原电池的电动势直接测定有关离子活度的方法。最初用于溶液 pH 值的测定。从 70 年代以来,研制出了各类离子选择电极,它们具有良好的选择性和灵敏性,所需设备简单,检测操作简便,并能连续、快速、自动测量,使直接电位法应用更广泛,目前已成为分析化学中的一个比较活跃的领域。

电位滴定法是通过测量滴定过程中电池电动势的变化来确定终点的一种滴定分析法,它适用于各种滴定分析法,对没有合适指示剂,深色溶液或浑浊溶液等难于用指示剂判断终点的滴定分析法特别有利。从 50 年代以来,用直线法确定终点,对极弱酸、极弱碱,K_a 值相差很小的多元酸和混合酸,弱氧化剂和弱还原剂,以及形成 $K_稳$ 值较小的配合物的金属离子等的测定可以得到满意的结果。

电位分析法是将化学信号转变为电学信号的有力手段,是化学传感器中最为庞大、最为活跃的一支。它在化工、环境、医学等领域中已广泛应用于在线分析、自动监测、自动报警等方面,有着广阔的发展前景。

运用电位分析法要将待测组分以适当的形式构成化学电池加以检测。因此,在本章开始回顾一下化学电池的原理及电化学的基本概念是很必要的。

§1 电极电位与电池电动势

化学反应可以转变为能够产生电流的电池的首要条件是这个反应必须是氧化还原反应。例如

$$Zn + Cu^{2+} \rightleftharpoons Zn^{2+} + Cu$$

将此反应用原电池装置分隔开来,如图 8-1 所示。在电池的两极间连接上导线,电子从锌极流向铜极。锌极发生氧化反应,为负极:

$$Zn \rightleftharpoons Zn^{2+} + 2e$$

铜极发生还原反应,为正极:

$$Cu^{2+} + 2e \rightleftharpoons Cu$$

可用下列电池符号表示:

$$(-)\ Zn\ |\ Zn^{2+}\ \|\ Cu^{2+}\ |\ Cu\ (+)$$

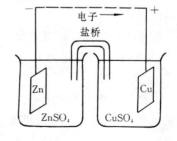

图 8-1 锌-铜原电池(丹聂尔电池)

其中"|"表示存在电位差的相界,在上例中是固、液相之间的接界;"‖"表示相界电位差为 0 的两个半电池电解质的接界,上例中表示两溶液之间有盐桥相连。

各个相界都有电位差，电池的电动势是各相界电位之和，即

$$E_{电池} = \varphi_{Zn/Zn^{2+}} + \varphi_{j1} + \varphi_{j2} + \varphi_{Cu^{2+}/Cu} \tag{8-1}$$

式中 $\varphi_{Zn/Zn^{2+}}$ 是 Zn 与 Zn^{2+} 溶液之间的电位（氧化电位）；$\varphi_{Cu^{2+}/Cu}$ 是 Cu 与 Cu^{2+} 溶液之间的电位（还原电位）；φ_{j1} 和 φ_{j2} 分别是 Zn^{2+} 溶液、Cu^{2+} 溶液与盐桥溶液之间的电位，称为液接电位。

液接电位是两个组成不同或浓度不同的电解质溶液相接触的界面间的电位差。下面用最简单的例子来说明液接电位产生的原因。例如有两个浓度不同的 HCl 溶液相接触，溶质将由浓度大的向浓度小的方向扩散，由于 H^+ 的扩散速度比 Cl^- 的要快，在一定时间间隔通过界面的 H^+ 要比 Cl^- 多，因而破坏了两溶液的电中性，如图 8-2(a)所示。于是在界面形成左负右正的双电层，界面的两侧带异性电荷，达到平衡时，与此相应的稳定电位差就是液接电位。

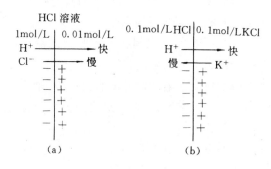

图 8-2　产生液接电位的示意图

又如浓度相同的 HCl 和 KCl 溶液相接触，从图 8-2(b)可以看到因为 H^+ 扩散速度比 K^+ 的快，同理，在界面间建立了一定的液接电位。

如果在两溶液间接上"盐桥"，就可将液接电位减小到可以忽略不计的程度。在多数情况下，盐桥采用 KCl 浓溶液。当它与某一个相当稀的溶液相接触时，液体接界处的电位差的产生主要由于 KCl 的扩散。因 K^+ 和 Cl^- 的扩散速度相近，液接电位可以降到很低。如果电池中的电解质（例如银盐）能与 KCl 溶液反应，则盐桥中常采用 KNO_3 或 NH_4NO_3 等电解质的浓溶液。

实际的液接电位往往是难于准确计算和测量的。用了盐桥就可以近似地考虑液接电位接近于 0，式(8-1)可简化为

$$E_{电池} = \varphi_{Zn/Zn^{2+}} + \varphi_{Cu^{2+}/Cu} \tag{8-2}$$

由于习惯上一律采用还原电位来计算电池电动势，例如在锌-铜原电池中，锌是负极，发生的是氧化反应，但它的电位仍要按还原反应来写，因此应改变电极电位的符号，即

$$\varphi_{Zn/Zn^{2+}} = - \varphi_{Zn^{2+}/Zn}$$

代入式(8-2)得

$$E_{电池} = \varphi_{Cu^{2+}/Cu} - \varphi_{Zn^{2+}/Zn}$$

写成通式为

$$E_{电池} = \varphi_+ - \varphi_- \tag{8-3}$$

式中 φ_+ 是指正极的电极电位，φ_- 是指负极的电极电位。

一个电极的电位与其相应离子活度之间的关系可用能斯特方程表示。例如某种金属 M 插入该金属离子 M^{n+} 的溶液中构成的电极，其电极电位为

$$\varphi_{M^{n+}/M} = \varphi^{\ominus}_{M^{n+}/M} + \frac{RT}{nF}\ln a_{M^{n+}} \tag{8-4}$$

式中 $a_{M^{n+}}$ 是 M^{n+} 的活度。

单个电极的电位是无法直接测量的，在电位分析法中将一支随待测离子活度变化而变化的电极（指示电极）与一支电位恒定的电极（参比电极）和待测溶液组成工作电池来测量它的电动势。设电池为

$$M|M^{n+} \| 参比电极$$

则电池的电动势为

$$\begin{aligned} E_{电池} &= \varphi_{参比} - \varphi_{M^{n+}/M} \\ &= \varphi_{参比} - \varphi^{\ominus}_{M^{n+}/M} - \frac{RT}{nF}\ln a_{M^{n+}} \end{aligned} \tag{8-5}$$

式中 $\varphi_{参比}$，$\varphi^{\ominus}_{M^{n+}/M}$ 在一定温度下都是常数，测量电池电动势（$E_{电池}$）即可求得 $a_{M^{n+}}$，这就是直接电位法的原理。若 M^{n+} 是待滴定的离子，则在滴定过程中 $\varphi_{M^{n+}/M}$ 随 $a_{M^{n+}}$ 的变化而变化，$E_{电池}$ 也随之而改变，从测量滴定过程中 $E_{电池}$ 的变化可以求得滴定终点，这就是电位滴定法。

§2 参比电极和指示电极

一、参比电极

电位分析法中应用的参比电极有多种。要求参比电极装置简单，电极电位再现性好，在测量电动势时，即使有微量电流通过，电极电位仍能保持恒定。下面介绍几种常用的参比电极。

（一）标准氢电极（简写为 SHE 或 NHE）[①]

标准氢电极是最精确的参比电极，国际上用它作为基准。它的结构如图 8-3 所示。标准氢电极可以写成

$$Pt, H_2(p_{H_2} = 1.01325 \times 10^5 Pa)|H^+ (a_{H^+} = 1)$$

规定它的电位在任何温度下都是零，即

$$\varphi^{\ominus}_{H^+/H_2} = 0.0000V$$

将标准氢电极作参比电极，与另一电极组成原电池，测得电池电动势，即为另一电极的电极电位。例如下列电池

$$(-)Pt, H_2(p_{H_2} = 1.01325 \times 10^5 Pa)|H^+ (a_{H^+} = 1) \|$$
$$Cu^{2+}(a_{Cu^{2+}} = 1)|Cu(+)$$

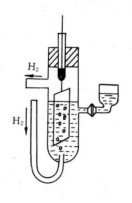

图 8-3 氢电极示意图

---

① SHE 是 Standard Hydrogen Electrode 的缩写，
　NHE 是 Normal Hydrogen Electrode 的缩写。

测得 $E_{电池}=0.34\text{V}$，根据定义

$$E_{电池}=\varphi_+^\ominus-\varphi_-^\ominus=\varphi_{Cu^{2+}/Cu}^\ominus-\varphi_{H^+/H_2}^\ominus=0.34\text{V}$$

因

$$\varphi_{H^+/H_2}^\ominus=0.00\text{V}$$

故得

$$\varphi_{Cu^{2+}/Cu}^\ominus=0.34\text{V}$$

从理论上讲，用标准氢电极作参比电极最准确，但是标准氢电极制作麻烦（如 H_2 的净化，压力的控制等），使用不方便，而且铂黑易中毒，因此实际上常用易于制作，使用方便，在一定条件下电极电位恒定的甘汞电极或银-氯化银电极等作参比电极。

（二）甘汞电极

甘汞电极是金属汞和 Hg_2Cl_2 及 KCl 溶液组成的电极，它的结构如图 8-4(a)所示，实验室常用的饱和甘汞电极如图 8-4(b)所示。

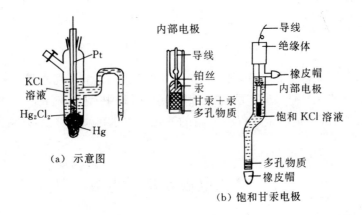

图 8-4　甘汞电极

内玻璃管中封一根铂丝，铂丝插入纯汞中，下置一层甘汞（Hg_2Cl_2）和汞的糊状物，外玻璃管中装入 KCl 溶液。电极下端与待测溶液接触部分是熔结陶瓷芯或玻璃砂芯等多孔物质，构成溶液互相连接的通路。

甘汞电极可以写成

$$Hg, Hg_2Cl_2(s)|KCl(aq)$$

电极反应为

$$Hg_2Cl_2+2e \rightleftharpoons 2Hg+2Cl^-$$

电极电位（25℃）为

$$\varphi_{Hg_2Cl_2/Hg}=\varphi_{Hg_2Cl_2/Hg}^\ominus+\frac{0.059}{2}\lg\frac{1}{a_{Cl^-}^2}$$

$$=\varphi_{Hg_2Cl_2/Hg}^\ominus-0.059\lg a_{Cl^-} \tag{8-6}$$

甘汞电极的电位与温度有关。从式(8-6)可以看到，当温度一定时，甘汞电极电位主要决定于 Cl^- 的活度，Cl^- 的活度一定，它的电极电位值也就确定了；如果 KCl 溶液浓度不同，甘汞电极的电位值也不同。甘汞电极的电极电位的数据列于表 8-1。

表 8-1　甘汞电极的电极电位(25℃)

KCl 溶液的浓度	名　　称	电极电位 φ/V
0.1 mol/L	0.1mol 甘汞电极	+0.3337
1mol/L	标准甘汞电极	+0.2807
饱和	饱和甘汞电极(SCE)*	+0.2415

* SCE 是 Saturated Calomel Electrode 的缩写。

(三) 银-氯化银电极

银丝镀上一层 AgCl，浸在一定浓度的 KCl 溶液中，即构成银-氯化银电极，如图 8-5 所示。银-氯化银电极可以写成：

$$Ag, AgCl(s) | Cl^- \, (a_{Cl^-})$$

电极反应可以看作是分两步进行的，即固体 AgCl 离解出的 Ag^+ 在电极上还原：

$$AgCl(s) \rightleftharpoons Ag^+ + Cl^-$$
$$Ag^+ + e \rightleftharpoons Ag$$

总反应为

$$AgCl + e \rightleftharpoons Ag + Cl^-$$

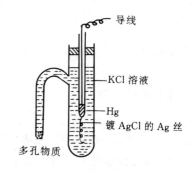

图 8-5　银-氯化银电极

电极电位(25℃)：

$$\varphi_{AgCl/Ag} = \varphi^{\ominus}_{AgCl/Ag} - 0.059 \lg a_{Cl^-}$$

即银-氯化银电极的电位与 Cl^- 的活度有关，数据列于表 8-2。

表 8-2　银-氯化银电极的电极电位(25℃)

KCl 溶液的浓度	名　　称	电极电位 φ/V
0.1 mol/L	0.1mol 银-氯化银电极	+0.2880
1 mol/L	标准 银-氯化银电极	+0.2223
饱和	饱和银-氯化银电极	+0.2000

在一定条件下，参比电极的电极电位是固定不变的，因此以它为标准测定其它电极的电极电位。以不同的参比电极衡量同一种电极的电位，其数值是不同的。标准电极电位是以标准氢电极作为参比电极的。若以饱和甘汞电极作参比电极，则电极电位的数值应等于该电极与饱和甘汞电极的标准电极电位之差，例如

$$Zn^{2+} + 2e = Zn \quad \varphi^{\ominus} = -0.76V$$
$$Fe^{3+} + e = Fe^{2+} \quad \varphi^{\ominus} = +0.77V$$

若以饱和甘汞电极作参比电极，则相应的电极电位是：

$$\varphi_{Zn^{2+}/Zn} = -0.76V - 0.2415V = -1.00V$$
$$\varphi_{Fe^{3+}/Fe^{2+}} = +0.77V - 0.2415V = +0.53V$$

二、指示电极

常用的指示电极有很多种，可分为下列几类：

(一) 金属-金属离子电极

把能够发生氧化还原反应的金属浸在含有该种金属离子的溶液中达到平衡后构成的电极为金属-金属离子电极，

$$M|M^{n+}(a_{M^{n+}})$$

它的电极电位与溶液中金属离子活度有关，电极反应为

$$M^{n+} + ne \rightleftharpoons M$$

电极电位(25℃)

$$\varphi_{M^{n+}/M} = \varphi^{\ominus}_{M^{n+}/M} + \frac{0.059}{n}\lg a_{M^{n+}} \tag{8-7}$$

例如银与银离子组成的电极($Ag|Ag^+$)，电极反应为

$$Ag^+ + e \rightleftharpoons Ag$$

电极电位(25℃)

$$\varphi_{Ag^+/Ag} = \varphi^{\ominus}_{Ag^+/Ag} + 0.059\lg a_{Ag^+} \tag{8-8}$$

从上式可以看到，银电极的电极电位与溶液中银离子活度(a_{Ag^+})的对数值成直线关系，因此银电极不但可以用于测定银离子的活度，还可用于滴定过程中由于沉淀反应或配位反应而引起银离子活度变化的电位滴定。

组成这类电极的金属还有铜、锌、汞、铅等。有些金属如铁、钴、镍、铬和钨等由于表面结构因素和表面氧化膜的影响，电位再现性差，不能用作指示电极。

(二) 金属-金属难溶盐电极

将金属及其难溶盐浸入含有该难溶盐的阴离子溶液中达到平衡后所构成的电极，如上述的甘汞电极、银-氯化银电极都属于这一类电极。因这类电极的电极电位与难溶盐的阴离子活度的对数值呈直线关系，因此可用于测定难溶盐阴离子活度，如银-氯化银电极可作为测定 Cl^- 活度时的指示电极。这类电极易制作，电位稳定，还常用它们作参比电极。

(三) 汞-EDTA 电极

汞电极(或镀汞的银电极)插入含有微量 HgY^{2-} (约 1×10^{-6}mol/L)及另一种金属离子 M^{2+} 的溶液中，电极体系表示如下：

$$Hg|M^{2+} + MY^{2-} + HgY^{2-} + Hg^{2+}$$

这个电极的电极电位与溶液中的 M^{2+} 的浓度有关，常用于 EDTA 滴定中。

为什么汞-EDTA 电极的电极电位能反映溶液中的 $[M^{2+}]$? 当用 EDTA 滴定 M^{2+} 时，溶液中同时存在下列两个配位平衡(忽略离子强度的影响)：

$$Hg^{2+} + Y^{4-} \rightleftharpoons HgY^{2-} \quad K_{HgY} = \frac{[HgY^{2-}]}{[Hg^{2+}][Y^{4-}]} \tag{8-9}$$

$$M^{2+} + Y^{4-} \rightleftharpoons MY^{2-} \quad K_{MY} = \frac{[MY^{2-}]}{[M^{2+}][Y^{4-}]} \tag{8-10}$$

汞电极电位

$$\varphi_{Hg^{2+}/Hg} = \varphi^{\ominus\prime}_{Hg^{2+}/Hg} + \frac{0.059}{2}\lg[Hg^{2+}] \tag{8-11}$$

把式(8-9)代入式(8-11)得

$$\varphi_{Hg^{2+}/Hg} = \varphi^{\ominus'}_{Hg^{2+}/Hg} + \frac{0.059}{2}\lg\frac{[HgY^{2-}]}{[Y^{4-}]K_{HgY}} \tag{8-12}$$

由式(8-10)得

$$[Y^{4-}] = \frac{[MY^{2-}]}{[M^{2+}]K_{MY}}$$

代入式(8-12)得

$$\varphi_{Hg^{2+}/Hg} = \varphi^{\ominus}_{Hg^{2+}/Hg} + \frac{0.059}{2}\lg\frac{[HgY^{2-}]K_{MY}[M^{2+}]}{K_{HgY}[MY^{2-}]} \tag{8-13}$$

式中 K_{HgY} 和 K_{MY} 是常数项,又因 HgY^{2-} 很稳定,在滴定过程中浓度保持不变,式(8-13)可写为

$$\varphi_{Hg^{2+}/Hg} = \varphi^{\ominus}_{Hg^{2+}/Hg} + \frac{0.059}{2}\lg\frac{[HgY^{2-}]K_{MY}}{K_{HgY}} + \frac{0.059}{2}\lg\frac{[M^{2+}]}{[MY^{2-}]}$$

即

$$\varphi_{Hg^{2+}/Hg} = K + \frac{0.059}{2}\lg\frac{[M^{2+}]}{[MY^{2-}]} \tag{8-14}$$

式中 K 是各常数项的组合。

从式(8-14)可看出,汞电极电位随 $[M^{2+}]/[MY^{2-}]$ 而变化,所以这种电极可以作为 EDTA 滴定 M^{2+} 的指示电极。滴定到化学计量点附近,$[MY^{2-}]$ 实质上是一常数,则式(8-14)成为

$$\varphi_{Hg^{2+}/Hg} = K' + \frac{0.059}{2}\lg[M^{2+}] \tag{8-15}$$

汞电极可用于20多种金属离子的电位滴定。它适用的pH为2—11,因为溶液的pH<2,HgY^{2-} 不稳定;pH>11,有HgO沉淀生成。

(四) 惰性金属电极

在氧化还原电对中如果氧化型和还原型都是离子,则需用惰性金属(如铂或金)插入它们的溶液中。惰性金属只是提供电子转移的场合,不参与氧化还原反应。所得的电位能指示出氧化还原电对中氧化型和还原型活度的比值。例如以铂丝插入含有 Fe^{3+} 和 Fe^{2+} 的溶液中,

$$Pt|Fe^{3+}(a_{Fe^{3+}}), Fe^{2+}(a_{Fe^{2+}})$$

电极反应为

$$Fe^{3+} + e \rightleftharpoons Fe^{2+}$$

电极电位(25℃):

$$\varphi_{Fe^{3+}/Fe^{2+}} = \varphi^{\ominus}_{Fe^{3+}/Fe^{2+}} + 0.059\lg\frac{a_{Fe^{3+}}}{a_{Fe^{2+}}}$$

在氧化还原滴定中,铂电极应用很广,其电极电位通式可表示为

$$\varphi_{氧化型/还原型} = \varphi^{\ominus}_{氧化型/还原型} + \frac{0.059}{n}\lg\frac{a_{氧化型}}{a_{还原型}} \tag{8-16}$$

(五) 离子选择电极

离子选择电极是具有薄膜的电极。基于薄膜的特性,电极的电位对溶液中某种特定离子有选择性响应,因而可用作测定该离子活度的指示电极,例如 F^-,Cl^-,Na^+,K^+ 等离子

选择电极。

应该指出,某一种电极作为参比电极还是指示电极,不是固定不变的。在一种情况下可作为参比电极,在另一种情况下又可作为指示电极。例如玻璃电极通常是 pH 指示电极,但它又可作为测定 Cl^-、I^- 时的参比电极;银-氯化银电极通常用作参比电极,但又可作为测定 Cl^- 的指示电极。

§3 离子选择电极

一、几种常见的离子选择电极

(一) 玻璃电极

1. pH 玻璃电极

玻璃电极的结构如图 8-6 所示,它的主要部件是一个玻璃泡,泡的下半部是特殊玻璃制成的薄膜,膜厚约 $30—100\mu m$。泡内装有内参比溶液,它是 pH 一定的缓冲溶液。在溶液中插入一支银-氯化银电极(或甘汞电极)作为内参比电极,这样就构成了玻璃电极。

纯二氧化硅(纯石英)玻璃具有如下的结构:

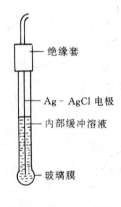

图 8-6 玻璃电极

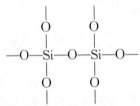

因 Si—O 是共价键,这样的结构没有供离子交换用的带电荷的位置,所以不具电极的性质。但是,当把一定量的碱金属氧化物和 CaO 等熔融到玻璃中后,晶格断裂,形成由 SiO_2 骨架和骨架空隙中的正离子(如 Na^+ 和 Ca^{2+} 等)构成带有离子键的结构,如下所示:

$$—O—Si—O^-\ Na^+$$

当这种玻璃制成的薄膜与水溶液接触时,水分子渗透到膜中,使玻璃膜溶胀形成溶胀层(水化凝胶层)。这种溶胀层能允许直径很小而活动能力强的 H_3O^+ 进入玻璃结构空隙与 Na^+ 交换:

$$—Si—O^-\ Na^+ + H^+ \rightleftharpoons —Si—O^-\ H^+ + Na^+ \tag{8-17}$$

因此,这种膜对 H^+ 有响应,交换达到平衡后,玻璃溶胀层和水溶液间产生相界电位,称为膜电位。图 8-7 所示是玻璃膜浸泡后两个表面的示意图。

图 8-7 浸泡后的玻璃膜示意图

玻璃电极在使用前必须在水中浸泡一定时间。由于硅酸是极弱酸,反应(8-17)向右进行完全。达到平衡时,玻璃表面几乎全由硅酸组成。从外表面到溶胀层内部,H^+ 数目逐渐减少,Na^+ 数目逐渐增多。玻璃膜的内表面也发生上述过程而形成同样的溶胀层。在两层溶胀层之间夹有一干玻璃层,它的一价阳离子点位全被 Na^+ 占据。

当浸泡好的玻璃电极浸入待测溶液时,溶胀层与溶液接触,由于溶胀层表面和溶液中的 H^+ 活度不同,H^+ 便从活度大的一方向活度小的一方迁移,建立下式平衡:

$$H^+_{溶胀层} \rightleftharpoons H^+_{溶液}$$

因而改变了溶胀层和溶液两相界面的电荷分布,产生一定的相界电位。这和液接电位产生的情况相似。同理,在玻璃膜内侧溶胀层与内部溶液界面也存在一定的相界电位。

由此可见,玻璃膜两侧相界电位的产生不是由于电子得失,而是由于 H^+ 在溶液和溶胀层界面之间转移的结果。

根据热力学可以证明玻璃膜外侧溶胀层与外部溶液的相界电位 $\varphi_{外}$ 为

$$\varphi_{外} = k_1 + 0.059 \lg \frac{a_{H^+(外)}}{a'_{H^+(外)}} \tag{8-18}$$

内侧溶胀层与内部溶液的相界电位 $\varphi_{内}$ 为

$$\varphi_{内} = k_2 + 0.059 \lg \frac{a_{H^+(内)}}{a'_{H^+(内)}} \tag{8-19}$$

上两式中,$a_{H^+(外)}$,$a_{H^+(内)}$ 分别表示外部溶液和内参比溶液的 H^+ 活度;$a'_{H^+(外)}$,$a'_{H^+(内)}$ 分别表示玻璃膜外侧和内侧溶胀层表面的 H^+ 活度;k_1,k_2 分别为玻璃外膜和内膜表面性质决定的常数。

因为玻璃内外膜表面性质基本相同,所以 $k_1 = k_2$。若溶胀层表面所有的 Na^+ 已全被 H^+ 交换,则 $a'_{H^+(内)} = a'_{H^+(外)}$,因此玻璃膜内外侧之间的电位差为

$$\varphi_{膜} = \varphi_{外} - \varphi_{内} = 0.059 \lg \frac{a_{H^+(外)}}{a_{H^+(内)}} \tag{8-20}$$

由于内参比溶液 H^+ 的活度 $a_{H^+(内)}$ 恒定,上式可简化为

$$\varphi_{膜} = K + 0.059 \lg a_{H^+(外)} \tag{8-21}$$

即

$$\varphi_{膜} = K - 0.059 \text{pH}_{(外)} \tag{8-22}$$

实际上,在干玻璃层和内、外溶胀层之间的接界处也产生电位差,称为扩散电位。这是由于 Na^+ 和 H^+ 有向活度较小的方向迁移的趋势而形成的。Na^+ 可以从硅酸盐骨架向溶胀

层迁移，H^+ 可以向干玻璃层迁移，Na^+ 和 H^+ 迁移速度不同产生了电位差。但是因为这两个界面相同，可以认为这两个扩散电位数值相等，符号相反，可以互相抵消。因此跨越玻璃薄膜的电位只随内、外溶液中 H^+ 的活度差而定。

此外，从式(8-20)可以看到，当 $a_{H^+(内)} = a_{H^+(外)}$ 时，$\varphi_{膜}$ 应为零。但实际上玻璃膜两侧仍有一定的电位差，这种电位差称为不对称电位($\varphi_{不对称}$)。它是由于薄膜内、外两个表面状况不同，如含钠量、张力，以及外表面的机械、化学损伤等不同而产生的。玻璃电极经长时间浸泡，表面形成溶胀层，不对称电位趋于最小，达一稳定值(1—30mV)，因此可合并到式(8-22)的 K 值之中。

玻璃电极具有内参比电极，如银-氯化银电极，

$$Ag, AgCl | HCl | 玻璃$$

因此，整个玻璃电极的电位应是内参比电极电位和膜电位之和：

$$\varphi_{玻璃} = \varphi_{AgCl/Ag} + \varphi_{膜} \tag{8-23}$$

2. 其它阳离子玻璃膜电极

除对 H^+ 具有选择性响应的 pH 玻璃电极外，改变玻璃的组成，可得到对其它金属离子如 Na^+, K^+, NH_4^+, Ca^{2+}, Li^+ 等离子有选择性响应的玻璃膜电极。例如在玻璃晶格中引入 Al^{3+}，得到如下式所示的带负电荷的结构：

$$\left[\begin{array}{c} \quad O \quad\quad O \\ | \quad\quad | \\ -O-Al-O-Si-O- \\ | \quad\quad | \\ \quad O \quad\quad O \end{array} \right]^{-}$$

它具有酸性，对 Na^+, K^+ 等有响应，

$$\varphi_{膜} = K + 0.059 \lg a_{Na^+} \tag{8-24}$$

这类电极基本上与 pH 玻璃电极相似，它们的选择性主要决定于玻璃的组成，例如某种 pH 电极的玻璃组成是 22% Na_2O, 6% CaO 和 72% SiO_2；某种钠电极的玻璃组成是 11% Na_2O, 18% Al_2O_3 和 71% SiO_2；某种钾电极的玻璃组成是 27% Na_2O, 5% Al_2O_3 和 68% SiO_2；还有一种玻璃电极的玻璃组成是 15% Li_2O, 25% Al_2O_3 和 60% SiO_2，可用它在钠、钾存在时测定锂。

这类电极在一定程度上对氢离子有响应，必须在 pH 值足够高时才能使用。而且因选择性不是太好，目前仅 Na^+ 玻璃电极在生产上应用较广。

(二) 难溶盐晶体膜电极

难溶盐晶体膜电极的结构与玻璃电极相类似，所不同的是用难溶盐的单晶或多晶，或多种难溶盐混合物制成的薄膜代替玻璃膜。只有在室温下具有良好导电性能的盐的晶体（称为固体电解质）才能用来制作电极。这类晶体由于晶格有缺陷，在缺陷空穴附近晶格上的离子可在空穴间移动而产生离子导电。一定的晶体空穴只允许特定离子在其间移动，因此决定了薄膜的选择性。

常见的难溶盐晶体膜电极分为以下两种类型：

1. 单晶膜电极

电极薄膜是由难溶盐的单晶薄片制成。用得最广泛的是氟离子选择电极。它的薄膜是用纯的或掺杂了 Eu^{3+}（以增加导电性）的 LaF_3 单晶作原料,其结构如图 8-8。把氟化镧单晶膜封在塑料管的一端,管内充以内参比溶液,常用的是 10^{-1} 或 10^{-3} mol/L NaF 与 10^{-1} mol/L NaCl 混合溶液,用银-氯化银电极作内参比电极。

LaF_3 的晶格有空穴,在晶格上的 F^- 可以移入晶格邻近的空穴中而导电：

$$LaF_3 + 空穴 \longrightarrow LaF_2^+ + F^-$$

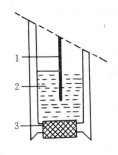

图 8-8 氟离子选择性电极
1——银-氯化银内参比电极；
2——内参比溶液（NaF-NaCl 溶液）；
3——氟化镧单晶膜

LaF_3 单晶对 F^- 有高度选择性,是由于 LaF_3 晶格优先允许体积小,带电荷少的 F^- 在表面交换。将电极插入 F^- 溶液,如果溶液中 F^- 活度较高,F^- 进入单晶的空穴内；如果溶液中 F^- 活度较低,单晶表面的 F^- 进入溶液,晶格中的 F^- 又进入空穴,产生膜电位,因此膜电位与溶液中 F^- 的活度有关：

$$\varphi_{膜} = K - 0.059 \lg a_{F^-} \tag{8-25}$$

F^- 电极选择性极高,几乎没有干扰,但是当溶液的 pH 值较高时,即当 $[OH^-] \gg [F^-]$ 时,由于 OH^- 的离子半径和电荷与 F^- 相近,OH^- 能透过 LaF_3 晶格产生干扰,而且还发生下式反应：

$$LaF_3(s) + 3OH^- \rightleftharpoons La(OH)_3(s) + 3F^-$$

LaF_3 晶体表面形成了 $La(OH)_3$,同时释放出 F^-,增加了试液中的 F^- 的活度,从而产生干扰；如果溶液的 pH 值较低,由于溶液中的 F^- 与 H^+ 形成难离解的 HF,降低了 F^- 的活度,也有干扰。因此,测定时,必须控制溶液的 pH 值。通常使用的溶液 pH 为 5—8.5。如果溶液中有其它可与 F^- 配位的离子,也会产生干扰。

F^- 电极的灵敏性较高,测定的浓度范围为 10^{-1}—10^{-6} mol/L。因 LaF_3 的溶解度约为 10^{-7} mol/L,测定的下限不能低于膜本身溶解而产生的离子活度。

2. 多晶膜电极

这类电极的薄膜是由难溶盐的沉淀粉末,如 $AgCl, AgBr, AgI, Ag_2S$ 等在高压下压制而成的。它们具有固体电解质的性质,其中 Ag^+ 起传递电荷的作用,因此当这类膜电极插入溶液时,所产生的电极电位决定于溶液中银离子的活度：

$$\varphi = \varphi^{\ominus} + 0.059 \lg a_{Ag^+} \tag{8-26}$$

由于卤化银（及硫化银）在溶液中有一定的溶解度,即使试液中不含 Ag^+,由于膜的溶解,会产生微量的 Ag^+。a_{Ag^+} 决定于溶液中卤素离子（X^-）及 S^{2-} 的活度。因为

$$a_{Ag^+} \cdot a_{X^-} = K_{ap(AgX)}$$

代入式 8-26,得

$$\varphi = \varphi^{\ominus} + 0.059 \lg \frac{K_{ap(AgX)}}{a_{X^-}}$$

$$\varphi = K - 0.059 \lg a_{X^-}$$

即电极对卤素离子(及S^{2-})的响应遵从能斯特公式。

电极的灵敏度决定于电极薄膜的难溶盐的溶度积,固体膜在水中的溶解度越小,电极的灵敏度越高。例如AgCl电极的灵敏度较低,理论上检出Cl^-的下限只能低到10^{-5}mol/L;AgBr,AgI电极的灵敏度较高;Ag_2S电极的灵敏度更高。

电极的选择性决定于干扰离子的银盐的溶解度或干扰离子与Ag^+生成配合物的能力。例如对于Cl^-选择电极(由AgCl组成),Br^-,I^-,S^{2-}有严重干扰;对Br^-选择电极(由AgBr组成),I^-和S^{2-}有干扰;而对I^-选择电极(由AgI组成),只有S^{2-}有干扰。与Ag^+生成稳定配合物的阴离子(如CN^-,$S_2O_3^{2-}$)和与卤素离子(及S^{2-})形成沉淀或配合物的阳离子(如Ag^+,Hg^{2+})都干扰测定。但利用CN^-与Ag^+形成$Ag(CN)_2^-$的反应,降低溶液中Ag^+活度,可以用AgI电极测定CN^-。这种方法在环境保护中用得较多。

(三) 液态膜离子选择电极

液态膜离子选择电极简称液膜电极,其电极薄膜是由待测离子盐类,螯合物等溶解在不与水混溶的有机溶剂中,再把这种有机溶液渗入惰性多孔性膜内制成。这个膜与水溶液之间形成相界面,Ca^{2+}电极是这类电极的代表。它的结构如图8-9所示。电极内装两种溶液,一种是内参比溶液(0.1mol/L $CaCl_2$水溶液),其中插入内参比电极(银-氯化银电极);另一种是液体离子交换剂的非水溶液(0.1mol/L 二癸基磷酸钙溶于苯基磷酸二辛酯),底部用多孔性膜材料如纤维素渗析膜与待测试液隔开。这种多孔性膜是憎水性的,它

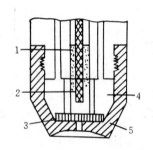

图8-9 液态膜离子选择性电极
1——内参比溶液; 2——银-氯化银内参比电极;
3——多孔薄膜; 4——离子交换剂储液;
5——液体离子交换层

使离子交换液形成一层薄膜。在有机相中,离解得极少的Ca^{2+}是传递电荷的主要离子。由于Ca^{2+}能出入有机相,而水相和有机相中Ca^{2+}的活度存在差异,因此在两相界之间产生相界电位,与玻璃膜产生的膜电位相似。

$$RCa \rightleftharpoons Ca^{2+} + R^{2-}$$
(有机相) (水相) (有机相)

钙离子选择电极只能在pH值为5.5—11的情况下应用。pH值较低时,H^+进入有机相中,与Ca^{2+}进行离子交换;pH值较高时,形成$Ca(OH)_2$,都干扰测定。

液态膜选择电极的选择性,一般不如固态膜,因为较多的离子能进入有机相与液体离子交换剂进行交换,如Zn^{2+},Pb^{2+},Fe^{2+},Ba^{2+},Mg^{2+}等都影响Ca^{2+}的测定。

(四) 气敏电极

气敏电极是对某种气体敏感的电极,是将透气膜、内充溶液、离子选择电极和参比电极结合起来的一种复合电极。其一般结构如图8-10所示。

气敏电极是通过界面化学反应工作的。试样中待测气体通过透气膜扩散并溶于内充溶液后,使其中某一离子活度发生变化,由离子选择电极反映出来。例如常用的气敏氨电极,气体NH_3通过透气膜与H_2O反应:

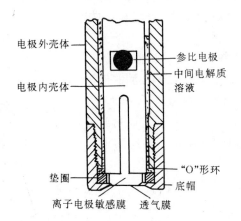

图 8-10 气敏电极

$$NH_3 + H_2O \rightleftharpoons NH_4^+ + OH^-$$

$$K_b^M = \frac{[NH_4^+]\alpha_{OH^-}}{[NH_3]}$$

因内充溶液中 NH_4^+ 的浓度足够大，$[NH_4^+]$ 可看作常数，并入 K_b^M，上式可写为

$$\alpha_{OH^-} = K_b'[NH_3] \tag{8-27}$$

此式说明内充溶液的 α_{OH^-} 与 $[NH_3]$ 成线性关系。若用 pH 玻璃电极测量内充溶液中 OH^- 的活度，则该氨电极的电位将随 α_{OH^-} 的改变（即 $[NH_3]$ 的改变）而改变：

$$\varphi = 常数 - 0.059\lg[NH_3] \tag{8-28}$$

可用于气敏电极的平衡体系列于表 8-3。

表 8-3 可用于气敏电极的平衡体系

待测气体	平衡体系	敏感电极
NH_3	$NH_3+H_2O \rightleftharpoons NH_4^+ + OH^-$	H^+
	$xNH_3+M^{n+} \rightleftharpoons M(NH_3)_x^{n+}$	$M=Ag^+, Cd^{2+}, Cu^{2+}$
SO_2	$SO_2+H_2O \rightleftharpoons HSO_3^- + H^+$	H^+
NO_2	$2NO_2+H_2O \rightleftharpoons NO_3^- + NO_2^- + 2H^+$	H^+ 或 NO_3^-
H_2S	$H_2S+H_2O \rightleftharpoons HS^- + H_3O^+$	S^{2-}
HCN	$Ag(CN)_2^- \rightleftharpoons Ag^+ + 2CN^-$	Ag^+
HF	$HF+H_3O \rightleftharpoons H_3O^+ + F^-$	F^-
HAc	$HAc \rightleftharpoons H^+ + Ac^-$	H^+
Cl_2	$Cl_2+H_2O \rightleftharpoons 2H^+ + ClO^- + Cl^-$	H^+, Cl^-
CO_2	$CO_2+H_2O \rightleftharpoons H^+ + HCO_3^-$	H^+
X_2	$X_2+H_2O \rightleftharpoons 2H^+ + XO^- + X^-$	$X^-=I^-, Br^-$

（五）酶电极

酶是具有特殊生物活性的催化剂，它的催化作用有选择性强、催化效率高以及能在常温下进行的特点。

酶电极是将某些特性酶固定化后,作为含酶薄膜覆盖于离子选择电极上构成的。酶电极的结构如图 8-11 所示。

研制酶电极的关键是找到合适的酶催化反应。许多复杂的化合物(特别是有机化合物)在酶的催化作用下,都能分解为简单的化合物或离子(如 CO_2,NH_4^+,F^-,NO_3^- 以及 S^{2-} 等)。这些物质可以用离子选择电极测定,例如脲素($CO(NH_2)_2$)在脲酶催化下分解为 NH_3 和 CO_2:

$$CO(NH_2)_2 + H_2O \xrightarrow{\text{脲酶}} 2NH_3 + CO_2$$

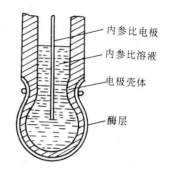

图 8-11 酶电极

检测反应所生成的 NH_3(或 NH_4^+)或 CO_2,就可以间接检测脲素的含量。

酶电极在生物、生理过程及医学研究中有着广泛的应用。其优点是专属性好,缺点是酶电极寿命短,酶的制取也比较困难。

二、离子选择电极的主要性能

(一) 与能斯特方程的符合性

离子选择电极的膜电位 $\varphi_{膜}$ 与离子活度在一定范围内符合能斯特方程,即 $\varphi_{膜}$ 和 $\lg a$ 呈线性关系,其斜率为 $2.303RT/nF$。测定离子活度时应注意在此线性范围内,以免引入误差。

(二) 选择性

一般对阳离子有响应的电极,其膜电位应为

$$\varphi_{膜} = K + \frac{2.303RT}{nF}\lg a_{阳离子} \tag{8-29}$$

对阴离子有响应的电极,其膜电位应为

$$\varphi_{膜} = K - \frac{2.303RT}{nF}\lg a_{阴离子} \tag{8-30}$$

不同电极的 K 值不同,K 与薄膜和内部溶液有关。

应当指出,绝大多数离子选择电极的选择性是相对的。这就是说,离子选择电极不仅对待测离子有响应,共存的其它离子也能产生膜电位。例如测 pH 用的玻璃电极,除对 H^+ 有响应外,对钠离子也有响应,产生钠差。

如果待测试液中除了价数为 n 的待测离子 i 外,还含有价数为 m 的干扰离子 j,它们的活度分别为 a_i 和 a_j,则考虑了干扰离子的膜电位的方程为

$$\varphi_{膜} = K + \frac{2.303RT}{nF}\lg[a_i + K_{ij}(a_j)^{n/m}] \tag{8-31}$$

上式 K_{ij} 称为选择性系数,它的大小表示 j 离子对 i 离子测定的干扰。对任何一个离子选择电极,选择性系数 K_{ij} 越小越好。K_{ij} 至少为 10^{-2},最好为 10^{-4},就可以认为干扰离子不干扰测定。例如有一种钠离子选择电极,在 pH=11 时,$K_{NaK}=10^{-4}$,说明 K^+ 的活度相对于 Na^+ 的活度在 10000 倍以内时,K^+ 的存在对 Na^+ 的测定无干扰。

有一些文献中选用选择比来描述电极的选择性。选择比是选择系数的倒数,选择比越大,电极的选择性越高,干扰就越小。要注意 K 的角注,K_{ij} 是选择性系数,K_{ji} 是选择比。

(三) 测定下限

离子选择电极的测定下限是由电极薄膜材料的性质决定的。一种离子选择电极的检出下限不可能低于电极薄膜本身溶解所产生的离子活度。实际上电极的测定下限比理论值要大些,例如 AgI 沉淀膜电极,根据溶度积计算,测定 I^- 的理论下限约为 10^{-8} mol/L,但实际却很少能到 10^{-7} mol/L 的。

(四) 电极响应速度

电极浸在溶液中达到稳定电极电位所需的时间,称为电极响应速度。离子选择电极的响应速度是很快的。一般情况下,响应时间与试液中离子浓度有关。浓度大,响应快,当溶液浓度很稀时,响应较慢,测定时应注意这一点。

此外,离子选择电极还有有效 pH 范围、使用温度和寿命等性能指标。

§4 直接电位法

一、pH 的电位测定

最初 pH 的定义为氢离子浓度的负对数,后来认识到用原电池电动势测到的是氢离子活度,而不是浓度,因此重新定义 pH 为

$$pH = -\lg[a_{H^+}/\text{mol} \cdot L^{-1}] \tag{8-32}$$

测定溶液的 pH 值时,常用玻璃电极作指示电极,饱和甘汞电极作外参比电极,与试液组成工作电池,如图 8-12 所示。此电池可用下式表示:

(−) Ag, AgCl | HCl | 玻璃膜 | 试液 ‖ KCl(饱和) | Hg_2Cl_2, Hg (+)

|←——玻璃电极——→| $\varphi_{膜}$ φ_j |←——甘汞电极——→|

$\varphi_{AgCl/Ag} + \varphi_{膜}$ $\varphi_j + \varphi_{Hg_2Cl_2/Hg}$

电池的电动势为

$$E_{电池} = \varphi_{Hg_2Cl_2/Hg} - \varphi_{AgCl/Ag} - \varphi_{膜} + \varphi_j + \varphi_{不对称} \tag{8-33}$$

由式(8-22)知

$$\varphi_{膜} = K - 0.059 pH_{试}$$

代入式(8-33)得

$$E_{电池} = \varphi_{Hg_2Cl_2/Hg} - \varphi_{AgCl/Ag} - K + 0.059 pH_{试} + \varphi_j + \varphi_{不对称} \tag{8-34}$$

式(8-34)中的 $\varphi_{Hg_2Cl_2/Hg}, \varphi_{AgCl/Ag}, K, \varphi_j, \varphi_{不对称}$ 在一定条件下都是常数,令

$$\varphi_{Hg_2Cl_2/Hg} - \varphi_{AgCl/Ag} - K + \varphi_j + \varphi_{不对称} = K'$$

则上式简化为

$$E_{电池} = K' + 0.059 pH_{试} \tag{8-35}$$

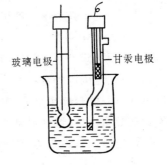

图 8-12 用玻璃电极测定 pH 的工作电池示意图

上式表示电池的电动势与试液的 pH 成直线关系。若能求出 $E_{电池}$ 和 K' 值,就可以求出试液的 pH 值。$E_{电池}$ 可以测量求得,K' 常用实验方法确定。

设有两种溶液,一种是已知 pH 值的标准溶液,另一种是试液,分别将它们组成工作电池,

$$玻璃电极 \mid \begin{array}{c}标准溶液\\或试液\end{array} \parallel SCE$$

分别测量工作电池的电动势,得

$$E_{标} = K'_{标} + \frac{2.303RT}{F}pH_{标} \tag{8-36}$$

$$E_{试} = K'_{试} + \frac{2.303RT}{F}pH_{试} \tag{8-37}$$

如果测量 $E_{标}$ 和 $E_{试}$ 的条件相同,则 $K'_{标}=K'_{试}$,式(8-36)和(8-37)相减得

$$pH_{试} = pH_{标} + \frac{E_{试} - E_{标}}{2.303RT/F} \tag{8-38}$$

式中 $pH_{标}$ 是已知确定的数值,通过测量 $E_{试}$ 和 $E_{标}$,就可以求得 $pH_{试}$。

实际测定溶液的 pH 值时,还会遇到下列几方面的问题:

(1) 从式(8-38)可以看到,($E_{试}-E_{标}$)与($pH_{试}-pH_{标}$)成直线关系,即

$$E_{试} - E_{标} = \frac{2.303RT}{F} \quad (pH_{试} - pH_{标})$$

直线斜率 $2.303RT/F$ 是温度的函数,因此在实验中应尽可能使温度恒定。

(2) 式(8-38)是假定 $K'_{标}=K'_{试}$ 的条件下得出的,但实验中由于某些因素的改变会使 K' 值发生变化而带来误差。例如液接电位 φ_j 可能随试液的 pH 或成分的改变而改变;对同一个玻璃电极不对称电位也随着时间而变异,从而使 $\varphi_{膜}$ 发生变化。在实验中应选用 pH 值与试液 pH 值相近的标准溶液,并同时进行测定。

标准溶液是测定 pH 值的基准,所以标准溶液的配制及其 pH 值的确定是非常重要的。一些国家的标准计量部门通过长期的工作,采用尽可能完善的方法,确定了若干种标准缓冲溶液的 pH 值。我国标准计量局颁发了 6 种 pH 基准缓冲溶液及其在 0—95℃ 的 pH 值。表 8-4 列出该 6 种缓冲溶液在 0—60℃ 的 pH 值。

pH 玻璃电极是一种对 H^+ 有高度选择性的指示电极,它不受氧化剂及还原剂的影响,可用于测定有色、浑浊或胶态溶液的 pH 值。用它测定 pH 值为 1—10 的溶液结果良好,但在此范围以外容易产生误差。用普通玻璃电极测定 pH>10 的溶液时,电极除了对 H^+ 响应外,对 Na^+ 也响应,电极电位与溶液 pH 值之间将偏离线性关系,测得的 pH 值比实际的数值偏低,这种现象称为碱性误差(简称碱差或钠差)。普通玻璃电极在低 pH 范围(pH<1)呈现酸性误差,测得的 pH 值比应有的偏高,而且达到稳定电位所需的时间延长。

二、离子活度的测定

用离子选择电极测定溶液中离子活度(或浓度)与用 pH 指示电极测定溶液的 pH 值相类似。用离子选择电极作指示电极,饱和甘汞电极作参比电极,浸入试液中组成工作电

表 8-4 pH 基准缓冲溶液的 pH 值

温度/℃	KH$_3$(C$_2$O$_4$)$_2$·2H$_2$O (0.05mol/L)	KHC$_4$H$_4$O$_6$ (饱和溶液,25℃)	KHC$_8$H$_4$O$_4$ (0.05mol/L)	KH$_2$PO$_4$(0.025 mol/L)Na$_2$HPO$_4$ (0.025mol/L)	Na$_2$B$_4$O$_7$·10H$_2$O (0.01mol/L)	Ca(OH)$_2$ (饱和溶液,25℃)
0	1.668		4.006	6.981	9.458	13.416
5	1.669		3.999	6.949	9.391	13.210
10	1.671		3.996	6.921	9.330	13.011
15	1.673		3.996	6.898	9.276	12.820
20	1.676		3.998	6.879	9.226	12.637
25	1.680	3.559	4.003	6.864	9.182	12.460
30	1.684	3.551	4.010	6.852	9.142	12.292
35	1.688	3.547	4.019	6.814	9.105	12.130
40	1.694	3.547	4.029	6.838	9.072	11.975
50	1.706	3.555	4.055	6.833	9.015	11.697
60	1.721	3.573	4.087	6.837	8.968	11.426

池。如图 8-13 所示。测量电池的电动势,即可求得待测离子的活度(或浓度)。例如,用氟离子电极测定 F$^-$ 活度时组成如下的电池:

(−) Hg,Hg$_2$Cl$_2$|KCl(饱和)‖试液 | LaF$_3$ | NaF,NaCl|AgCl,Ag(+)
                                    ←φ膜→

|←——甘汞电极——→| |←——————氟离子电极——————→|

若忽略液接电位,则电池的电动势

$$E_{电池} = (\varphi_{AgCl/Ag} + \varphi_{膜}) - \varphi_{Hg_2Cl_2/Hg} \tag{8-39}$$

根据式(8-25),在 25℃时

$$\varphi_{膜} = K - 0.059 \lg a_{F^-}$$

代入式(8-39),得

$$E_{电池} = \varphi_{AgCl/Ag} + K - 0.059 \lg a_{F^-} - \varphi_{Hg_2Cl_2/Hg} \tag{8-40}$$

令

$$\varphi_{AgCl/Ag} + K - \varphi_{Hg_2Cl_2/Hg} = K'$$

则式(8-40)可简化为

$$E_{电池} = K' - 0.059 \lg a_{F^-} \tag{8-41}$$

式中 K' 为常数。K' 与薄膜和内、外参比电极的电极电位有关。它们在固定的实验条件下是恒定的。工作电池的电动势在一定条件下

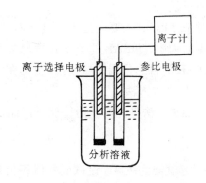

图 8-13 用离子选择电极测定离子浓度的工作电池示意图

与待测离子活度的对数值成直线关系,通过测量电池的电动势可以测定待测离子的活度。

常用的测定方法可分为以下两种:

1. 标准曲线法(工作曲线法)

把 i 离子选择电极与参比电极依次插入一系列不同浓度的 i 离子标准溶液中,测出

相应的电动势,以测得的 $E_{电池}$ 与相应的 $\lg a_i$(或 pa_i)绘制成标准曲线。在同样条件下测出未知溶液的 $E_{电池}$ 值,即可从标准曲线上求出未知溶液中 i 离子的活度。图 8-14 是用氟离子选择电极测定 F^- 时的标准曲线。

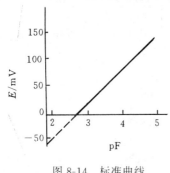

图 8-14　标准曲线

因离子选择电极的膜电位依赖于离子的活度而不是浓度:

$$\varphi_{膜} = K \pm \frac{2.303RT}{nF}\lg a_i \quad (8\text{-}42)$$

实验中测定的是 i 离子的活度,但在分析中经常遇到的任务是测定离子的浓度。如果在一定离子强度的溶液中测定,并忽略 i 离子副反应的影响,则

$$\varphi_{膜} = K \pm \frac{2.303RT}{nF}\lg \gamma_i c_i$$

当离子强度一定时,离子的活度系数 γ_i 是常数,将它与 K 合并为新的常数 K' 得

$$\varphi_{膜} = K' \pm \frac{2.303RT}{nF}\lg c_i \tag{8-43}$$

由此可见,只有在维持离子强度一定的条件下,离子选择电极的膜电位才与浓度的对数值成直线关系,因此,实验中常把离子强度较高的溶液加到标准溶液和未知试液中,使溶液的离子强度固定,从而使离子的活度系数不变。例如,用氟电极测定 F^- 浓度时,加入总离子强度调节缓冲液(TISAB)[①]。它不仅起固定离子强度的作用,还起缓冲和掩蔽干扰离子的作用。在氟电极测量中广泛采用柠檬酸钠($Na_3C_6H_5O_7$)作为 TISAB 试剂,柠檬酸根离子能与试液中的铝氟配合物或铁氟配合物反应,使 F^- 释放出来,消除 Al^{3+} 或 Fe^{3+} 对 F^- 测定的干扰。

对于 TISAB 的要求是不能含有对离子选择电极有响应的离子,也不能含有与待测离子作用的物质。TISAB 的离子强度通常大于 0.5,以控制试液的离子强度。用于气敏电极的 TISAB 的目的是调节渗透压,使其在气透膜两侧均衡。

2. 标准加入法

标准加入法是先取一份待测试液组成工作电池,测得电池的电动势 E_1:

$$E_1 = K' + \frac{2.303RT}{nF}\lg c_x \tag{8-44}$$

式中 c_x 是试液的浓度。设试液的体积为 V_0(mL)。在此试液中准确加入浓度为 c_s(约为 c_x 的 100 倍),体积为 V_s(约为 V_0 的 1/100)的待测离子的标准溶液,混合均匀后,测得工作电池的电动势 E_2,

$$E_2 = K' + \frac{2.303RT}{nF}\lg\left(c_x + \frac{c_s V_s}{V_0 + V_s}\right) \tag{8-45}$$

由于两次测量在同一体系中进行,所以 $\varphi^{\ominus}$、液接电位、试液的活度系数等基本一致。设

---

① TISAB(Total Ionic Strength Adjustment Buffer)离子强度调节缓冲液的英文缩写。

$$\Delta c = \frac{c_s V_s}{V_0 + V_s}$$

则两次测量的电动势之差为

$$E_2 - E_1 = \frac{2.303RT}{nF}[\lg(c_x + \Delta c) - \lg c_x]$$

$$= \frac{2.303RT}{nF} \lg \frac{c_x + \Delta c}{c_x}$$

设

$$s = \frac{2.303RT}{nF}$$

则

$$E_2 - E_1 = s \lg\left(1 + \frac{\Delta c}{c_x}\right)$$

设 $E_2 - E_1 = \Delta E$,则

$$\Delta E = s \lg\left(1 + \frac{\Delta c}{c_x}\right)$$

即

$$1 + \frac{\Delta c}{c_x} = 10^{\frac{\Delta E}{s}}$$

$$c_x = \frac{\Delta c}{10^{\frac{\Delta E}{s}} - 1} \tag{8-46}$$

此法的优点是仅需一种标准溶液,操作简单快速。在测定时,c_s,V_0,V_s 必须准确量测,ΔE 的大小也要合适。ΔE 太小,测量准确性差;ΔE 太大,影响溶液的离子强度。一般 ΔE 值为 20—50mV。

用离子选择电极测定的优点主要是快速、简便、仪器简单。因为这种电极对待测离子有选择性响应,因此常常可以避免分离干扰离子,还可以对不透明的溶液和某些粘稠液直接测量。测定所需的试样少,若使用特制的电极,所需的试液可以少到几微升。离子选择电极可以制得很小,像注射器的针头那样,可以直接测定人体中某种离子的含量。由于具有上述优点,离子选择电极技术发展很快,到目前为止,已研究出了三十多种离子选择电极,商品电极已有二十多种。我国已制成 Na^+、K^+、Ag^+、F^-、Cl^-、I^-、S^{2-}、CN^-、NO_3^-、NH_3、SO_2 等离子选择电极。一般来说,离子选择电极对阴离子的测定更有利。它的缺点是测定误差较大。对1价离子,离子活度改变一个数量级,电位改变59mV,如果仪器测量能准确到1mV,误差将达3%—4%。此外有些离子选择电极使用期限较短,购买和使用时应注意。

§5 电位滴定法

电位滴定法的滴定终点是根据滴定过程中电位的突跃来确定的。电位滴定法的装置如图 8-15 所示。在待测溶液中,插入一支指示电极和一支参比电极组成工作电池。滴定时,溶液用电磁搅拌器搅拌。随着滴定剂的加入,由于发生化学反应,待测离子的浓度不断变化,因而指示电极的电位相应地变化。在化学计量点附近,离子浓度发生突变,引起电位的突跃,因此,测量工作电池电动势的变化,就可以确定滴定终点。

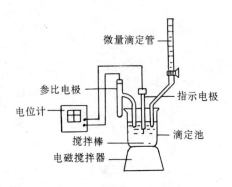

图 8-15 电位滴定的装置简图

在滴定过程中,每加一次滴定剂,测量一次电动势,直到超过化学计量点为止。在化学计量点附近,应该每加 0.05—0.10mL 滴定剂就测量一次电动势,表 8-5 是以银电极作指示电极,饱和甘汞电极作参比电极,用 0.1mol/L $AgNO_3$ 滴定 10mLNaCl 溶液的实验数据。

表 8-5 以 0.1mol/L $AgNO_3$ 溶液滴定 NaCl 溶液

V_{AgNO_3}/mL	E/mV	ΔE/mV	ΔV/mL	$\Delta E/\Delta V$ / mV/mL	$\bar{V}$/mV	$\Delta \bar{V}$/mV	$\Delta\left(\dfrac{\Delta E}{\Delta V}\right)$/mV/mL	$\dfrac{\Delta^2 E}{\Delta V^2}$/(mV/mL)^2
5.00	130							
		15	3.00	5.0				
8.00	145							
		23	2.00	11.5				
10.00	168							
		34	1.00	34				
11.00	202							
		8	0.10	80	11.05			
11.10	210					0.10	60	+600
		14	0.10	140	11.15			
11.20	224					0.10	+120	+1200
		26	0.10	260	11.25			
11.30	250					0.10	+270	+2700
		53	0.10	530	11.35			
11.40	303					0.10	−280	−2800
		25	0.10	250	11.45			
11.50	328					0.30	−178	−593
		36	0.50	72	11.75			
12.00	364							
		25	1.00	25				
13.00	389							
		12	1.00	12				
14.00	401							

根据表 8-5 中的数据,可以用下列几种方法确定滴定终点。

1. E-V 曲线法

用测定结果绘制 E-V 曲线,如图 8-16 所示。图中横坐标代表所加滴定剂的体积,纵坐标代表毫伏计读数,所得的曲线为滴定曲线。作两条与滴定曲线成 45°倾斜的切线,在两切线间作一垂线,通过垂线的中点作一条切线的平行线,与曲线相交的点为曲线的拐点,即为滴定终点。

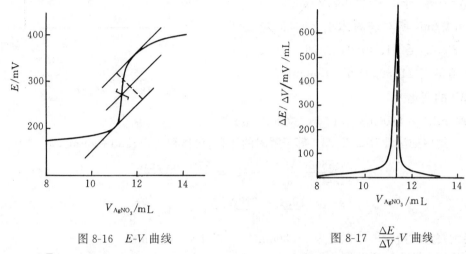

图 8-16　E-V 曲线　　　　图 8-17　$\dfrac{\Delta E}{\Delta V}$-$V$ 曲线

2. $\dfrac{\Delta E}{\Delta V}$-$V$ 曲线法

$\Delta E/\Delta V$ 表示随滴定剂体积变化的电位变化值,它是 dE/dV 的估计值,例如当加入 $AgNO_3$ 溶液从 11.10mL 到 11.20mL 时,

$$\frac{\Delta E}{\Delta V} = \frac{E_{11.20} - E_{11.10}}{11.20 - 11.10} = \frac{224 - 210}{0.10} \text{mV/mL} = 140 \text{mV/mL}$$

用表 8-5 中 $\Delta E/\Delta V$ 值绘制 $\dfrac{\Delta E}{\Delta V}$-$V$ 曲线,如图 8-17 所示。曲线的最高点对应的体积为滴定终点。曲线的最高点是用外延法绘出的。

3. 二级微商法

因 $\dfrac{\Delta E}{\Delta V}$-$V$ 曲线的最高点是滴定终点,所以二级微商 $\Delta^2 E/\Delta V^2$ 值为 0 处就是滴定终点。

$\Delta^2 E/\Delta V^2$ 值的计算公式为

$$\frac{\Delta^2 E}{\Delta V^2} = \frac{\left(\dfrac{\Delta E}{\Delta V}\right)_2 - \left(\dfrac{\Delta E}{\Delta V}\right)_1}{\Delta V} \tag{8-47}$$

例如相应于加入 $AgNO_3$ 溶液 11.30mL 时

$$\frac{\Delta^2 E}{\Delta V^2} = \frac{\left(\dfrac{\Delta E}{\Delta V}\right)_{11.35} - \left(\dfrac{\Delta E}{\Delta V}\right)_{11.25}}{\Delta V} = \frac{530 - 260}{0.10} \text{mV/mL}^2 = 2700 \text{mV/mL}^2$$

用表 8-5 中 $\dfrac{\Delta^2 E}{\Delta V^2}$ 值绘制 $\dfrac{\Delta^2 E}{\Delta V^2}$-$V$ 曲线,如图 8-18 所示。

从 $\Delta^2 E/\Delta V^2$ 为零的那一点作一根垂线到 x 轴,定出滴定终点。连接 $\Delta^2 E/\Delta V^2$ 最大值

与最小值的曲线部分越陡削，滴定反应越完全。

采用二级微商法还可以通过计算来确定滴定终点，因为二级微商等于零时为终点，从表8-5中的数据可知，终点应在 $\Delta^2E/\Delta V^2$ 等于 $+2700\text{mV}/\text{mL}^2$ 和 $-2800\text{mV}/\text{mL}^2$ 所对应的体积之间，即应在 11.30mL 至 11.40mL 之间。加入 $AgNO_3$ 溶液自 11.30mL 至 11.40mL 时，$\Delta^2E/\Delta V^2$ 的变化为

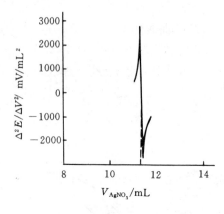

图 8-18 $\dfrac{\Delta^2E}{\Delta V^2}$-$V$ 曲线

$$2700\text{mV}/\text{mL}^2 + 2800\text{mV}/\text{mL}^2 = 5500\text{mV}/\text{mL}^2$$

用内插法计算 $\Delta^2E/\Delta V^2$ 等于零时的体积，设体积为 $(11.30+x)$mL，则

$$\frac{5500\text{mV}/\text{mL}^2}{(11.40-11.30)/\text{mL}} = \frac{2700\text{mV}/\text{mL}^2}{x}$$

$$x = \frac{0.1 \times 2700}{5500} \approx 0.05\text{mL}$$

即滴定到终点时溶液的体积应为 11.30mL+0.05mL=11.35mL。

电位滴定法在滴定分析法中应用十分广泛，它不仅用于各类滴定分析，还用于测定酸（或碱）的离解常数、配合物的稳定常数及氧化还原电对的条件电位等。

应用电位滴定法时，不同类型的反应应选用不同的电极，见表8-6。

表 8-6 用于各种滴定法的电极

滴定方法	参比电极	指示电极
酸碱滴定	甘汞电极	玻璃电极、锑电极
沉淀滴定	甘汞电极、玻璃电极	银电极、硫化银薄膜电极、离子选择电极
氧化还原滴定	甘汞电极、玻璃电极、钨电极	铂电极
配位滴定	甘汞电极	铂电极、汞电极、银电极、氟离子、钙离子等离子选择电极

思 考 题

1. 何谓指示电极？何谓参比电极？电位分析中对它们的要求是什么？
2. 试述各类电极是如何指示离子活度或活度比的？
3. 离子选择电极的性能用哪些指标衡量？
4. 如何估算离子选择电极的选择性？
5. pH 的定义是什么？用直接电位法测量溶液 pH 值时，标准缓冲溶液起什么作用？应如何选择标准缓冲溶液？
6. 用 pH 玻璃电极测量溶液的 pH 值时，为什么要采用"两次测定法"？
7. 直接电位法中如何把电池电动势与 $\lg a_i$ 的关系变为 $\lg c_i$ 的关系？

8. TISAB 在用离子选择电极测定电位时起什么作用？

9. 电位滴定法中应如何选择指示电极和参比电极？

10. 电位滴定法中如何确定电位滴定的终点？

习　题

1. 将下列各电极电位换算成相对于饱和甘汞电极的电位。

(1) $Cd^{2+}+2e=Cd$　　　$\varphi^\ominus=-0.403V$

(2) $Ce^{4+}+e=Ce^{3+}$　　　$\varphi^{\ominus\prime}=1.46V(0.5mol/L\ H_2SO_4)$

(3) $Tl^++e=Tl$　　　$\varphi^{\ominus\prime}=-0.33V(1mol/L\ HClO_4)$　　答：(1) $-0.644V$；(2) $1.22V$；(3) $-0.57V$

2. 某电极以饱和甘汞电极为参比电极时的电位值为 $-0.774V$，若以标准银-氯化银电极（1 mol/L KCl，$\varphi=+0.2223V$）或标准氢电极为参比电极时，此电极的电位值将各为多少？

答：$-0.755V$；$-0.532V$

3. 若以饱和银-氯化银电极（$\varphi=+0.2000V$）为参比电极，在酸性溶液中测得硫离子的微分脉冲极谱峰的峰电位是 $-0.30V$，试计算

(1) 以 SCE 为参比电极；

(2) 以 NHE 为参比电极，

硫离子的峰电位各是多少？　　　　　　　　　　　　　　　答：(1) $-0.34V$；(2) $-0.10V$

4. 在下列各电位滴定中，应选择何种指示电极和参比电极。

(1) 0.1mol/L NaOH 滴定 0.1 mol/L HA（$K_a=10^{-10}$）；

(2) 0.1 mol/L $AgNO_3$ 滴定 0.1mol/L NaCl；

(3) 0.01 mol/L EDTA 滴定 0.01 mol/L Ca^{2+}；

(4) 0.1 mol/L $K_2Cr_2O_7$ 滴定 0.1 mol/L Fe^{2+}。

5. 当下列电池中的溶液是 pH=4.00 的标准缓冲溶液时，在 25℃测得电池的电动势为 0.209V。

（－）玻璃电极 | $H^+(a=x)$ ‖ 饱和甘汞电极（＋）

当缓冲溶液由未知溶液代替时，测得下列电势值：(1) 0.312V；(2) 0.088V；(3) 0.017V。求各未知溶液的 pH 值。　　　　　　　　　　　　　　　答：(1) 5.75；(2) 1.95；(3) 0.75

6. 由玻璃电极和 SCE 组成工作电池，25℃时，以 pH=4.01 标准溶液测得电动势为 0.814V。那么，在 1.00×10^{-3} mol/L HAc 溶液中，此电池的电动势是多少？　　　　　答：0.808V

7. 已知：

$$Hg_2^{2+}+2e=2Hg\qquad\varphi^\ominus=0.796V$$

$$Hg_2Cl_2+2e=2Hg+2Cl^-\qquad\varphi^\ominus=0.268V$$

计算 Hg_2Cl_2 的活度积 $K_{ap}(K_{ap}=a_{Hg_2^{2+}}\cdot a_{Cl^-}^2)$

提示：写出两电对的能斯特方程，再以 K_{ap} 把它们联系起来。　　　　　答：$10^{-17.9}$

8. 以 Ca^{2+} 选择电极测定溶液中 Ca^{2+} 浓度。于 0.010mol/L Ca^{2+} 溶液中插入 Ca^{2+} 膜电极。Ca^{2+} 膜电极与 SCE 组成原电池：

（－）Ca^{2+} 膜电极 | $Ca^{2+}(c=0.010mol/L)$ ‖ SCE（＋）

测得电动势为 0.250V。于同样的电池中，放入未知浓度的 Ca^{2+} 溶液，测得电动势为 0.271V。两种溶液的离子强度相同，计算未知 Ca^{2+} 溶液的浓度。　　　　答：1.9×10^{-3}mol/L

9. 以 Mg^{2+} 选择电极测定溶液的 pMg 值。将 Mg^{2+} 选择电极插入 $a_{Mg}=1.77\times10^{-3}$mol/L 的溶液中，以 SCE 为正电极组成工作电池：

（－）Mg^{2+} 膜电极 | $Mg^{2+}(a\ mol/L)$ ‖ SCE（＋）

测得电池电动势为 0.411V。于同样电池中,将溶液换成未知 Mg^{2+} 溶液时,测得电池的电动势为 0.439V。计算未知 Mg^{2+} 溶液的 pMg 值。　　　　　　　　　　　　　　　　　　答:1.80

10. 某滴定反应在化学计量点附近的电动势读数列于下表:

滴定剂体积/mL	31.10	31.20	31.30	31.40	31.50	31.60
电动势/mV	270	280	300	520	540	550

计算化学计量点时滴定剂的体积。　　　　　　　　　　　　　　　　　　答:31.35mL。

第九章 光度分析

§1 概 述

光度分析通常指比色分析法和分光光度分析法,都是利用物质对光的选择性吸收性质建立起来的分析方法。

有些物质的溶液是有色的,例如 $KMnO_4$ 水溶液呈紫红色,$K_2Cr_2O_7$ 水溶液呈橙色。许多物质的溶液本身是无色或浅色的,但它们与某些试剂发生反应后生成有色物质,例如 Fe^{3+} 与 SCN^- 生成血红色配合物;Fe^{2+} 与邻二氮菲生成红色配合物。有色物质溶液颜色的深浅与其浓度有关,浓度愈大,颜色愈深。如果是通过与标准色阶比较颜色深浅的方法确定溶液中有色物质的含量,则称为比色分析法;如果是使用分光光度计,利用溶液对单色光的吸收程度来确定物质含量,则称为分光光度法。

比色法现在多用目视测定,使用一套质量、形状和大小相同的比色管,将试样溶液和一系列不同量的标准溶液分别加入各比色管中,在相同条件下加入等量的显色剂和其它试剂,显色并冲稀到相同刻度,根据与标准系列颜色深浅的比较,确定未知试样的含量。目视比色法仪器简单,操作简便,但灵敏度和准确度都不如分光光度法,只是在一些准确度要求不高的分析中仍有一定的实用性。本章将只介绍分光光度法。

分光光度法灵敏度较高,可不经富集直接测定低至 $5×10^{-5}\%$ 的微量组分。一般情况下,测定浓度的下限也可达 $0.1—1\mu g/g(ppm①)$,相当于含量为 $0.001\%—0.0001\%$ 的微量组分。如果是采用高灵敏度的显色试剂,或事先将待测组分加以富集,甚至可能测定低至 $10^{-6}\%—10^{-7}\%$ 的组分。虽然光度法的准确度相对于重量分析法和滴定分析法要低得多,通常分光光度法的相对误差为 $2\%—5\%$(比色法为 $5\%—20\%$),但这已能满足一般微量组分测定准确度的要求。若采用差示分光光度法,其相对误差甚至可达 0.5%,已接近重量分析和滴定分析的误差水平。相反,滴定分析法或重量分析法却难于完成这些微量组分的测定。光度分析技术比较成熟,所需仪器相对价廉,操作简便易行,已广泛用于工农业生产和生物、医学、临床、环保等领域。几乎所有的金属元素和众多的有机化合物都可用光度法测定。而且由于光度法能在不改变溶液组成的情况下,灵敏方便地测定出不同型体浓度的变化,所以还是研究溶液平衡的有力工具,很适于测定酸、碱离解常数和配合物稳定常数等。光度法若用于滴定法终点的检测,比目视检测终点的灵敏度高,且能克服影响目视检测的若干干扰。这种方法称为光度滴定。目前已用于酸碱、配位、沉淀以及氧化还原各类滴定中。

---

① 微量痕量分析中,待测组分的含量过去常用 ppm,ppb 或 ppt 表示。
ppm 是 parts per million 的缩写,1ppm 相当于 10^6 份试样中含 1 份待测组分;ppb 是 parts per billion 的缩写,1ppb 相当于 10^9 份试样中含 1 份待测组分;ppt 是 parts per trillion 的缩写,1ppt 相当于 10^{12} 份试样中含 1 份待测组分。ppm,ppb 和 ppt 在法定单位中已被废除。

§2 物质对光的选择性吸收

一、光的基本性质

光是一种电磁波,同时具有波动性和微粒性。光的传播,如光的折射、衍射、偏振和干涉等现象可用光的波动性来解释。描述波动性的重要参数是波长 λ(cm),频率 ν(Hz),它们与光速 c 的关系是

$$\lambda\nu = c \tag{9-1}$$

在真空介质中光速为 2.9979×10^{10}cm/s,约等于 3×10^{10}cm/s。还有一些现象,如光电效应、光的吸收和发射等,只能用光的微粒性才能说明,即把光看作是带有能量的微粒流。这种微粒称为光子或光量子。单个光子的能量 E 决定于光的频率。

$$E = h\nu = h\frac{c}{\lambda} \tag{9-2}$$

式中 E 为光子的能量(J);h 为普朗克常数(6.626×10^{-34}J·s)。

理论上,将仅具有某一波长的光称为单色光,单色光由具有相同能量的光子所组成。由不同波长的光组成的光称为复合光。

当人为地按照波长将电磁波划分为不同的区域时(图 9-1),人眼能产生颜色感觉的光区称为可见光区,其波长范围约为 380—760nm,200—380nm 波长范围的光称为近紫外光。由于受人的视觉分辨能力的限制,人们所看见的各种颜色,如黄色、红色等,实际上是可见光区中含一定波长范围的各种色光,即是说,各种色光也是一种复合光。

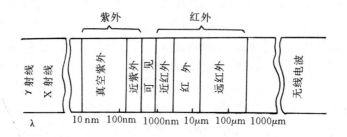

图 9-1 电磁波谱

二、物质的颜色和对光的选择性吸收

颜色是物质对不同波长光的吸收特性表现在人视觉上所产生的反映。如果把不同颜色的物体放在暗处,什么颜色也看不到。当光束照射到物体上时,由于不同物质对于不同波长的光的吸收、透射、反射、折射的程度不同而呈现不同的颜色。溶液呈现不同的颜色是由于溶液中的质点(离子或分子)对不同波长的光具有选择性吸收而引起的。当让含有可见光区整个波长的多色光(白光)通过某一有色溶液时,该溶液会选择性地吸收某些波长的色光而让那些未被吸收的色光透射过去即溶液呈现透射光的颜色,人们将被吸收的色光和透射过去的色光称为互补色光。例如 $KMnO_4$ 水溶液能吸收绿色光而呈现紫红色,则

紫红色和绿色互为互补色。物质呈现的颜色与吸收波长的关系见表 9-1。

表 9-1 物质呈现的颜色与吸收光颜色和波长的关系

物质呈现的颜色	吸 收 光	
	颜 色	波长范围/nm
黄绿	紫	380—435
黄	蓝	435—480
橙红	绿蓝	480—500
红紫	绿	500—560
紫	黄绿	560—580
蓝	黄	580—595
绿蓝	橙	595—650
蓝绿	红	650—760

当依次将各种波长的单色光通过某一有色溶液，量测每一波长下有色溶液对该波长光的吸收程度(吸光度 A)，然后以波长为横坐标，吸光度为纵坐标作图，得到一条曲线，称为该溶液的吸收曲线，亦称为吸收光谱。图 9-2 是四种浓度 $KMnO_4$ 溶液的吸收曲线。从图可见：

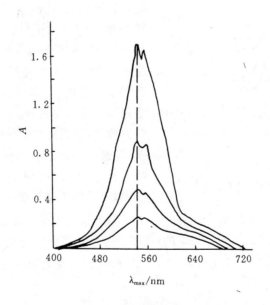

图 9-2 $KMnO_4$ 溶液的吸收曲线

1. $KMnO_4$ 溶液对不同波长的光的吸收程度不同，对绿色光区中 525nm 的光吸收程度最大(此波长称为最大吸收波长，以 λ_{max} 或 $\lambda_{最大}$ 表示)，所以吸收曲线上有一高峰。相反，对红色和紫色光基本不吸收，所以，$KMnO_4$ 溶液呈现紫红色。

2. 同一物质的吸收曲线是特征的。不同浓度的 $KMnO_4$ 溶液吸收曲线相似，λ_{max} 不变。相反，不同物质吸收曲线形状不同。这些特性可以作为物质定性分析的依据。

3. 同一物质不同浓度的溶液,在一定波长处吸光度随浓度增加而增大,这个特性可作为物质定量分析的依据。

三、吸收光谱的产生

两个以上原子组成的物质分子,除了电子相对于原子核的运动外,还有原子核间的相对振动和分子作为整体绕着重心的转动。这些运动状态各自具有相应的能量,分别称为电子能量 E_e,振动能量 E_v 和转动能量 E_r。这些运动状态的变化是不连续的,即能级间的能量差是量子化的。由于光子的能量决定于频率,也是量子化的,所以分子对光的吸收亦是量子化的,即分子只选择吸收能量与其能级间隔相一致的光子,而不是对各种能量的光子普遍吸收,这就是分子对光的吸收具有选择性的原因。分子吸收光能后引起运动状态的变化称为跃迁,跃迁过程中所需的能量称为激发能。分子选择性吸收光子的同时,伴随着分子吸收光谱的产生。电子能级间的能量差 ΔE_e 较大,跃迁产生的吸收光谱位于可见-紫外光谱区,称为分子的电子光谱,或紫外-可见光谱。振动能级间的跃迁产生的吸收光谱位于红外区,称为红外光谱。转动能级跃迁产生的吸收光谱位于远红外区,称为远红外光谱。由于 $\Delta E_e > \Delta E_v > \Delta E_r$,所以在电子运动状态发生改变,即发生电子能级跃迁的同时,总是伴随有振动和转动能级跃迁。因此,在分子的电子光谱中总包含有振动能级跃迁产生的若干谱带和转动能级跃迁产生的若干谱线。由于转动谱线间的间距仅为 0.25nm,即使在气相中,由于多普勒变宽和碰撞变宽效应而产生的谱线增宽也会超过相邻谱线间的间距。在溶液状态时,常常是转动尚未完成就因分子碰撞失去激发能。此外,在激发时分子可能产生解离,解离碎片的动能是非量子化的。所以,观察到的分子的电子光谱是由若干谱带所组成。在极性溶剂中,甚至振动光谱结构都消失,分子的电子光谱只呈现宽的谱带包封

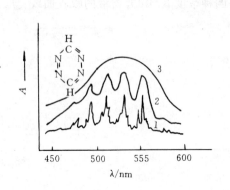

图 9-3 对称四嗪的吸收光谱
1——蒸气态中;2——环己烷中;3——水中

(参见图 9-3)。基于这个原因,分子的电子光谱又称为带状光谱。吸收光谱的波长分布是由产生谱带的跃迁能级间的能量差决定的,反映了分子内能级的分布状况;而吸收谱带的强度,即在给定波长处的摩尔吸光系数 ε 的大小,则由跃迁能级间的跃迁几率所决定。

§3 光吸收定律

一、朗伯-比耳定律

1760 年,朗伯(Lamber)指出,当单色光通过浓度一定的、均匀的吸收溶液时,该溶液对光的吸收程度与液层厚度 b 成正比。这种关系称为朗伯定律,数学表达式为

$$\lg \frac{I_0}{I} = K_1 b \tag{9-3}$$

1852年,比耳(Beer)指出,当单色光通过液层厚度一定的、均匀的吸收溶液时,该溶液对光的吸收程度与溶液中吸光物质的浓度 c 成正比。这种关系称为比耳定律,数学表达式为

$$\lg \frac{I_0}{I} = K_2 c \tag{9-4}$$

如果同时考虑溶液浓度和液层厚度对光吸收程度的影响,即将朗伯定律与比耳定律结合起来,则可得

$$\lg \frac{I_0}{I} = Kbc \tag{9-5}$$

该式称为朗伯-比耳定律的数学表达式。上述各式中 I_0, I 分别为入射光强度和透射光强度;b 为光通过的液层厚度(cm);c 为吸光物质的浓度(mol/L);K_1, K_2 和 K 均为比例常数。上式的物理意义为:当一束平行的单色光通过均匀的某吸收溶液时,溶液对光的吸收程度 $\lg \frac{I_0}{I}$ 与吸光物质的浓度和光通过的液层厚度的乘积成正比。朗伯-比耳定律不仅适用于可见光区,也适用于紫外光和红外光区;不仅适用于溶液,也适用于其它均匀的、非散射的吸光物质(包括气体和固体),是各类吸光光度法的定量依据。由于(9-5)式中的 $\lg \frac{I_0}{I}$ 项表明了溶液对光的吸收程度,定义为吸光度,并用符号 A 表示;同时,I/I_0 是透射光强度与入射光强度之比,表示了入射光透过溶液的程度,称为透光度(以%表示,为透光率),以 T 表示,所以(9-5)式又可表示为

$$A = \lg \frac{I_0}{I} = \lg \frac{1}{T} = Kbc \tag{9-6}$$

图 9-4 表示了这种函数关系。当入射光通过的液层厚度一定时,吸光度与溶液中吸光物质的浓度成正比。

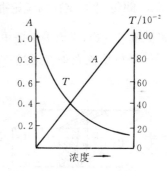

图 9-4 吸光度、透光率与溶液浓度的关系

二、吸光系数、摩尔吸光系数

(9-5)式中的比例常数 K 值随 c, b 所用单位不同而不同。如果液层厚度 b 的单位为 cm,浓度 c 的单位为 g/L 时,K 用 a 表示,a 称为吸光系数,其单位是 L/(g·cm),则(9-5)式成为

$$A = abc \tag{9-7}$$

如果液层厚度 b 的单位仍为 cm,但浓度 c 的单位为 mol/L,则常数 K 用 ε 表示,ε 称为摩尔吸光系数,其单位是 L/(mol·cm),此时(9-5)成为

$$A = \varepsilon bc \tag{9-8}$$

吸光系数 a 和摩尔吸光系数 ε 是吸光物质在一定条件、一定波长和溶剂情况下的特征常数。同一物质与不同显色剂反应,生成不同的有色化合物时具有不同的 ε 值,同一化合物在不同波长处的 ε 亦可能不同。在最大吸收波长处的摩尔吸光系数,常以 ε_{max} 或 $\varepsilon_{最大}$ 表示。ε 值越大,表示该有色物质对入射光的吸收能力越强,显色反应越灵敏。所以,可根据不同显色剂与待测组分形成有色化合物的 ε 值的大小,比较它们对测定该组分的灵敏

度。以前曾认为 $\varepsilon \geqslant 1 \times 10^4$ 的反应即为灵敏反应,随着近代高灵敏显色反应体系的不断开发,现在,通常认为 $\varepsilon \geqslant 6 \times 10^4$ 的显色反应才属灵敏反应,$\varepsilon < 2 \times 10^4$ 已属于不灵敏的显色反应。目前已有许多 $\varepsilon \geqslant 1.0 \times 10^5$ 的高灵敏显色反应可供选择。

应该指出的是,ε 值仅在数值上等于浓度为 1mol/L,液层厚度为 1cm 时有色溶液的吸光度,在分析实践中不可能直接取浓度为 1mol/L 的有色溶液测定 ε 值,而是根据低浓度时的吸光度,通过计算求得。

例1 Fe^{2+} 浓度为 0.5mg/L 的溶液 1mL 用邻二氮菲显色后,定容为 10mL,取此溶液用 2cm 比色皿在 508nm 波长处测得吸光度 $A = 0.190$,计算摩尔吸光系数。

解 已知 Fe^{2+} 的摩尔质量为 55.85g

$$[Fe^{2+}] = \frac{5 \times 10^{-3}}{55.85} = 8.95 \times 10^{-6} \text{ mol/L}$$

$$\varepsilon = \frac{A}{bc} = \frac{0.190}{2 \times 8.95 \times 10^{-6}} \text{L/(mol·cm)} = 1.06 \times 10^4 \text{ L/(mol·cm)}$$

还应当指出的是,上例求得的 ε 值是把待测组分看作完全转变为有色化合物计算的。实际上,溶液中的有色物质浓度常因副反应和显色反应平衡的存在,并不完全符合这种化学计量关系,因此,求得的摩尔吸光系数称为表观摩尔吸光系数。

另外,对于不同的待测组分,由于其摩尔质量不同,不能简单地根据 ε 的大小来判断显色反应的灵敏度。

三、*朗伯-比耳定律的理论推导

根据量子理论,光由光子所组成,光束强度可以看作是单位时间内流过的光子总数。假设某一平行单色光垂直通过一厚度为 b 的均匀吸收介质,照射面积为 S,如图 9-5 所示。

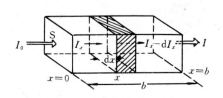

图 9-5 光通过吸光物质的吸收示意图

先考察吸收层厚度为 dx 的无限小体积单元内的吸收情况。入射光在 x 距离处的光强为 I_x,通过 dx 吸收层后,减弱了 dI_x,光子被俘获的分数 $-dI_x/I_x$ 表示吸收率,可以看作是光束通过吸收介质时每个光子被吸光质点吸收的平均几率。另一方面,令 dS 代表 Sdx 这一小体积单元中被照射而又能俘获光子的吸光质点的面积,则俘获光子的几率应为 dS/S,即俘获面积与总面积之比。从统计学观点,光子俘获分数就等于其俘获几率,所以

$$-dI_x/I_x = dS/S \tag{9-9}$$

dS 是 Sdx 体积单元内所有吸光质点俘获面积的总和,当吸收介质中含不只一种吸光质点,且不同成分吸光质点间没有相互作用时,dS 等于该体积单元内 i 种吸光质点俘获面积的总和:

$$dS = \alpha_1 dn_1 + \alpha_2 dn_2 + \cdots + \alpha_i dn_i \tag{9-10}$$

式中 α_i 为比例常数,dn_i 代表 Sdx 体积内第 i 种吸光质点的数目。合并式(9-9)和(9-10),

并在 $0 \leqslant x \leqslant b$ 范围内求总和：

$$-\int_{I_0}^{I} \frac{dI_x}{I_x} = \frac{1}{S}\left[\int_0^{n_1} \alpha_1 dn_1 + \int_0^{n_2} \alpha_2 dn_2 + \cdots + \int_0^{n_i} \alpha_i dn_i\right]$$

积分得

$$-\ln \frac{I}{I_0} = \frac{\alpha_1 n_1}{S} + \frac{\alpha_2 n_2}{S} + \cdots + \frac{\alpha_i n_i}{S} \tag{9-11}$$

当光照截面 S 用体积 V(mL)及液层厚度 b(cm)表示，并将自然对数换为常用对数，经移项得

$$\lg \frac{I_0}{I} = \frac{\alpha_1 n_1 b}{2.303 V} + \frac{\alpha_2 n_2 b}{2.303 V} + \cdots + \frac{\alpha_i n_i b}{2.303 V} \tag{9-12}$$

将 n_i/V 转换成摩尔浓度 c_i(mol/L)：

$$c_i = \frac{1000 n_i}{NV}$$

N 为亚佛加德罗常数。代入(9-12)式，并令

$$\frac{N\alpha_i}{2.303 \times 1000} = \varepsilon_i$$

则

$$\lg \frac{I_0}{I} = \varepsilon_1 bc_1 + \varepsilon_2 bc_2 + \cdots + \varepsilon_i bc_i = \sum_i \varepsilon_i bc_i$$

即

$$A = \sum_i \varepsilon_i bc_i = \sum_i A_i \tag{9-13}$$

上式表明，当有 i 种吸光组分时，总吸光度等于各吸光组分吸光度之和。若只含一种吸光组分，则

$$A = \varepsilon bc$$

四、桑德尔(Sandell)灵敏度

显色反应的灵敏度有时用桑德尔灵敏度 S（亦称灵敏度指数）表示。它的定义是：产生 0.001 的吸光度时，单位截面积(cm^2)的光程内所含吸光物质的微克数，其单位是 μg/cm^2。显然，S 值越小，显色反应的灵敏度越高。S 与吸光系数 a 和摩尔吸光系数 ε 的关系是：

根据 S 的定义，$A = 0.001 = abc$ 时

$$bc = \frac{0.001}{a} \tag{9-14}$$

a 的单位为 g/L，即 $10^6 \mu$g/1000cm^3，b 的单位为 cm，则 bc 就是单位截面积(cm^2)光程内吸光物质的含量(μg)，所以

$$S = bc \cdot \frac{10^6}{1000} = bc \cdot 10^3 \quad (\mu\text{g/cm}^2)$$

将式(9-14)代入上式得

$$S = \frac{1}{a} \tag{9-15}$$

由 a 和 ε 的定义可知，在数值上

$$\varepsilon = aM$$

M 为吸光物质的摩尔质量,所以,在数值上

$$S = \frac{M}{\varepsilon} \quad (\mu g/cm^2) \tag{9-16}$$

五、比耳定律的表观偏离

根据比耳定律,当波长和强度一定的入射光通过液层厚度一定的溶液时,吸光度和吸光物质的浓度成正比,即 A-c 图形呈直线关系。正是利用这种关系,在固定液层厚度及入射光强度和波长的条件下,测定一系列已知的,但浓度不同的标准溶液的吸光度,以吸光度为纵坐标,浓度为横坐标,得到一条通过原点的直线(称标准曲线或工作曲线)。若在相同条件下测得未知试液的吸光度,即可由标准曲线得到未知试液的浓度,此法称标准曲线法。但在实际工作中,特别是溶液浓度较高时,标准曲线常呈现弯曲(图 9-6),这种现象称为对比耳定律的偏离。对浓度不是太高的溶液,这并不是由于比耳定律本身不严格所引起,因此属于表观偏离。

引起这种偏离的因素很多,大致可分为两类:一类是物理性的,即仪器性的因素;一类是化学性因素。

(一) 物理性因素

由物理性因素引起的偏离,包括入射光不是真正的单色光,杂散光,单色器内的内反射,以及因光源的波动,检测器灵敏度波动等引起的偏离,其中最主要的是非单色光作为入射光引起的偏离。

严格地讲,比耳定律只适用于具有一定波长的单色光,但要由连续光源获得纯的单色光是不可能的。由各种分光光度计所提供的入射光并不是纯的单色光,实际仍是具有一定波长范围的复合光,其波长范围的宽度决定于分光光度计的色散元件和测量时所选的狭缝宽度。下面,结合图 9-7 讨论非单色光引起的对比耳定律的偏离情况。

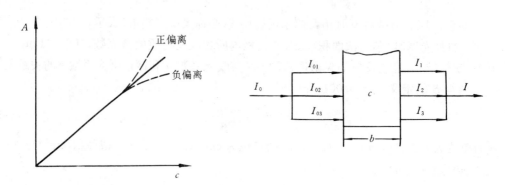

图 9-6 标准曲线和对比耳定律的偏离　　图 9-7 非单色光引起的对比耳定律的偏离

设欲选择 λ_2 的波长进行测量,但入射光实际为含 λ_1 到 λ_3(内含 λ_2)的复合光。设其中含 $\lambda_1, \lambda_2, \lambda_3$ 三种波长的单色光,且其对应的摩尔吸光系数分别为 $\varepsilon_1, \varepsilon_2, \varepsilon_3$,$\varepsilon_2 - \varepsilon_1 = \Delta\varepsilon'$,$\varepsilon_3 - \varepsilon_2 = \Delta\varepsilon''$,入射光强度分别为 I_{01}, I_{02}, I_{03},透射光强度分别为 I_1, I_2, I_3。当该复合光通过 b(cm),摩尔浓度为 c 的溶液时,测得的吸光度 A 为

$$A = \lg \frac{I_0}{I} = \lg \frac{I_{01}+I_{02}+I_{03}}{I_1+I_2+I_3} \qquad (9\text{-}17)$$

根据朗伯-比耳定律,对各单色光分别有

$$I_1 = I_{01}10^{-\varepsilon_1 bc} = I_{01}10^{\Delta\varepsilon' bc} \cdot 10^{-\varepsilon_2 bc}$$
$$I_2 = I_{02}10^{-\varepsilon_2 bc}$$
$$I_3 = I_{03}10^{-\varepsilon_3 bc} = I_{03}10^{-\Delta\varepsilon'' bc} \cdot 10^{-\varepsilon_2 bc}$$

代入(9-17)式得

$$A = \lg \frac{I_{01}+I_{02}+I_{03}}{(I_{01}10^{\Delta\varepsilon' bc}+I_{02}+I_{03}10^{-\Delta\varepsilon'' bc})10^{-\varepsilon_2 bc}} \qquad (9\text{-}18)$$

若令

$$\frac{I_{01}+I_{02}+I_{03}}{I_{01}10^{\Delta\varepsilon' bc}+I_{02}+I_{03}10^{-\Delta\varepsilon'' bc}} = F \qquad (9\text{-}19)$$

F 称为偏离因子,则

$$A = \lg F \cdot 10^{\varepsilon_2 bc} = \varepsilon_2 bc + \lg F \qquad (9\text{-}20)$$

从上式可见,此时 A-c 已不呈直线关系。$F=1$,则 $A=\varepsilon_2 bc$,说明单色光不会偏离比耳定律。

当 $F>1$ 时,$A>\varepsilon_2 bc$,产生正偏离。从式(9-19)知,

$$I_{01}+I_{03} > I_{01}10^{\Delta\varepsilon' bc}+I_{03}10^{-\Delta\varepsilon'' bc}$$

$\Delta\varepsilon''$ 越大,$\Delta\varepsilon'$ 越小,正偏离越大;I_{03} 越大,I_{01} 越小,正偏离越大;;同时,bc 越大,正偏离也越大。

当 $F<1$ 时,$A<\varepsilon_2 bc$,产生负偏离,此时

$$I_{01}+I_{03} < I_{01}10^{\Delta\varepsilon' bc}+I_{03}10^{-\Delta\varepsilon'' bc}$$

$\Delta\varepsilon''$ 越小,$\Delta\varepsilon'$ 越大,负偏离越大;I_{03} 越小,I_{01} 越大,负偏离越大;同时 bc 越大负偏离也越大。

(二) 化学性因素

不同物质,甚至同一物质的不同型体对光的吸收程度可能不同。溶液中的吸光物质因离解、缔合、溶剂化作用或化合物形式的改变,可能引起对比耳定律的偏离。

设化合物 HB 在溶液中存在下列离解平衡:

$$HB \rightleftharpoons H^+ + B^-$$

溶液的总吸光度:

$$A_{总} = A_{HB} + A_{B^-} = (\varepsilon_{HB}c_{HB} + \varepsilon_{B^-}c_{B^-})b$$

当有 pH 缓冲溶液时,酸型 HB 与碱型 B^- 之比值在各种浓度下保持不变。但若无缓冲作用,离解度将随稀释而增大。若 $\varepsilon_{B^-} > \varepsilon_{HB}$,当溶液浓度增大时,产生负偏离;若 $\varepsilon_{B^-} < \varepsilon_{HB}$,当溶液浓度增大时,产生正偏离。

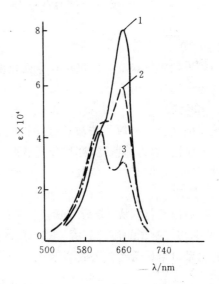

图 9-8 亚甲基蓝阳离子水溶液的吸收光谱
1——6.35×10^{-6}mol/L;2——1.27×10^{-4}mol/L;
3——5.97×10^{-4}mol/L

又如 $Cr_2O_7^{2-}$ 水溶液在 450nm 处有最大吸收,但因存在下列平衡:
$$Cr_2O_7^{2-} + H_2O \rightleftharpoons 2HCrO_4^- \rightleftharpoons 2CrO_4^{2-} + 2H^+$$
当 $Cr_2O_7^{2-}$ 溶液按一定程度稀释时,$Cr_2O_7^{2-}$ 的浓度并不按相同的程度降低,而 $Cr_2O_7^{2-}$,$HCrO_4^-$,CrO_4^{2-} 对光的吸收特性明显不同,此时,若仍以 450nm 处测得的吸光度制作工作曲线,将严重地偏离比耳定律。

另外,按吸收定律假定,所有的吸光质点(分子或离子)的行为必须是相互无关的,而不论其数量和种类如何,这一假定也是利用光吸收的加合性同时测定多组分混合物的基础。但事实证明,这种假设只是在稀溶液($<10^{-2}$ mol/L)时才是基本正确的。当溶液浓度较大时,往往因凝聚、聚合或缔合作用、水解及配合物配位数的改变等改变了物质的吸光特性,结果使吸收曲线的位置、形状及峰高随着浓度的增加而改变。图 9-8 是亚甲基蓝阳离子水溶液的吸收光谱。亚甲基蓝阳离子单体的吸收峰在 660nm,而其二聚体的吸收峰在 610nm。由于缔合作用,稀溶液与浓溶液的吸收光谱存在着很大的差异,因此当浓度较高时,A-c 的关系将严重偏离比耳定律。

§4 吸光度的测量

一、分光光度计的基本组成

分光光度计通常由光源、单色器、样品室、检测器和显示仪表或记录仪所组成:

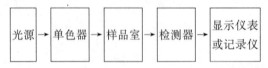

1. 光源

一般采用钨灯(350—2500nm,可见光用)和氢灯(190—400nm,紫外光用),根据不同波长的要求选择使用。

2. 单色器

凡能把复合光分解为按波长顺序排列的单色光,并能通过出射狭缝分离出某一波长单色光的仪器,称为单色器,亦称分光器。它由入射和出射狭缝、反射镜和色散元件组成,其关键部件是色散元件。色散元件有两种基本形式:棱镜和衍射光栅。

(1) 棱镜

由玻璃或石英制成。复合光通过棱镜时,由于棱镜材料的折射率不同而产生折射。但是,折射率与入射光的波长有关。对一般的棱镜材料,在紫外-可见光区内,折射率与波长之间的关系可用科希经验公式表示

$$n = A + \frac{B}{\lambda^2} + \frac{C}{\lambda^4} \tag{9-21}$$

式中 n 为波长为 λ 的入射光的折射率,A、B、C 均为常数。所以,当复合光通过棱镜的两个界面发生两次折射后,根据折射定律,波长小的偏向角大,波长大的偏向角小(参见图 9-9),故而能将复合光色散成不同波长的单色光。

(2) 光栅

光栅有多种，光谱仪器中多采用平面闪耀光栅（图 9-10）。它由高度抛光的表面（如铝）上刻划许多根平行线槽而成。一般为 600 条/mm，1200 条/mm，多的可达 2400 条/mm，甚至更多。当复合光照射到光栅上时，光栅的每条刻线都产生衍射作用，而每条刻线所衍射的光又会互相干涉而产生干涉条纹。光栅正是利用不同波长的入射光产生的干涉条纹的衍射角不同，波长长的衍射角大，波长短的衍射角小，从而使复合光色散成按波长顺序排列的单色光。

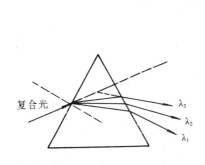

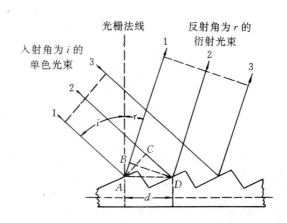

图 9-9　棱镜的色散作用（$\lambda_1 < \lambda_2 < \lambda_3$）　　　图 9-10　光栅衍射原理的示意图

图 9-10 是光栅衍射原理示意。光栅色散作用可用如下光栅方程来描述

$$d(\sin i + \sin r) = n\lambda \tag{9-22}$$

式中 i 为入射角；r 为反射角；d 为刻槽距离，亦称光栅常数；n 为相应于入射角 i 和反射角 r 的辐射的级。n 的物理意义是，为使相邻光束之间发生相长干涉，必须使其光程差等于入射光束波长 λ 的整数 n 倍。图 9-10 表示的正是当某一波长的光束与光栅法线成入射角 i 的方向照射到光栅上时，最大的相长干涉发生在反射角 r 的方向。由于不同波长的入射光所得最大相长干涉的反射角不同，从而使复合光产生色散。

例 2　一束复合光按 48°入射角的方向照射到刻槽数为 2000 条/mm 的平面反射型衍射光栅上，求出现在 +20°反射角方向上的衍射波长。

解　$d = 1\text{mm}/2000 \times \dfrac{10^6 \text{nm}}{\text{mm}} = 500\text{nm}$

当 $r = +20°$ 时

$$\lambda = \frac{500}{n}(\sin 48° + \sin 20°)\text{nm} = \frac{542.6}{n}\text{nm}$$

所以在该方向上一级、二级和第三级衍射的波长分别为 543（$n=1$），271（$n=2$）和 181（$n=3$）nm。

3. 样品室

样品室内装有吸收池架。吸收池由玻璃或石英制成，有不同形状和光程长。玻璃吸收池只能用于可见光区，而石英池既可用于可见光区、亦可用于紫外光区。

4. 检测器

检测器是一种光电转换元件,其作用是将透过吸收池的光信号变成可测量的电信号。目前,在可见-紫外分光光度计中多用光电管和光电倍增管。

光电倍增管是利用二次电子发射放大光电流的一种真空光敏器件。它由一个光电发射阴极,一个阳极以及若干级倍增极所组成。图 9-11 是光电倍增管的结构和光电倍增原理示意图。

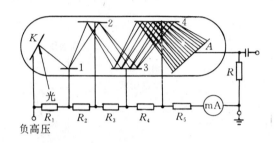

图 9-11　光电倍增管的结构和原理示意图
K——光敏阴极；1—4——倍增极；$R, R_1 - R_5$——电阻；A——阳极

当阴极 K 受到光子撞击时,发出光电子,K 释放的一次光电子再撞击倍增极,就可产生增加了若干倍的二次光电子,这些电子再与下一级倍增级撞击,电子数依次倍增,经过 9—16 级倍增,最后一级倍增极上产生的光电子可以比最初阴极放出的光电子多 10^6 倍,最高可达 10^9 倍,最后倍增了的光电子射向阳极 A 形成电流。阳极电流与入射光强度及光电倍增管的增益成正比,改变光电倍增管的工作电压,可改变其增益。光电流通过光电倍增管的负载电阻 R,即可变成电压信号,送入放大器进一步放大。

5. 显示仪表和记录仪

早期的分光光度计多采用检流计、微安表作显示装置,直接读出吸光度或透光率。近代的分光光度计则多采用数字电压表等显示和用 X-Y 记录仪直接绘出吸收(或透射)曲线,并配有计算机数据处理台。

二、测量条件的选择

(一) 入射光波长

通常都是选择显色溶液的 λ_{max} 的入射光作测量波长。这不仅能获得高的灵敏度,而且由于在 λ_{max} 附近吸光度随波长的变化较小,入射光波长的稍许偏移和非单色性引起的吸光度变化较小,从而对比耳定律的偏离较小(图 9-12)。当然,若在 λ_{max} 附近有其它谱峰(如显色剂、共存组分吸收峰)干扰时,只得选用其它的测量波长。有时,为测定高浓度组分,为使工作曲线有足够的线性范围,亦宁可选用其它灵敏度较低的吸收峰波长作为分析测量波长。

(二) 测量狭缝的选择

测定狭缝越窄,虽然得到的单色光波长范围越窄,单色光"越纯",分辨率越高。但入射光强度也越弱,势必过大地提高检测器的增益,随之而来的是仪器噪声增大,于测量不利。但狭缝过宽,非吸收光的引入将导致测量灵敏度的下降和工作曲线线性关系的变差。特别

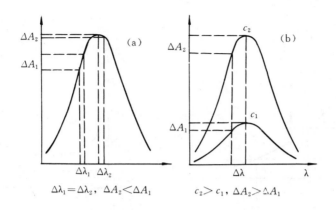

$\Delta\lambda_1 = \Delta\lambda_2$, $\Delta A_2 < \Delta A_1$ $c_2 > c_1$, $\Delta A_2 > \Delta A_1$

图 9-12　测量波长的选择及其影响

在分析组分较复杂的样品时,可能引入干扰组分的吸收光谱,使选择性变差。不减小吸光度时的最大狭缝宽度,是应选择的合适的狭缝宽度。

(三) 控制适当的吸光度测量范围

吸收曲线的斜率随浓度增大而增大,浓度越高,不纯的单色光引起的对比耳定律的偏离程度越大。而且,任何分光光度计都有一定的测量误差,其中透光率的读数误差是其主要因素。大多数分光光度计的透光率读数的变动性为 1% 至 0.2%,0.2% 被认为是实际能达到的读数准确度极限。对一给定的分光光度计,透光度读数误差 ΔT 是一常数,但由于透光率与浓度的关系并非直线,在不同的透光率读数范围,同样大小的 ΔT 所引起的浓度误差 Δc 是不同的(参见图 9-13)。当 T 大时,Δc 小,但此时浓度很低,相对误差 $\Delta c/c$ 较大;当 T 小时,Δc 大,此时虽然 c 较大,但 $\Delta c/c$ 仍较大。只有在透光率适中时,也就是测量浓度适中时,$\Delta c/c$ 才较小。可以证明,当 $T = 36.8\%$ ($A = 0.434$) 时,测量的相对误差最小。从相对误差与透光率的关系曲线(图 9-14)可见,一个几乎固定的最小误差出现在 $T\% = 20\% - 65\%$ ($A = 0.7 - 0.2$) 的范围内。因此,为避免大的误差出现,必须设计好试样用量和其在测量过程中的稀释度。

(四) 参比溶液的选择

将朗伯-比耳定律关系式应用于实际分析时,所研究的溶液必须装在吸收池(亦称比色皿)中,由于吸收池表面的反射和吸收,入射光的强度要受到一定损失。此外,由于溶液的某种不均匀性引起的散射,光强可能减弱,以及因过量显色剂和其它试剂(如缓冲剂、掩蔽剂等)甚至溶剂本身所引起的吸收,都会影响对所测吸光物质的吸光度测量,为此,必须对这些影响因素进行校正,以求消除或尽可能减小这种影响。最常用的校正方法是扣除参比溶液(空白溶液)在相同仪器条件下,用相同的(或性能参数十分相近的)吸收池测得的吸光度。参比溶液的选择应视具体情况而定。通常

1. 当试液、显色剂及所用其它试剂在测定波长都无吸收时,可用纯溶剂(如蒸馏水)作参比溶液;

2. 当试液无吸收,而显色剂或其它试剂在测定波长处有吸收时,可用不加试样的"试剂空白"作参比溶液;

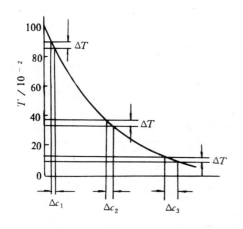 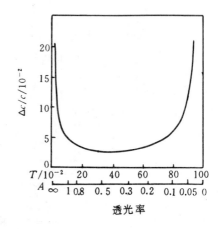

图 9-13 透光率与浓度的关系　　图 9-14 浓度相对误差与透光率的函数关系($\Delta T=0.01$)

3. 若待测试液本身在测量波长处有吸收,而显色剂等无吸收,则采用不加显色剂的"试样空白"作参比溶液;

4. 如显色剂和试液在测量波长都有吸收,可将一份试样溶液加入适当掩蔽剂,将待测组分掩蔽起来,使之不再与显色剂反应,然后按相同步骤加入显色剂和其它试剂,所得溶液作为参比溶液。

在进行试样显色液吸光度测量前,先将参比溶液装入吸收池中,在测定波长处利用分光光度计的 $T=100\%$ 钮将透光率调至 $100\%(A=0)$ 处,然后进行试样显色液吸光度的测量。

三、多组分的同时测定

如果溶液中含有不止一种吸光物质,理论上可以利用吸光度的加合性,即总吸光度等于各吸光组分吸光度之和,不经分离同时测定这些组分。假定溶液中同时存在 X 和 Y 两种吸光组分,浓度分别为 c_X 和 c_Y,吸收光谱彼此重叠(图 9-15)。此时,若分别测定 λ_1 和 λ_2 处的吸光度 A_{λ_1} 和 A_{λ_2},可建立如下联立方程组(设 $b=1$cm):

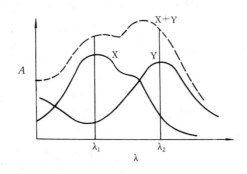

图 9-15 两组分相互干扰时的吸收光谱

$$\left.\begin{aligned}A_{\lambda_1} &= A_{X\lambda_1} + A_{Y\lambda_1} = \varepsilon_{X\lambda_1}c_X + \varepsilon_{Y\lambda_1}c_Y\\ A_{\lambda_2} &= A_{X\lambda_2} + A_{Y\lambda_2} = \varepsilon_{X\lambda_2}c_X + \varepsilon_{Y\lambda_2}c_Y\end{aligned}\right\} \tag{9-23}$$

用已知浓度的纯溶液测得 $\varepsilon_{X\lambda_1}$, $\varepsilon_{X\lambda_2}$ 和 $\varepsilon_{Y\lambda_1}$, $\varepsilon_{Y\lambda_2}$，即可根据测得的 A_{λ_1} 和 A_{λ_2} 求解 c_X 和 c_Y。

显然，若 X 和 Y 的吸收光谱仅仅是单向重叠，甚至不重叠，问题更简单一些。原则上多组分系统都可用此法求解，但实际应用中常限于两个或三个组分的体系。需要指出的是，随着计算机的普及，化学计量学在光度分析中的应用在国内外取得了较大进展，已提出多种数学处理方法用于多组分，特别是可能含有未知干扰组分的多组分的光度分析。

§5 显色反应及反应条件的选择

在比色和分光光度分析中，常要利用显色反应把待测组分转变为有色化合物，然后再进行测定。显色反应主要有配位反应和氧化还原反应，多数是配位反应。

一、对显色反应的要求

能与待测组分形成有色化合物的试剂称为显色剂。同一组分常可与多种显色剂反应生成不同的有色化合物。选用哪一种显色反应呢？自然，首先是选择灵敏度高，即摩尔吸光系数大的反应。但是，在分析化学中接触到的试样大多是成分复杂的物质，必须认真考虑共存组分的干扰，即显色反应的选择性。仅与一种组分反应的特效显色反应为数极少，但针对具体的试样，在严格控制条件下，某些选择性反应可能成为特效性反应。显然反应的选择性取决于所用试剂的性质，待测元素的氧化态，介质的 pH 和掩蔽剂的选择等。高的选择性常可借助于掩蔽剂的适当组合、pH 的控制和适宜的氧化剂或还原剂的选择来获得。需要指出的是，在满足测定灵敏度的前提下，选择性的好坏常常成为选择显色反应的主要依据。例如，Fe(Ⅱ) 与 1,10-二氮菲在 pH＝2—9 的水溶液中生成橙红色配合物的反应，虽然灵敏度不是很高，$\varepsilon_{508} = 1.1 \times 10^4$ L/mol·cm，但由于选择性好，在实际分析中仍广泛被采用。

另外，还要求生成的有色化合物组成恒定，化学性质相对稳定，其颜色和过剩显色剂产生的颜色有明显的差异。有色化合物和显色剂的最大吸收波长之差 $\Delta\lambda_{max}$ 称为对比度，若 $\Delta\lambda_{max} > 80$ nm 属于高对比度。

因此，在选择显色反应时，应结合试样具体情况，综合考虑上述因素，选择适当的显色反应体系。

二、反应条件的选择

选择反应条件，目的是使待测组分在所选择的反应条件下，能有效地转变为适于光度测定的化合物。

（一）反应体系的酸度

反应时，介质溶液的酸度常常是首先需要确定的问题。因为酸度的影响是多方面的，表现为

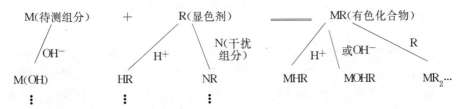

R 的不同型体可能有不同的颜色,产生不同的吸收;M 离子可能形成羟基配合物乃至沉淀,影响显色反应的定量完成;有干扰组分时,可能会影响主反应进行的程度;影响显色配合物存在的型体,甚至组成比,产生不同的吸收。例如,Fe(Ⅲ)与磺基水杨酸的反应随 pH 的改变,产物的组成和颜色会产生明显的改变。pH 为 1.8—2.5 时,形成 1∶1 的紫红色配合物;在 pH=4—8 时,生成 1∶2 的橙红色配合物;pH 为 8—11.5 时,生成 1∶3 的黄色配合物;pH>12 时,只能生成棕红色的 $Fe(OH)_3$ 沉淀。

对某种显色体系,最适宜的 pH 范围与显色剂、待测元素以及共存组分的性质有关。目前,虽然已有从有关平衡常数值估算显色反应适宜酸度范围的报导,但在实践中,仍然是通过实验来确定。其方法是保持其它实验条件相同,分别测定不同 pH 条件下显色溶液和空白溶液相对于纯溶剂的吸光度,显色溶液和空白溶液吸光度之差值呈现最大而平坦的区域,即为该显色体系最适宜的 pH 范围,参见图 9-16。

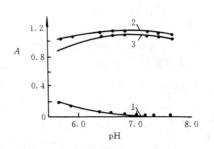

图 9-16 酸度对显色液吸光度的影响
1——试剂空白-H_2O;2——显色液-H_2O;
3——显色液-试剂空白

控制溶液酸度的有效方法是加入适宜的缓冲溶液。缓冲溶液的选择,不仅要考虑其缓冲 pH 范围和缓冲容量,还要考虑缓冲溶液阴、阳离子可能引起的干扰效应。

(二) 显色剂用量

为保证显色反应进行完全,一般需加入过量显色剂,但不是过量越多越好。在保持其它条件不变,仅改变显色剂用量的情况下,测定显色溶液的吸光度,通常得到如图 9-17 所示的几种情况,吸光度大而又呈现平坦的区域,即是适宜的显色剂用量范围。

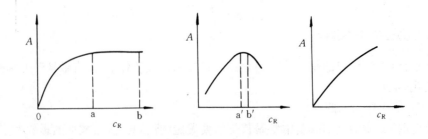

图 9-17 吸光度与显色剂浓度 c_R 的关系

(三) 显色温度

一般情况下,显色反应都是在室温下进行的,温度的稍许变动影响不大。但有的显色反应需要在较高的温度才能较快完成,在这种情况下,要注意反应物和显色产物的热分解问题。适宜的显色温度范围亦应通过实验确定。

(四) 显色时间

各种显色反应速度不同,各种显色化合物的稳定性有差异,显色溶液达到色调稳定、吸光度最大且稳定的时间有长有短。因此,必须通过实验,作一定温度下(如室温)的吸光度-时间曲线,以确定适宜的显色时间。同时,还应注意显色产物吸光度的稳定时间,必须在显色溶液吸光度保持最大的时间内完成测定。

在选择显色反应适宜条件的同时,还要考虑溶剂对显色反应的影响。有时,由于溶剂不同生成不同的溶剂化合物,显色产物具有不同的颜色。水溶液中加入有机溶剂会减小水的介电常数,从而降低配合物的离解度使测定灵敏度提高。例如,$Co(SCN)_4^{2-}$ 在水溶液中大部分离解,加入等体积丙酮后,溶液显示配合物的天蓝色可用于钴的测定。有时,加入有机溶剂可加快显色反应的速度,如用氯代磺酚 S 测定铌,在水溶液中需显色几小时,加入丙酮后,只需 30min 反应就可显色完全。在后面叙述的萃取光度法不仅能提高测定的灵敏度,还能明显提高测定的选择性。

三、分光光度法常用的显色剂

灵敏的分光光度法是以待测物质与显色剂之间的反应为基础的。这些显色反应大多数为配位反应。多数无机配位剂单独与金属离子生成的配合物,如 Cu^{2+} 与 NH_3 形成的蓝色配合物,Fe^{3+} 与 SCN^- 形成的红色配合物等,组成不恒定,也不够稳定,反应的灵敏度不高,选择性较差,所以单独应用不多。目前不少高灵敏的方法是基于金属的硫氰酸盐、氟化物、氯化物、溴化物和碘化物的配阴离子与碱性染料的阳离子形成的离子缔合物的反应,特别是基于这些离子缔合物的萃取体系和引入表面活性剂或水溶性高分子的多元体系。例如,在 $0.12mol/L\ H_2SO_4$ 介质中,在聚乙烯醇存在下,Hg^{2+}-I^--乙基罗丹明 B 离子缔合物显色体系的 ε 高达 $1.14×10^6 L/(mol·cm)$,$\lambda_{max}=605nm$,测量范围是 $0—2.5\mu g(Hg)/25mL$。

分光光度法中主要使用有机显色剂。有机显色剂及其与金属离子反应产物的颜色和它们的分子结构有密切关系。由于显色剂分子结构的复杂性和各基团间相互影响的多样性,分子结构与颜色的关系十分复杂。根据近代发色理论,显色分子中多含有不饱和的共轭链,如 —C=C—,—N=N—,⌬,C=S 等,其一端与某些供电子基如 (—OH,—NH_2,N(R)(H)—,N(R)(R')— 等) 或吸电子基(—NO_2,C=O 等)相连,而另一端一般再与另一供电性相反的基团相连。当吸收一定波长的光量子能量后,从电子给予体通过共轭作用,传递到电子接受基团,显色分子发生极化并产生一定的偶极矩,使价电子在不同能级间跃迁而得到不同的颜色。

有机显色剂的种类繁多,分类方法各异。下面根据它们与金属离子形成配合物时的供电子基团,介绍常用的一些显色剂。

1. O,O 给电子螯合剂

(1) 铬天菁 S,3″-磺基-2″,6″-二氯-3,3′-二甲基-4-羟基品红酮-5,5′-二羟酸,简称 CAS($C_{23}H_{16}O_9ClS$ 相对分子质量 539.34),属三苯甲烷类试剂,结构式为:

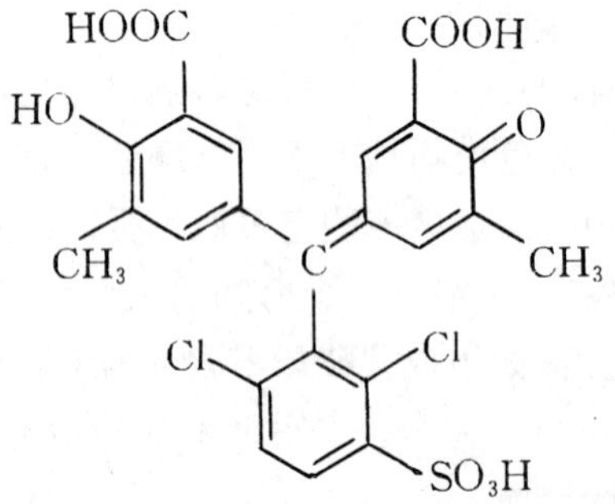

(H_4L)

经常使用的是 CAS 三钠盐二水合物,棕色粉末,易溶于水。水溶液 pH<4 显橙色,pH≈7 呈黄色。它与多种金属离子形成蓝、蓝紫或紫色配合物,可用于 Be,Al,Ga,In,Sc,Cr,Fe,Zr,Hf,Th 等 30 种金属离子的测定,灵敏度都较高,对比度亦大。当有表面活性剂等存在时,灵敏度还会大大提高。

(2) 苯基荧光酮,2,3,7-三羟基-9-苯基-6-荧光酮,又名苯芴酮、锗试剂,简写为 PF ($C_{19}H_{12}O_5$,相对分子质量 320.30)。属呫吨类试剂,其结构式为:

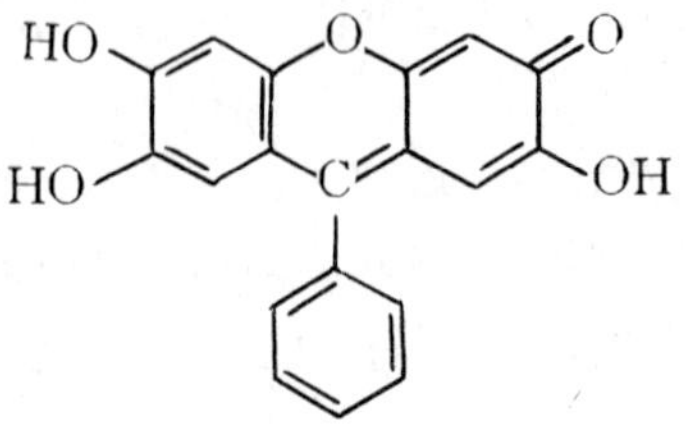

(H_3L) 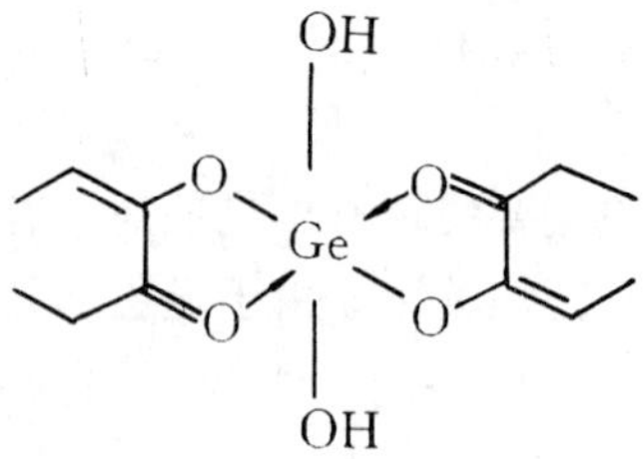　　　　与 Ge(Ⅳ)螯合物的配位结构略图

为橙色结晶粉末,极微溶于水,微溶于冷乙醇,但易溶于盐酸酸化后的乙醇中。是光度法测定 Ge(Ⅳ)和 Sn(Ⅳ)的灵敏和选择性试剂,也可用于 Sb(Ⅲ),Co,Fe,In,Mo(Ⅵ),Nb,Ni,Ti 和 Zr 的测定。由于该试剂与这些金属离子形成的有色螯合物难溶于水,所以只能用有机溶剂如 CCl_4 萃取后,或者加入表面活性剂增溶、高分子分散剂分散后才可进行光度测定。目前,已合成多种这类三羟基荧光酮衍生物。它们不仅是许多金属离子灵敏的显色剂,

而且亦是一类重要的荧光试剂。

2. O,N 给电子螯合剂

(1) 偶氮胂Ⅲ,2,7-双(2-苯胂酸-1-偶氮)-1,8-二羟基-3,6-萘二磺酸($C_{22}H_{18}N_4O_{14}S_2As_2$,相对分子质量为 776.37),结构式为

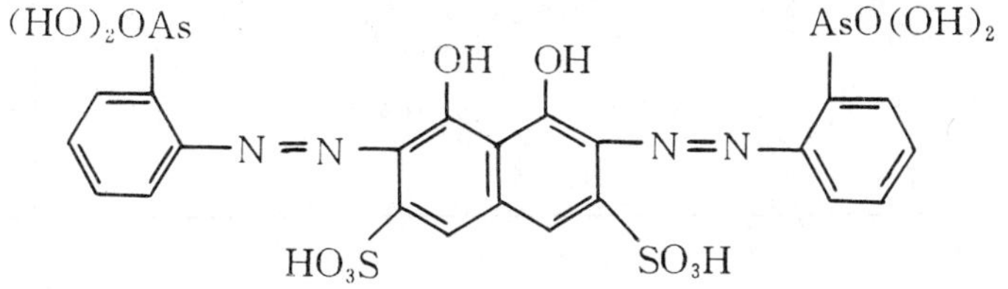

(H_8L)

在弱酸性到碱性范围的水溶液中,它能与很多种金属离子反应,但在强无机酸中仅与少数元素,如 Hf,Th,U,Zr,稀土和锕系元素离子形成灵敏度很高($\varepsilon \approx 10^5 L/(mol \cdot cm)$)的水溶性有色螯合物,是这些金属元素的高灵敏和高选择性光度试剂,其螯合物的结构是

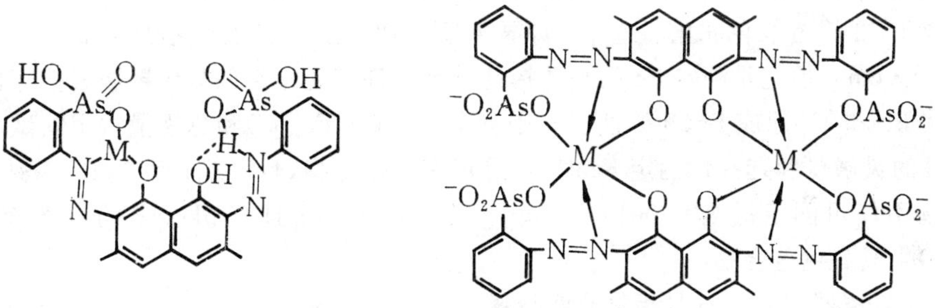

1∶1 螯合物　　　　　　2∶2 螯合物

类似的试剂有偶氮氯膦Ⅲ、偶氮磺Ⅲ及其衍生物。

(2) 5-Br-PADAP,2-(5-溴-2-吡啶偶氮)-5-二乙基胺基酚,其结构式为

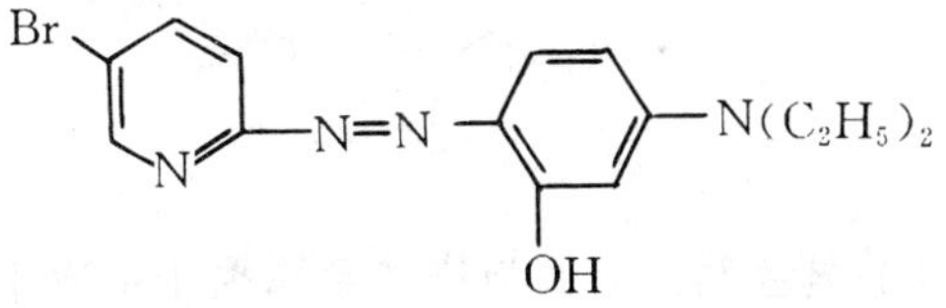

表 9-2 是它与某些金属离子配合物的吸光光度特性。类似的试剂有 1-(2-吡啶偶氮)-2-萘酚(PAN)和 4-(2-吡啶偶氮)间苯二酚(PAR)等。

表 9-2 金属离子与 5-Br-PADAP 配合物的吸光光度特性

测定元素	λ_{max}/nm	ε/L/(mol·cm)	测定元素	λ_{max}/nm	ε/L/(mol·cm)
Ga(Ⅲ)	570	1.23×10^5	Fe(Ⅱ)	557	7.9×10^4
Zn(Ⅱ)	553	1.33×10^5	Ti(Ⅳ)	542	6.4×10^4
Cu(Ⅱ)	560	1.16×10^5	V(Ⅴ)	690	6.0×10^4
Ni(Ⅱ)	570	1.26×10^5	U(Ⅵ)	578	7.3×10^4
Co(Ⅱ)	558	9.3×10^4	Bi(Ⅲ)	590	5.8×10^4
Mn(Ⅱ)	575	1.27×10^5			

3. N,N 给电子螯合剂

(1) 1,10-二氮菲,又称邻菲罗啉($C_{12}H_8N_2 \cdot H_2O$ 相对分子质量 198.23),结构式:

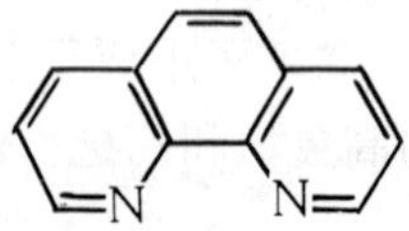

为白色晶状粉末,易溶于水。它是测定铁的优良显色剂。在 pH=2—9 水溶液中,Fe(Ⅱ)与它形成 1:3 的橙红色水溶性螯合物,显色速度快。虽然灵敏度不是太高,$\varepsilon = 1.1 \times 10^4$ L/(mol·cm),但它是测定 Fe 的高选择性试剂。许多还原剂如盐酸羟胺或抗坏血酸均可用于将 Fe(Ⅲ)还原成 Fe(Ⅱ),所以它是测定 Fe(Ⅱ),Fe(Ⅲ)和总铁量常用的试剂。当需要更高的灵敏度和选择性测定 Fe 时,可选用它的衍生物,4,7-二苯基-1,10-二氮菲。这种衍生物不仅可测定低至 0.001—0.1μg/g 含量的 Fe,而且在 pH=4 的水溶液中,只与 Fe(Ⅱ)生成有色螯合物。

(2) 卟啉类试剂。这是指具有卟吩环的一类化合物:

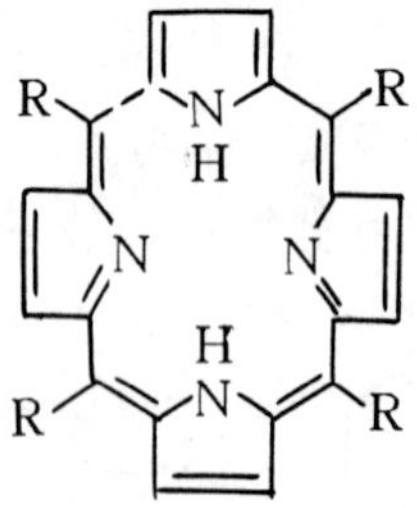

这是一类灵敏度很高的显色剂。它们与许多金属离子形成 1:1 的稳定螯合物,ε 通常都在 10^5 数量级或更高。据报导,Mn(Ⅱ)和四(2-羟基-5-磺酸苯基)叶啉二元显色体系的 $\varepsilon_{414nm} = 6.4 \times 10^6$ L/(mol·cm)。

4. 带含硫官能团的螯合剂

(1) 双硫腙,1,5-二苯基硫代卡巴脒,又名打萨宗($C_{13}H_{12}N_4S$),结构式为:

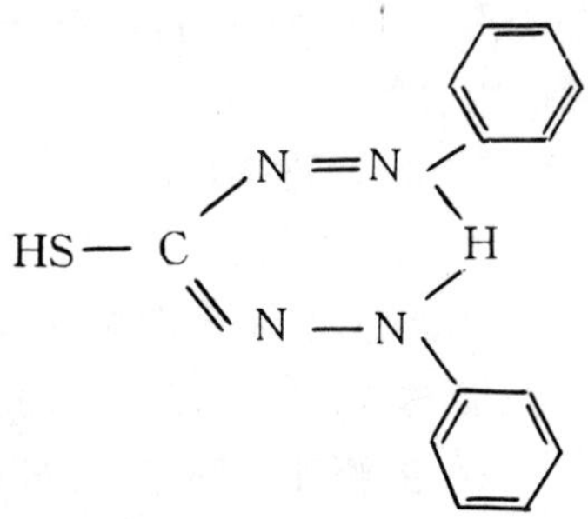

它是呈金属光泽的紫黑色结晶粉末。在 pH<7 的水中实际上不溶,但易溶于氨水及碱性介质中。它是目前萃取光度法测定 Cu^{2+},Pb^{2+},Zn^{2+},Cd^{2+},Hg^{2+} 等的重要试剂。双硫腙溶于 $CHCl_3$ 或 CCl_4 后溶液呈绿色,而与金属离子形成的螯合物在这些有机溶剂中呈黄色、红色或橙色。这一特性为光度法测定金属离子创造了极有利的条件。通过控制酸度和利用掩蔽剂,如 $Na_2S_2O_3$、碘化物、EDTA 等,可获得很高的选择性。

(2) 硫代米蛊酮,4,4′-双(二甲胺基)硫代二苯甲酮(TMK,$C_{17}H_{20}N_2S$),结构式为:

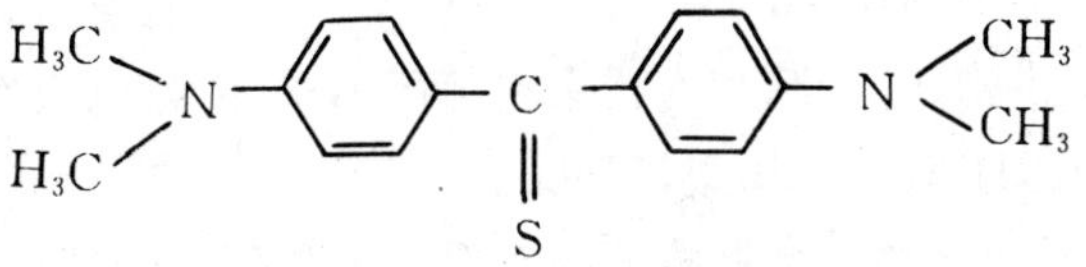

是暗红色结晶细粉,不溶于水,但溶于醇形成深黄色溶液。Au(Ⅲ),Pd(Ⅱ),Hg(Ⅱ) 等离子在 pH=3 的醇-水溶液介质中与 TMK 反应,生成可萃取到异戊醇中的红紫色配合物可应用于光度分析。它是目前测定 Pd 和 Hg 的最灵敏的光度分析试剂之一。

§6 提高光度法灵敏度和选择性的某些途径

一、三元配合物及其在光度法中的应用

1. 三元(多元)混配配合物

由一种中心离子和两种(或三种)配位体形成的配合物称为三元混配配合物。例如 Mo(Ⅵ)与 NH_2OH 和硝基磺苯酚 K 形成的三元配合物。其结构式为

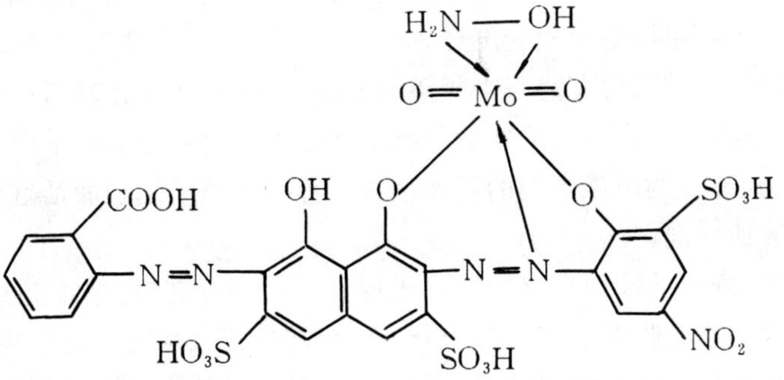

混配配合物形成的条件首先是中心离子应能分别与这两种配位体单独发生配位反应，其次是中心离子与一种配位体形成的配合物必须是配位不饱和的，只有再与另一种配位体配位后，才能满足其配位数的要求。混配配合物 ML_1L_2 中，L_1 和 L_2 可能都是有机配位体，亦可能其中之一是无机配位体。由于配位反应的空间效应，其中一种配位体最好是体积小的单齿配位体，如 NH_2OH，H_2O_2，F^- 等，另一种是多齿配位体。混配配合物的特点是极为稳定，并且具有不同于单一配位体配合物的性质，不仅能提供具有分析价值的特殊灵敏度和选择性，并且常常能改善其可萃性和溶解性。例如，用 H_2O_2 测定 V(Ⅴ)，灵敏度太低（$\varepsilon_{450nm}=2.7\times10^2 L/(mol\cdot cm)$），用 PAR 显色灵敏度虽较高（$\varepsilon_{550nm}=3.6\times10^4 L/(mol\cdot cm)$），但选择性很差。如果在一定条件下使之形成 V(Ⅴ)-H_2O_2-PAR 三元配合物，不仅灵敏度较高（$\varepsilon_{540nm}=1.4\times10^4 L/(mol\cdot cm)$），选择性亦较好。

2. 三元离子缔合物

离子缔合物型三元配合物与三元混配配合物的区别是一种配位体已满足中心离子配位数的要求，但彼此间的电性并未中和，因此，形成的是带有电荷的二元配离子，当带有相反电荷的第二种配位体离子参与反应时，便可通过电价键结合成离子缔合物型的三元配合物。这类配合物体系多属 M-B-R 型。M 为金属离子，B 为有机碱，如吡啶、喹啉、安替比林类、邻二氮菲及其衍生物、二苯胍和有机染料等阳离子，R 为电负性配位体，如卤素离子 X^-，SCN^-，SO_4^{2-}，ClO_4^-，HgI_4^{2-}，水杨酸，邻苯二酚等等。

离子缔合物型三元配合物在金属离子的萃取分离和萃取光度法中占有重要地位。由于在光度测定之前需要经萃取法分离、富集。因此，提高了测定的灵敏度和选择性。例如，在硫酸溶液中，InI_4^- 配阴离子可与孔雀绿阳离子（B^+）形成离子缔合物 $B^+[InI_4]^-$，用苯萃取，测定吸光度，$\varepsilon=1.05\times10^5 L/(mol\cdot cm)$，用于测定铟，非常灵敏。需要指出的是，为了克服离子缔合物用于光度分析需经萃取分离，操作比较麻烦和有机污染的缺点，近些年提出了用水溶性高分子，如聚乙烯醇、阿拉伯树胶等增溶分散的方法，不仅可以直接在水相中进行测定，而且提高了测定灵敏度。例如，在 1.1mol/L HCl 介质中，在聚乙烯醇存在下，Zn^{2+}-SCN^--罗丹明体系的 $\varepsilon_{607nm}=2.6\times10^6 L/(mol\cdot cm)$。

3. 三元胶束配合物和增溶分光光度法

当在金属离子和显色剂的配位体系中加入被称为表面活性剂的物质时，由于表面活性剂的增溶、增敏、增稳和褪色等作用，不仅能使某些原本难溶于水的显色体系可以在水溶液中测定，而且能大大提高分析的灵敏度，有时还能提高测定的选择性和改善测量条件。这类方法称为胶束增溶分光光度法。

表面活性剂是一类既含有能与水相溶的亲水基，同时又含有能与油相溶的亲油基（疏水基）的物质。按其电离后活性部分是阳离子或阴离子而分为阳离子型、阴离子型和两性型表面活性剂。还有一类极难电离的表面活性剂称为非离子型表面活性剂。表 9-3 列出了常用的数种表面活性剂。

在低浓度时，表面活性剂在水中以离子或分子状态存在，但浓度超过一定值后（此值称该表面活性剂的临界胶束浓度），由于分子中烃链的疏水性而相互聚集形成胶束。由于分光光度法中加入的表面活性剂量都在 cmc 值之后，所以称为胶束增溶分光光度法。

表 9-3　分光光度法常用的数种表面活性剂

类别	符号	中　文　名　称
阳离子型	CTMAB Zeph	溴化十六烷基三甲基铵 氯化十四烷基三甲基苄基铵
阴离子型	SDS SLS	十二烷基磺酸钠 十二烷基磺酸钠
两性型	DDAPS	3-(二甲基十二烷基铵)丙基-1-磺酸钠
非离子型	TritonX-100	p-1,1,3,3-四甲基丁基酚聚氧乙烯(9—10)醚

二、萃取光度、浮选光度和固相光度法

这三类方法都是将待测组分先分离、富集到另一相后再进行光度测定,从而提高测定灵敏度和选择性。

(一) 萃取光度法

把待测组分从一种液相(水相)转移到另一种液相(有机相),以达到分离和富集目的的过程称为萃取。萃取是基于溶质在两种基本不相混溶的溶剂之间的分配差异而实现分离的。只要溶质在有机溶剂中的溶解度大于在水中的溶解度就可能实现萃取。由于带电荷的化合物不能进入有机溶剂,金属离子必须转变为不带电荷的配合物,或与带相反电荷的离子形成离子(对)缔合物后才能被萃取入有机相。

萃取光度法就是将溶剂萃取与光度测定相结合的一种分析方法。它将水相中的有色物质直接萃取到少量与水不互溶的溶剂中后进行吸光度测定,它特别适用于显色产物难溶于水的体系。由于萃取的分离和富集作用,能有效地提高测定的灵敏度和选择性。例如,用乙醚萃取 Mo(V) 与 SCN$^-$ 形成的配合物后进行光度测定,比直接在水相中测定灵敏度提高九倍。新近有报导,利用 Pd(II) 与 DDO(双十二烷基二硫代乙酰胺)二元配合物的萃取光度法测钯,其 ε 高达 3.6×10^6 L/(mol·cm),是一种超高灵敏度的测钯方法。

(二) 浮选光度法

浮选光度法可分为溶剂浮选和泡沫浮选两类。前者靠有机溶剂将水相试液中的待测物带到两相界面上,经分离和除去溶剂后,再把待测物溶于少量的另一种溶剂中进行光度测定。例如,在 [H$^+$]=0.45mol/L 介质中,用环己烷作浮选剂浮选 Hg(II)-I$^-$-亚甲基蓝配合物使之与水相分离,蒸发除去环己烷,残余物溶于少量甲醇中后进行光度测定,ε_{670nm} $=1.5\times10^5$。泡沫浮选法则使用适当的起泡剂(如表面活性剂),使待测组分以离子形式或配合物形式随泡沫一起与原试样溶液分离,随后加入合适的消泡剂消泡后进行光度测定。例如在 pH=7 的条件下,以 CTMAB 作起泡剂浮选 CN$^-$-氯胺 T-异烟酸吡唑啉酮配合物,然后用乙醇作消泡剂,可用于 CN$^-$ 的测定,$\varepsilon_{638nm}=5\times10^4$ L/(mol·cm)。

(三) 固相光度法

这是利用固相载体(离子交换树脂、泡沫塑料或滤纸)对待测组分进行分离、富集并显色,随后直接测定固相吸光度的方法。例如,已有强碱性阴离子交换树脂作载体,用于

BiI_4^-,$Bi(Ⅲ)$-溴邻苯三酚红,$Hg(Ⅱ)$-双碱腙和磷(砷)钼杂多蓝等显色体系;强酸性阳离子交换树脂作载体用于$Nb(Ⅴ)$-5-Br-PADAP-酒石酸显色体系;泡沫塑料作载体用于$Au(Ⅲ)$-硫代米蚩酮,$Zn(Ⅱ)$-双硫腙等显色体系的报导。

三、差示分光光度法

在前述的普通分光光度法中,当待测试液的浓度过大(吸光度过高),或浓度过低(吸光度过低)时,测量误差都较大。为了克服这一缺点,提出了改用已知浓度的标准溶液的显色液作参比,代替普通光度法中以试剂空白作参比测量吸光度的方法(即用已知浓度标准溶液的显色液调节仪器吸光度零点),这种方法称为差示分光光度法,简称差示法,亦称透射比法。实践证明,这种方法除能改善普通分光光度法的测量误差外,还能提高测量的灵敏度。根据参比溶液的选择,差示法分为浓溶液差示法,稀溶液差示法和使用两个参比溶液的差示法,即高精密度差示法三种。下面简单介绍其基本原理。

设有浓度为c_1和c_2的有色溶液,若分别都用无色空白溶液(c_0)作参比测定吸光度,则

$$A_1 = \lg \frac{I_0}{I_1} = Kbc_1 \tag{9-24}$$

$$A_2 = \lg \frac{I_0}{I_2} = Kbc_2 \tag{9-25}$$

若$c_2 > c_1$,用(9-25)式减去(9-24)式得

$$A = A_2 - A_1 = \lg I_1 - \lg I_2 = Kb(c_2 - c_1)$$

即

$$A = Kb\Delta c \tag{9-26}$$

此式表明,当b一定时,若以浓度为c_1的有色溶液作参比溶液测定c_2溶液的吸光度,则所测得的吸光度A与两种溶液的浓度差Δc呈直线关系。此直线即为差示分光光度法的工作曲线。

差示分光光度法相当于扩大了仪器读数标尺(参见图9-18),提高了读数的准确性,所以其准确度较普通分光光度法提高了许多。

四、长光路毛细吸收管分光光度法简介

根据朗伯-比耳定律,$A = \varepsilon bc$,当浓度不变而增大b时,A增大。换言之,可以通过延长吸收光程b来降低待测吸光物质的浓度c,从而提高光度法的测定灵敏度。近年来,提出了全反射型长光路毛细吸收管分光光度法。该法使用长至数十米的毛细管吸收池(Long Capillary Cell,简称LCC),可以高灵敏度地测定溶液极其微弱的吸收。已有的报导表明,它已能顺利地测定水中pg/g(ppt)级的磷和ng/g(ppb)级的氟,使光度法测定铜、汞的灵敏度提高了三个数量级。用50m长的毛细管液芯光纤系统,可使Hg,I,Cu,P等元素的测量灵敏度达$0.02pg/g$。

从LCC的管型而言,已从最初较短的"直线型"、"弧型"和"圈型",发展到较长的"螺旋型"和"光导纤维型"(图9-19)。例如,用内径为1mm,长10m的螺旋型耐热玻璃管作吸收池,或者用内径为$250\mu m$,长25m或50m的硅树脂涂覆的毛细纤维管作吸收池,后者

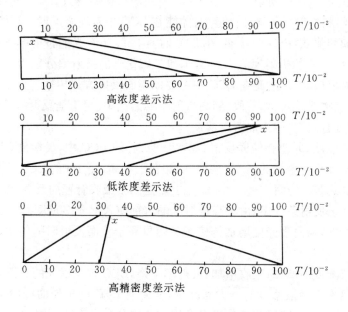

图 9-18 差示法标尺扩展原理

称为"光导纤维型"吸收管。因此又称为液芯光纤长光路分光光度法。

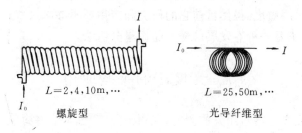

图 9-19 长光路毛细吸收管

从光在 LCC 中的传输方式而言,已有的研究认为,大致可设想为图 9-20 所示的两种形式:镜面反射和全反射。当光的传输介质满足全反射条件时,光主要以螺旋光线的形式通过 LCC;当反射率不是 100%,则光按镜面反射方式传输,此时入射光主要以较少的反射次数在同一平面内,按子午光线的形式通过 LCC 管。

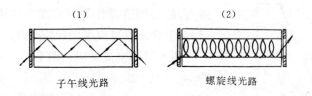

图 9-20 长光路毛细吸收管中的反射光路

根据 Snell 的折射定律

$$\mathrm{Sin}(90°-\theta) \geqslant n_2/n_1 \tag{9-27}$$

式中 θ 为入射角，n_1 为溶剂折射率，n_2 为 LCC 材料的折射率。只有 $n_1>n_2$，即只有使用折射率大于 LCC 材料折射率的液体做溶剂，才能在 LCC 中实现全反射。例如，常用作 LCC 材料的石英玻璃和耐热(Pyrex)玻璃，在 20℃时对 589.3nm 光的折射率分别为 1.459 和 1.474。相同条件下，水的折射率为 1.333，苯和二硫化碳的折射率分别为 1.501 和 1.627。显色反应以水为溶剂时，入射光在 LCC 中主要以镜面反射方式传输。为了满足全反射的条件，必须把显色物质转入(如萃取)到高折射率的溶剂中。用于全反射的溶剂可以是单一溶剂，亦可以是混合溶剂（称为混折射溶剂）。

已有的研究表明，即使在镜面反射（如水作溶剂）的 LCC 中，灵敏度（吸光度）增加的倍率亦明显大于吸收管增长的倍率。例如，磷钼蓝法测磷，用 1m 的 LCC 比用通常 1cm 比色皿灵敏度增加约 300 倍而不是 100 倍。这主要是由于吸收管壁的反射，增加了有效的吸收光程长度。在全反射条件下，由于高折射率的溶剂使入射光多重反射，进一步增大了有效的吸收光程长度，从而吸光度增加的倍率又明显高于镜面反射时的倍率，大约增至 700 倍。

由于随溶液浓度的增加，吸收增加，反射率下降，LCC 内反射光的光路长减小。因此，吸光度增加的倍率随溶液浓度的增大而减少，从而使 LCC 的工作曲线曲率加大，偏离比耳定律。所以，长光路毛细吸收管分光光度法与普通分光光度法不同，其工作曲线不是直线。

综上所述，全反射长光路毛细吸收管法可以高灵敏度地测定溶液中极其微弱的吸收，大大提高了光度法的灵敏度。虽然目前它的研究和应用还不够深入和广泛，其理论研究尚不成熟，但毋容置疑它是一种有发展前途的超微量分析法。

§7 光度法的某些应用

光度分析法主要用于微量组分的测定，应用十分广泛。本节将简单介绍它在其它方面的一些应用。

一、光度滴定

光度滴定是在适当波长（反应产物，待测组分或滴定剂的 λ_{max}）下，于分光光度计的吸收池中进行滴定，同时测定吸光度，通过吸光度对加入滴定剂的体积作图（称光度滴定曲线）来确定滴定终点，是将滴定操作与吸光度测量相结合的一种测定方法。它不仅可应用于配位、酸碱、氧化还原反应，有时还可用于沉淀反应。图 9-21 是在 745nm（CuY 的 λ_{max}）处，以 0.1mol/L EDTA 标准溶液滴定 100ml 含 Cu(Ⅱ)和 Bi(Ⅲ)的混合溶液（两者浓度均为 2×10^{-3}mol/L，pH2.0）所得的光度滴定曲线。从图可见，由于 $\lg K_{BiY}=28.2>\lg K_{CuY}=18.8$，最先滴入的 EDTA 首先与 Bi(Ⅲ)生成无色的配合物，所以

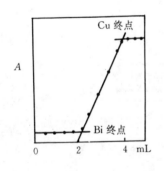

图 9-21 EDTA 光度滴定铜、铋

溶液的吸光度基本保持恒定。当Bi(Ⅲ)被全部滴定后,Cu(Ⅱ)与EDTA开始生成蓝色配合物,溶液吸光度迅速增大,且由于体系符合比耳定律,所以吸光度A与加入的EDTA量呈直线关系。待Cu(Ⅱ)亦被完全配位后,吸光度又呈现平坦变化。从而可以从两条直线的交点确定滴定终点。

光度滴定可以在很稀的溶液中进行。它只要求反应速度快,并不要求反应进行完全。所以只需在化学计量点前后各取3,4个数据即可准确地确定滴定终点。由于在滴定过程中因滴定剂的加入,溶液体积产生变化,必须进行如下校正,光度滴定曲线才能得到直线关系

$$A_{校} = A_{测} \times \frac{V+v}{V}$$

式中 V 为试液体积,v 为加入滴定剂溶液体积。如果引起的误差<1%,亦可不进行校正。

图9-22是典型的光度滴定曲线。

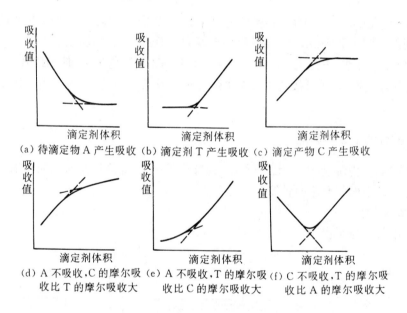

图9-22 对于用滴定剂 T 滴定 $A(A+T\rightarrow C)$ 的典型滴定曲线

二、弱酸、弱碱离解常数的测定

利用共轭酸碱对的不同吸收特性,可以方便地将光度法应用于弱酸、弱碱离解常数的测定。以一元酸的离解常数测定为例:

由 $$HB \rightleftharpoons H^+ + B^-$$
平衡可得

$$pK_a = pH + \lg\frac{[B^-]}{[HB]}$$

此式表明,若能测得一定pH下的[B^-]/[HB]值,则 K_a 可求。另一方面,在一定波长下,测定该一元酸溶液的吸光度(设 $b=1$cm)应为:

$$A = \varepsilon_{HB}[HB] + \varepsilon_B[B]$$
$$= \varepsilon_{HB}\frac{c_{HB}[H^+]}{K_a + [H^+]} + \varepsilon_B\frac{c_{HB}K_a}{K_a + [H^+]} \quad (9\text{-}28)$$

式中 c_{HB} 为该一元酸的分析浓度。若令 $\varepsilon_{HB} \cdot c_{HB} = A_{HB}$ …酸全部以 HB 形式存在时的吸光度；$\varepsilon_B \cdot c_{HB} = A_B$ …酸全部以 B^- 形式存在时的吸光度。

则从(9-28)式得

$$A = \frac{A_{HB}[H^+] + A_B K_a}{K_a + [H^+]}$$

再经整理得

$$K_a = \frac{A_{HB} - A}{A - A_B}[H^+]$$

$$pK_a = pH + \lg\frac{A - A_B}{A_{HB} - A} \quad (9\text{-}29)$$

从此式可见，只要测定出 A_{HB}，A_B，pH 和对应的 A，就可以计算出 K_a。当 HB 的酸性不是太强或太弱时，我们可以在酸性溶液(使全部以 HB 形式存在)中测出 A_{HB}，在碱性溶液(使全部以 B^- 形式存在)中测出 A_B，然后配制一系列 pH 范围的溶液，使 HB, B 共存，并测定各 pH 值下对应的 A，即可按(9-29)式计算出 pK_a 及其平均值，亦可以利用作图法求得其 pK_a 值。

三、配合物组成的测定

溶液中配合物组成(配位比)的测定，具有重要意义。光度法是研究配合物组成最常用的方法之一。下面仅介绍两种简单的光度法。

1. 摩尔比法

基于配位反应平衡

$$M + nL \longrightarrow ML_n \quad (\text{忽略电荷符号})$$

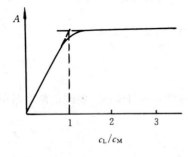
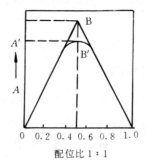
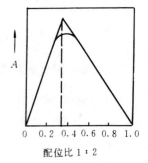

图 9-23　摩尔比图　　　　图 9-24　等摩尔连续变化曲线图

若在固定 M 离子浓度 c_M 的条件下，分别加入不同量的配位剂 c_L，保持其它条件，在 ML_n 的 λ_{max} 处测定各溶液的吸光度。若配位剂 L 和 M 在此波长无显著吸收，则用测得的 A 对 c_L/c_M 作图，可得如图 9-23 所示的摩尔比图。图形中，出现明显转折的两条直线延线的交

点作对应的 c_L/c_M 即为 n。配合物愈稳定,转折点愈明显。所以本法仅适用于稳定性较高的配合物。

2. 等摩尔连续变化法

配制一系列 $c_M + c_L = c$,即总浓度不变,仅改变 c_L/c_M 的溶液,并测量其在 ML_n 的 λ_{max} 处的吸光度。通过作图(参见图 9-24),在 A 最大(即 $[ML_n]$ 最大)处的 c_L/c_M 比值即为 n。B' 点的吸光度低于 B 点是配合物部分离解之故。

思 考 题

1. 朗伯-比耳定律的物理意义是什么?什么叫吸收曲线?什么叫标准曲线?
2. 摩尔吸光系数的物理意义是什么?
3. 为什么目视比色法可以采用复合光(日光),而分光光度法必须采用单色光?分光光度计是如何获得所需单色光的?
4. 符合比耳定律的有色溶液,当其浓度增大后,λ_{max}、T、A 和 ε 有无变化?有什么变化?
5. 同吸收曲线的肩部波长相比,为什么在 λ_{max} 处测量能在较宽的浓度范围内使标准曲线呈线性?
6. 两种蓝色溶液,已知每种溶液仅含一种吸光物质,同样条件下用 1.00cm 吸收池得到如下吸光度值。问这两种溶液是否含的是同一种吸光物质?解释之。

溶 液	A_{770nm}	A_{820nm}
1	0.622	0.417
2	0.391	0.240

7. 什么是最佳的吸光度读数范围?此范围的大小取决于什么?测定时如何才能获得适当的吸光度读数?
8. 显色剂的选择原则是什么?显色条件指的是哪些条件?如何确定适宜的显色条件?
9. 什么是三元配合物?什么是胶束增溶分光光度法?涉及它们的显色反应有哪些特点?
10. 分光光度计由哪些部分组成?各部分的功能如何?

习 题

1. 某试液用 2.00cm 比色皿测量时,$T = 60.0\%$。若用 1.00 或 3.00cm 的比色皿测量时,$T\%$ 及 A 各是多少? 答:77.4%;0.111;46.5%;0.333

2. 浓度为 25.5μg/50mL 的 Cu^{2+} 溶液,用双环己酮草酰二腙显色后测定。在 $\lambda = 600$nm 处用 2cm 比色皿测得 $A = 0.300$,求透光率 T,吸光系数 a,摩尔吸光系数 ε 及桑德尔灵敏度 S。
答:50.1%;2.9×10^2L/(g·cm);1.9×10^4L/(mol·cm);$3.4 \times 10^{-3}\mu$g/(cm^2)

3. 以 MnO_4^- 形式测定某合金中锰。溶解 0.500g 合金试样并将锰全部氧化为 MnO_4^- 后,溶液稀释至 500ml,用 1cm 比色皿在 525nm 处测得该溶液的吸光度为 0.400;而另一 1.00×10^{-4}mol/L $KMnO_4$ 标准溶液在相同条件下测得的吸光度为 0.585。设 $KMnO_4$ 溶液在此浓度范围服从比耳定律,求合金中 Mn 的百分含量。 答:0.376%

4. 苯胺($C_6H_5NH_2$)与苦味酸(三硝基苯酚)能生成 1:1 的盐——苦味酸苯胺,其 $\lambda_{max} = 359$nm,$\varepsilon_{359nm} = 1.25 \times 10^4$L/(mol·cm)。将 0.200g 苯胺试样溶解后定容为 500mL。取 25.0mL 该溶液,与足量苦味酸反应后,转入 250mL 容量瓶,并稀释至刻度,再取此反应液 10.0mL 稀释到 100mL 后用 1.00cm 比色皿在 359nm 处测得吸光度 $A = 0.425$,求此苯胺试样的纯度。 答:79.2%

5. 用磺基水杨酸法测定微量铁。标准溶液是由 0.2158g 铁铵矾 $NH_4Fe(SO_4)_2 \cdot 12H_2O$ 溶于水稀释至 500mL 配成的。取适量标准溶液在 50mL 容量瓶中显色,然后以吸光度 A 为纵坐标,铁标准溶液毫升

数为横坐标,用所得数据绘制标准曲线

标准溶液 ml 数	0.0	2.0	4.0	6.0	8.0	10.0
吸光度 A	0.0	0.165	0.320	0.480	0.630	0.790

试样溶液 5.00mL 稀释至 250mL,再吸取此稀释液 2.00mL,在与标准溶液相同条件下显色后,测得吸光度为 0.555,求试样溶液中铁的含量(g/L)。 答:8.76g/L

6. 两种无色物质 X 和 Y,反应生成一种在 550nm 处 $\varepsilon_{550nm}=450$ L/(mol·cm)的有色配合物 XY。该配合物的离解常数是 6.00×10^{-4}。当混合等体积的 0.0100mol/L 的 X 和 Y 溶液时,用 1.00cm 吸收池在 550nm 处测得的吸光度应是多少? 答:1.59

7. 某钢样含镍约 0.12%,拟用丁二肟作显色剂进行光度测定(配合物组成比 1:1,$\varepsilon=1.3\times10^4$ (L/mol·cm)。试样溶解后需转入 100mL 容量瓶,冲稀至刻度后方能用于显色反应,若显色时含镍溶液又将被稀释 5 倍。问欲在 470nm 用 1.00cm 吸收池测量时的测量误差最小,问应称取试样约多少克? 答:~0.8g

8. 在 1.00cm 比色皿中测得如下数据

溶 液	浓度	A_{415nm}	A_{455nm}
Ti(Ⅳ)-H_2O_2 配合物	1.00×10^{-3} mol/L	0.805	0.465
V(Ⅴ)-H_2O_2 配合物	1.00×10^{-2} mol/L	0.400	0.600
钛钒合金试样溶液	未知	0.685	0.513

若钛钒未知试样溶液是由 1.00g 钛钒合金经溶解后在一定条件下与过量 H_2O_2 反应后稀释至 100mL 所得,求此合金中钛、钒的百分含量。 答:0.332%,1.62%。

9. 设有混合物含 X 和 Y 两种组分。已知 X 在波长 λ_1 和 λ_2 处的 $\varepsilon_{\lambda_1}^X=1.8\times10^3$ L/(mol·cm)和 $\varepsilon_{\lambda_2}^X=2.80\times10^4$ L/(mol·cm),Y 在这两个波长处的 $\varepsilon_{\lambda_1}^Y=2.04\times10^4$ L/(mol·cm)和 $\varepsilon_{\lambda_2}^Y=3.13\times10^2$ L/(mol·cm)。相同液层厚度($b=1.00$cm)的混合物溶液在 λ_1 处测得的吸光度为 0.301,在 λ_2 处测得的吸光度为 0.398。求混合物溶液中 X 和 Y 的浓度。 答:$c_X=1.41\times10^{-5}$mol/L $c_Y=1.35\times10^{-5}$mol/L

第十章　原子吸收光谱分析法

原子吸收光谱法(又名原子吸收分光光度法)是一种应用十分广泛的仪器分析法。它是基于测量试样所产生的原子蒸气对特定谱线的吸收程度,来确定试样中待测元素的浓度或含量的方法。它与前述分光光度法有不少相似之处。图10-1是这两类分析法的比较示意图。以测定试样中 Mg 含量为例,试样溶液喷成雾状进入燃烧火焰,在火焰温度作用下,待测元素化合物(如 $MgCl_2$)蒸发并解离成(Mg)原子蒸气。另一方面,由特制的光源(如空心阴极灯)辐射出的,具有待测元素(Mg)的特征谱线的光,在通过上述一定厚度的原子蒸气时,被其中的基态原子所吸收而减弱,通过单色器分光,由检测器检测出(Mg)特征谱线光被减弱的程度,即可确定试样中待测组分(Mg)的含量。

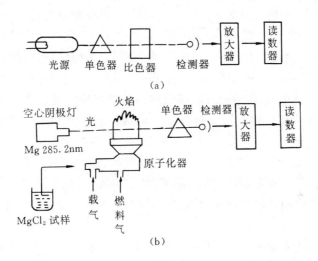

图 10-1　原子吸收分析 (b) 与分光光度法 (a) 比较示意图

原子吸收光谱法的特点:
(1) 灵敏度高

对多数元素都有较高的灵敏度。火焰原子吸收法可测定试样中 mg/L 数量级、非火焰原子吸收法可测定试样中 10^{-9}—10^{-13} g/L 数量级的组分。

(2) 选择性好

由于分析不同元素时选用不同元素空心阴极灯,提高了分析的选择性。由于干扰较小或干扰较易于消除,通常对试样仅需进行简单处理,就可直接进行分析,避免了繁杂的分离步骤,节省了分析时间,亦易得到准确的分析结果。

(3) 重现性较好

火焰原子吸收法的相对标准偏差可控制在 1% 以下;非火焰原子吸收法的相对标准偏差一般可控制在 10% 以下,使用性能良好的仪器,配合自动进样和实验参数的最优化,有时可达2%—5%或更好。

由于原子吸收光谱法具有准确、灵敏、简便、快速等优点,因而被广泛应用于地质、冶金、石油、化工、食品、农业、生物医学和环境等部门,成为当今最重要和最普遍使用的仪器分析方法之一。原子吸收光谱法能直接测定70多种元素,若采用间接方法,还能测定某些非金属、阴离子和有机化合物。

原子吸收光谱法尚有一些不足之处,例如测定不同元素需更换光源;多元素的同时测定尚有困难;分析复杂试样时,干扰还比较严重;高熔点元素的测定灵敏度还不能令人满意;某些共振线处于真空紫外区的元素或固体试样,尚难进行测定等,有待进一步研究解决。

§1 原子吸收光谱分析法原理

一、原子发射光谱和原子吸收光谱

当用铂丝沾一点钠盐溶液在火焰上灼烧时,会观察到黄色光。若让这种光通过分光器(如棱镜),则可进一步观察到一系列不同波长的线状光谱,其中588.996nm和589.593nm的这一对谱线特别明亮。这一系列线状光谱是被火焰加热而从钠原子发射出的光谱,称为钠原子的发射光谱。反之,如果一个连续光源的光通过钠原子蒸气时,就会在该光源的连续光谱中出现一些暗线(吸收线),而且这些暗线的波长位置与钠原子发射光谱的波长位置相互完全吻合,例如,在588.996nm和589.593nm处就有一对暗线,这就是钠原子的吸收光谱。

由于不同元素原子会产生不同波长的发射和吸收光谱,因此,根据试样中特定发射(或吸收)光谱谱线的存在,可以判断某种元素的存在,这就是光谱定性分析的依据。同时,该元素原子特征发射或吸收谱线的强度,与试样中该元素含量有一定关系,这就是光谱定量分析的依据。

为什么不同元素原子有其独特的发射和吸收光谱呢?为此必须了解原子发射和吸收光谱产生的实质和过程。

不同元素原子能够发射或吸收不同的特征光谱线,首先是由原子内部结构所决定。通常情况下,原子处于能量最低的状态,称为基态。基态原子通过受热、吸收辐射或与其它高能粒子碰撞而吸收能量后,外层电子就会跃迁到较高的能级上去,此过程称为激发。此时原子所处的状态称为激发态。处于激发态的原子是不稳定的,在极短时间(约10^{-8}s)内,被激发到较高能级上的电子又跃回到较低的能级,甚至返回到基态,同时释放出吸收的能量。如果是以辐射形式释放能量,该能量就成为所释放光子的能量。由于原子的核外电子是按一定规律分布在各个能级上,每个电子的能量是由它所处的能级决定的。不同能级间的能量差不同,而且是量子化的,因此,电子在不同能级间跃迁所产生的吸收或发射光谱,是一种线状光谱。

原子的光激发和发射过程可表示为:

$$E_0 + h\nu \underset{发射}{\overset{激发}{\rightleftharpoons}} E_j$$

当电子从基态跃迁到激发态(通常指第一激发态,$j=1$)所产生的吸收谱线和从该激发态跃迁到基态所辐射的谱线,分别称为该元素原子的共振吸收线和共振发射线,简称共振线。由于不同元素原子结构和核外电子排布不同,从基态激发到激发态或由激发态跃回基态时,吸收或辐射的能量不同,各有其不同特性的共振线,所以,这些共振线又称为元素的特征谱线。对大多数元素而言,共振线是元素所有谱线中最灵敏的。原子吸收光谱法就是利用待测元素的原子蒸气对共振线的吸收来进行分析测定的。

对同一元素的原子,如果产生发射光谱的电子跃迁与产生吸收光谱的电子跃迁发生在同样的两个能级之间,则所得原子发射光谱线与原子吸收光谱线的波长(或频率)是相同的。

二、原子吸收光谱的波长

如前所述,由于核外电子不同能级间的能量差是量子化的,因而在所有情况下,原子对辐射的吸收都是有选择性的,只有当外界提供的能量,其大小等于基态与某一能态间的能量差时,才能被基态原子所吸收,因此,原子吸收光谱的波长 λ 或频率 ν,由产生吸收跃迁的两个能态间的能量差 ΔE 所决定(参见图 10-2)。

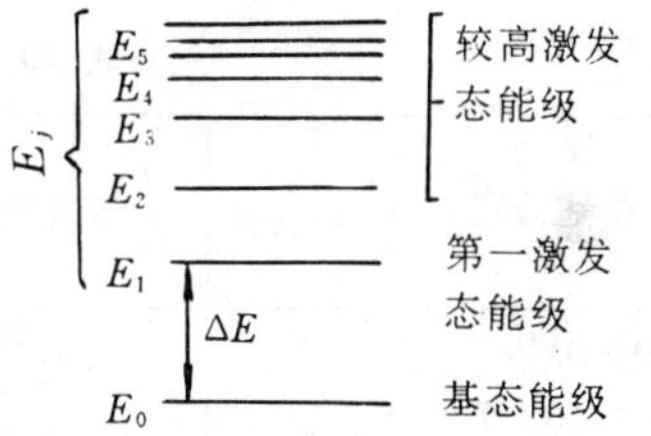

$$\Delta E = E_j - E_0$$
$$\Delta E = h\nu = h\frac{c}{\lambda} \qquad (10\text{-}1)$$

图 10-2 原子能量的吸收和辐射示意

式中 h 为普郎克常数,c 为光速,E_0 为基态的能量,E_j 为激发态的能量。

三、原子吸收光谱的轮廓

原子吸收光谱实际上并不是处于单一波长上的几何意义上的线,而是有一定的宽度,称为吸收线的轮廓(图10-3)。吸收线的轮廓以其中心频率 ν_0 和半宽度 $\Delta\nu$ 来表征。峰值吸收处对应的频率称为中心频率,由原子能态所决定。半宽度是指峰值吸收的一半处,吸收光谱轮廓上两点间的频率差。

引起吸收谱线变宽的因素较多,有因原子无序热运动引起的多普勒(Doppler)变宽[①];因待测元素激发态原子与基态原子相互碰撞引起的赫鲁兹马克(Heltsmark)变宽(又称共振变宽或压力变宽);以及因待测元素原子与其它共存元素原子相互碰撞引起

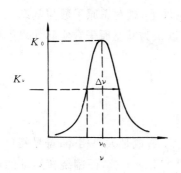

图 10-3 吸收线轮廓和半宽度

---

① 多普勒变宽的半宽度 $\Delta\nu_D$ 与温度 T,原子量 M 和中心频率 ν_0 有关:$\Delta\nu_D = 7.16 \times 10^{-7} \left(\dfrac{T}{M}\right)^{\frac{1}{2}} \nu_0$

的洛伦茨(Lorentz)变宽等。但在通常原子吸收测定条件下,多普勒变宽是制约原子吸收光谱谱线宽度的主要因素。大多数元素的共振线的半宽度在 0.0005nm 至 0.005nm 之间。

四、火焰中基态原子和激发态原子的比例

原子吸收光谱法是利用待测元素原子蒸气中的基态原子对该元素原子共振线的吸收程度确定待测元素含量的,但是,在待测元素由分子解离成原子的原子化过程中,生成的不可能全部是基态原子,其中必定有一定的激发态原子。在一定火焰温度下,处于热平衡状态下的激发态原子数 N_j 与基态原子数 N_0 之比可以按玻尔兹曼分布函数来估计:

$$\frac{N_j}{N_0} = \frac{g_j}{g_0}e^{\frac{-\Delta E}{KT}} \tag{10-2}$$

式中,g_j,g_0 分别是激发态和基态的统计权重,K 为玻尔兹曼常数,T 为绝对温度,ΔE 是激发能。表 10-1 列出了按式(10-2)计算得的某些元素共振线的 N_j/N_0 值。

表 10-1　某些元素共振线的 N_j/N_0 值

共振线/nm	g_j/g_0	激发能/eV	N_j/N_0		
			$T=2000K$	$T=2500K$	$T=3000K$
Na 589.0	2	2.104	0.99×10^{-5}	1.14×10^{-4}	5.83×10^{-4}
Sr 460.7	3	2.690	4.99×10^{-7}	1.13×10^{-5}	9.07×10^{-5}
Ca 422.7	3	2.932	1.22×10^{-7}	3.67×10^{-6}	3.55×10^{-5}
Ag 328.1	2	3.778	6.03×10^{-10}	4.84×10^{-8}	8.99×10^{-7}
Cu 324.8	2	3.817	4.82×10^{-10}	4.04×10^{-8}	6.65×10^{-7}
Mg 285.2	3	4.346	3.35×10^{-11}	5.20×10^{-9}	1.50×10^{-7}
Pb 283.3	3	4.375	2.83×10^{-11}	4.55×10^{-9}	1.34×10^{-7}
Zn 213.9	3	5.795	7.45×10^{-13}	6.22×10^{-12}	5.50×10^{-10}

从表 10-1 结果可见,即使在激发能低,温度较高的条件下,激发态原子数与基态原子数相比也是很小的。在通常原子吸收光谱测定条件下,可以认为基态原子数实际代表了待测元素的原子总数:

$$N_0 \approx N$$

五、吸收系数

吸收系数能表征对光辐射的吸收能力。如果把一个原子看成是大小相等、符号相反的两个点电荷组成的电偶极谐振子,正电荷有固定位置,相当于原子核,而围绕核运动的电子则相当于振子。在光辐射条件下,振子(电子)可被激发到较高频率的运动状态。根据电动力学原理,可计算这种谐振子(原子)在单位时间内吸收的总能量 E_{obs}:

$$E_{obs} = f\frac{\pi e^2}{m}I_\nu \tag{10-3}$$

式中 e,m 分别为电子电荷和电子质量;I_ν 为频率为 ν 的光辐射强度;f 称吸收振子强度,

是无量纲因子,表示能被光辐射激发的每个原子的平均电子数。一定条件下对一定元素而言,f 可视为定值。

另一方面,当频率为 ν,辐射强度为 I_ν 的光通过原子蒸气时,单位时间内通过单位体积的辐射能为 cI_ν(c 为光速),即相当于有 $cI_\nu/h\nu$ 个光子通过。如果每个原子吸收频率为 ν 的光量子的有效截面为 k_ν(称为原子吸收系数),则每个原子吸收的总能量 E_{obs} 应等于所吸收的光量子数与光量子能量的乘积,并与式(10-3)所示的能量相等:

$$E_{obs} = k_\nu \cdot \frac{cI_\nu}{h\nu} \cdot h\nu = k_\nu cI_\nu \tag{10-4}$$

则原子吸收系数:

$$k_\nu = \frac{\pi e^2}{mc} \cdot f \tag{10-5}$$

k_ν 称为原子对频率为 ν 的辐射的吸收系数。若此单位体积原子蒸气内吸收辐射的原子总数为 N_0,则可得单位体积的吸收系数 K_ν,

$$K_\nu = k_\nu N_0 = \frac{\pi e^2}{mc} \cdot fN_0 \tag{10-6}$$

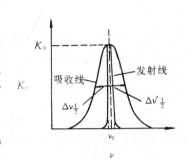

如前所述,主要由于多普勒变宽效应的影响,原子吸收谱线有一定的宽度,从而使得吸收系数 K_ν 与谱线宽度有关(图 10-4)。有关理论证明,处于中心频率 ν_0 处的峰值吸收系数 K_0 与多普勒变宽的半宽度 $\Delta\nu_D$ 之间有如下关系:

图 10-4 吸收线宽度与吸收系数的关系及其与锐线光源发射线宽度的比较

$$K_0 = \frac{2\sqrt{\pi\ln 2}}{\Delta\nu_D} \cdot \frac{e^2}{mc} \cdot N_0 f \tag{10-7}$$

从前述可知,由于测定温度不变时 $\Delta\nu_D$ 是常数;对一定待测元素原子,振子强度 f 亦是常数,因此,峰值吸收系数 K_0 只与单位体积原子蒸气中待测元素吸收辐射的原子数成正比。

六、原子吸收光谱法定量的基本关系式

当频率为 ν,强度为 $I_{0\nu}$ 的平行光垂直通过均匀的原子蒸气时(图 10-5),根据朗伯定律,

$$I_\nu = I_{0\nu} e^{-K_\nu L} \tag{10-8}$$

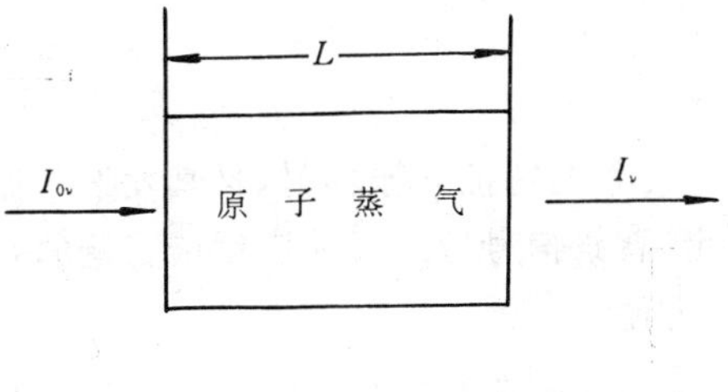

式中,$I_{0\nu}$ 和 I_ν 分别为入射光和透射光的强度,L 为原子蒸气的厚度,K_ν 为吸收系数。

当使用锐线光源时,$\Delta\nu$ 很小,即其谱线的半宽度比原子吸收谱线半宽度小得多,只要该锐线光源的中心频率与原子吸收谱线的中心频率一致,就可假定

图 10-5 原子吸收示意图

吸收系数在 $\Delta\nu$ 范围内不随频率而变,并可用中心频率处的吸收系数 K_0 来表征原子蒸气对入射光的吸收特性(参见图 10-4),从而式(10-8)可改写为:

$$I = I_0 e^{-K_0 L} \tag{10-9}$$

按吸光光度法中的定义,吸光度 A 可表示为:

$$A = \lg \frac{I_0}{I} = 0.4343 K_0 L \tag{10-10}$$

将式(10-7)代入上式,得

$$A = 0.4343 \frac{2\sqrt{\pi \ln 2}}{\Delta\nu_D} \cdot \frac{e^2}{mc} \cdot N_0 f L \tag{10-11}$$

由于在一定条件下,$\Delta\nu_D$ 和 f 都是定值。在通常的原子吸收测定条件下,$N_0 \approx N$,而浓度 c 与 N 成正比,因此,在一定实验条件下,吸光度与待测元素在试样中浓度的关系可表示为:

$$A = Kc \tag{10-12}$$

K 为与实验条件有关的常数。上式即为原子吸收光谱法定量的基本关系式。此式表明,在一定实验条件下,吸光度与浓度的关系服从朗伯-比耳定律。

如前所述,此定量关系式是以如下假定为基础导出的:

(1) 吸收线的宽度主要取决于多普勒宽度;
(2) 在吸收线变宽的 $\Delta\nu$ 频率范围内,吸收系数不变,并以峰值吸收系数 K_0 来表示;
(3) 基态原子数 N_0,近似等于总原子数 N;
(4) 通过吸收层的辐射强度在整个吸收光程内保持恒定。

实际工作中不可能完全满足上述基本假定。因此,式(10-12)的应用受到某些限制。例如,它只能应用于低浓度低吸光度的场合,如果待测元素浓度过高,通过吸收层的辐射强度将随吸收层厚度的增加而逐渐衰减,不可能在整个吸收光程内基本保持恒定;当碰撞变宽不可忽视,即吸收线宽度同时受多普勒变宽和洛伦兹变宽效应所控制时,将导致吸收中心频率的移动和吸收线轮廓的非对称化;对易电离元素,由于 $N_0 \neq N$,电离效应将引起工作曲线的弯曲等。

§2 原子吸收光谱仪

原子吸收光谱仪(又称原子吸收分光光度计)由光源、原子化系统、分光系统和检测系统 4 个主要部分组成。

一、光源

原子吸收光谱仪的光源,必须能发射待测元素的特征共振辐射,且其发射共振线的半宽度要明显小于吸收线半宽度,强度大而稳定,背景信号低。目前应用最普遍的是空心阴极灯,它是一种较理想的锐线光源,而且使用方便。

空心阴极灯结构如图 10-6 所示。它有一个由待测元素材料(纯金属或合金)制成的空心阴极和一个由 Ti,Zr,Ta,Ni 或 W 制成的阳极。两电极被密封在带有光学窗口的硬质

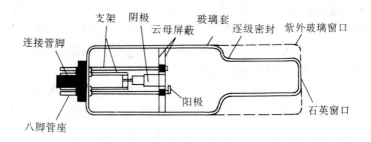

图 10-6 空心阴极灯的结构示意图

玻璃管内,管内充有低压的高纯惰性气体(氖或氩)。当在两极间施加适当电压时,在电场作用下,从空心阴极内壁飞向阳极的电子,与惰性气体原子碰撞并使之电离,带正电荷的惰性气体离子从电场获得动能向阴极内壁猛烈轰击。如果其动能足以克服阴极金属表面的晶格能,阴极表面的金属原子则可以从晶格中溅射出来。此外,阴极因通电致热亦会导致表面元素的热蒸发。溅射与蒸发出来的原子再与电子、惰性气体原子或离子发生碰撞而被激发,从而发射出阴极材料相应元素的特征共振辐射。空心阴极灯发射的光谱,主要是阴极材料元素的光谱,同时杂有内充气体及阴极中杂质的光谱。因此,可用不同元素材料(纯金属或合金)制作阴极,制成各待测元素的单元素空心阴极灯或多元素空心阴极灯。

二、原子化系统

实现原子吸收光谱分析最关键的一步,是要使试样中的待测元素或其化合物分子形成基态原子。原子化效率决定着分析的灵敏度。原子化系统的功能就是提供必要能量,使液体试样干燥、蒸发和原子化。试样原子化的方法,有火焰原子化法和非火焰原子化法。火焰原子化法中常用的是预混合型原子化器,非火焰原子化法中常用的是管式石墨炉原子化器。

1. 预混合型火焰原子化器

它由雾化器,混合室和燃烧器所组成(图10-7)。雾化器的作用是将试液雾化,使之形成直径为微米级的气溶胶,是原子化器的关键部件,要求雾化效率高,喷雾稳定,雾滴微小

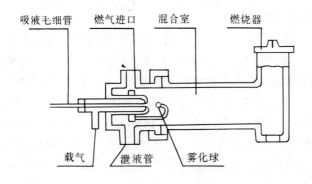

图 10-7 预混合型火焰原子化器

而均匀。目前普遍采用的是同心雾化器,它多由特种不锈钢或聚四氟乙烯塑料制成,其中

吸液毛细管则多采用贵金属(如铂、铑、铱)合金制成以耐腐蚀。混合室不仅使燃气、助燃气与气溶胶在室内得以充分混合，而且使较大的气溶胶在壁上凝聚成液滴经下方泄液管排走，使进入火焰的气溶胶更为均匀。燃烧器最常用的是单缝燃烧器。为适应不同组成的火焰，一般仪器均配有两种缝形规格的单缝燃烧器：一种是 100×0.5(mm)的,适于乙炔-空气火焰;另一种是 50×0.4(mm)的,适于乙炔-氧化亚氮火焰。原子吸收光谱法最常用的是乙炔-空气和乙炔-氧化亚氮火焰。前者燃烧速度较缓，火焰稳定，重现性好，噪声低，最高温度可达2500K，能直接测定35种以上元素。缺点是对易形成难解离氧化物的元素测定灵敏度偏低,不宜使用；在短波范围内对紫外线吸收较强，易使信噪比变低。乙炔-氧化亚氮火焰的优点是温度高，是目前唯一获得广泛应用的高温化学火焰，其温度可达3000K，能用于乙炔-空气火焰不能分析的难解离元素(如 Al,B,Be,Ti,V,W,Si 等)的测定,直接分析的元素可达70多种。缺点是价格贵，使用不当容易发生爆炸。应严格遵守有关操作规程,并应用专门的燃烧器。

表10-2是原子吸收光谱法所用火焰的某些基本特性。图10-8是试样火焰原子化过程示意图。

表 10-2　某些预混合层型火焰在常压下的燃烧特性

燃气	助燃气	在室温下的着火极限($v\%$)		最高着火温度/K	最高燃烧速度/cm/s	最高火焰温度/K	
		下限	上限			计算值	实验值
氢气	空　气	4	75	803	310	2373	2318
	氧　气	4	94	723	1400	3083	2933
	氧化亚氮				390	2920	2880
乙炔	空　气	2.5	80	623	158	2523	2500
	氧　气	2.0	95	608	1140	3341	3160
	氧化亚氮	2.2	67		160	3152	2990
煤气	空　气	9.8	24.8	560	55	2113	1980
	氧　气	10.0	73.6	450		3073	3013

2. 电热高温石墨管式原子化器

火焰原子化的主要缺点是原子化效率低，且试样被气体极大地稀释，所以灵敏度较低。采用非火焰原子化系统的目的主要是为了提高原子化效率。有多种非火焰原子化装置，应用最为广泛的是电热高温石墨管式原子化器(图10-9)。石墨管通常外径6mm，内径4mm，长30mm，两端与电极相连，本身作为电阻发热体，通电后(10—15V,400—600A)升温以提供原子化所需能量。管的一壁上有三个小孔，直径1—2mm，试样从中央小孔注入。为防止石墨管及试样氧化，需要在不断地通入惰性保护气体(氮或氩)的情况下升温和灰化，而在原子化阶段停止通保护气，延长原子在石墨炉中的平均停留时间，以利于提高灵敏度。

由于试样的原子化过程是在惰性气体保护下，于强还原性气氛中进行的，有利于氧化物的分解、自由原子的生成和保存，所以石墨管原子化法的原子化效率高，接近100%，且

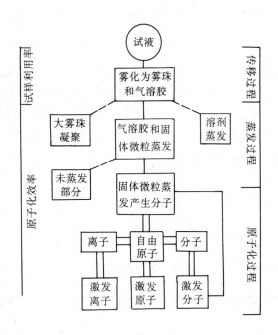

图 10-8　试样原子化过程示意图

由于基态原子在吸收区内平均停留时间较长,大大提高了检测灵敏度,其绝对检测限往往比火焰法低 100—1000 倍,可低至 10^{-13}g 数量级,而且所需试样量仅 5—20μL。其主要缺点是试样组成的不均匀性影响较大,有较强的背景和基体效应,测定精密度常不如火焰法,且装置较复杂,操作亦不够简便。

还有另一种非火焰的原子吸收光谱法。有些元素,如汞等在室温下就有很高的蒸气

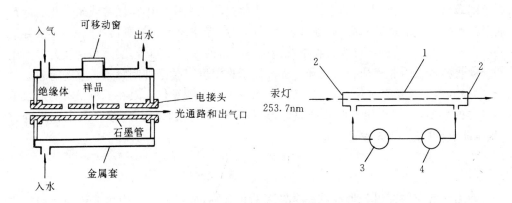

图 10-9　电热高温石墨管原子化器

图 10-10　汞的冷原子吸收装置示意
1——吸收池;2——石英窗;3——反应器;4——循环泵

压,其蒸汽中的原子浓度已足以进行原子吸收光谱分析,而不需要上述火焰的或电热的高温原子化装置,所以又称为冷原子吸收光谱法。常用的测汞仪就是一种典型的冷原子法测汞装置(参见图 10-10)。室温下,在反应池中加入 $SnCl_2$,将试样溶液中的 Hg^{2+} 还原为 Hg,

利用汞蒸汽对汞灯光源发射的 253.7nm 汞线的吸收，即可进行试样中汞含量的测定。

三、分光系统

原子吸收光谱仪中的分光系统（简称单色器）的组成和作用，与前述分光光度法（第九章§4节）中的分光系统基本相同，亦是由色散元件光栅，凹面反射镜和出、入狭缝所组成。不同之处，一是原子吸收光谱仪中的分光系统是设置在光源辐射被原子蒸气吸收之后，其作用是阻止非检测辐射进入检测系统（参见图10-1）；二是仅要求将待测元素的共振线和其邻近谱线分开，不要求有太高的分辨率。通常，以能分辨锰双线（Mn 279.5 nm 和 Mn 279.8 nm）即能满足要求。

四、检测系统

原子吸收光谱仪广泛使用光电倍增管作检测器，其工作原理和特性可参阅第九章§4。

§3　原子吸收光谱法中的干扰及其抑制

原子吸收光谱法中的干扰，按其产生的原因和性质，可分为光谱干扰、化学干扰、物理干扰和电离干扰。

一、光谱干扰

光谱干扰包括谱线重叠，光谱通带内存在非吸收线，分子吸收和光散射等。当仪器性能良好，狭缝选择合适时，通常只需考虑由分子吸收和光散射引起的背景吸收干扰。分子吸收干扰是指原子化过程中生成的气体分子、氧化物及盐类分子（主要是试样基体的分子或原子团）对辐射的吸收引起的干扰；光散射干扰是指火焰中的固体微粒或未气化的溶剂液滴对光产生的散射造成的影响。被散射的光因偏离光路而不为检测器所吸收，亦会导致测得的吸光度值偏高。在有背景吸收干扰情况下测得的吸光度信号，实际是待测元素产生的特征吸收和背景的非特征吸收之和。提高原子化温度有时是抑制背景吸收的有效途径之一。另外，基于背景吸收是一种宽带吸收，而原子吸收测量仅局限在一个很窄的波长范围内这样的事实，已提出用非吸收线氘灯，塞曼效应和自吸收效应等多种校正背景的方法，具体细节，可参阅有关专著。

二、化学干扰

当待测元素与共存组分形成难完全解离的化合物，或者在火焰中生成热稳定的氧化物、碳化物时，会影响待测元素原子化过程的定量进行，使参与吸收的基态原子数减少而影响吸光度。这类干扰称为化学干扰，它属选择性干扰。例如，磷酸盐因能与 Ca^{2+} 反应，在火焰中生成焦磷酸钙（$Ca_2P_2O_7$）而影响钙的测定。通常可在试样和标准溶液中加入某种试剂来减弱或消除这种干扰。例如，加入锶或镧等盐类（能优先与磷酸盐化合）或 EDTA（与钙形成螯合物以阻止钙与磷酸盐的反应，而钙-EDTA 螯合物能在火焰中解离成自由的基态钙原子)等均可消除这种干扰。这些试剂的作用在于能与干扰物质生成更稳定的或更难挥发的化合物,从而使待测元素释放出来,或者使待测元素不再与干扰物质反应而被保护起来,所以分别称为释放剂或保护剂。对于在火焰中容易生成热稳定氧化物的元素,如铝、钛、钒、钼、硅、硼、钙和钡等,可采用高温还原性火焰,分解并(或)阻止难熔氧化物的形成来减弱其干扰。在石墨炉原子吸收法中,常加入某种试剂来提高待测物质的稳定性或降低待测元素的原子化温度,这类试剂称为基体改进剂。例如,汞极易挥发,可加入硫化物使之生成硫化汞以增加稳定性。除上述方法外,测量时采用标准加入法,亦是控制化学干扰的一种简便而有效的方法。如果这些方法都失效,则只能采取预先分离的方法消除干扰。

三、物理干扰

试样物理性质(如粘度、表面张力、密度等)以及气流速度、火焰温度等的任何变化,都会影响试样在原子化器中的吸入速度和原子化效率,由此引起的干扰属物理干扰。这类干扰对试样中各元素的影响基本相似,是非选择性干扰。一般应使标准试样在组成和测定条件上,尽可能与分析试样一致,以抵消这类干扰。

四、电离干扰

高温下原子电离,使基态原子数减少,引起吸收信号的减弱,这类干扰称为电离干扰。电离效应随温度增高而增强,随浓度增高而减小。通常,加入更易电离的碱金属元素可有效地消除这类干扰。对共存元素的电离干扰,还可加入过量这类共存元素得以缓冲,使其干扰影响趋于稳定。

§4 测量条件的选择和定量方法

一、测量条件的选择

原子吸收光谱法的灵敏度和准确度,在很大程度上取决于测量条件的正确选择。

1. 分析线

通常选用共振吸收线为分析线。测量高含量元素时,可选用灵敏度较低的非共振线为分析线。某些元素,如 As,Se,由于其共振吸收线位于 200nm 以下的远紫外区,火焰组分对其有明显吸收,故用火焰法测定这些元素时,不宜选用共振吸收线为分析线。另外,当锐线光源的发射线与共存杂质元素的发射或吸收线重迭时将造成干扰。例如用铁 271.9025nm 线测定铁,若有铂共存,由于铂的 271.9038nm 线的干扰,会使吸收信号增强而引起误差,如果选用铁 248.33nm 为分析线可消除铂的干扰。因此在选择分析线时应加以注意。表 10-3 是谱线有重迭干扰的某些元素。表 10-4 是常用各元素的分析线。

表 10-3　某些元素谱线间的重迭干扰

分析线 λ/nm	干扰线 λ/nm	分析线 λ/nm	干扰线 λ/nm
Al 308.216	V 308.211	Hg 253.652	Co 253.649
Ca 422.673	Ge 422.657	Sb 217.023	Pb 216.999
Cd 228.802	As 228.812	Si 250.690	V 250.690
Cu 324.754	Eu 324.753	Zn 213.856	Fe 213.859
Fe 271.902	Pt 271.904	Mn 403.307	Ga 403.298

表 10-4　原子吸收分光光度法中常用的分析线

元素	λ/nm	元素	λ/nm	元素	λ/nm
Ag	328.07，338.29	Hg	253.65	Ru	349.89，372.80
Al	309.27，308.22	Ho	410.38，405.39	Sb	217.58，206.83
As	193.64，197.20	In	303.94，325.61	Sc	391.18，402.04
Au	242.80，267.60	Ir	209.26，208.88	Se	196.09，203.99
B	249.68，249.77	K	766.49，769.90	Si	251.61，250.69
Ba	553.55，455.40	La	550.13，418.73	Sm	429.67，520.06
Be	234.86	Li	670.78，323.26	Sn	224.61，286.33
Bi	223.06，222.83	Lu	335.96，328.17	Sr	460.73，407.77
Ca	422.67，239.86	Mg	285.21，279.55	Ta	271.47，277.59
Cd	228.80，326.11	Mn	279.48，403.68	Tb	432.65，431.89
Ce	520.0，369.7	Mo	313.26，317.04	Te	214.28，225.90
Co	240.71，242.49	Na	589.00，330.30	Th	371.9，380.3
Cr	357.87，359.35	Nb	334.37，358.03	Ti	364.27，337.15
Cs	852.11，455.54	Nd	463.42，471.90	Tl	276.79，377.58
Cu	324.75，327.40	Ni	232.00，341.48	Tm	409.4，
Dy	421.17，404.60	Os	290.91，305.87	U	351.46，358.49
Er	400.80，415.11	Pb	216.70，283.31	V	318.40，385.58
Eu	459.40，462.72	Pd	247.64，244.79	W	255.14，294.74
Fe	248.33，352.29	Pr	495.14，513.34	Y	410.24，412.83
Ga	287.42，294.42	Pt	265.95，306.47	Yb	398.80，346.44
Gd	368.41，407.87	Rb	780.02，794.76	Zn	213.86，307.59
Ge	265.16，275.46	Re	346.05，346.47	Zr	360.12，301.18
Hf	307.29，286.64	Rh	343.49，339.69		

2. 狭缝宽度

狭缝宽度的选择(主要是出口狭缝)主要决定于仪器的色散能力、谱线的宽度和干扰情况。原子吸收光谱法中，谱线重迭干扰的几率小，可以使用较宽的狭缝以利于增加灵敏度和提高信噪比。但狭缝过宽，出射辐射的频率范围变宽，单色器分辨率降低，使得邻近分析线的其它辐射背景增强，从而使工作曲线弯曲。对于多谱线的元素(如稀土元素或铁族元素等)或有连续背景时，宜选择较窄的狭缝，以减少干扰。实际工作中，通常是通过调节狭缝宽度并观察相应吸光度值的变化情况来选择。吸光度较大而平稳时的最大狭缝宽度即为所选最宜狭缝宽度。

3. 工作电流

空心阴极灯的辐射强度与灯的工作电流有关。灯电流过小,发射强度低,且放电不稳定;灯电流过大,发射谱线变宽,甚至引起自吸收,反而导致灵敏度下降和工作曲线的弯曲,灯寿命缩短。选用灯电流的一般原则是,在保证有足够强而稳定的光强输出条件下,尽量使用较低的工作电流。通常以空心阴极灯上标明的最大电流的一半至三分之二作为工作电流。具体的最适宜的工作电流由实验确定。

4. 火焰类型和燃助比

火焰的基本特性,如温度、氧化还原性、燃烧速度和对辐射的透射性对原子吸收光谱法测定结果有重要影响。火焰温度应确保待测元素化合物充分解离为基态原子。火焰的氧化还原性决定于火焰类型和燃气与助燃气的比例(简称燃助比),直接影响待测元素化合物的解离和是否形成难解离化合物,从而影响原子化效率和自由原子在火焰区内的有效寿命。不同类型的火焰对不同频率的辐射有各自的透射特性,从而有不同的频率应用范围。所以,应根据所测元素电离电位的高低以及原子化难易和氧化还原性质,选择适宜的火焰类型和燃助比。对广泛使用的乙炔-空气火焰而言,大多数元素都有较高的灵敏度,通常只需调节空气和乙炔气的流量使火焰呈蓝色和调节燃烧器高度即可进行测定。对某些元素如 Cr,Mo 等,则需增加乙炔流量,用富燃火焰进行测定,以提高分析灵敏度。

5. 燃烧器高度的调节

燃烧器高度不同,则在光轴线区间的原子蒸气浓度不同,会直接影响测定的灵敏度。合适的高度由实验确定,目的是使空心阴极灯的光束从自由原子浓度最大的火焰区通过。

二、定量方法

原子吸收光谱分析的定量方法如图 10-11 所示,有标准曲线法、标准加入法和内标法等。

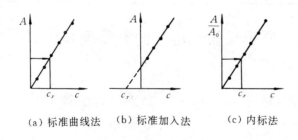

(a) 标准曲线法　(b) 标准加入法　(c) 内标法

图 10-11　各种定量方法的标准曲线

1. 标准曲线法

根据对试样中待测元素含量的大致估计,先配制一系列不同浓度的标准溶液,测定其吸光度,绘制吸光度-浓度曲线。根据未知试样溶液在相同条件下测得的吸光度值,确定试样中待测元素含量。这种方法应用较普遍,但要注意标准试样的组成尽可能与待测试样的组成一致。

2. 标准加入法

若试样的组成较复杂,且试样的基体可能对测定有明显干扰,宜采用本法。分取若干份等体积的试样溶液,加入含已知待测元素浓度的标准溶液,定容后得含不同已知浓度的一系列溶液,测其吸光度。以添加的标准溶液浓度和吸光度作图得图 10-11(b)所示的标准曲线。将吸光度外推到零处(与横坐标交点)对应的即是试样中待测元素的浓度。标准加入法只能消除基体效应的影响,不能消除分子吸收、背景吸收等影响。同时应注意,若所得直线斜率太小,容易引入较大误差,因此,应选择合适的标准加入量。

3. 内标法

在标准溶液和试样溶液中分别加入已知量的试样中不存在的内标元素,同时测定这些溶液中内标元素和待测元素的吸光度。由标准系列中待测元素吸光度 A 与内标元素吸光度 A_0 的比值,对标准溶液中待测元素的浓度 c 作图,得 A/A_0-c 标准曲线,再根据试样溶液的 A/A_0,从标准曲线上即可求得试样中待测元素的浓度。内标法由于是同时测定,一定程度上可消除燃气及助燃气流量、基体组成、表面张力等波动所引起的测量值的波动,只要测量条件选择适当,可获得良好的再现性,测定精度较高。但是必须小心选择内标元素,且内标法需要使用双通道仪器。表 10-5 是内标元素选择的若干实例。

表 10-5 内标元素选择实例

待测元素	内标元素	待测元素	内标元素
Al	Cr	Mg	Cd
Au	Mn	Mn	Cd
Ca	Sr	Mo	Sn
Cd	Mn	Na	Li
Co	Cd	Ni	Cd
Cr	Mn	Pb	Zn
Cu	Cd,Zn,Mn	Si	V,Cr
Fe	Au,Mn	V	Cr
K	Li	Zn	Mn,Cd

§5 原子吸收光谱法的灵敏度和检出限

一、灵敏度

原子吸收光谱法的灵敏度,通常以能产生 1% 吸收信号(即吸光度为 0.0044)时,对应的待测元素浓度来表示。单位为 $\mu g/(mL \cdot 1\%)$,计算式为:

$$S = \frac{c \times 0.0044}{A} \mu g/(mL \cdot 1\%) \tag{10-13}$$

式中,c 为试液的浓度($\mu g/mL$);A 是试液的吸光度。例如,对浓度为 $1\mu g/mL$ 的镁溶液测得吸光度 $A=0.55$,则其灵敏度为:

$$S = \frac{1 \times 0.0044}{0.55} = 0.008 \mu g/(mL \cdot 1\%)$$

在电热原子化法中,常用"绝对灵敏度"表示,其定义为能产生 1% 吸收信号(吸光度为 0.0044)时,对应的待测元素的质量,单位为 g/1%,计算式为:

$$S = \frac{c \times V \times 0.0044}{A} (\text{g}/1\%) \qquad (10\text{-}14)$$

式中，c 为试液的浓度(g/mL)；V 为试液的体积(mL)；A 为试液的吸光度。显然 S 愈小，分析灵敏度愈高。

二、检出限

检出限是指产生一个能以一定置信度确证试样中存在某种元素的分析信号所需要的该元素的最小浓度或最小含量。通常推荐，用能给出空白溶液信号的 3σ 读数的对应待测元素的浓度(μg/mL)或质量(g)来表示，前者称相对检出限，后者称绝对检出限。其计算式分别为：

相对检出限：

$$D_c = \frac{c}{A} \cdot 3\sigma (\mu\text{g}/\text{mL}) \qquad (10\text{-}15)$$

式中：c 为试液浓度(μg/mL)；A 为试液的吸光度；σ 为多次(10 次以上)空白溶液测定值的标准差。

绝对检出限：

$$D_m = \frac{cV}{A} \cdot 3\sigma (\text{g}) \qquad (10\text{-}16)$$

式中，c 是试液的浓度(g/mL)；V 是试液的体积(mL)。其它各项意义同前。

需要指出的是，不能直接用检出限表示能测定某元素的下限，测定下限通常取比检出限高 5—10 倍的数值。

思 考 题

1. 何谓原子吸收光谱分析法？它具有哪些特点？
2. 何谓共振线？在原子吸收光谱仪中哪一部分产生共振发射线？哪一部分产生共振吸收线？
3. 原子吸收光谱分析对光源的基本要求是什么？为什么要采用锐线光源？
4. 原子吸收光谱分析的定量基本关系式是什么？简要说明它的应用条件。
5. 原子吸收光谱仪主要由哪几部分组成？各部分的功能是什么？
6. 原子吸收光谱定量分析有哪几种实施方法？
7. 原子吸收光谱法中有哪些干扰？如何减小或消除这些干扰？

习 题

1. 火焰原子吸收光谱法可测定纳克级的汞，1ng 汞含多少汞原子？ 答：3.002×10^{12}(个)
2. 测定汞时可采用 253.7nm 的汞线，问 253.7nm 汞线对应的跃迁能量是多少？

答：7.833×10^{-19}(J)

3. 为测定某金属材料中锌，称取试样 0.500g，酸溶解后移入 500mL 容量瓶，用水稀释至刻度。同时配制与试样基体相近、体积相同的系列标准溶液，然后在 213.8nm 共振线处测定吸光度，得到如下数据：

(答：0.79%)

Zn/μg/mL	0	1.0	2.0	4.0	6.0	8.0	10.0	试样
A	0	0.061	0.122	0.245	0.367	0.487	0.611	0.482

求该金属材料中 Zn 的百分含量。

4. 用标准加入法测定某水样中镉。5.00mL 水样加入 0.5mL 浓 HNO_3 酸化，再分别加入一定量的镉标准溶液并稀释到 10.00mL 后测定吸光度，结果如下：

标准加入量/μg/L (按稀释后浓度计)	0	1.5	3.0	4.5
A	0.0125	0.0202	0.0280	0.0354

求水样中镉浓度。 答：4.6μg/L

5. 200μg/L 的标准铅溶液在火焰原子吸收光谱仪上扣除背景后的吸光度读数为 0.177，而 50mL 地下水经酸化并稀释至 100mL 后，在同样条件下的吸光度读数为 0.023，求此地下水中铅的含量(设所涉及的浓度范围内符合比耳定律)。 答：52.0μg/L

6. 原子吸收光谱法测定元素 M 时，由未知试样溶液得到的吸光度读数为 0.435，而在 9mL 未知液中加入 1mL 浓度为 100mg/L 的 M 标准溶液后，混合溶液在相同条件下测得的吸光度为 0.835，问未知试样溶液中 M 的浓度是多少(设所涉及的浓度范围符合比耳定律)？ 答：9.81mg/L

第十一章 流动注射分析法

流动注射分析(Flow Injection Analysis, FIA)是丹麦 J. Ruzicka 和 E. H. Hansen 于 1974 年首先提出的一种高效率溶液自动分析测试技术。它具有分析速度快、精密度高、适应性广、能大幅度节省试剂和试样等诸多优点,而且仪器结构简单、操作简便,被认为是溶液分析化学中的一种质的进展。FIA 一般每小时能分析 100—200 个试样,甚至更多,相对标准偏差可以达到 1% 左右,而且易于实现与其它分离、测试技术的联用和自动在线分析。因此,在短短十几年中,不仅在各种工业过程的控制方面,而且在临床、化学、农业化学、环境化学和生物化学等各种领域获得了越来越多的应用。什么是流动注射分析呢?让我们先来看一看用 FIA 测定微量 Cl^- 的例子。该法基于如下反应:

$$Hg(SCN)_2 + 2Cl^- \longrightarrow HgCl_2 + 2SCN^-$$

$$2SCN^- + Fe^{3+} \longrightarrow \underset{(红色)}{Fe(SCN)_2^+}$$

即 Cl^- 使硫氰酸汞中释放出硫氰酸根,通过后者与 Fe^{3+} 生成的红色配离子的吸光度测定就可确定试液中 Cl^- 的含量。为实现 FIA 分析,可采用由泵 P、进样阀 S、反应管道 L 和检测器 D 组成的,如图 11-1(a)所示的最简单的 FIA 系统。这里的检测器 D 就是备有微量流通池的分光光度计。测定时,将 $Hg(SCN)_2$、$Fe(NO_3)_3$ 以及甲醇溶于一定量水中作载流连续泵入系统中,流速为 0.8mL/min。一定量(30μL)的标准溶液或试液由进样阀快速注入系统中,然后在分光光度计的微量流通池(体积约 18μL)中于 480nm 处连续测定并记录流通液的吸光度。由于吸光度与氯离子浓度成正比,从而可以测定试样中 Cl^- 含量。图 11-1 是具体的流路图和注入 7 个不同浓度氯离子溶液(5—75μg/g)所得的记录曲线。每种溶液注入四次,共 28 次,耗时 13min,平均分析速率 130 样/h。图 11-1(b)右侧所示 30 和 75μg/g 氯离子溶液的快速扫描曲线表明,当在 S_2 点注入的下一个试样到达流通池时,在 S_1 点注入的前一个试样(两次注入的时间差约 28s)在流通池中的残留溶液将少于 1%。

从上例可见,FIA 过程可简单概括为:把一定体积的液体试样间歇地注入到一个密闭的,运动着的,由适当液体组成(反应试剂或水)的连续载流中,所形成的"试样塞"由载流推动进入反应管道。试样塞在向前运动过程中靠对流和扩散作用被分散成具有浓度梯度的试样带。试样带与载流中的某些试剂发生化学反应形成某种可以检测的物质,再由载流带入检测器中进行检测,由记录仪连续地记录出吸光度、电极电位或其它信号,最后以废液形式排出。图 11-2 是每次注入试样所得记录曲线。纵坐标是检测器所得响应值,横坐标为时间。由注入试样时开始计时,T 称留存时间,H 为峰高,W 为某峰高处的峰宽,A 为峰面积,T_b 称基线峰宽。

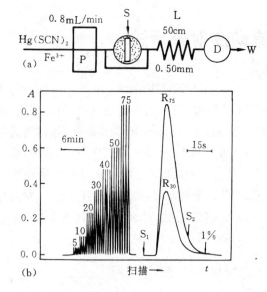

图 11-1　最简单的 FIA 流路系统和记录曲线
S——试样；W——废液；D——检测器；
A——吸光度；R——记录曲线；t——时间扫描

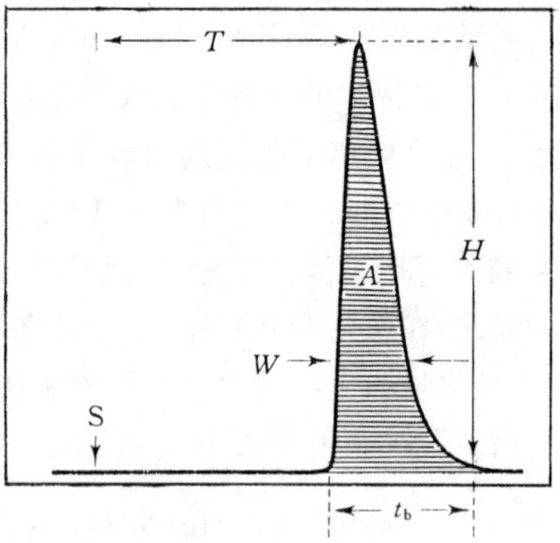

图 11-2　FIA 输出的记录曲线

§1　FIA 的基本原理

一、FIA 的特点

流动注射分析是基于细管道液流中受控的分散（扩散与对流）过程来实现试样与试剂间的混合和相互作用的。它不需要试样与试剂完全混合，亦不需要反应达到化学平衡，所以它是在非平衡的动态下完成的分析过程。为此，只有在进样时保持完整的试样区域，使试样与试剂间的混合和相互作用，由扩散过程控制在试样与试剂的接界面，才可能得到高度重复的混合状态，也才可能得到高度重现的测定结果。

FIA 技术的特点是：
（1）试样与试剂的混合是不完全的；
（2）化学反应不要求达到化学平衡，是非平衡状态下的测定；
（3）输出信号是连续可变的，并可任意选择；
（4）信号输出是高度重现的。

图 11-3 是不同浓度时 FIA 输出的信号曲线和据此按不同测量时间所作的工作曲线。在输出曲线上的任何一点对时间是高度重现的，因此可以选择曲线上的任何一点（对应确切的时间）作为测量信号。

夹在液流中的试样带在输送过程中，除因扩散作用外，还会因液流中的对流作用出现一定的物理分散。对流作用的产生是由于管道的中心部分与靠近管壁处液体流速的差异

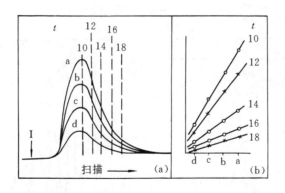

图 11-3 不同浓度时 FIA 的信号曲线(a)及不同测量时间的工作曲线(b)

所致。从注射口到检测器,扩散与对流以及随之而产生的化学反应同时进行,检测器所得的信号(峰形)就是这些过程的综合反应。对流与扩散两种作用哪种占优势将直接影响信号峰的形状。参见图 11-4。

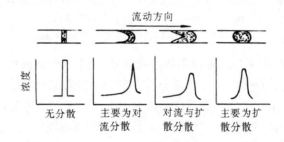

图 11-4 对流与扩散对试样浓度轮廓及峰形的影响示意图

二、分散系数及其控制

为了描述试样带与载流之间的分散混合程度,引入了分散系数(亦称为分散度)D 的概念:

$$D = \frac{c_0}{c_{\max}} \tag{11-1}$$

式中,c_0 是待测试样溶液的原始浓度,$c_{\max}$ 是峰高值相当的溶液浓度。

当 $D=2$ 时,表示试样被载流以 1:1 比例稀释。FIA 系统的分散系数受进样体积,管道半径及长度,载流平均流速等因素的影响。根据有关理论推导和实验验证,在细管道中,分散系数与流速、管道长度或在管道中的留存时间的平方根成正比,与管道半径的平方成正比。增大试样体积则降低分散系数。在具体选择实验参数时,要从对分散系数的要求和尽可能提高进样频率综合进行考虑。图 11-5 为进样体积(a)和管道长度(b)与输出信号峰及分散系数的关系。从图可见,加大进样体积,最后可能使 $D \approx 1$,但将大大降低分析速度。在 $D=2$ 时的进样体积 $S_{1/2}$(达到稳定信号 50% 时的进样体积)条件下,通常可获得较高

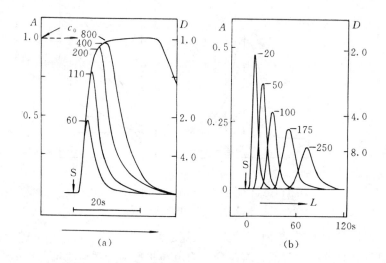

图 11-5 进样体积(a)和管道长度(b)对输出信号峰形
和分散系数 D 的影响(流速:1.5mL/min;管径:0.5mm)
(a) 管长:20cm,曲线数字为进样体积(μL);
(b) 进样体积:60μL,曲线数字为管道长度(cm)

的进样频率。由于 FIA 中不是测定稳定状态的信号,对于低分散系数系统,进样量最大不超过 $S_{1/2}$ 的两倍(相当于 $D=1.33$)。在中分散系数和高分散系数系统的进样体积,一般也应小于 $S_{1/2}$ 的值。FIA 中应用的分散系数大致分为低、中、高三个等级范围。不同的检测方法要求采用不同 D 值的 FIA 系统(参见表 11-1)。当仅需要测定试样溶液本身的性质而不涉及更多的化学反应时,如使用离子选择电极作检测器测定 pH,pCa,或直接进行比色测定,要求试样区尽可能集中,则采用低分散系数($D=1$—2)系统;如果试样必须与几种试剂进行反应才能转变为另一种可检测的化合物,例如需使用比色法、分光光度法、荧光法检测时,则采用中分散系数系统($D=2$—10);只有当需要在试样与载流界面形成扩展的pH 梯度变化以区别试样中的多种待测组分,或者需要稀释高浓度试样,或进行 FIA 滴定时,才需要高分散系数($D>10$)系统。

三、FIA 的若干要点

1. 改变进样体积是改变分散系数和信号峰高的有效途径。在一定范围内增加进样体积,峰高增大,灵敏度提高,反之则降低。另一方面,对高浓度试样溶液的稀释,最好是通过减少进样体积来实现。

2. 在保证分析灵敏度的同时,要求试样的分散系数尽可能小。可取小于 $S_{1/2}$ 的进样体积及尽可能短的管路(如集成微管道块)来控制试样塞的扩散。

3. 对于低分散系数系统,进样量最大不超过 $S_{1/2}$ 的两倍。在中分散和高分散系数系统中,进样体积一般亦应小于 $S_{1/2}$。

表 11-1　各种检测方法对分散度的要求

分 析 对 象	检 测 方 法	分 散 类 型
pCa	Ca 电极	低 分 散($1<D<2$)
pH	玻璃电极	
硫酸根	比浊法	中 分 散 ($2<D<10$)
硝酸根离子	紫外光度计	
全 钙	分光光度法	
磷酸根、氯离子	分光光度法	
硝酸根	硫酸根电极	
尿 素	玻璃电极(酶法)	
维生素 C	电位法	
氨基酸	荧光法	
镁、钾、钙	原子吸收法	
酸 碱	比色滴定法	高分散($D>10$)
全 钙	电位滴定	

4. 若欲降低分散系数以提高进样频率,并有足够的留存时间使反应进行到一定程度(如比色和分光光度法要求一定的发色时间),此时应降低载流流速而不应延长管道长度。虽然二者均能延长留存时间,但前者使 D 值降低,而后者会使 D 值增大。增加留存时间以提高分析灵敏度的最有效方法,是采用 FIA 停流技术(见后)。

5. 任何带有混合室的 FIA 系统都会导致分散系数的增大,不仅降低测量灵敏度和进样频率,而且会增大试样和试剂消耗量,因此,除 FIA 滴定分析外,应尽量避免在管路和管路连结器中出现或大或小的混合室。

6. 欲获得最高的灵敏度,则应尽可能提高化学反应产率和降低分散度;若生成的可测物质太多,为保持检测器的线性响应,则宁可增加分散度而不降低化学反应产率。产率低于 10%,FIA 的重现性变坏。

7. 如果待测物质与干扰物质之间存在反应速率上的差异,可考虑利用其进行选择性分析。

8. 如果待测物质的标准曲线截距太高(本底信号太强),可采用多管路汇合的 FIA 合并带技术系统。

目前,FIA 的理论阐述尚不成熟。虽然曾提出多种数学模型,企图定量描述试样带在载流推动下的分散过程,但大多是针对具体情况进行的推导,只适用于特定的条件。

§2　FIA 仪器的基本组成

图 11-6 是 FIA 最基本的微管路系统。FIA 仪一般由流体驱动单元、进样阀、管道、流通检测器、化学组件和记录仪等组成,并日趋微型化和集成化。

1. 流驱动单元

应用最普遍的是各类蠕动泵。泵中沿圆周转动的一系列滚筒向前滚动时,压迫具有一定孔径的弹性塑料管道,泵管中的试剂或载流即被提升上来,并以一定的流速向前流动(图 11-7)。滚筒的转速和泵管的孔径即决定了流体的流速。FIA 常使用多通道泵,流速一般为 0.5—20mL/min,当前总的趋势是选用低试剂流速。

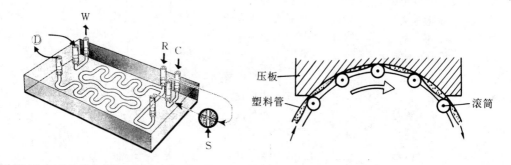

图 11-6　FIA 最基本的微管路系统　　　图 11-7　蠕动泵示意图
R——试剂入口；C——载流入口；S——进样阀；
D——检测器；W——废液排放口

2. 进样阀

严格控制试样与载流(试剂)的扩散和对流是 FIA 成败的关键。试样溶液必须以完整的"试样塞"挤入载流中。近年多采用旋转式进样阀,进样量一般为 10—100μL,个别可达 300—500μL,并可根据需要做成多通道的、多层的旋转式进样阀。图 11-8 是旋转式进样阀的工作示意图。

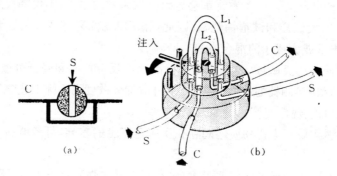

图 11-8　旋转阀工作示意图
C——载流；S——试样；L——管路

3. 管道

FIA 中的管道,除担负输送流体的作用外,还具有反应器的功能。有直线型和盘管型。广泛使用的是聚四氟乙烯管,内径一般为 0.4—1mm。管径过大会增加分散；管径过小易堵塞并增加系统阻力。无论从理论推导还是从实验结果看,内径 0.5mm 的管道都是最适宜的。为满足多种 FIA 流程的需要,已研制出多种流路分支集合的多功能组合块。

4. 检测器

FIA 使用的检测手段异常广泛,几乎现有定量分析仪器的检测器,如各类光学检测器,电化学检测器等都可用作 FIA 的检测器。其中大部分需要有流通池,试样带在流经流通池的瞬间进行动态检测。图 11-9 和图 11-10 是光学检测器和电化学检测器在 FIA 中的各种检测方式示意。

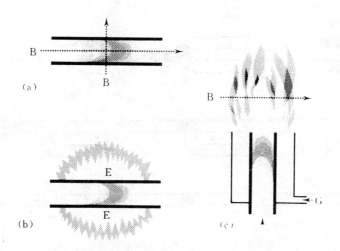

图 11-9　FIA 中的光学检测器工作示意（B 为光束,E 为发射光,G 为气体入口）
(a) 分光光度法；(b) 荧光或化学发光；(c) 火焰原子吸收光度法或 ICP 法

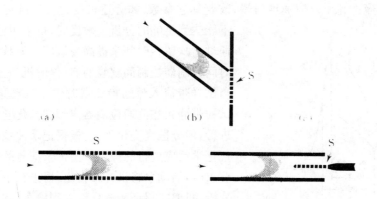

图 11-10　FIA 中的电化学检测器工作示意（S 为检测器敏感面）
(a) 管状传感器；(b) 栅格状传感器；(c) 线状传感器

§3　FIA 中的某些技术

一、合并带技术

一般的 FIA 系统中,都是用试剂作载流,在整个分析过程中始终在管道中流动着,两个试样之间有相当一部分被浪费掉,这在使用贵重试剂时尤其显得不经济。合并带法改变了试剂的引入方式,把原试剂载流改为蒸馏水,缓冲溶液或清洗剂之类的廉价溶液,而试剂则以一种受控方式注入与试样带相汇。这样大约能节约 90% 的试剂,还能改善某些分析性能。图 11-11 是几种合并带法的工作示意。其中试样 S 和试剂 R 带的合并由泵和时间程序控制器准确控制。

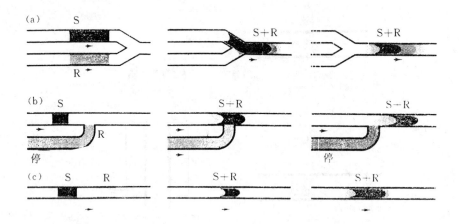

图 11-11　FIA 中几种合并带法工作示意(S 是试样带,R 是试剂带)
(a)双通道注入对称合并带法;(b)间歇泵合并带法;(c)带侵入合并带法

二、停流技术

当 FIA 涉及的化学反应速度很慢,改变其它参数,如管道长度、泵速、试剂浓度等都

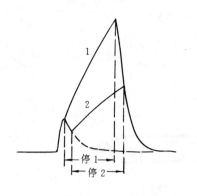

图 11-12　停流法的记录曲线

不能达到足够的分析灵敏度时,可采用停流技术,通过增加留存时间来提高灵敏度。该技术是采用时间控制器控制间歇泵的启、停时机和停泵时间。当试样带流入流通检测器时停止蠕动泵转动,使试样带静止在流通检测器内。此时,化学反应继续进行,但分散度变化不大。根据记录曲线的变化监视化学反应进行的程度。当记录信号的强度达到要求时,启动泵将试样带排出,再进行下一试样的分析,只要能保证从试样注入到停泵的时间间隔,即延迟时间和停流(停泵)时间间隔不变,就能获得很好的重现性。改变延迟时间和停流时间可得到一系列具有不同陡度、不同线性范围、不同灵敏度的响应曲线。见图 11-12 中的曲线 1 和曲线 2,图中虚线是未停流时的记录曲线。图 11-13 是用停流法测定酒中 SO_2 含量的流路系统和记录曲线。

三、FIA 溶剂萃取技术

由于有了 FIA 这样的进样系统,可以把对试样溶液进行的、耗时的脱线操作处理过

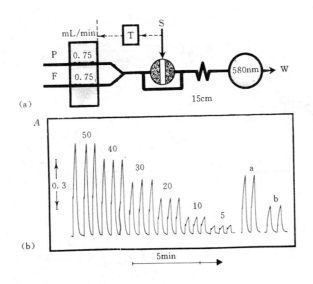

图 11-13 停流法测定酒中 SO_2 含量的流路(a)和记录曲线(b)
(P 为副品红试剂,F 为甲醛催化试剂,T 为时间程序控制器
S 是试样,W 为废液,A 是吸光度;停流时间 15s
(b) 左侧为 50—5μg/gSO_2 的标准曲线;右侧 a 和 b 是两种酒样实测曲线)

程(如萃取、离子交换、沉淀、基体分离等)变为几十秒钟的自动在线操作。既极大地提高了分析速度,减少试剂消耗,还减少因脱线处理而产生的污染。以 FIA 溶剂萃取分析为例,其分析流路参见图 11-14。一定体积的试样注入到水相载流中被带到 a 处,被 a 处加入的有机相分割成水相和有机相相间的小段。在盘管 b 处萃取后,水相和有机相在相分离装置 c 处分离。含试样的有机相最后由分光光度计或原子吸收分光光度计等检测器进行监测。

实现 FIA 溶剂萃取分析的主要问题是如何将有机相和水相混合,以及如何完成萃取后两相的分离。前者可采用相分隔器(图 11-15(a)),后者可采用比重差相分离器(图 11-15(b))或膜相分离器(图 11-15(c))。三通管中插入聚四氟纤维细线以促进相分离。

§4 FIA 法应用举例

FIA 进样技术能与多种检测技术相结合而形成各种 FIA 法,下面介绍常用的几种。

一、FIA 分光光度法

FIA 分光光度法是 FIA 进样技术与光度检测技术相结合的一种分析方法,亦是 FIA 应用最为广泛的领域。图 11-16 是 FIA 分光光度法常用的几种流通池。其中,(a) Hellma 池,可装配于大多数商品光度计中;(b) Z 型池,A 是透明光窗,B 是聚四氟乙烯池体,C 是池套,CH 是内通道;(c) 光纤反射池,OF 是光导纤维,R 是具化学活性的反射材料,CH 是微管路通道。表 11-2 是其应用举例。

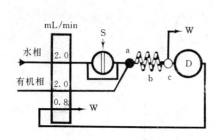

图 11-14 FIA 溶剂萃取分析流路
S——试样；W——废液；D——检测器

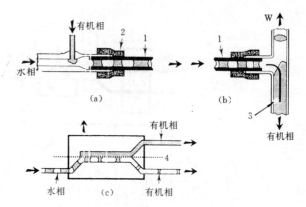

图 11-15 相分隔器和相分离器
1——聚四氟乙烯萃取管；2——接头；3——憎水性
T 型三通管；4——聚四氟乙烯膜

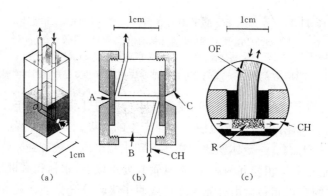

图 11-16 FIA 分光光度法常用的几种流通池

表 11-2 FIA 分光光度法应用举例

被测组分	基体	反应试剂	测定波长 /nm	进样体积 /μL	采样频率 次/h	测定精度 RSD%
Si	钢铁	钼酸铵,氯化亚锡	740	120	90	0.80
Fe(Ⅱ)	雨水,湖水等	邻菲罗啉	512	100	250	2.8
Pd(Ⅱ)	矿石	磺胺偶氮氯膦	620	100	60	<1.0
Sn(Ⅱ)	钢铁	苯基荧光酮	506	300	100	1.8—5.7
SO₂	大气	甲醛、盐酸副玫瑰胺	560	120	90	0.90
Cl	牛奶	Hg(SCN)₂	480	70	90	1.3
Mo	植物	KSCN,罗丹明 B	603	600	120	0.7

此外,尚有 FIA 催化动力学分光光度法。例如,利用 Ru(Ⅲ)对 KIO$_4$ 氧化 α-萘酚酞褪色的显著催化作用,建立了 Ru(Ⅲ)快速而灵敏的分析方法。近年来,还提出了将离子交换剂与 FIA 相结合的分光光度法。该法将一种特定的离子交换树脂填充在 FIA 检测器流通池的光路中,待测离子与相应试剂反应的产物被树脂相吸附并直接进行测定。该法用于天然水中 Mo(Ⅵ)的分析,检出限可达 15pg;用于 Cr(Ⅵ)的分析,检出限达 0.5ng,比一般光度法,灵敏度提高 160 倍。

二、FIA-ISE 分析

用离子选择电极(ISE)作 FIA 的检测器,即称为 FIA-ISE。图 11-17 是 FIA-ISE 中常用的流通池。由于不涉及更多的化学反应,可将总离子调节缓冲液、试剂及掩蔽剂等一起作为载流,因此,常常只需要采用单管路或双管路的 FIA 系统,结构简单,易于装备。目前已用于 pH,NH$_4^+$,K$^+$,Na$^+$,Ca^{2+},Cl$^-$,NO$_3^-$,F$^-$ 等的测定,特别是在这些离子的在线自动分析中。有时还可应用多种指示电极,同时测定同一试液中的多种组分。图 11-18 是同时测定 pH 和 pCa^{2+} 的 FIA 流路系统。

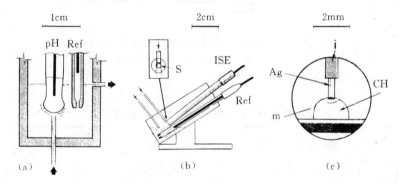

图 11-17 FIA-ISE 中常用的几种流通池
(Ref 为参考电极;S 为 ISE 的敏感面;i 是嵌入微管路
通道(CH)中的涂银线电极;m 为含电活性物的聚乙烯膜)

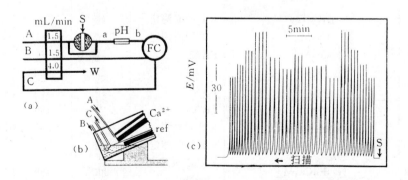

图 11-18 FIA 同时测定 pH 和 pCa^{2+} 的流路及记录曲线
(a)为测定流程装置,A 和 B 为载流,图中 pH 处为毛细管玻璃电极,
FC 为如(b)所示的流通池,内装 Ca^{2+} 选择电极和参比电极。(c)为记录曲线

三、流动注射原子光谱法

FIA 与火焰原子吸收光谱(FAAS)或电感耦合等离子光谱(ICP)联用,称为流动注射原子光谱法(FIA-FAAS 或 FIA-ICP)。这种联用技术多采用如图 11-19 所示的单管路 FIA 流程。只需要一台蠕动泵来推动载流和试样。一定体积的试样溶液被注入流向雾化器的载流中,数秒钟后即可得到相应的记录曲线。

流动注射原子光谱法不仅可在基本保持原子光谱法的分析精度条件下使分析速度大大提高,而且由于进样的体积小(10—300μL),进入雾化器的时间短,两次进样之间又有载流(常为蒸馏水)起到洗涤作用,从而可以直接测定高盐分浓度试样而不会堵塞雾化器和燃烧器。表 11-3 是流动注射原子光谱法的某些实用举例。

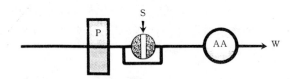

图 11-19　FIA 原子吸收光谱法最简单的流路
P——蠕动泵；AA—原子吸收光谱仪

表 11-3　FIA 采样-原子光谱法的应用

分析试样	测定元素	方法	试样体积 /μL	采样率 /样/h	变异系数的百分数
土壤,植物	Ca,Mg,K	FAAS,火焰光度	20	300	0.5
植物,食品	Zn,Cu	FAAS	25—300	120—180	2
植物	K,Ca,Mg,P,Fe,Al,Cu,Mn,Zn,B	ICP 同时测定	25—500	60—100	1.4—6
植物及土壤浸出液	Cu,Fe,Zn,Mn,Na,K,Ca,Mg	FAAS	40—80	240—514	0.8—1.9
植物	B,Cu,Zn	ICP 同时测定	40	—	4
石灰石	Ca,Mg	ICP 同时测定	25—500	60—100	1.34,1.23
血清	Ca,Mg	FAAS	5,20	—	1.0—4.3
血清	Ca	FAAS	25	100	<1.5
血清	Li	FAAS	10	180	1.8—3.5
血清	Na,K	FAAS	5	100	1.14,2.36
血清	Na,K,Ca,Mg,Fe	ICP 同时测定	10	240	1.61—8.01
血清	Na,K,Ca,Mg,Li,Cu,Fe,Zn	ICP 同时测定	20	~60	<2
地面,地下水	Na,K,Ca,Mg	FAAS-火焰光度同时测定	200	128	1.7—2.7
合金钢,植物	Ti,Mn,P,Cu,Mn,Zn	ICP 同时测定	40	~60	1.7
钢铁	Pb,Bi,Sb,Ag	FAAS			

本表引自:分析化学 14(3),549(1986)。

同样，可以利用 FIA 进样系统，将萃取、离子交换、基体分离等操作，变为自动、快速的在线过程，以实现被测物质的预富集或基体改进，从而提高分析的灵敏度和改善分析性能。

思 考 题

1. 什么是 FIA？它有哪些特点？
2. FIA 有哪些主要部件？其功能如何？
3. 什么是分散系数 D？实际工作中如何选择不同 D 的 FIA 系统？在 FIA 管路中 D 是否保持恒定？
4. 什么是 FIA 合并带技术？它有什么优点？
5. 为什么 FIA 停流技术能提高测定的灵敏度？

第十二章 气相色谱分析法

§1 概　　述

色谱法又称色层法、层析法,是一类重要的分离分析方法。

1906年,俄国植物学家茨维特(M.S.Tswett)将植物色素提取液加到装有碳酸钙微粒的玻璃柱子上部,继而以石油醚淋洗柱子,结果使不同的色素在柱中得到分离而形成不同颜色的谱带,色谱法由此得名。起分离作用的柱称为色谱柱,柱内的填充物称为固定相,沿柱流动的液体称为流动相。色谱法正是利用不同物质在固定相与流动相之间分配能力的不同,实现了多组分混合物的分离。色谱法很快得到迅速发展,分离对象早已不限于有色物质,但色谱一词却沿用至今。如今的色谱分析法已是将色谱分离过程与适当的检测手段相结合,由一定仪器(各种色谱仪)实现的,集分离与测试于一体的、连续、自动的测试技术。

一、色谱法分类

色谱分析法是近代分析化学中发展最为迅速的技术之一,目前已有多种类型的色谱分析法,同时亦有多种分类方法。

(一) 按流动相和固定相的聚集态分类

作为色谱流动相的物质,可以是气体、液体或超临界流体,所以色谱法可分为气相色谱、液相色谱或超临界流体色谱。而固定相只可能有两种聚集态(固态或液态),所以现在共有五种色谱法,见表12-1。

表12-1 基于流动相和固定相聚集态的分类法

流动相	固定相	名称(缩写)	
气体	固体	气固色谱(GSC)	气相色谱
气体	液体	气液色谱(GLC)	
液体	固体	液固色谱(LSC)	液相色谱
液体	液体	液液色谱(LLC)	
超临界流体	液体、固体	超临界流体色谱(SFC)	

(二) 按分离所依据的物理化学原理分类

1. 吸附色谱

包括气固吸附色谱、液固吸附色谱和超临界流体色谱。其固定相多为具有大比表面积的多孔吸附剂。试样的分离主要是基于固定相对不同组分吸附性能的差异。

2. 分配色谱

包括气液分配色谱和液液分配色谱。试样的分离主要是基于不同组分在流动相和固定相之间溶解分配能力的差异实现的。固定相是涂布在惰性支持体上或毛细管内壁的不挥发性液体。分配色谱法是色谱法中应用最广泛,因而亦是最重要的一种色谱分析法。

3. 离子交换色谱

离子交换色谱法使用具有离子交换功能团的材料作固定相,简称离子色谱法。试样的分离主要是基于各组分与固定相进行离子交换能力的差异实现的。

4. 体积排除色谱法

又可分为凝胶过滤色谱法和凝胶渗透色谱法。前者主要用于水溶性生物高分子的分离,后者主要用于合成高分子材料的分离。两者的固定相与流动相都不相同,但都是基于各组分分子尺寸的大小不同来实现分离的。由于分离机理相同,所以统称为体积排除色谱法。

(三) 按固定相的形状分类

按固定相的形状分类,色谱法可分为柱色谱、薄层色谱和纸色谱。其中柱色谱法又分为填充柱色谱法和毛细管柱色谱法。

二、气相色谱与液相色谱

气相色谱采用气体作为流动相,气源为气体钢瓶或气体发生器。由于物质在气相中的运输速度比在液相中快得多,气体又比液体的渗透性强,因而与液相色谱相比,气相色谱的优点是柱阻力小,可采用长柱,例如毛细管柱,所以分离效率较高。同时,由于毋需使用有机溶剂和价格昂贵的高压泵,气相色谱仪的价格和运行费用较低,且不易出故障。能和气相色谱分离匹配的检测器种类很多,因而可用于各种物质的分离与测定。特别当使用质谱仪作为检测器时,气相色谱很容易把分离分析与定性鉴定结合起来,成为未知物质剖析的有力工具,但是气相色谱不能分析在柱工作温度下不汽化的组分,例如,各种离子状态的化合物和许多高分子化合物。也不能分析在高温下不稳定的化合物,例如蛋白质等。液相色谱不能分析在色谱条件下为气体的物质,但却能分离不挥发、在某溶剂中具有一定溶解度的化合物,例如高分子化合物、各种离子型化合物以及受热不稳定的化合物,例如蛋白质、核酸及其它生化物质。由此可见,气相色谱和液相色谱各有优缺点,若将它们相互结合则可发挥更大的作用。本章主要讨论气相色谱。虽然气相色谱和液相色谱存在着某些区别,例如,通过改变载气组成不能有效提高气相色谱分离的选择性,气相色谱选择性主要依靠固定相的性质以及温度的选择来调节,而液相色谱中却可以同时通过改变固定相和流动相的组成和极性来选择最佳分离条件等,但气相色谱法的基本原理和定性定量方法也适用于液相色谱。

气相色谱法具有分离效能高,快速,灵敏度高和应用范围广等诸多优点,已成为化学、化工、生化、医学、农业、环保等生产及科研部门不可缺少的有力分析手段。

§2 气相色谱分析流程及分离过程

一、气相色谱分析流程

气相色谱分析是在气相色谱仪中连续、自动地完成的,其基本分析流程如图12-1

所示。

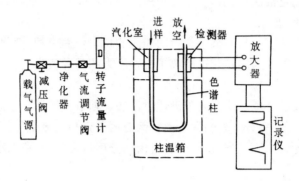

图 12-1　气相色谱分析流程示意图

流动相载气由高压钢瓶提供。经减压稳压阀、净化器、流速测量及控制装置后,以稳定的压力,精确的流量连续流经进样阀、汽化室、色谱柱和检测器后放空。试样由进样器注入,汽化后的试样在载气的载带下进入色谱柱得到分离。被分开的各组分顺序通过检测器时,随时间依次发出与组分含量成比例的信号,自动记录器自动记录下这些信号随时间的变化,从而获得一组峰形曲线。每个色谱峰代表试样中的一种组分。由图 12-1 可见,气相色谱仪通常由载气系统(气源、净化器、流量的调节与测量元件),进样系统(进样器和汽化室),色谱柱,检测器,记录系统(放大器、记录仪)和辅助系统(温控系统、数据处理系统等)所组成。

气相色谱的载气通常为在分离条件下不与固定相和待测组分发生化学反应的化学惰性气体,如氦、氮或氢气等。进样器为微量注射器或六通进样阀。一定量的待测试样由进样口以"插塞"方式注入,在汽化室瞬间汽化后被载气带入色谱柱中进行分离。色谱柱由玻璃或金属材料制成,内装具有高比表面积的多孔细微粒固定相(填充柱)或内壁涂覆液体固定相(毛细管柱)。色谱柱是气相色谱的关键部件,分离效率的高低主要由色谱柱性能决定。有多种检测器可与气相色谱分离相匹配(详见本章§7),其作用是将按时间顺序流出色谱柱的各组分的浓度或质量转变成电信号。色谱炉(柱温箱)为色谱柱提供一个恒定的,或按一定程序自动改变的温度环境。为使分析结果稳定和重现性好,柱温控制精度应在 ±0.1℃ 以内,另外要求升温和降温的速度要快。

二、气相色谱分离过程

图 12-2 表示含有 A,B 两组分的试样在色谱柱中的分离过程。a,b,c,d,e 为不同时间组分在柱中分离的情况。试样汽化后在载气载带下进入色谱柱,很快被固定相吸附或溶解,首先形成一条狭窄的混合谱带(过程 a)。随着载气的不断通入,被吸附或溶解的组分又从固定相中脱附或挥发下来。当脱附或挥发下来的组分随着载气向前移动时,又被固定相吸附或溶解。随载气的流动,吸附-脱附或溶解-挥发过程反复地进行。由于各组分性质的差异,固定相对它们的吸附或溶解能力不同,它们在柱中的移动速度亦就不同,经过一定时间间隔(一定柱长)后彼此分离(过程 b,c),它们最终在载气的载带下,按时间顺序流

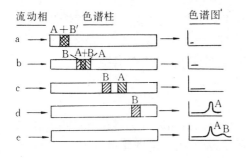

图 12-2　混合物在色谱柱中的分离过程

出色谱柱(过程 d,e),检测器测得色谱峰。由此可见,气相色谱分离过程有两个重要特征:

(1) 试样中各组分在柱中不等速迁移;

(2) 每种组分在流经柱子后要发生谱带的扩散分布。

这两个重要特征决定着试样中各组分流经色谱柱后是否能现实理想的分离。这就要求各组分在柱中的移动速度有足够的差别,彼此间移动速度差别越大,就越易实现分离;另一方面,要求各组分在柱中的扩散程度尽可能低,所得到的色谱峰形都比较窄,反之,若各峰都展宽而平坦,即便是各峰的移动速度不同,亦难于实现彼此有效的分离(参见图 12-3)。

不等速迁移是色谱分离的基础。在气相色谱中,不等速迁移是由各组分,例如 A,B 在固定相和流动相之间的分配平衡不同,即由色谱的热力学因素造成的。在吸附色谱中这可由组分 A,B 在流动相与固定相之间的吸附分配过程来说明(图 12-4)。设在平衡状态时,固定相对 B 组分的吸附能力比对 A 组分强,则 B 组分更倾向于吸附在多孔固定相颗粒

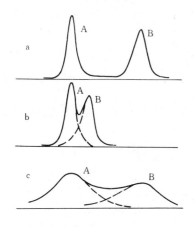

图 12-3　峰分离度与迁移速度差
及扩散的关系

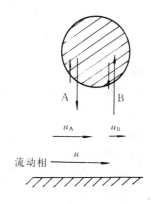

图 12-4　物质在两相间分配与
移动速度的关系

内;反之,A 组分更倾向于存在于流动相中。吸附在固定相中的组分分子是不会随载气向前移动的,因此每种组分 i 流经柱子的速度(u_i)应由该时刻该组分存在于流动相中的摩尔分数所决定。混合试样中那些更倾向于保留在固定相中的组分(例如 B),流过柱子的速度就慢,而那些更倾向于存在于流动相中的组分(例如 A),流过柱子的速度就快($u_A > u_B$)。

色谱分离过程的第二个特征,是任何组分流经色谱柱后都要发生扩散分布,即形成以中心浓度为最高,两边逐渐变稀的分布特征。保留时间越长的组分这种扩散分布越严重。这表明即使是同一组分的分子在柱中的迁移速度亦不同。同一组分分子迁移速度的这种

差异,主要是由于分子运动的路径或所遇阻力的不同所致,即是由色谱的动力学因素所造成。研究这种扩散产生的原因以及减小扩散程度的方法,是色谱动力学研究的重要课题。

§3 物质在气相色谱中的保留作用

一、气相色谱流出曲线及有关术语

在气相色谱中,以检测器响应信号大小为纵坐标,流出时间为横坐标所得的代表组分浓度随时间变化的曲线称为色谱流出曲线(图 12-5)。在一定进样量范围内,各色谱峰近似遵循高斯正态分布。它是色谱定性、定量和评价色谱分离情况的基本依据。

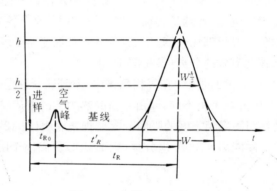

图 12-5 色谱流出曲线

(一) 基线、峰高、峰宽

(1) 基线

当色谱柱只有载气通过时,检测器响应信号的记录称为基线。在实验条件稳定时,基线是一条水平线。

(2) 峰高

色谱峰最高点与基线之间的距离,以 h 表示。

(3) 峰宽

色谱峰宽常有两种表示方法:

1. 半峰宽——峰高一半处的宽度,$W_{\frac{h}{2}}$ 表示。

2. 基线宽度——从峰两边拐点画切线,切线与基线交点之间的距离,以 W 表示。又称基底宽度。

(二) 保留值

保留值表示试样中各组分在色谱柱内保留特性的数值,有下列几种表示方法:

(1) 以时间表示的保留值(图 12-5)

保留时间 t_R——从进样开始到柱后出现浓度极大值所经历的时间,称该组分的保留时间。

死时间 t_{R0}——不与固定相作用的气体(如空气)的保留时间。

调整保留时间 t'_R——扣除死时间后的保留时间,即

$$t'_R = t_R - t_{R0} \tag{12-1}$$

由此可见,组分通过色谱柱所经历的时间,实际可看成是由两部分组成:一部分是由于组分与固定相之间的相互作用使其在柱内滞留所耗费的时间,即 t'_R;另一部分则是由于组分在柱内气相所占空间内前进所耗费的时间。由于空气流经色谱柱时通常不被保留,所以这部分时间可用空气的保留时间,即死时间 t_{R0} 表示。故 t'_R 反映了组分与固定相间相互作用的强弱,与组分性质有关;而 t_{R0} 仅反映了载气从柱一端流至另一端所需的时间,与组分性质无关。所以用 t'_R 作为定性参数比用 t_R 更为合理。

(2) 以载气体积表示的保留值

保留体积 V_R——从进样开始到柱后出现浓度极大值时所流过的载气体积,称该组分的保留体积,单位为 mL。它与保留时间的关系为:

$$V_R = t_R F_0 \tag{12-2}$$

式中 F_0 为柱出口处载气的体积流量(mL/min)。

调整保留体积 V'_R——扣除空气峰的保留体积 V_{R0}(亦称死体积)后的保留体积,即

$$V'_R = V_R - V_{R0} = (t_R - t_{R0})F_0 \tag{12-3}$$

或

$$V'_R = t'_R F_0 \tag{12-4}$$

(3) 相对保留值

相对保留值 $r_{2,1}$ 的定义为组分 2 与组分 1(或标准物)的调整保留时间(或调整保留体积)的比值,是一个无因次量:

$$r_{2,1} = \frac{t'_{R2}}{t'_{R1}} = \frac{V'_{R2}}{V'_{R1}} \tag{12-5}$$

$r_{2,1}$ 称为组分 2 对组分 1 的相对保留值。$r_{2,1}$ 只与柱温和固定相的性质有关,与其它色谱操作条件无关。由于在色谱定性分析中,标准物和待测物的调整保留时间是在相同操作条件下得到的,因而用 $r_{2,1}$ 作为定性依据较 t_R 或 t'_R 等更为合理。

(4) 保留指数

保留指数 I_i 是最广泛使用的定性依据。它具有重现性好(精度可优于 ±0.03 保留指数单位)、标准物统一及温度影响小等优点。手册上可查到近千种物质在不同固定液上的保留指数。

保留指数的概念是由柯瓦(Kovats)于 1958 年提出来的。他选用正构烷烃系列作为标准物质,使待测物质 i 的调整保留时间 t'_{Ri} 恰好落在碳数相邻的两种正构烷烃的调整保留时间之间,如图 12-6 所示,这样待测物质的保留指数定义为:

$$I_i = 100 \times \left[\frac{\lg t'_{Ri} - \lg t'_{Rn}}{\lg t'_{R,n+1} - \lg t'_{Rn}} + n \right] \tag{12-6}$$

式中 I_i 为待测物质 i 在选定的固定相上的保留指数,t'_{Ri}, t'_{Rn} 和 $t'_{R,(n+1)}$ 分别为待测物、含有 n 个和 $(n+1)$ 个碳原子的正构烷烃的调整保留时间。

(三) 分配系数

分配系数 K 是指一定温度、压力下,组分在两相间分配达到平衡时的浓度比:

$$K = \frac{\text{组分在固定相中的浓度}}{\text{组分在流动相中的浓度}} \tag{12-7}$$

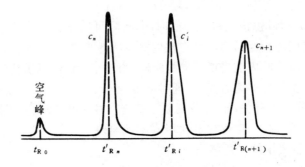

图 12-6 保留指数的测定

(四)容量因子

一定温度、压力下,组分在两相间的分配达到平衡时,分配在固定相中的总量(n_s 摩尔)与分配在流动相中的总量(n_m 摩尔)的比值,称为容量因子 k',

$$k' = \frac{n_s}{n_m} \tag{12-8}$$

分配系数与容量因子之间的关系为:

$$K = k' \frac{V_m}{V_s} \tag{12-9}$$

式中 V_m 和 V_s 分别为色谱柱中流动相和固定相所占体积。

二、物质在气相色谱中的保留作用

气相色谱中,不同组分的分离是基于各组分流经色谱柱的迁移速度不同来实现的。假设载气分子在柱内的平均流速为 u(cm/min),样品组分 i 的谱带中心位置在柱内的平均迁移速度为 u_i(cm/min)。u_i 与组分 i 在气相中的摩尔分数 x_i 及载气流速有关:

$$u_i = x_i u \tag{12-10}$$

此式表明,如果 $x_i=0$,则组分 i 全部滞留在固定相中,$u_i=0$,谱带就不能前移;反之,若 $x_i=1$,即组分 i 全部处于载气中,则它会随载气以相同的速度通过柱子,即 $u_i=u$,所以,通常情况下,$0 \leqslant u_i \leqslant u$。

由式(12-8)可得:

$$k' + 1 = \frac{n_s + n_m}{n_m}$$

故

$$x_i = \frac{n_m}{n_s + n_m} = \frac{1}{1+k'} \tag{12-11}$$

代入式(12-10)得:

$$u_i = \frac{u}{1+k'} \tag{12-12}$$

当组分 i 以速度 u_i 通过长度为 L(cm)的色谱柱时,它在柱中的停留时间亦就是它的保留时间 t_R:

$$t_R = L/u_i \tag{12-13}$$

同理,对于载气分子或空气峰,从柱一端流至另一端的时间即为前述死时间 t_{R0}:
$$t_{R0} = L/u \tag{12-14}$$
由式(12-13)和式(12-14)可得:
$$t_R = ut_{R0}/u_i \tag{12-15}$$
将式(12-12)代入上式,得
$$t_R = t_{R0}(1+k') = t_{R0} + t_{R0}k' \tag{12-16}$$
此式称气相色谱保留方程式。它表明,组分在柱中的保留时间除与柱参数 t_{R0} 有关外,还与该组分的容量因子 k' 有关。它定量的描述了物质在柱上的保留行为与其在两相中的分配行为的关系,是色谱热力学的理论基础。对一定的柱子而言,当样品量较小时,k' 是一个常数。t_{R0} 是由色谱系统决定的,亦是不变的,所以对组分 i 来说,温度和压力一定,t_R 也就是一定的了,这正是色谱定性分析的依据。

由式(12-9)可将气相色谱保留方程式(12-16)写为:
$$t_R = t_{R0}[1 + K(V_s/V_m)] \tag{12-17}$$
该式定量地阐明了组分的保留时间随其在两相间分配系数的增加而增加的关系。

§4 色谱峰的展宽与柱效

气相色谱中要使性质相似的化合物达到有效的分离,除了应选择适当的固定相以使被分离的组分在柱上的保留时间相差较大外,还应使每个色谱峰的宽度尽量窄(参见图12-3)。各组分在流动相和固定相两相间的分配系数差别愈大,则它们在柱内的保留时间相差愈大,色谱峰间距就愈大,实现各组分分离的可能性也愈大。但可能分离的组分实际上能否实现分离还与色谱峰的展宽,即与组分在经过色谱柱以及从进样至检测器之间的柱外空间中的扩散分布有关,其中以在色谱柱中扩散的影响最为重要。因此,在本节将首先简要介绍描述柱效能的指标(塔板数)及相关理论—塔板理论,进而介绍描述影响柱效率、色谱峰展宽的因素的范第姆特(Van Deemter)方程。

一、塔板理论

塔板理论是色谱重要理论之一。它把色谱柱比拟成一个分馏塔,由许多塔板组成,塔板间距离(亦称理论塔板高度)为 H。在每个塔板上,组分在气、液两相间达成一次平衡,经过多次平衡后,分配系数小即挥发度大的组分,先离开分馏塔;分配系数大即挥发度小的组分则后离开分馏塔,从而实现组分间的分离。只要色谱柱相应的塔板数很大,即使分配系数仅有微小差异的组分也能得到很好的分离。显然,对一定的柱长 L 而言,每达成一次分配平衡所需的理论塔板高度 H 愈小,理论塔板数 n 愈大,柱效能就愈高,所以,对一定的柱长 L,可用理论塔板数 n 来描述柱的分离效能:
$$n = \frac{L}{H} \tag{12-18}$$
由塔板理论所导出的 n 的计算式为:
$$n = 5.54\left(\frac{t_R}{W_{h/2}}\right)^2 = 16\left(\frac{t_R}{W}\right)^2 \tag{12-19}$$

由上式可知,组分保留时间愈长,峰形愈窄,理论塔板数就愈大。由于 t_R 中包含了死时间 t_{R0},为消除其影响,提出用有效理论塔板数或有效理论塔板高度来衡量柱效能的高低:

$$n_{\text{有效}} = 5.54\left(\frac{t'_R}{W_{h/2}}\right)^2 = 16\left(\frac{t'_R}{W}\right)^2 \quad (12\text{-}20)$$

$$H_{\text{有效}} = \frac{L}{n_{\text{有效}}} \quad (12\text{-}21)$$

式中,$n_{\text{有效}}$ 为有效理论塔板数;$H_{\text{有效}}$ 为有效理论塔板高度;t'_R 为调整保留时间;$W_{h/2}$ 为半峰宽;W 为基线峰宽。

二、速率理论

塔板理论形象地描述了组分在色谱柱中的分配平衡和分离过程,它在解释色谱流出曲线的形状、浓度极大点的位置以及在计算评价柱效能等方面是成功的。但它不能解释同一色谱柱在不同载气流速下柱效能不同等实验事实。虽然在计算理论塔板的公式中包含了色谱峰宽项,但塔板理论本身不能说明为什么色谱峰会展宽,也未能指出哪些因素影响塔板高度,从而未能指明如何才能减少组分在柱中的扩散和提高柱效的方法,其原因是塔板理论没有考虑到各种动力学因素对色谱柱中传质过程的影响。速率理论在塔板理论的基础上指出,组分在柱中运行的多路径及浓度梯度造成的分子扩散,以及在两相间质量传递不能瞬间实现平衡,是造成色谱峰展宽,使柱效能下降的原因。速率理论可用范第姆特方程描述:

$$H = A + B/u + Cu \quad (12\text{-}22)$$

式中 u 为流动相流速,A、B、C 为与柱性能有关的常数,下面分别讨论各项的物理意义。

(一) 涡流扩散项 A

填充柱中固定相的颗粒大小、形状往往不可能完全相同,填充的均匀性也有差别。组分在流动相载带下流过柱子时,会因碰到填充物颗粒和填充的不均匀性,而不断改变流动的方向和速度,使组分在气相中形成紊乱的类似涡流的流动,如图 12-7 所示。涡流的出现

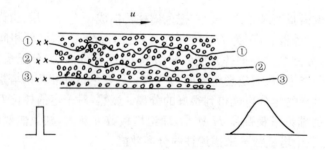

图 12-7 涡流扩散引起谱带的展宽

使同一组分分子在气流中的路径长短不一,因此,同时进入色谱柱的组分到达柱出口所用的时间也不相同,从而导致色谱峰的展宽。以涡流扩散项 A 表示:

$$A = 2\lambda \mathrm{d}p$$

可见 A 项对色谱峰变宽的影响取决于填充物的平均颗粒直径 $\mathrm{d}p$ 和填充的不均匀因子 λ。对于空心毛细管柱,因无填充物,不存在涡流扩散的影响,$A=0$。

(二) 分子扩散项 B/u

由于试样是以"塞子"的形式注入色谱柱,分离后的各组分又是以一个个组分"塞子"的形式存在于色谱柱中,在这些"塞子"的前后存在着浓度梯度,从而使组分产生沿轴向的扩散。这种纵向扩散的大小与组分在色谱柱内的停留时间有关,载气流速 u 愈小,组分停留的时间长,纵向扩散就大,因此,要降低纵向扩散的影响,应加大载气流速。以分子扩散项 B/u 来描述这种影响,其中 B 可用下式计算:

$$b = 2\nu D_g$$

ν 是与组分分子在柱内扩散路径弯曲程度有关的因子,称弯曲因子,填充柱 $\nu<1$。空心毛细管柱 $\nu=1$。D_g 为组分在气相中的分子扩散系数(cm^2/s),它与载气的性质(相对分子质量),组分本身的性质及温度、压力等有关。

(三) 传质阻力项 Cu

传质阻力项包括气相传质阻力和液相传质阻力两部分:

$$Cu = (C_g + C_l)u \tag{12-23}$$

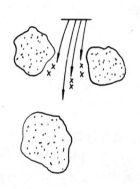

图 12-8 气相传质阻力引起谱带扩展

气相传质阻力是由于组分在色谱柱内前进时,靠近固定相颗粒边缘的组分分子受到的阻力大于流束中央的分子,产生流动速度的差异(如图 12-8 所示),从而引起峰形的扩展。液相传质阻力是由于一部分组分分子渗入到固定液的较深处,在固定液中滞留的时间较长,而另一部分分子渗入较浅,滞留的时间较短,因而前进的速度也不一致。液相传质阻力与固定液涂渍厚度有关,也与组分在液相中的扩散系数有关。

速率理论较好地解释了影响塔板高度的各种因素,对选择合适的色谱操作条件具有指导意义。

三、分离度

分离度的定义为相邻两组分保留时间之差与两组分基线宽度之和的一半的比值,用 R 表示。分离度亦称分辨率。

$$R = \frac{t_{R2} - t_{R1}}{1/2(W_1 + W_2)} = \frac{2(t_{R2} - t_{R1})}{W_1 + W_2} \tag{12-24}$$

式中 t_{R1}、t_{R2}、W_1、W_2 分别为组分 1 和 2 的保留时间和基线宽度。显然,分子项中两组分的保留时间相差愈大,表明两峰相距愈远;分母项愈小,表明两峰愈窄,则分离度 R 愈大,相邻两组分分离愈好。所以,分离度能够比较有效地说明色谱柱的分离效能。一定条件下,当 $R=1.0$ 时,两峰的分离程度可达 98%;$R=1.5$ 时,分离程度可达 99.7%,两组分基本完全分离。

当峰形不对称或两峰有重叠时,基线宽度很难测定,可用半峰宽代替基线宽度表示分离度:

$$R = \frac{1.18(t_{R2} - t_{R1})}{W_{\frac{h}{2}(1)} + W_{\frac{h}{2}(2)}} \tag{12-25}$$

四、柱效能、相对保留值和分离度之间的关系

如前所述,柱效能的高低可用色谱柱的有效理论塔板数 $n_{有效}$ 来表示,但 $n_{有效}$ 愈大,仅表示组分在柱内实现分配平衡的次数愈多,色谱峰愈窄,对分离有利,它并不能表示被分离组分间实际分离的效果。如果两组分在同一色谱柱上的分配系数相同,则无论该色谱柱能提供多大的 $n_{有效}$,亦不能实现两者的分离,因此,对实际的色谱分离问题,需要结合柱效 $n_{有效}$、相对保留值(分离组分间分配系数的差异)和对实际分离的效果(分离度 R)的要求来考虑。例如,欲分离组分 1 和组分 2,由式(12-5)得组分 2 对组分 1 的相对保留值为:

$$r_{2,1} = \frac{t'_{R2}}{t'_{R1}}$$

设此相邻两组分的峰宽相等,即 $W_1 = W_2$,则由分离度公式(12-24)可得:

$$R = \frac{2(t'_{R2} - t'_{R1})}{W_1 + W_2} = \frac{t'_{R2} - t'_{R1}}{W}$$

即

$$W = \frac{t'_{R2} - t'_{R1}}{R} \tag{12-26}$$

将上式代入式(12-20),可得

$$n_{有效} = 16R^2 \left(\frac{r_{2,1}}{r_{2,1} - 1} \right)^2 \tag{12-27}$$

上式将 $n_{有效}$,$r_{2,1}$ 和 R 联系起来了,知道其中的两个参数,就可计算出第三个参数。

例 1 若在某种 1m 长的填充柱上分离组分 1 和组分 2,得到如图 12-9 所示的色谱图,求该柱的有效塔板数和两组分间的分离度。若欲使两组分基本完全分离($R=1.5$),应将该色谱柱加到多长?

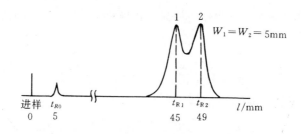

图 12-9 组分 1 和组分 2 的色谱图

解 由于记录笔的走纸距离与两种组分的保留时间相当,因此

$$r_{2,1} = \frac{t'_{R2}}{t'_{R1}} = \frac{49 - 5}{45 - 5} = 1.1$$

所以该柱的有效塔板数为：

$$n_{有效} = 16\left(\frac{t'_{R2}}{W}\right) = 16 \times \left(\frac{49-5}{5}\right)^2 = 1239$$

两组分的分离度：

$$R = \frac{t_{R2} - t_{R1}}{W} = \frac{49-45}{5} = 0.8$$

若欲使两组分的分离度 $R=1.5$，则需要的有效塔板数可由式(12-27)计算：

$$\begin{aligned}n_{需} &= 16R^2\left(\frac{r_{2,1}}{r_{2,1}-1}\right)^2\\&= 16 \times 1.5^2 \times \left(\frac{1.1}{0.1}\right)^2 = 4356\end{aligned}$$

所需的柱长：

$$L_{需} = 4356/1239 \times 1\text{m} = 3.52\text{m}$$

表 12-2 给出不同分离度时所需有效理论塔板数与相对保留值 $r_{2,1}$ 的关系。由于一般填充柱的 $H_{有效} \approx 0.1\text{cm}$，所以可根据所需 $n_{有效}$ 粗略估计所需柱长。

表 12-2 不同分离度 R 时所需有效理论塔板数 $n_{有效}$ 与相对保留值 $r_{2,1}$ 的关系

$r_{2,1}$	$n_{有效}$		
	$R=1$	$R=1.5$	$R=2$
1.01	16×10^4	36×10^4	64×10^4
1.05	6944	15625	27777
1.10	1932	4347	7728
1.15	932	2098	3729
1.2	574	1291	2294
1.3	299	675	1199

§5 气相色谱固定相

欲利用色谱将两组分完全分开，首先要两组分的保留时间相差较大，其次是两组分的色谱峰要尽可能地窄。前者主要决定于色谱柱的选择，即色谱固定相的选择是否得当；后者则主要决取于色谱操作条件的好坏。

一、气固色谱固定相

气固色谱属于吸附色谱，其分离原理是基于固体吸附剂对试样中各组分吸附能力的差异。气固色谱固定相的种类不多，主要有：强极性的(氢键型)硅胶、强极性分子筛、中极性的氧化铝以及非极性的活性炭等。近年来又研制出高分子多孔小球(GDX)及碳多孔小球(TDX)等新型吸附剂。其应用范围参见表 12-3。

吸附色谱固定相都是具有较大比表面的多孔物质，在保存中较易吸附水分而失去活

性,使用前需在适当条件下进行活化处理。

气固色谱主要用于惰性气体和 H_2,O_2,N_2,CO,CO_2,CH_4 等一般气体,以及低沸点有机物的分析。

表 12-3 气固色谱常用固定相及其性能

固定相	化学组成	比表面/m^2/g	极性	最高使用温度/℃	分析对象
活性炭	C	800-1000	非极性	200	惰性气体,N_2,CO_2,CH_4 及 C_2H_2,C_2H_4,C_2H_6 等
硅胶	$SiO_2 \cdot xH_2O$	800-900	氢键型	400	一般气体,C_1-C_4 烷烃,N_2O,SO_2,H_2S,COS,SF_6,CF_2Cl_2 等
氧化铝	Al_2O_3	200	中极性	400	氢同位素及异构体,C_1-C_4 烷烃,C_{60} 与 C_{70} 等分离
分子筛 A B	$Na_2O \cdot CaO \cdot Al_2O_3 \cdot 2SiO_2$ $Na_2O \cdot Al_2O_3 \cdot 3SiO_2$	700-800	强极性	400	惰性气体,H_2,O_2,N_2,CH_4,CO 及 N_2O,NO 等
GDX-101 GDX-104	乙基苯乙烯/二乙烯苯共聚物	330-680	非极性	270	有机或无机物中微量水分,CO,CO_2,CH_4,H_2S,SO_2,NH_3,NO_2 等,低级醇
GDX-203	乙基苯乙烯/二乙烯苯共聚物	800	非极性	270	气体、水分分析保留时间短,还可分析乙酸-苯-乙酸酐
GDX-301	三氯乙烯/二乙烯苯共聚物	460	弱极性	250	乙炔-HCl
GDX-401	乙烯吡咯烷酮/二乙烯苯共聚物	370	中极性	250	含氧化合物中微量水,氯化氢及硫化氢中微量水
GDX-501	丙烯腈/二乙烯苯共聚物	80	中强极性	270	C_4 烃异构体
GDX-601	含强极性基团的二乙烯苯共聚物		强极性	200	对苯和环己烷全分离
TDX	碳多孔小球	800-1000	非极性	400	石油产品中微量水,永久气体,C_1-C_3 烷烃等

高分子多孔小球是一类新型合成高分子固定相。它是在致孔剂存在下由二乙烯苯与不同极性的单体共聚制得的球型多孔微粒,由于其孔径、比表面积和极性等参数可以通过选择不同的合成条件而加以控制,因而可适用于不同的分离目的。国内产品有 GDX 系列,国外产品有 Porapak 系列,Chromosorb 系列等。这种吸附剂的特点是水峰在大多数有机化合物前流出,峰形尖锐、对称,适合于测定烷烃、芳烃、醇、羧酸、酯、醛、酮、腈、卤化物,以及含氧、含硫、含氮化合物,永久性气体,特别是聚合物或生物试样中痕量水分。

碳多孔小球(TDX)也是新发展的一种非极性固定相。它是由聚偏氯乙烯经高温裂解制成的一种多孔、比表面积较大的黑色吸附剂。比表面积达 $800m^2/g$,平均孔径为 2nm,使用温度可达 400℃。TDX 在稀有气体、永久气体、低碳烃类分析及微量水分的分析方面具有良好的性能。例如,在2m长的TDX柱上就可将Ne,O_2,N_2,CO,CH_4,Kr分开。TDX还具有耐高温、耐腐蚀、耐辐照的优点,可用于SO_2,HCl等腐蚀性气体的分析。

二、气液色谱固定相

气液色谱固定相是将某些高沸点液体(固定液)涂渍在惰性的多孔支持体(担体或载体)上而成。在气液色谱分离过程中,虽然固定液呈液体状态但都是固定不流动的。色谱分离的选择性主要依赖于固定液的结构与性能。

(一)担体

担体的作用是提供一个具有较大表面积的惰性表面。要求担体比表面大,化学稳定性及热稳定性好,粒度均匀,有一定的机械强度。常用的担体有硅藻土型和非硅藻土型(参见表12-4)。硅藻土担体因其制法不同又分为红色担体、白色担体两类。无论是红色担体还是白色担体,都不可能是理想的惰性物质。例如,由于在担体表面含有硅醇基 $\left[-\underset{|}{\overset{|}{Si}}-OH\right]$ 及少量金属氧化物等活性作用中心,这些活性中心具有一定的吸附能力,使它们在涂渍极性固定液时,容易分布不均匀;在分离极性试样时,由于这些活性中心的作用,引起峰拖尾和不对称,或使保留时间增加,降低分离效率。因此,在分析极性、氢键型或酸、碱性试样时,常常需要对担体进行预处理以改善分析性能。

表 12-4 气相色谱常用的某些担体

担体类型	名　　称	适用范围	国外相应型号
红色硅藻土担体	6201担体 201担体	分析非极性或弱极性组分	C-22 Chromosorb P
	301担体 釉化抽体	分析中等极性组分	Chezasorb Gas Chrom R
白色硅藻土担体	101白色担体 102白色担体	分析极性或碱性组分	Celite 545 Gas-Chrom(A,P,Q,S,Z)
	101硅烷化白色担体 102硅烷化白色担体	分析高沸点氢键型组分	Chromosorb(A,G,W)
非硅藻土担体	聚四氟乙烯担体 聚三氟氯乙烯担体	分析强极性组分腐蚀性物质	Teflon-6 Daiflon

担体的处理有酸洗、碱洗、硅烷化及涂减尾剂等方法。例如用6mol/L HCl加热浸泡担体20—30min,然后用水洗至中性,140℃烘干,可除去表面铁和其它金属的氧化物等杂质。酸洗担体适合于分析酸性物质或酯类。若用5%—10%氢氧化钠-甲醇溶液浸泡或回流担体,再用水或甲醇洗至中性,可除去表面的酸性作用点。碱洗担体主要用于分析胺类等碱性组分。但酸洗或碱洗又会带来某些负作用,例如增加担体的催化活性,促使某些固

定液在使用或保存时分解等。硅烷化是消除担体表面活性的最有效的方法之一。它是利用担体表面的硅醇基与硅烷化试剂反应生成硅醚,消除氢键的作用,从而使极性表面变成非极性表面。常用硅烷化试剂有二甲基二氯硅烷(DMCS)或六甲基二硅胺烷(HMDS),其反应如下：

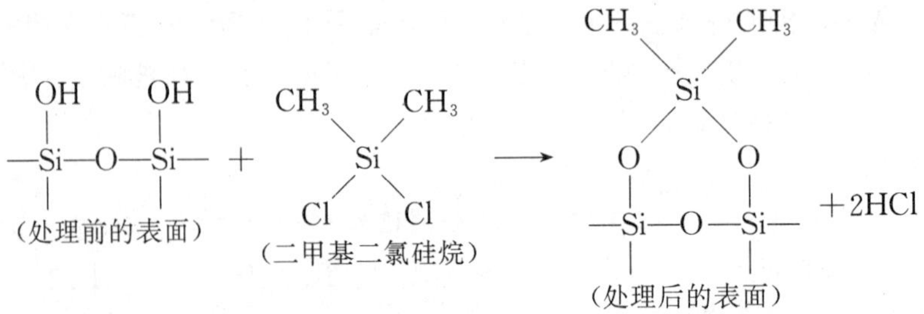

$$\text{(处理前的表面)} + \text{(二甲基二氯硅烷)} \longrightarrow \text{(处理后的表面)} + 2HCl$$

(二) 固定液

1. 对固定液的要求

固定液是高沸点的有机物。理想的固定液应满足如下要求：

(1) 在使用温度下为液体,蒸汽压低。若固定液在柱工作温度下蒸汽压过高,会因随载气的不断流动而流失,改变柱性能,也会造成检测器的污染或增加噪声。通常要求固定液的沸点高于柱工作温度200℃左右。例如角鲨烷固定液的沸点375℃,其柱的最高使用温度仅为150℃。

(2) 热稳定性、化学稳定性好。在柱工作温度下,固定液不会热分解,且不与担体、载气和待测物质发生任何化学反应。

(3) 对试样各组分有适当的溶解能力。试样中各组分的分离,取决于它们在固定液中的溶解度及其差异,即它们在气、液两相中分配系数K的大小及其差异。若K值太小,组分很快流出色谱柱达不到有效分离;K值太大,分离虽然好,但保留时间太长,甚至不能流出柱子,因此,所选固定液应使各组分的K值均处于最佳范围,且难分离组分间的K值又有足够差异。

(4) 低粘度。固定液不仅能在担体表面形成均匀的液膜,而且能使组分在柱中气、液两相间的反复分配转移分离过程中有低的传质阻力,以得到高的柱效率。某些固定液,如阿匹松油膏,在常温下粘度大,只有在较高温度下才能得到较高的柱效。

2. 固定液的分类及选择

气液色谱基于各组分在固定液中有不同的溶解度,即分配系数的不同而得到分离。色谱条件下分配系数的不同又主要决定于组分分子与固定液分子之间相互作用力的大小。这些作用力包括分子间定向力、诱导力、色散力和氢键力。氢键力虽不属于范德华力范畴,但在气相色谱中亦有重要意义。组分与固定液之间作用力的大小与固定液的极性密切相关。因此,常基于固定液的相对极性大小来进行分类和表征其分离特性。

相对极性是基于规定强极性的β,β'-氧二丙腈的相对极性$P=100$,非极性的角鲨烷的相对极性$P=0$,其它固定液的相对极性以此为标准进行测定,并根据其相对极性的大小分为六级,极性为0的固定液为-1级,其后每20个单位为一级。如OV-1(甲基硅橡胶)的相对极性为13,级别为$+1$;PEG-20M(聚乙二醇-20M)的相对极性为68,级别为

+4。按相对极性的大小,常将固定液分类为非极性固定液(-1,+1级),弱-中等极性固定液(+2—+3级),强极性固定液(+4—+5级),氢键型固定液和具有特殊保留作用的固定液等五大类。

固定液的选择尚无严格的规律可循,通常依靠操作者的经验和参考有关文献资料选择。如果是分离已知组成的试样,首先要确定难分离的物质对,再根据"相似相溶"规律来选择固定液,通常能得到比较满意的结果,即所选固定液与组分的化学结构相似,极性相似,则其分子间作用力就强,选择性就高。非极性组分一般选用非极性固定液,此时,组分与固定液分子间作用力主要是色散力,没有特殊的选择性,各组分按沸点次序先后流出;分离强极性组分选用强极性固定液,在这种情况下,分子间作用力主要是定向力,各组分按极性大小顺序流出,极性小的先出峰,若欲分离非极性和极性的或易被极化的混合组分,一般选用极性固定液,此时非极性的组分先出峰,极性的或易被极化的组分后出峰;若欲分离能形成氢键的组分,如胺类、醇类和水的分离,宜采用氢键型的或极性的固定液,此时,不易与固定液形成氢键的组分先流出,最易与固定液形成氢键的组分最后流出。对于较复杂、难分离的试样,常需要采用特殊的固定液,或者混合固定液才能实现有效的分离。

由于相对极性的测定是基于事先选择两个组分,然后分别测定它们在两个标准极性固定液(β,β'-氧二丙腈和角鲨烷)和待测固定液柱上的保留时间后通过计算求得的,其结果与所选择的两个组分的性质密切相关。而这两种组分实际上无法充分代表种类繁多、性质千差万别的色谱分离对象。因此,在相对极性分类法的基础上,近些年又提出采用麦克雷诺常数进行固定液的相对极性表征和分类法。

麦克雷诺常数法不是选择一对组分,而是在众多色谱分离对象中选择能广泛代表各种化合物性质的五个代表性组分,然后在一定条件下分别测定它们在待测固定液和标准固定液柱上的保留指数,每种组分在待测固定液柱上的保留指数 I_p 与其在标准固定液角鲨烷柱上的保留指数 I_s 之差除以 100,即 $(I_p-I_s)/100$,称为该组分表征的待测固定液的一个麦克雷诺常数。共有五种代表组分,所以对每种固定液共有五个麦克雷诺常数,五个麦氏常数之和用以表征该固定液的相对极性大小,其值越大,表示该固定液的相对极性越大,适合于分离强极性化合物。反之,角鲨烷的五个麦氏常数均为0,其和亦为0,是所有固定液中极性最小的,通常用来分离非极性化合物。

麦克雷诺常数测定中所选择的五个代表组分是苯、丁醇、2-戊醇、硝基丙烷和吡啶。它们分别代表电子给予体、质子给予体、定向偶极体、电子接受体和质子接受体一类物质。由于麦氏常数更科学、全面地反映了固定液相对极性的大小,已成为表征固定液分离特性的重要指标。目前,从有关气相色谱手册中已能查到数百种固定液的麦氏常数值。

表12-5给出了推荐的12种分离效果好、热稳定性高、使用温度范围宽的固定液。它们在很广的极性范围内代表了不同极性的固定液。用这些固定液可解决大部分分析问题。

表 12-5 优选的 12 种固定液和它们的麦克雷诺常数

序号	名称及代号	麦克雷诺常数					
		1	2	3	4	5	Σ
1	角鲨烷	0	0	0	0	0	0
2	甲基硅酮(SE-30)	15	53	44	64	41	217
3	苯基甲基硅酮(OV-3)	44	86	81	124	88	423
4	苯基甲基硅酮(OV-7)	69	113	111	171	128	529
5	苯基甲基硅酮(DC-710)	107	149	153	228	190	827
6	苯基甲基硅酮(OV-22)	160	188	191	283	253	1075
7	氟烷基硅酮(QF-1)	144	233	355	463	305	1500
8	氰烷基硅酮(XE-60)	204	381	340	493	367	1785
9	聚乙二醇-20M	322	536	368	572	510	2308
10	二乙二醇己二酸酯(DEGA)	378	603	460	665	658	2764
11	二乙二醇丁二酸酯(DEGS)	492	733	581	833	791	3430
12	四氰乙氧基季戊四醇(TCEP)	593	857	752	1028	915	4145

§6 气相色谱操作条件的选择

混合试样色谱分离的实际效果,同时取决于色谱热力学因素(组分间的分配系数差异)和动力学因素(柱效的高低)。前者主要决定于固定相的选择,后者则主要决定于色谱操作条件的选择。因此,在选择了合适的固定相之后,色谱操作条件的选择就成为试样中各组分,特别是难分离相邻组分能否实现定量分离的关键。

(一) 载气种类和流速的选择

从范第姆特方程式(12-22)可知,塔板高度 H 由三项加合而成,载气流速的影响各不相同(参见图12-10)。A 项与流速无关,为一水平线,纵向扩散项 B/u 为一双曲线,而传质阻力项 Cu 为经过原点的直线,三者之和即为塔板高度 H 与载气流速 u 的关系。从图可

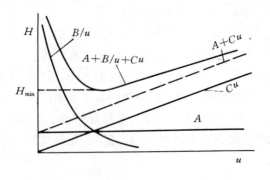

图 12-10 塔板高度 H 与载气流速 u 的关系

知,当流速较低时,B/u 项成为影响塔板高度,即影响柱效的主要因素,随着 u 的增大,柱效明显增高。但当载气流速超过一定值后,Cu 项成为影响塔板高度的主要因素,随 u 增大,塔板高度增大,柱效下降。在 $u=(B/C)^{1/2}$ 时,H 有一最小值,柱效最高。此时的流速称为最佳载气流速。为使在较短时间内得到较好的分离效果,通常选择稍高于最佳流速的载气流速。

由于载气流速大时,传质项对柱效的影响是主要的,所以此时宜选相对分子质量小,扩散系数大的气体如 H_2,He 等作载气;反之当载气流速小时,由于影响柱效的主要因素是分子扩散项,所以宜选择相对分子质量大,扩散系数小的气体如 N_2,Ar 等作载气。另外,载气的选择还应考虑所选检测器的要求。

(二)柱温的选择

在柱温不能超过固定液最高使用温度的前提下,柱温的选择是个非常重要的操作条件。提高柱温可提高传质速率,提高柱效;另一方面柱温过高又会使组分间保留时间的差值减小,分离度变小,但是柱温过低会使分析时间增长。通常,为在较短的时间内获得较好的分离效果,宜采用较低的柱温,但同时减少固定液的用量和适当增加载气的流速。表 12-6 列出了分离各类组分的参考柱温和固定液配比。对宽沸程的多组分混合物,最好采用程序升温法。

表 12-6　柱温与固定液配比参考值

混合物沸点/℃	固定液参考含量的百分数	参考柱温/℃
300—400	<3	200—250
200—300	5—10	150—200
100—200	10—15	80—150
气体	15—25	<50

(三)汽化温度

汽化温度应以能使试样迅速汽化而又不产生分解为准,通常比柱温高 20—70℃。

(四)柱长及柱内径

增加柱长会提高柱效增大分离度,但分析时间增长。因此,应在满足一定分离度的条件下尽可能用短的柱子(参见表 12-2)。柱内径小,柱效能高,填充柱的内径一般选 3—6mm。

§7　气相色谱检测器

混合试样经色谱柱分离后各组分按时间顺序流出,只有将各组分的浓度转变成电信号,及时记录下来,才能进行定性及定量分析。这种转换是由色谱检测器来完成的。由于气相色谱流出组分存在于连续流动的载气中,它只是瞬间流过检测器,而且量常常很低,这就要求检测器响应速度快、灵敏度高、线性范围宽。

根据测定原理的不同,气相色谱检测器可分为质量型检测器和浓度型检测器两类。

质量型检测器的响应值仅与单位时间进入检测器的组分质量成正比,而与载气的量无关。属于质量型检测器的有氢火焰离子化检测器、火焰光度检测器等。浓度型检测器的响应值和组分在载气中的浓度成正比。它的特点是对组分和载气均有响应。属于浓度型检测器的有热导检测器、电子捕获检测器等。

一、检测器的响应值

一定量的物质通过检测器时所给出的信号大小,称为检测器对该物质的响应值,也称灵敏度,用 S 表示。

(一) 质量型检测器的响应值 S_m

$$S_m = \frac{\Delta E}{\left(\frac{\Delta m}{\Delta t}\right)} \tag{12-28}$$

式中 $\Delta m/\Delta t$ 是单位时间内进入检测器的组分质量,又称为质量流量 F_s; ΔE 为响应值的增量。对多数检测器,在一定流速范围内, E 与 F_s 呈线性关系,所以上式可简化为:

$$S_m = \frac{E}{F_s} \tag{12-29}$$

式中 E 的单位为 mV, F_s 的单位为 mg/s,所以 S_m 的单位为 mV·s/mg。S_m 的物理意义是当每秒钟 1mg 组分通过检测器时记录仪上得到的电压值。

(二) 浓度型检测器的响应值 S_c

$$S_c = \frac{\Delta E}{\Delta c} \tag{12-30}$$

式中 Δc 为检测器内组分在载气中的浓度增量, ΔE 为响应值的相应变化。实验证明,典型的浓度型检测器在一定浓度范围内,响应值与组分在载气中的浓度 c 呈线性关系,所以上式可简化为:

$$S_c = \frac{E}{c} \tag{12-31}$$

二、检测限

检测器的好坏不仅取决于响应值(灵敏度),还与检测器的噪声水平有关。检测限就是考虑到噪声影响而规定的一项指标。当产生的信号大小为二倍噪声时,通过检测器的物质的量(或浓度),称为检测限 D。其数学表达式为

$$D = \frac{2R_N}{S} \tag{12-32}$$

式中 R_N 为噪声, S 为检测器的响应值(浓度型检测器为 S_c,质量型检测器为 S_m)。

三、热导检测器

热导检测器(TCD)是气相色谱仪最广泛使用的一种通用型检测器。其特点是结构简单,稳定性好,线性范围宽,灵敏度适中,不需要另外增加气体或其它装置且操作简单。

热导检测器由热导池池体和热敏元件组成。热敏元件是电阻值完全相同的金属丝(钨

丝、铂丝或铼钨合金丝),把它们作为两个(或四个)臂接入惠斯顿电桥中,由恒定电流加热。热导池池体由不锈钢或铜块制成。参见图 12-11。

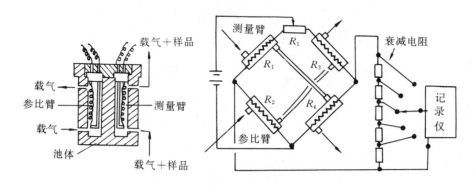

图 12-11　热导检测器结构及工作原理示意

如果热导池中只有载气流从两臂通过,载气从两个热敏元件带走的热量相同,两个热敏元件的温度变化相同,其电阻值变化也相同,电桥处于平衡状态,电路输出为零,记录器记录得到的是基线。如果有分离组分随载气通过测量臂,而参比臂仍为载气流时,由于组分气和载气的导热系数不同,两臂被带走的热量不同,热敏元件的温度和阻值的变化也就不同,从而电桥失去平衡,记录器上就有信号记录,且信号大小随组分在载气中浓度不同而变化。当该组分完全流出热导池后,两臂通入都是纯载气时,电桥又恢复到平衡,记录仪又恢复到基线。

热导检测器的灵敏度与许多因素有关,例如热丝材料、热丝电阻、电桥加热电流、载气种类及流量等。首先要求作为热敏元件的热丝有较高的电阻值和较高的电阻温度系数,且熔点高,耐氧化。目前最好的热丝材料是铼-钨合金丝。通常,热丝工作电流增加一倍可使灵敏度提高 3—7 倍,但热丝电流过大会造成基线不稳和缩短热丝寿命,适宜的工作电流选择与热丝材料和载气有关。以氢气作载气时,由于其热导系数高,又可选择较高的桥电流,所以其灵敏度比用氮气作载气时高,线性范围也宽得多。

四、氢火焰离子化检测器

氢火焰离子化检测器(FID),简称氢焰检测器,也是目前应用广泛的一种较理想的检测器。它的主要优点是:对大多数有机物有很高的灵敏度,一般较热导检测器灵敏度高 10^2—10^4 倍,能检测低至 10^{-9} g/g 级的痕量有机物;响应速度快;线性范围宽;死体积小;对载气流波动及温度波动不敏感;操作稳定等,特别是与毛细管柱相配合进行快速、痕量分析更具优越性。缺点是:对永久性气体以及如 CO,CO_2,H_2S,H_2O,NH_3,CH_2O,$HCOOH$,HCN,SiF_4,CCl_4 等无响应,因而不能检测这些物质;需配备燃气(氢气)和助燃气(压缩空气)使设备复杂化;同时对燃气、助燃气及载气的纯度均有较高的要求。

(一)氢火焰离子化检测器的结构和工作原理

氢火焰离子化检测器的结构如图 12-12 所示。左半部为离子化室,其中金属小环为负极,称为极化极(或发射极),加电压与收集极(正极)形成一个电场。当仅通入氢气与空气

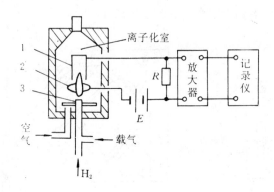

图 12-12 氢火焰离子化检测器示意
1——收集极；2——极化极；3——火焰喷嘴

燃烧时，由于形成的离子很少，两电极间因离子定向运动而形成的电流极微，约 10^{-14}—10^{-12}A，其大小与载气、燃气的纯度有关，形成基线。当有某种有机物随载气进入火焰中时，一部分发生电离，例如，

$$C_nH_m \longrightarrow nCH \cdot （自由基）$$

$$CH \cdot + O_2 \longrightarrow CHO^+ + e（电子）$$

$$CHO^+ + H_2O \longrightarrow CO + H_3O^+$$

在高温时烃类有机物裂解生成短寿命的自由基，这些自由基被处于激发态的氧氧化生成 CHO^+，或者相互碰撞产生正离子及电子。CHO^+ 与火焰中大量水蒸气碰撞生成 H_3O^+。这种电离过程产生的正离子，主要是 H_3O^+，还有 CHO^+，CH_3^+ 等，以及电子或某些负离子如 OH^- 等，在外电场作用下，它们分别流向极化极或收集极，形成约 10^{-6}—10^{-12}A 的微电流，其大小与有机物的质量成正比。此微电流经高电阻（10^7—$10^{10}\Omega$），产生 mV 级电压信号，经放大器放大后输入记录器。

（二）影响氢焰检测器灵敏度的因素

有机物在氢焰中离子化效率很低，一般为 0.01%—0.05%，离子的复合过程会使效率更低。为了使检测器获得较高灵敏度，较低的噪声和较宽的线性范围，需要配置优质的放大器。离子化室的结构对离子化效率和收集效率均有重要影响。收集极以圆筒形较好，离喷嘴不要太远，以便更多地收集已生成的离子。下方极化电极为一小环环绕喷嘴以避免热离子发射。此外应尽量避免正、负离子在离子化室中的复合，以及离子损失到系统的其它部分或漏到室外。

操作条件对离子化效率也有一定影响。极化电压低，电流信号小；当极化电压超过一定值后，再增大电压，则对电流影响不大，一般选用 150—250V。另外，若氢气流速选择比较合理，则电流信号基本不受氢气和载气流速变化的影响。空气流速低时，电流信号随空气流速的增加而增大，但空气流速达到一定值后，对信号电流的影响就不大了，一般流速比为 H_2：空气=1：10—20。

§8 气相色谱定性与定量分析

一、气相色谱定性分析

气相色谱是一种高效、快速的分离分析技术,它可以在很短时间内分离多至数十种甚至上百种极其复杂的混合物,这是其它方法所不能比拟的。气相色谱定性分析的目的是确定试样的组成,即确定每个色谱峰所代表的物质。色谱分离的对象多为有机物,有机物不仅数量品种繁多,而且常常具有复杂的空间结构或性质相似的异构体,所以气相色谱定性是一种既重要又困难的工作。由于色谱法定性分析的主要依据是各个组分的保留值,如果没有已知纯物质,单靠色谱法是很难对未知物进行定性鉴定的,或者说只能在一定程度上给出定性结果。一个完全未知的样品的鉴定,通常需要与其它分析方法相配合,或者采用色谱-质谱联用、色谱-红外光谱联用技术才可能得到准确可靠的结果。下面介绍几种常用的定性方法。

(一)利用已知纯物质对照进行定性分析

在一定的色谱条件下,一种物质只有一个确切的保留值,与是否存在其它组分无关。因此,将纯物质在相同色谱条件下的保留值,如保留时间,与未知物的保留时间进行比较,如果两者的保留时间相同,则未知物就可能是该纯物质。由于在一定色谱条件下,可能会有不止一种物质具有相同的保留值,因此还需通过改变温度,改变不同极性的分离柱等重复试验和比较判断,才能得到可靠的结果。这是一种比较简单和比较常用的定性方法。

(二)利用文献保留数据进行定性分析

对一些复杂物质,难以找到标准纯物质,或者难以估计未知组分是何种物质时,可以考虑利用文献保留值进行定性,即利用已知物的文献保留值与未知组分的保留值进行比较。可以利用相对保留值,保留指数等。利用文献保留值数据进行定性分析的关键,是解决保留值的通用性及不同实验室测定值的重现性和精度。由于保留指数仅与柱温、固定液性质有关,而与其它色谱操作条件无关,不同实验室测得的数据重现性好,误差可达0.02%以下,测定精度高,可在±0.03保留指数单位范围。因此,利用保留指数定性是一种较好的普遍被采用的方法。各种物质在不同固定液上的保留指数可由文献[①]查得。当然,在利用文献保留指数值定性时,首先得保证自身保留指数测定值的准确可靠,才能得到正确的结果。有时,为检验和保证保留指数测定值的可靠性,可用已知物在所用柱上进行测定,并将测定值与文献值进行比较,必要时进行误差校正。

(三)利用保留值与分子结构的关系进行定性推断

1. 碳数规律

经大量实验结果总结发现,有机同系物保留值的对数与分子中碳原子数呈线性关系,可用下式表示:

---

① 可从下列文献查得各种物质的保留指数
[1] 吉化公司研究院物化室色谱组编,《气相色谱实用手册》,化学工业出版社,1990年第二版。
[2] Gunter Zweig and Joseph Sherma,CRC Handbook of Chromatography,CRC press,1977.

$$\lg V_R' = An + C \tag{12-33}$$

式中 V_R' 为调整保留体积，n 为同系物分子中碳原子数，A,C 为与固定液和被分离物质分子结构有关的常数。该式在 $n=1,2$ 时可能有偏差。图 12-13 是以邻苯二甲酸二癸酯作固定液，柱温 100℃时，某些同系物的调整保留体积与碳原子数的关系。需要指出的是，碳数规律只适用于同系物，即具有相同碳键结构和官能团，分子中仅相差若干个—CH_2 基团的物质。

2. 沸点规律

同系物的调整保留值与相应组分的沸点成线性关系。参见图 12-14。

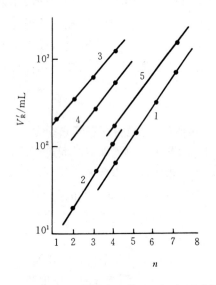

图 12-13　调整保留体积 V_R' 与同系物中
碳原子数 n 的关系
（固定液：邻苯二甲酸二癸酯；柱温：100℃）
1——正构烷烃；2——炔烃；3——正构醇；
4——醛；5——醚

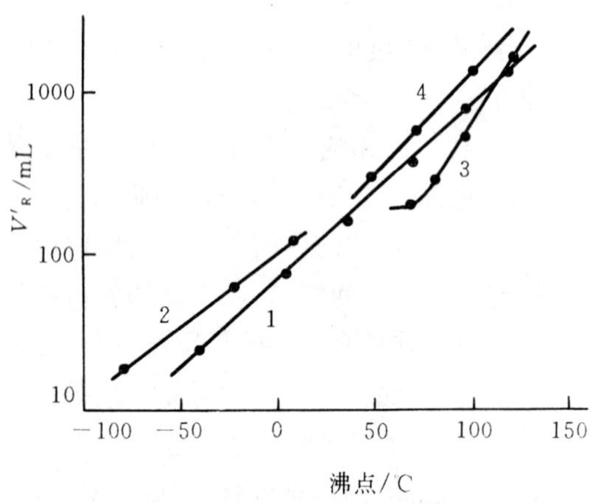

图 12-14　V_R' 与同系物中相应组分沸点的关系
（固定液：邻苯二甲酸二癸酯；柱温：100℃）
1——正构烷烃；2——炔烃；3——正构醇；4——醛；

（四）结合柱前柱后的化学反应进行定性

1. 预处理反应法

用一些特殊的试剂事先与试样反应，使试样中带有某种官能团的组分的色谱峰消失、提前或移后。比较处理前、后色谱图的差异，结合所涉及的反应，可帮助鉴别某种类型的化合物是否存在。例如，用硼酸处理饱和伯醇和仲醇，可将其除去而不再出峰；由邻联（二）茴香胺处理试样，可除去其中醛；用联苯胺处理试样可除去醛和多数酮。因此，若某一试样在一定色谱条件下，原得到图 12-15(a) 的 1,2,3 三个峰，而当另取三份试样分别经硼酸、邻联（二）茴香胺和联苯胺处理后再进样，分别得到图 12-15 中 (b)，(c)，(d) 的色谱图，则可推断各峰可能是下列化合物：1 峰是醛，2 峰是酮，3 峰是醇。

2. 收集柱后馏分进行化学鉴定

柱分离后，在柱后分别收集各个馏分，然后用各种试剂进行分类鉴定。

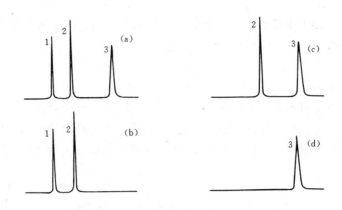

图 12-15　预处理法鉴定未知物
(a) 未作处理进样；(b) 试样经硼酸处理；
(c) 试样经邻联(二)茴香胺处理；(d) 试样经联苯胺处理

(五) 联用技术

色谱-质谱，色谱-红外光谱联用技术将色谱的强分离能力和质谱、红外吸收光谱的强鉴别能力有机地结合起来，已成为剖析未知物的强有力的工具。未知物经色谱分离后，质谱可以很快地给出未知组分的相对分子质量和电离碎片，提供是否含某些元素或基团的信息。红外光谱也可很快得到未知组分所含各类基团的信息，对结构鉴定提供可靠的论证。只是由于这些联用仪器价格昂贵，目前应用尚不普遍。

二、气相色谱定量分析

在一定的色谱条件下，流入检测器的待测组分 i 的质量 m_i 与检测器对应的响应信号（例如色谱图上的峰面积 A_i 或峰高度 h_i）成正比：

$$m_i = f_i A_i \tag{12-34}$$

$$m_i = f_{hi} h_i \tag{12-35}$$

此两式即是色谱定量分析的理论依据。式中 f_i 或 f_{hi} 称为面积校正因子或峰高校正因子。因此，要进行定量分析，必须要测定峰面积或峰高度和其对应的校正因子。下面仅介绍应用较普遍的峰面积定量法。

(一) 峰面积的测量

1. 简易测量法

对于对称峰，用下式计算峰面积 A：

$$A = 1.065 \times h \times W_{h/2} \tag{12-36}$$

式中 h 为峰高，$W_{h/2}$ 为半峰宽。

对于不对称峰，峰面积用下式计算：

$$A = h \times \frac{1}{2}(W_{0.15} + W_{0.85}) \tag{12-37}$$

式中 $W_{0.15}$，$W_{0.85}$ 分别为峰高的 0.15 和 0.85 处的峰宽。

2. 自动积分器法

目前气相色谱仪大多带有自动积分器,可以准确、自动的测量各类峰形的峰面积,并自动打印出各个峰的保留时间和峰面积等数据。

(二) 校正因子

1. 绝对校正因子

由于同一检测器对不同的物质具有不同的响应值,所以即便对两种等量的物质,得到的峰面积不一定相等。为使峰面积能够准确地反映待测组分的含量,就必须事先用已知量的待测组分测定在所用色谱条件下的峰面积,以计算(12-34)式中的校正因子:

$$f_i' = \frac{m_i}{A_i} \tag{12-38}$$

式中 f_i' 称为绝对校正因子,其含义是单位峰面积相当的物质量。

2. 相对校正因子

由于测定绝对校正因子需准确知道进样量,这有时是困难的,而且易受操作条件的影响,所以实际不易准确测定。定量分析中经常使用的是相对校正因子 f_i,即物质 i 和标准物 s 的绝对校正因子之比:

$$f_i = \frac{f_i'}{f_s'} = \frac{m_i}{m_s} \cdot \frac{A_s}{A_i} \tag{12-39}$$

式中 m_i 和 m_s 分别为 i 物质和标准物 s 的质量, A_i 和 A_s 分别为对应的峰面积。相对校正因子的测定,并不需要准确知道 i 组分注入的准确质量 m_i,而只需要知道 i 组分质量 m_i 与某标准物 s 的质量 m_s 之比,以及两者峰面积之比。具体测定方法如下:

用分析天平准确称出五种纯物质a,b,c,d,e并混合。其中a为标准物——苯。混合试样经色谱分离后得到如表12-7所示的结果,则可按式(12-39)计算各种物质相对于苯的相对校正因子。

表 12-7 相对校正因子的测定

物 质	称样量/g	峰面积/cm²	相对校正因子 f_i
a(苯)	0.435	4.00	1.00
b	0.653	6.50	0.92
c	0.864	7.60	1.05
d	0.864	8.10	0.98
e	1.760	15.0	1.08

在测定相对校正因子时,如果各组分的量用质量表示,所得的相对校正因子称为相对质(重)量校正因子;若用摩尔或体积表示,则称为相对摩尔校正因子或相对体积校正因子。实际使用时常将"相对"二字省去。某些化合物的校正因子可以在文献中查到,若查不到时,则需按上述方法测定。

(三) 定量计算方法

色谱定量计算方法很多,目前比较广泛应用的有归一化法、内标法和外标法。

1. 归一化法

如果试样中所有组分均能流出色谱柱并显示色谱峰,则可用此法计算组分含量。设试样中共有 n 个组分,各组分的量分别为 $m_1, m_2, \cdots, m_n$,则 i 种组分的百分含量为:

$$W_i\% = \frac{m_i}{m_1 + m_2 + \cdots + m_n} \times 100\% = \frac{f_i A_i}{\sum_{i=1}^{n} f_i A_i} \times 100\% \quad (12\text{-}40)$$

归一化法的优点是简便、准确,进样量的多少不影响定量的准确性,操作条件的变动对结果的影响也较小,对多组分的同时测定尤其显得方便。缺点是试样中所有的组分必须全部出峰,某些不需定量的组分也需测出其校正因子和峰面积,因此作用受到一些限制。

2. 内标法

当试样中所有组分不能全部出峰,或只要求测定试样中某个或某几个组分时,可用此法。

准确称取 $m(\text{g})$ 试样,加入某种纯物质 $m_s(\text{g})$ 作为内标物,根据试样和内标物的质量比 m_s/m 及相应的色谱峰面积之比,基于下式可求组分 i 的百分含量 $W_i\%$:

因为
$$\frac{m_i}{m_s} = \frac{f_i A_i}{f_s A_s}$$

所以
$$W_i\% = \frac{m_i}{m} \times 100\% = \frac{f_i A_i}{f_s A_s} \times 100\% \quad (12\text{-}41)$$

内标物的选择条件是:内标物与试样互溶且是试样中不存在的纯物质;内标物的色谱峰既处于待测组分峰附近,彼此又能很好地分开且不受其它峰干扰;加入量宜与待测组分量相近。

内标法的优点是定量准确,操作条件不必严格控制,且不象归一化法那样在使用上有所限制。缺点是必须对试样和内标物准确称重,比较费时。

3. 外标法(亦称标准曲线法)

该法是在一定色谱操作条件下,用纯物质配制一系列不同浓度的标准样,定量进样,按测得的峰面积对标准系列的浓度作图绘制标准曲线。进行试样分析时,在与标准系列严格相同的条件下定量进样,由所得峰面积从标准曲线上即可查得待测组分的含量。

外标法的优点是操作和计算简便,不需要知道所有组分的相对校正因子。其准确度主要取决于进样量的准确和重现性,以及操作条件的稳定性。

思 考 题

1. 气相色谱与液相色谱有哪些共同点和不同点?其应用范围有何不同?
2. 试简述气相色谱的分离过程。气相色谱分离过程的两个主要特征是什么?它们分别由什么因素决定?
3. 气相色谱仪包括哪些基本部分?各有什么作用?
4. 什么是色谱的保留值?有哪些表示保留值的方法。
5. 从范第姆特方程简述影响塔板高度 H 的因素。
6. 气相色谱对担体和固定液有哪些要求?
7. 固定液的麦克雷诺常数的定义是什么?它对固定液的分类与选择有什么意义?
8. 什么是检测器的响应值和检测限?

9. 简述热导检测器的检测原理。

10. 气相色谱分析中可采用哪些定性鉴定方法？

11. 在色谱定量分析中为什么要引入定量校正因子？什么叫绝对校正因子和相对校正因子？如何测定相对校正因子？

12. 色谱定量分析通常有哪些方法？要测定复杂混合物中各种组分的含量，使用何种方法比较好？若欲测定其中某种组分的含量，使用何种方法比较好？

习　题

1. 取担体 12.0g(密度为 2.26g/mL)，涂渍 2.40g 邻苯二甲酸二壬酯固定液(密度 1.03g/mL)装入 120cm 长，内径为 0.50cm 的柱中，在 100℃下分离甲苯。当载气(氮气)流量为 80mL/min，空气峰保留时间 $t_{R0} = 0.199$min，甲苯峰保留时间 $t_R = 7.52$min，峰底宽度 $W = 0.800$min，求柱总体积 V，固定相所占体积 V_s，载气所占体积 V_m，甲苯调整保留时间 t_R'，保留体积 V_R，调整保留体积 V_R'，容量因子 k'，分配系数 K，并求此柱对甲苯的理论塔板数 n 及塔板高度 H。　　答：$V = 23.55$mL，$V_s = 7.64$mL，$V_m = 15.92$mL，$t_R' = 7.32$min，$V_R = 601.6$mL，$V_R' = 585.6$mL，$k' = 36.8$，$K = 76.6$，$n = 1414$，$H = 0.085$cm

2. 为测定乙酸正丁酯的保留指数，选择正庚烷和正辛烷作为标准物质。从它们在阿皮松 L 柱上的色谱流出曲线可知，用记录纸走纸距离表示的调整保留时间分别为：正庚烷 174.0mm，乙酸正丁酯 310.0mm，正庚烷 373.4mm，求乙酸正丁酯的保留指数。　　答：775.6

3. 试样中两组分的相对保留值 $r_{2,1} = 1.05$，若柱的有效塔板高度 $H = 1$mm，问需多长的色谱柱才能将这两组分完全分离($R = 1.5$)？　　答：1588cm

4. 为测定某试样中乙苯和各二甲苯异构体含量，采用内标法。称取试样 1.500g，加入内标为 150mg，混合均匀后进样，得到如下数据：

组　分	壬　烷	乙　苯	对二甲苯	间二甲苯	邻二甲苯
峰面积	98	70	95	120	80
相对校正因子	1.02	0.97	1.00	0.96	0.98

计算试样中乙苯、对二甲苯、邻二甲苯和间二甲苯的百分含量。

答：6.8%，9.5%，7.84%，11.5%

5. 在柱长 3m 的气相色谱仪上每次注入 $2\mu L$ 正己烷，在不同载气流速下得到下列数据：

流速/mL·min	t_{R0}(空气)/min	t_R/min	峰宽/min
120.2	1.18	5.49	0.35
90.3	1.49	6.37	0.39
71.8	1.74	7.17	0.43
62.7	1.89	7.62	0.47
50.2	2.24	8.62	0.54
39.9	2.58	9.83	0.68
31.7	3.10	11.31	0.81
26.4	3.54	12.69	0.95

计算每个流速下的有效理论塔板数和相应的理论塔板高度,并绘制理论塔板高度对流速的关系以确定最佳流速。　　　答：1.24,1.20,1.18,1.26,1.34,1.65,1.82,2.02,mm/板,$u_{最佳}$＝75mL/min

6. 已知某试样仅含乙醇、正庚烷、苯和乙酸乙酯。用热导检测器,各组分峰面积相应为5.0,9.0,4.0和7.0cm²,用归一化法计算试样中各组分的质量百分含量,已知上述各组分的质量相对校正因子分别为0.82,0.89,1.0和1.01。　　　　　　　　　　答：17.7%,34.6%,17.3%,30.2%

第十三章 分析化学中的分离方法

§1 概 述

分析化学中,当试样组成比较简单时,将试样处理制成溶液后,就可以直接测定。但在实际工作中常常遇到组成比较复杂的试样,或是测定大量基体中的微量组分,在测定试样中某一组分时,共存的其它组分或大量基体可能对测定发生干扰,此时必须选择适当的方法消除干扰。

消除干扰最简单的方法是寻找选择性好的测定方法,采用掩蔽的方法,或改变测定条件(如改变体系的 pH 值)等。但当采用这些方法仍不能消除干扰时,就需用分离的方法使待测组分与干扰组分分离。

有时,试样中待测组分的含量极微,测定的灵敏度不够高,在分离的同时把待测组分富集,使它有可能测定。例如用中子活化法分析半导体材料中微量杂质时,有些杂质元素经中子辐照后产生比 ^{31}Si 半衰期更短的核素,大量存在的 ^{31}Si 干扰杂质元素的 γ 能谱测定,为此将基体 Si 转化为 SiF_4,蒸馏除去,并将杂质元素富集后再测定,就能得到准确的分析结果。

某些分离过程就是在原来的均相体系中产生一个新相或加入一个新相,此时待测组分 A 和干扰组分 B 应分别存在于两相中。然后把两相分开,A 和 B 得到了分离。例如 A 和 B 两组分共存于一水溶液(均相体系)中,加入某种试剂,使 A 形成沉淀(形成一个新相),沉淀经过滤,使 A 与 B 分离。此时,沉淀中应只包含 A 不包含 B,溶液中应只包含 B 不包含 A,但从理论上讲,这两个组分完全分离是不可能的,因为分离体系会建立平衡,分离组分在两相中的分配也将达到平衡。

一、分离和预富集要达到的三个目的

1. 分离除去共存物质或基体,消除它们对测定的干扰,提高测定方法的选择性和灵敏度;
2. 从大量基体物质中将待测的痕量组分预富集,提高测定灵敏度;
3. 制备或提纯分析所需的高纯试剂或试样,如高纯水、液相色谱流动相、极谱底液等。

二、回收率和富集倍数

(一)回收率

分离过程中最重要的是要知道待测组分是否有损失,它可用回收率衡量。回收率 R_A 是待测组分 A 在指定的分离过程中回收的完全程度:

$$R_A\% = \frac{Q_A}{(Q_A)_0} \times 100\% \tag{13-1}$$

式中$(Q_A)_0$是试样中 A 的总量，Q_A是分离后测得的 A 的量，R_A是质量百分数。

定量分析中的R_A常取决于试样中 A 的相对含量，如表 13-1 所示。

表 13-1 R_A 值与试样中 A 的含量的关系

A	>1%	~1%	~0.01%
R_A	99.9%	99%	90%—95%

（二）痕量元素的富集倍数

痕量元素在富集前、后浓度发生变化的大小用富集倍数 F 衡量：

$$F = \frac{Q_A/Q_M}{(Q_A)_0/(Q_M)_0} = \frac{R_A}{R_M} \tag{13-2}$$

式中$(Q_M)_0$，Q_M分别为分离前、后基体的量，R_M是基体提取率。富集倍数大小的要求取决于待测痕量元素的浓度和所采用的分析方法的灵敏度。选用选择性好的分离技术，富集倍数可以达到10^5，若所选用的检测仪器有低的检测限和高的选择性，则富集倍数可低一些。

本章将讨论沉淀与共沉淀分离法、溶剂萃取分离法、离子交换分离法和色谱分离法。

§2 沉淀与共沉淀分离法

一、沉淀分离法

沉淀分离法是利用沉淀反应分离的方法。它的基本原理已在第六章讨论过，这里介绍几种常用的沉淀分离法。

（一）利用无机沉淀剂沉淀分离

1. 沉淀为氢氧化物

由于各种金属离子的氢氧化物的溶解度不同，可以利用改变溶液 pH 值而选择性地沉淀分离某些离子。根据各氢氧化物的溶度积，可以估算它们析出的 pH 值。

以沉淀$Fe(OH)_3$为例。若溶液中$[Fe^{3+}]=0.010$mol/L，pH=2.7，$Fe(OH)_3$开始沉淀（第五章例 11）。当溶液中>99.9%的Fe^{3+}沉淀，即$[Fe^{3+}]\approx 10^{-5}$mol/L 时，可以认为Fe^{3+}沉淀完全，则

$$[OH^-] = \sqrt[3]{\frac{K_{sp,Fe(OH)_3}}{[Fe^{3+}]}} = \sqrt[3]{\frac{10^{-35.96}}{10^{-5}}}\text{mol/L} = 10^{-10.3}\text{mol/L}$$

$$pH = 3.7$$

以上估算只是近似的，因为：① K_{sp}值与沉淀条件和沉淀形态有关，文献上报导的K_{sp}值有差别；② 实际溶液中还存在$Fe(OH)^{2+}$，$Fe(OH)_2^+$，$Fe_2(OH)_2^{4+}$等配合物，实际溶解度比计算值要大些。因此，为使Fe^{3+}沉淀完全一般要求 pH>4。实际分离中，沉淀完全的 pH 值最好由实验验证。

表 13-2 列出某些金属离子开始析出沉淀和沉淀完全时所需的 pH 值。对两性氢氧化

物列出重新溶解的 pH 值。此表所列的数值是近似的,有些数值在不同文献中略有出入。

表 13-2　某些氢氧化物沉淀及溶解的 pH 值

氢氧化物	pH				
	开始沉淀		沉淀完全	沉淀开始溶解	沉淀完全溶解
	初始浓度 1 mol/L	初始浓度 0.01 mol/L			
$SiO_2 \cdot nH_2O$		<0		7.5	
$Nb_2O_5 \cdot nH_2O$		<0		~14	
$Ta_2O_5 \cdot nH_2O$		<0		~14	
$PbO_2 \cdot nH_2O$		<0		12	
$WO_3 \cdot nH_2O$		~0	~0		~8
$Sn(OH)_4$	0	0.5	1.0	13	>14
$TiO(OH)_2$	0	0.5	2.0		
$Tl(OH)_3$		0.6	~1.6		
$Ce(OH)_4$		0.8	1.2		
$Bi(OH)_3$	0.4	1.1	4.5		
$Sn(OH)_2$	0.9	2.1	4.7	10	13.5
$ZrO(OH)_2$	1.3	2.3	3.8		
$Fe(OH)_3$	1.5	2.3	4.1		
HgO	1.3	2.4	5.0	11.5	
$In(OH)_3$		3.4		14	
$Th(OH)_4$		3.5			
$Ga(OH)_3$		3.5		9.7	
$Al(OH)_3$	3.3	4.0	5.2	7.8	10.8
$Cr(OH)_3$	4.0	4.9	6.8	12	>14
$Cu(OH)_2$	4.1	4.6	6.9		
$Be(OH)_2$	5.2	6.2	8.8		
$Zn(OH)_2$	5.4	6.4	8.0	10.5	12-13
$Fe(OH)_2$	6.5	7.5	9.7	13.5	
$Co(OH)_2$	6.6	7.6	9.2	~14	
$Ni(OH)_2$	6.7	7.7	9.5		
$Cd(OH)_2$	7.2	8.2	9.7		
Ag_2O	6.2	8.2	11.2	12.7	
$Pb(OH)_2$		7.2	8.7	10	13
$Mn(OH)_2$	7.8	8.8	10.4	14	
$Mg(OH)_2$	9.4	10.4	12.4		

有些金属离子如 Hg^{2+},Cd^{2+} 等沉淀的 pH 值还与体系中存在的阴离子的类型有关,如表 13-3 所示。

表 13-3　Hg^{2+}，Cd^{2+} 沉淀的 pH 值与溶液中阴离子的关系

金属离子	初始浓度	共存的阴离子	开始沉淀的 pH 值
Hg^{2+}	0.02mol/L	NO_3^-	2
		Cl^-	7.3
Cd^{2+}	0.02mol/L	NO_3^-	6.6
		Cl^-	7.7

这是因为 Cl^- 与 Hg^{2+}，Cd^{2+} 形成了稳定的配合物，从而使它们的溶解度增大。利用某些金属离子形成配合物的性质，可以改变沉淀分离的选择性，例如以 NaOH 作沉淀剂，若在溶液中加入三乙醇胺，EDTA，H_2O_2，乙二胺等配位剂，则 Mg^{2+} 和稀土等析出氢氧化物沉淀，Fe^{3+}，Ni^{2+}，Ti^{4+} 等留在溶液中，从而得到有效的分离。

从表 13-2 看到，不同金属离子的氢氧化物沉淀所要求的 pH 不同，通过控制溶液的 pH 值可使金属离子分离。有时将溶液中某些离子以沉淀形式析出，有时将溶液中的离子分成组，为进一步分离提供条件。

常用下列几种方法控制溶液的 pH 值：

(1) 以 NaOH 作沉淀剂　使两性元素和非两性元素分离。当溶液中加入过量 NaOH 时，Al^{3+}，Cr^{3+}，Zn^{2+}，Pb^{2+}，Sn^{2+}，Sn^{4+}，Be^{2+}，Ge^{4+}，Ga^{3+} 等两性金属离子以含氧酸根阴离子的形式存在于溶液中，且 SiO_3^{2-}，WO_4^{2-}，MoO_4^{2-} 等酸根离子也保留在溶液中，非两性元素则生成氢氧化物沉淀。在过量 NaOH 中溶解的两性氢氧化物及 SiO_3^{2-} 等酸根离子，当降低溶液的 pH 值时，将重新析出沉淀。

(2) NH_4^+ 存在下，以氨水作沉淀剂（pH=8—9），可使高价金属离子生成氢氧化物沉淀与大部分一、二价金属离子分离。其中 Ag^+，Cu^{2+}，Cd^{2+}，Co^{2+}，Ni^{2+}，Zn^{2+} 形成氨配离子，而 Ca^{2+}，Sr^{2+}，Ba^{2+}，Mg^{2+} 等因氢氧化物溶解度较大留在溶液中。

沉淀剂中加入 NH_4^+ 的作用有：① 组成缓冲体系，控制溶液的 pH 值，防止 $Mg(OH)_2$ 沉淀和阻止 $Al(OH)_3$ 溶解；② 利用 NH_4^+ 作抗衡离子，阻止沉淀吸附其它金属离子；③ 使胶状沉淀凝聚，易于过滤和洗涤。

(3) 以 HA-A^- 或 B-HB 缓冲溶液控制溶液的 pH 值，例如

HAc-Ac 缓冲体系，pH=4—6，$Fe(OH)_3$ 沉淀；

C_5H_5N-HCl 缓冲体系，pH=5—6.5，$Sc(OH)_3$ 沉淀，与其它稀土离子分离；

$(CH_2)_6N_4$-HCl 缓冲体系，pH=5—6，高价离子如 Al^{3+}，Fe^{3+}，Ti^{4+}，Th^{4+} 形成氢氧化物沉淀与一、二价离子分离。

(4) 以某些金属氧化物（MO）悬浊液控制溶液的 pH 值：

$$MO + H_2O \rightleftharpoons M(OH)_2 \rightleftharpoons M^{2+} + 2OH^-$$

$$[OH^-] = \sqrt{\frac{K_{sp,M(OH)_2}}{[M^{2+}]}}$$

当 MO 加到酸性溶液中，MO 中和过量的酸，达到平衡后，若溶液中 $[M^{2+}]$ 一定，溶液的 pH 值就一定。例如在溶液中加入 ZnO 悬浊液，并使溶液中的 $[Zn^{2+}]$ 约为 0.1mol/L，则

$$[OH^-] = \sqrt{\frac{10^{-13.74}}{0.1}} \text{mol/L} = 10^{-6.4} \text{mol/L}$$

$$pH = 7.6$$

其它如含有 0.002mol/L 的 Mg^{2+} 溶液中,加入 MgO 悬浊液可控制 pH≈10;溶液中加入 HgO 悬浊液可控制溶液的 pH 为 6.5—7.4。

同样原理,也有向溶液中加碳酸盐,如 $BaCO_3$,$CaCO_3$ 和 $PbCO_3$,分别将溶液的 pH 值控制在 7.3,7.5 和 6.2。

氢氧化物沉淀分离法的选择性较差。氢氧化物沉淀大多数是无定形沉淀,共沉淀现象较为严重,沉淀不够纯净。但如果后继的测定方法选择性较好,如原子发射光谱法或原子吸收光谱法等,则利用沉淀除去绝大部分基体可满足测定的要求。

2. 沉淀为硫化物

各种金属离子的硫化物的溶解度相差较大,经常以 H_2S 作沉淀剂,使离子分离。

H_2S 是二元酸,在水溶液中有下列平衡:

$$H_2S \rightleftharpoons H^+ + HS^- \qquad K_{a_1} = \frac{[H^+][HS^-]}{[H_2S]} = 10^{-7.04}$$

$$HS^- \rightleftharpoons H^+ + S^{2-} \qquad K_{a_2} = \frac{[H^+][S^{2-}]}{[HS^-]} = 10^{-11.96}$$

因此

$$[S^{2-}] = \frac{[H_2S]}{[H^+]^2} K_{a_1} K_{a_2}$$

常温下,H_2S 饱和溶液的浓度约为 0.1mol/L,故

$$[S^{2-}] \propto \frac{1}{[H^+]^2} \tag{13-3}$$

用控制溶液 $[H^+]$ 的方法,控制 $[S^{2-}]$,以达到离子分离的目的。

利用硫化物溶解度的差别,控制溶液的 pH 值,将阳离子分成组,是经典的定性分析方法(表 13-4)。

表 13-4　阳离子 H_2S 系统分析图解

阳离子混合溶液＋1 mol/L HCl

沉淀 Ag^+,Au^+,Tl^+ Hg_2^{2+},Pb^{2+} 生成氯化物沉淀 **(HCl 组)** (通 H_2S,氯化物可转变为硫化物沉淀)	溶液　　pH=0.5　　通 H_2S		
	沉淀 Cu^{2+},Hg^{2+},Pb^{2+},Cd^{2+}, Bi^{3+},Sn^{2+},Sn^{4+},Sb^{3+}, Sb^{5+},As^{3+},As^{5+},Mo(VI), W(VI),Pd^{2+},Ru^{3+},Rh^{3+}, Os^{4+},Ir^{3+},Pt^{4+} 生成硫化物沉淀 **(H_2S 组)**	溶液　　　pH=9　　通 H_2S	
		沉淀 Al^{3+},Cr^{3+},Be^{2+},Ti^{4+},镧系离子 生成氢氧化物沉淀 Fe^{2+},Fe^{3+},Mn^{2+},Co^{2+},Ni^{2+}, Zn^{2+},UO_2^{2+},VO^{2+},In^{3+},Ga^{3+} 生成硫化物沉淀 **$(NH_4)_2S$ 组**	溶液 Ca^{2+},Sr^{2+},Ba^{2+}, Mg^{2+},Na^+,K^+, NH_4^+,Cs^+,Rb^+, Fr^+

H_2S 组中 CdS 的溶解度较大,在分离的条件下 CdS 是否能沉淀完全? 设 Cd^{2+} 的初始浓度为 0.1mol/L,加入 H_2S 的丙酮溶液(丙酮可增加 H_2S 在水中的溶解度),调节溶液的 pH=0.5。计算时忽略丙酮对 K_{sp} 的影响,则

$$Cd^{2+} + S^{2-} \rightleftharpoons CdS$$
$$\phantom{Cd^{2+} + } | H^+$$
$$\phantom{Cd^{2+} + } HS^-$$
$$\phantom{Cd^{2+} + } H_2S$$

当 pH=0.5 时,H^+ 对 S^{2-} 的副反应系数:

$$\begin{aligned}
\alpha_{S(H)} &= 1 + [H^+]\beta_1 + [H^+]^2\beta_2 \\
&= 1 + [H^+]\frac{1}{K_{a_2}} + [H^+]^2 \frac{1}{K_{a_1}K_{a_2}} \\
&= 1 + 10^{-0.5}\frac{1}{10^{-7.04}} + (10^{-0.5})^2 \frac{1}{10^{-7.04} \times 10^{-11.96}} \\
&= 10^{18}
\end{aligned}$$

$$K'_{sp,CdS} = K_{sp,CdS}\alpha_{S(H)} = 10^{-28.44} \times 10^{18} = 10^{-10.44}$$

因
$$[Cd^{2+}][S^{2-\prime}] = K'_{sp,CdS}$$

$[S^{2-\prime}]$ 是溶液中硫的各种型体的总浓度。因此

$$[S^{2-\prime}] = 0.1 \text{mol/L}$$

溶液中残留的 Cd^{2+} 的浓度为:

$$[Cd^{2+}] = K'_{sp,CdS}/[S^{2-\prime}] = (10^{-10.44}/0.1)\text{mol/L} = 10^{-9.44}\text{mol/L}$$

说明 Cd^{2+} 已沉淀完全。

上例仅考虑了 S^{2-} 有副反应。若溶液中有 Cl^-,Cd^{2+} 与 Cl^- 形成配合物,则溶解度增加。实验中应注意控制溶液的酸度和 Cl^- 浓度。

硫化物沉淀也用于金属离子的定量分离,例如:

$$Zn^{2+}, Fe^{2+}, Co^{2+}, Ni^{2+}, Mn^{2+}$$

pH=2,通 H_2S(一氯乙酸缓冲溶液)

ZnS ↓ $Fe^{2+}, Co^{2+}, Ni^{2+}, Mn^{2+}$

可得到白色的 ZnS 沉淀。

与氢氧化物沉淀分离相似,硫化物沉淀分离的选择性也不高,硫化物沉淀也大多数是无定形沉淀,共沉淀现象较严重,还有后沉淀现象,分离效果不理想。但对于常量物质的分离,以及组与组之间的分离还是有效的。如果采用均匀沉淀法,分离效果将有所改善。有时利用掩蔽剂提高分离的选择性。例如,在 Cu^{2+},Cd^{2+} 混合溶液中加入 KCN,Cu^{2+} 形成稳定的 $Cu(CN)_3^-$,再通入 H_2S,Cu^{2+} 不再沉淀,只有 Cd^{2+} 沉淀,使 Cu^{2+} 和 Cd^{2+} 分离。H_2S 是有毒并有恶臭的气体,因此,硫化物沉淀分离法的应用受到了限制。

3. 其它无机沉淀剂

以硫酸盐为沉淀剂,可使 Ca^{2+},Sr^{2+},Ba^{2+},Pb^{2+} 沉淀与其它金属离子分离。$CaSO_4$ 溶

解度较大,加入适量乙醇降低其溶解度。以 HF 或 NH_4F 为沉淀剂,使 Ca^{2+},Sr^{2+},Mg^{2+},Th^{4+} 和稀土元素沉淀,与其它金属离子分离。以 Cl^- 为沉淀剂,使 Ag^+,Hg_2^{2+},Pb^{2+} 等离子沉淀。以 PO_4^{3-} 为沉淀剂,使 Bi^{3+},Zr^{4+} 等沉淀,等等。

(二)利用有机沉淀剂沉淀分离

有机沉淀剂及其优越性已在第六章叙述,这里介绍几种用于沉淀分离的有机沉淀剂。

1. 草酸

草酸可与 Ca^{2+},Sr^{2+},Ba^{2+},Th^{4+} 及稀土离子等生成草酸盐沉淀,与 Fe^{3+},Al^{3+},$Zr(\mathrm{IV})$,$Nb(\mathrm{V})$,$Ta(\mathrm{V})$ 等离子生成可溶性配合物,因而可互相分离。此法用于从含稀土的矿物提取液中提取稀土元素。

2. 8-羟基喹啉(HOx)

在不同 pH 条件下,8-羟基喹啉可将金属离子分组沉淀(表 13-5)

表 13-5 8-羟基喹啉螯合物沉淀的 pH 值(离子浓度 0.01－1mol/L)

金属离子	沉淀析出的最低 pH 值	定量沉淀的 pH 范围	金属离子	沉淀析出的最低 pH 值	定量沉淀的 pH 范围
VO_3^-	1.1	2.7—6.1	Ti^{4+}	3.5	4.8—8.5
Fe^{3+}	2.4	2.8—11.2	ZrO^{2+}		～5
Sb^{3+}		>1.5	WO_4^{2-}		5.0—5.7
Ga^{3+}		3.1—11.5	Cu^{2+}	2.2	5.3—14.6
Pd^{2+}		约 3.5—8.5	Cd^{2+}	4.0	5.4—14.6
MoO_4^{2-}		3.6—7.3	Mn^{2+}	4.3	5.9—10
UO_2^{2+}	3.1	4.1—8.8 或 5.7—9.8	La^{3+}		6
Al^{3+}	2.3	4.2—9.8	Be^{2+}	6.3	8.0—8.4
Ni^{2+}	2.8	4.3—14.6	Pb^{2+}	4.8	8.4—12.3
			Ca^{2+}	6.1	9.2—13
Co^{2+}	2.8	4.4—11.6	Mg^{2+}	6.7	9.4—12.7
Th^{4+}	3.1	4.4—8.8	Sr^{2+}		NH_3 介质
Bi^{3+}	3.5	4.5—10.5	Ba^{2+}		NH_3 介质
			Sn^{2+}		NH_3 介质
Zn^{2+}	2.8	4.6—13.4	Cr^{3+}		NH_3 介质

3. N-苯甲酰-N-苯胲 (BPHA, 结构式为苯环-C(=O)-N(OH)-苯环)

在高酸度条件下 BPHA 可沉淀 ZrO^{2+},MoO_4^{2-},Sb^{3+},Sb^{5+},Sn^{2+},Sn^{4+},$Ti(\mathrm{IV})$,$Ta(\mathrm{V})$,$V(\mathrm{V})$ 等离子;在较低酸度时,可沉淀 Bi^{3+},Be^{2+},Fe^{3+} 和稀土离子等,使之与其它离子分离。

铌和钽的离子半径相近(Nb^{5+} 为 0.069nm,Ta^{5+} 为 0.068nm),性质十分相似,分离困难。但当溶液的 pH=3.5—6.5 时,$Nb(\mathrm{V})$ 与 BPHA 生成稳定螯合物沉淀,$Ta(\mathrm{V})$ 留在溶

液中。分离后将滤液酸化,Ta(Ⅴ)析出。当铌和钽的重量比为1∶100或100∶1时,经一次或两次分离就可达到较高纯度,因此 BPHA 又称钽试剂。

二、共沉淀分离法

痕量物质的分离在近代分析分离中越来越重要。因为沉淀的溶解,或形成过饱和溶液,或形成胶体溶液,要使痕量组分沉淀下来,常常是很困难的。如果在溶液加入一种载体,利用载体沉淀时,把痕量组分共沉淀下来,则可达到与干扰组分和基体分离的目的。例如测定水中痕量的 Pb^{2+},若在水中加入适量的 Ca^{2+},再加入沉淀剂 Na_2CO_3,当生成 $CaCO_3$ 沉淀时,痕量的 Pb^{2+} 共沉淀下来。这里的 $CaCO_3$ 称为载体或共沉淀剂。又如某处海水中含有 $0.5-0.9$ ng/L 的痕量铱,同时还存在钠、镁、钙、铝等离子及各种阴离子。若在 10L 海水中加入 150mg Fe^{3+} 作载体,用 $Fe(OH)_3$ 共沉淀的方法可将铱和海水及基体分离,再用等离子体发射光谱法测定其含量。

(一)利用无机共沉淀剂共沉淀

主要有两种方法:

1. 利用表面吸附的共沉淀

常用的载体有氢氧化物(如 $Fe(OH)_3$,$Al(OH)_3$,$MnO(OH)_2$ 等)、硫化物和磷酸盐等。它们大多数是无定形沉淀,比表面大,吸附能力强,有利于痕量组分的共沉淀。例如以 $Fe(OH)_3$ 作载体,在 pH=8-9 时,可以共沉淀痕量的 Al^{3+},Bi^{3+},Sn^{4+},In^{3+} 等离子;以 $Al(OH)_3$ 作载体,在 pH=8-9 时,可共沉淀 Fe^{3+},TiO^{2+} 等离子;以 $MnO(OH)_2$ 作载体,在弱酸性溶液中可共沉淀饮用水中痕量的 Pb^{2+} 等。

微量组分形成难溶或难离解的化合物易被吸附载带,但吸附共沉淀剂的溶解度对其吸附载带微量组分的能力影响不大。例如 $Fe(OH)_3$ 共沉淀海水中微量元素时,由于 $Zr(OH)_4$ 的溶解度远低于 $Zn(OH)_2$,因此 $Zr(OH)_4$ 的回收率达 97%,而 $Zn(OH)_2$ 的回收率仅 76%。但使用 $Fe(OH)_3$($K_{sp}=10^{-35.96}$)作载体或使用 $Fe(OH)_2$($K_{sp}=10^{-13.78}$)作载体,共沉淀 Bi^{3+} 的百分率相差不大,均在 95% 以上。

应该指出,这种共沉淀分离方法的选择性不好。

2. 利用形成混晶的共沉淀

当载体 M 形成晶形沉淀 MX 时,微量组分 N 生成的 NX 与 MX 形成混晶 MX-NX 共同沉淀下来,例如 $BaSO_4$-$RaSO_4$。MX 与 NX 是否发生混晶共沉淀,决定于离子 M 和 N 的相对大小,MX 和 NX 的相对溶解度以及 MX 和 NX 的晶格。离子半径越相接近,NX 的溶解度越小于 MX,MX 和 NX 的晶格相同,则 N 越易以显著的量进入沉淀中。常见的混晶有 $SrSO_4$-$PbSO_4$,$SrCO_3$-$CdCO_3$,$MgNH_4PO_4$-$MgNH_4AsO_4$,$ZnHg(SCN)_4$-$CoHg(SCN)_4$ 等。

这种共沉淀分离方法的选择性较好。

(二)利用有机共沉淀剂共沉淀

有机共沉淀剂具有良好的选择性。得到的沉淀较纯净,沉淀经灼烧可除去有机沉淀剂,因此,既富集了待测元素,又消除了沉淀剂对待测元素测定的干扰。

1. 利用胶体凝聚的共沉淀

有些元素如 W,Mo,Sn,Nb,Ta 等的含氧酸在酸性溶液中常以带负电荷的胶体形态存在，不易凝聚。若加入单宁、辛可宁、动物胶等带正电荷的有机试剂，它们与带负电荷的含氧酸胶体共同聚沉。例如在 20%—25%HCl 介质中，用单宁水解法可使 Nb(V)，Ta(V)沉淀而与 Ba^{2+},Mn^{2+},Al^{3+},Sr^{2+} 等离子分离；硅酸盐分析中，$SiO_2 \cdot xH_2O$ 常形成胶状沉淀，加入动物胶使 $SiO_2 \cdot xH_2O$ 聚沉，与 Fe^{3+},Al^{3+},Ca^{3+},Mg^{2+} 等离子分离。

2. 形成离子缔合物的共沉淀

当溶液中含有某些阴离子如 Cl^-,Br^-,I^- 或 SCN^- 等，许多金属离子能与它们形成配阴离子，如 $HgCl_4^{2-}$,HgI_4^{2-},$Zn(SCN)_4^{2-}$,$InCl_4^-$ 等，在溶液中若加入大阳离子沉淀剂(R^+)，如甲基紫、亚甲基蓝、罗丹明 B、结晶紫等，当 R^+ 与溶液中过量的 Cl^-,SCN^- 等生成沉淀析出时，它们也与金属配阴离子生成离子缔合物共同沉淀下来。例如在痕量 Zn^{2+} 的弱酸性溶液中，加入 NH_4SCN 和甲基紫，发生下列反应：

$$Zn^{2+} + 4SCN^- \Longrightarrow Zn(SCN)_4^{2-}$$
$$R^+ + SCN^- \Longrightarrow RSCN \downarrow \text{（载体）}$$
$$2R^+ + Zn(SCN)_4^{2-} \Longrightarrow R_2Zn(SCN)_4 \downarrow$$

沉淀经过滤、洗涤、灰化后，痕量的 Zn^{2+} 富集在残渣里。据报导，此法可富集低至 1ng/ml 的 Zn^{2+}，回收率达 90%。

3. 利用惰性共沉淀剂的共沉淀

在稀酸溶液中 Bi^{3+} 能与 4,5-二羟基荧光黄(gallein)生成配合物。当 Bi^{3+} 含量低时，沉淀不能析出。若在溶液中加入萘或蒽的乙醇溶液，萘或蒽不溶于水，当它们析出时，Bi-4,5-二羟基荧光黄共同沉淀下来。在一定条件下，Bi^{3+} 的回收率达 99%。萘和蒽与 Bi^{3+} 及其螯合物都不发生反应，这类载体称为惰性共沉淀剂。

利用惰性共沉淀剂的共沉淀分离选择性好，杂质沾污少。常用的惰性共沉淀剂还有 α-萘酚、β-萘酚、酚酞等。

§3 溶剂萃取分离法

在待分离物质的水溶液中加入与水互不相溶的有机溶剂，借助于萃取剂的作用，使一些组分进入有机相，另一些组分仍留在水相中，分离两相，即达到分离的目的。这样的分离过程称为溶剂萃取分离法，又称为液液萃取法。

溶剂萃取分离法既可用于大量元素的分离，也适用于微量元素的富集和分离。溶剂萃取法在无机和放射化学分离和分析方面应用广泛。它有下列特点：

(1) 仪器设备简单，操作简易、快速；

(2) 分离效率好，回收率高；

(3) 选择性好。分离方法的选择性主要体现在分离性质相近似物质的能力的大小。溶剂萃取分离法由于萃取剂种类多，萃取剂的结构变化多，使之能适应各种分离要求。例如用冠醚配合物萃取分离 ^6Li 和 ^7Li 同位素，在 0℃，LiCl,LiBr 或 LiI 的甲醇溶液中 ^6Li 和 ^7Li 的单级分离系数达 1.045—1.047，而离子交换分离法仅达 1.014。

(4) 除了用于分离外，还常用于富集微量元素。有时只要几毫升萃取剂就可以从几升溶液将待测元素分离和富集。

它的缺点是萃取溶剂常是易挥发、易燃的,并具有一定毒性。大多数萃取剂价格昂贵。实验室中手工操作手续比较麻烦,比较费时,因此在应用上受到限制。

溶剂萃取分离法已是化学分析法、分光光度法、原子吸收光谱法、色谱法及电化学分析法等必不可少的前处理手段。

一、分配系数、分配比和萃取率

（一）分配系数和分配比

溶质 A 同时接触两种互不相溶的溶剂,如一种溶剂是水,另一种是有机溶剂,则溶质 A 按一定比例分配于这两种溶剂中:

$$A_水 \rightleftharpoons A_有$$

建立平衡时,A 在有机相中的浓度$[A]_有$和在水相中的浓度$[A]_水$之比(严格说是活度比)在一定温度下是一常数:

$$\frac{[A]_有}{[A]_水} = K_D \tag{13-4}$$

这就是能斯特(Nernst)于 1891 年提出的溶剂萃取法的分配定律,K_D 是分配系数。

表 13-6 列出了 Br_2 在水和 CCl_4 两相中的分配系数和浓度的关系。

表 13-6 Br_2 在 H_2O/CCl_4 体系中的分配系数(25℃)

水相 Br_2 浓度 $[Br_2]_水$/g/L	有机相 Br_2 浓度 $[Br_2]_有$/g/L	$K_D = [Br_2]_有/[Br_2]_水$
0.2478	6.691	27.00
0.3803	10.27	27.00
0.4476	12.09	27.02
0.5761	15.72	27.26
0.7111	21.53	27.92
2.054	58.36	28.41
5.651	172.4	30.54
7.901	252.8	32.01
14.42	545.2	37.82

由表 13-6 可见,在低浓度时,K_D 才是一常数(27.00),当浓度高达一定值时,K_D 增大。分配定律仅适用于接近理想溶液的萃取体系(即溶质在两相中的浓度均很低,$\gamma_有$,$\gamma_水$ 接近于 1;溶质和溶剂不发生化学作用)。

在萃取分离过程中,常有这种情况,某些溶质在某一相或两相中发生离解、缔合、配位、聚合或离子聚集等现象,因而同一溶质在同一相中可能有多种型体存在,例如 OsO_4 在 CCl_4 和 H_2O 中的分配过程,以下列反应式说明:

(1) OsO_4 在有机相(CCl_4)和水相中进行分配:
$$(OsO_4)_水 \rightleftharpoons (OsO_4)_有$$

(2) 在碱性溶液中，OsO_4 在水相中离解：
$$OsO_4 + H_2O \rightleftharpoons HOsO_5^- + H^+$$
$$HOsO_5^- \rightleftharpoons OsO_5^{2-} + H^+$$

(3) 当浓度较高时，OsO_4 在有机相中聚合：
$$4OsO_4 \rightleftharpoons (OsO_4)_4$$

水相、有机相中存在的型体不同，水相中可能有 OsO_4, $HOsO_5^-$, OsO_5^{2-}；有机相中可能有 OsO_4 和 $(OsO_4)_4$。若用分配系数 $K_D(=[OsO_4]_有/[OsO_4]_水)$ 研究 OsO_4 在 CCl_4/H_2O 体系中的萃取行为既不方便也不实用，采用分配比 D 则更有实用意义：

$$D = \frac{c_{A(有)}}{c_{A(水)}} = \frac{[A_1]_有 + [A_2]_有 + \cdots + [A_i]_有}{[A_1]_水 + [A_2]_水 + \cdots + [A_j]_水} \tag{13-5}$$

式中 $c_{A(有)}$, $c_{A(水)}$ 分别表示 A 在有机相和水相的分析浓度，$[A_i]_有$, $[A_j]_水$ 分别表示 A 在有机相和水相中各种型体的平衡浓度。因此 OsO_4 在 CCl_4/H_2O 体系中的分配比可表示为：

$$D = \frac{[OsO_4]_有 + 4[(OsO_4)_4]_有}{[OsO_4]_水 + [HOsO_5^-]_水 + [OsO_5^{2-}]}$$

用实验测得 Os 在两相中的总浓度，即可求得 D 值。

分配比 D 是一无量纲值。它不一定是常数。随实验条件（如溶液的 pH 值、待萃取物、萃取剂、配位剂、稀释剂、盐析剂等的浓度和温度等）的不同而改变，因此改变萃取条件可以改变分配比，以达到最佳分离的目的。

当溶质在两相中都只有一种型体存在时，
$$D = K_D$$

(二) 萃取率和分配比

萃取率 E 的定义为：
$$E\% = \frac{溶质 A 在有机相中的量}{溶质 A 在两相中的总量} \times 100\%$$
$$= \frac{c_有 V_有}{c_有 V_有 + c_水 V_水} \times 100\% \tag{13-6}$$

式中 $V_有$, $V_水$ 分别是有机相和水相的体积。

下面推导萃取百分率和分配比的关系。以 $c_水 V_有$ 除上式各项：

$$E\% = \frac{c_有/c_水}{c_有/c_水 + V_水/V_有} \times 100\%$$
$$= \frac{D}{D + V_水/V_有} \times 100\% \tag{13-7}$$

从上式可见，E 的大小决定于分配比 D 和体积比 $V_水/V_有$（又称相比）。D 值越大，相比越小，萃取率越高。

当相比取不同值时，$E\%$ 与 D 的关系如图 13-1 所示。

例 1 将 20.0ml 含铼 0.100g/L 及 5mol/L HCl 的水溶液与 20.0ml 25%（体积百分数）磷酸三丁酯(TBP)的煤油溶液混合，于 25℃振荡 5min；静置分层后，测定水相中铼的

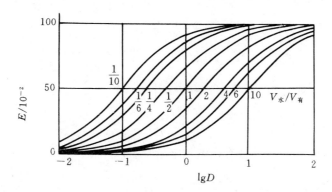

图 13-1　不同相比时 E 和 D 的关系

浓度为 5.20mg/L，求铼在该体系中的分配比及铼的萃取率。

解　平衡时水相中铼的浓度为 5.20mg/L

铼的总加入量 $=0.100\times0.0200\text{g}=0.00200\text{g}=2.00\text{mg}$

有机相中铼的浓度 $=(2.00-5.20\times0.020)\text{mg}/0.020\text{L}=94.8\text{mg/L}$

因此
$$D=\frac{94.8}{5.20}=18.2$$

$$E\%=\frac{D}{D+V_{水}/V_{有}}\times100\%=\frac{18.2}{18.2+1}\times100\%=94.8\%$$

分析化学中，一般常用等体积溶剂萃取，即 $V_{水}=V_{有}$，因此

$$E\%=\frac{D}{D+1}\times100\% \tag{13-8}$$

此时，萃取率完全决定于分配比。

当分配比不高时，可以增加有机溶剂的用量，以减小相比来提高萃取率，但因溶剂体积增大，溶质在有机相中浓度降低，往往不利于进一步的分离和测定。因此在实际工作中，常采取连续几次萃取的方法，分几次加入溶剂，以提高萃取率。

设 A 在水相的分析浓度 c_0(g/L)，水相体积为 $V_{水}$(mL)，用 $V_{有}$(mL) 有机溶剂萃取。第一次萃取达到平衡时，A 在水相的浓度为 c_1(g/L)，在有机相的浓度为 c_1'(g/L)，则

$$D=\frac{c_1'}{c_1}$$

$$c_0V_{水}=c_1V_{水}+c_1'V_{有}=c_1V_{水}+c_1DV_{有}$$

$$c_1=\frac{c_0V_{水}}{V_{水}+DV_{有}}=\frac{c_0V_{水}/V_{有}}{V_{水}/V_{有}+D}$$

用 $V_{有}$(mL) 新鲜的有机溶剂进行第二次萃取，达到平衡时，A 在水相的浓度为 c_2(g/L)，在有机相的浓度为 c_2'(g/L)，则

$$c_1V_{水}=c_2V_{水}+c_2'V_{有}=c_2V_{水}+c_2DV_{有}$$

$$c_2=\frac{c_1V_{水}}{V_{水}+DV_{有}}=\frac{c_1V_{水}/V_{有}}{V_{水}/V_{有}+D}=c_0\left(\frac{V_{水}/V_{有}}{V_{水}/V_{有}+D}\right)^2$$

以此类推,当用 $V_\text{有}$(mL) 有机溶剂萃取 n 次后,水相中留下的 A 的浓度为 c_n(g/L),则

$$c_n = c_0 \left(\frac{V_\text{水}/V_\text{有}}{V_\text{水}/V_\text{有} + D} \right)^n \tag{13-9}$$

若 $V_\text{水} = V_\text{有}$,则

$$c_n = c_0 \left(\frac{1}{1+D} \right)^n \tag{13-10}$$

$$\frac{c_n}{c_0} = \left(\frac{1}{1+D} \right)^n$$

若 $c_n/c_0 = 1/1000$ 时,可认为 A 已被有机溶剂定量萃取,即

$$\frac{1}{1000} = \left(\frac{1}{1+D} \right)^n \tag{13-11}$$

上式两边取对数,并整理得

$$n = \frac{3}{\lg(1+D)} \tag{13-12}$$

从上式可以看到,分配比越大,萃取次数 n 就越小,即用少数几次萃取就可以达到定量分离的目的(表 13-7)。

表 13-7 分配比与萃取次数的关系($E = 99.9\%$)

D	1	10	100	1000
n	10	3	2	1

(三)分离系数和分配比

溶剂萃取法是一种重要的分离方法。为了说明两种溶质的分离效果,引进分离系数这个概念。若在同一水相中有两种溶质 A 和 B,用某种有机溶剂萃取,它们的分配比分别为 D_A 和 D_B,则分离系数 β 定义为

$$\beta_{A/B} = \frac{D_A}{D_B} = \frac{c_{A\text{有}}/c_{A\text{水}}}{c_{B\text{有}}/c_{B\text{水}}} = \frac{c_{A\text{有}}/c_{B\text{有}}}{c_{A\text{水}}/c_{B\text{水}}} \tag{13-13}$$

β 表示两种溶质 A 和 B 在同一萃取体系中分配比的比值,它体现了 A 与 B 从水相转移到有机相难易程度的差别。通常易被萃取的物质的分配比越大,不易被萃取的物质的分配比越小,两种物质的分离效率越高。当两种物质的分配比均很大(或均很小),虽然 β 值很大,两种物质也不一定容易分开。例如在 5% 三辛基氧化磷的甲苯溶液与 4.0mol/L HCl 溶液的体系中,Au(Ⅲ) 和 U(Ⅵ) 的分配比分别为 8.0×10^4 和 1.2×10^4。β 值为 6.7, β 值虽较大,但两者均易被萃取入有机相,不能有效分离。

一般情况下,$\beta = 1$,$D_A = D_B$,A 与 B 难于分离;$\beta \gg 1$,A 与 B 可以分离,A 在有机相;$\beta \ll 1$,A 与 B 可以分离,A 在水相。$\beta \approx 1$ 的体系应重新选择萃取体系。

二、萃取过程

无机盐溶于水并发生离解时,形成水合离子,它们易溶于水而难溶于有机溶剂,这种性质称为亲水性;许多有机化合物如油脂、酚酞、PAN 等以及常用的有机溶剂,它们难溶于水而易溶于有机溶剂中,这种性质称为疏水性。如果要从水相中萃取一种金属离子,一

般需要利用萃取剂或萃取溶剂在水相中与水合金属离子反应,使它成为一种疏水性的易溶于有机溶剂的化合物。例如 Ni^{2+} 在水溶液中以 $Ni(H_2O)_6^{2+}$ 型体存在,是亲水的。在氨性溶液中(pH=9)加入丁二肟,它与 Ni^{2+} 形成螯合物。此时水合离子中的水分子被置换出来,螯合物不带电荷,并引入了两个带有疏水基团的有机分子,具有疏水性。加入 $CHCl_3$,振荡,Ni^{2+}-丁二肟螯合物被萃取入有机相。若再在有机相中加入 HCl,当酸的浓度达 0.5 -1mol/L 时,螯合物被破坏,Ni^{2+} 恢复其水合离子的亲水性,又重新返回到水相中,这一过程称为反萃取。萃取和反萃取配合使用,可以提高萃取分离的选择性。

三、萃取体系和萃取条件的选择

(一) 中性配位萃取体系

这一类萃取的特点是:① 待萃取的金属离子化合物以中性分子存在。例如 La^{3+} 在水相中可能以 La^{3+},$La(NO_3)^{2+}$,$La(NO_3)_2^+$,$La(NO_3)_3$ 几种型体存在,但只有中性分子 $La(NO_3)_3$ 被萃取;② 萃取剂也是中性分子,如磷酸三丁酯(TBP);③ 萃取剂与待萃取物生成中性配合物 $La(NO_3)_3 \cdot 3TBP$,其中 La^{3+} 的配位数等于 9。中性配位萃取体系可分为中性含磷萃取体系、中性含氮萃取体系及酮、醚、醇、酯等在弱酸性溶液中或 HNO_3 介质中萃取金属盐的萃取体系等。

TBP 是一种常用的萃取剂。浓 HNO_3 中 TBP 对 Fe(Ⅲ),Sc(Ⅲ),Nb(Ⅴ) 等有较高的分配比,对 Au(Ⅲ),W(Ⅵ) 的分配比不高;但在较低酸度时(1 mol/L HNO_3),Au(Ⅲ),W(Ⅵ) 的分配比提高,而 Fe(Ⅲ),Sc(Ⅲ),Nb(Ⅴ) 的分配比下降,因此通过改变溶液的酸度可使它们分离。Al^{3+},Ni^{2+},Ga^{3+} 不被萃取,可与其它物质分离。

(二) 螯合萃取体系

这种萃取体系在分析化学中应用最广泛。螯合萃取剂通常是有机弱酸,它含有可被置换 H^+ 的酸性基团(如 —OH,=NOH,—SH,—COOH 等)和可配位的官能团(如 $\diagdown$C=O,=N—,—N=N—,$\diagdown$C=S 等)。在萃取过程中,金属离子将酸性基团中的 H^+ 置换出来形成离子键,同时以配位键与配位基结合形成环状结构的疏水的金属螯合物。例如 1-苯基-3-甲基-4-苯甲酰基吡唑啉-5-酮(PMBP)的苯溶液萃取 Cu^{2+},水相 pH>1.5 时,Cu^{2+} 几乎完全被萃取而与 Zn^{2+} 分离。PMBP 具有二酮和烯醇式两种互变异构体:

$$\underset{(二酮式)}{\underset{}{H_5C_6-\overset{\overset{H_3C-\overset{N}{\underset{|}{C}}}{|}}{\underset{\underset{O}{\|}}{C}}-\overset{H}{\underset{|}{C}}-\overset{}{\underset{\underset{O}{\|}}{C}}-N-C_6H_5}} \rightleftharpoons \underset{(烯醇式)}{\underset{}{H_5C_6-\overset{\overset{H_3C-\overset{N}{\underset{|}{C}}}{|}}{C}=C-\overset{}{\underset{\underset{OH}{}}{C}}-N-C_6H_5}}$$

它对金属离子的萃取是按稀醇式进行的:

$$\tfrac{1}{2}Cu^{2+} + \underset{}{H_5C_6-\overset{H_3C-\overset{N}{\underset{|}{\|}}}{\underset{}{C=C-C}}-N-C_6H_5} \longrightarrow \underset{}{H_5C_6-\overset{H_3C-\overset{N}{\underset{|}{\|}}}{\underset{}{C=C-C}}-N-C_6H_5} + H^+$$

这种螯合物由于苯环等存在,易溶于有机溶剂苯中被萃取。

用含有螯合剂的有机溶剂萃取金属离子,有如下的平衡关系(为了简化,不考虑离子强度和副反应的影响):

$$M^{n+}_{水} + nHL_{有} \rightleftharpoons ML_{n有} + nH^{+}_{水}$$

萃取平衡常数 K_{ex}(简称萃取常数)表示为:

$$K_{ex} = \frac{[ML_n]_{有}[H^+]^n_{水}}{[M^{n+}]_{水}[HL]^n_{有}} \tag{13-14}$$

从所包括的各个平衡,推导出 K_{ex}:

$$ML_{n水} \rightleftharpoons M^{n+} + nL^- \quad K_{稳} = \frac{[ML_n]_{水}}{[M^{n+}]_{水}[L^-]^n_{水}} \tag{a}$$

$$ML_{n水} \rightleftharpoons ML_{n有} \quad K_{D,ML_n} = \frac{[ML_n]_{有}}{[ML_n]_{水}} \tag{b}$$

$$HL_{水} \rightleftharpoons H^+_{水} + L^-_{水} \quad K_a = \frac{[H^+]_{水}[L^-]_{水}}{[HL]_{水}} \tag{c}$$

$$HL_{有} \rightleftharpoons HL_{水} \quad K_{D,HL} = \frac{[HL]_{有}}{[HL]_{水}} \tag{d}$$

从(a),(b)式得

$$\frac{[ML_n]_{有}}{[M^{n+}]_{水}} = K_{D,ML_n} K_{稳} [L^-]^n_{水} \tag{e}$$

从(c),(d)式得

$$\frac{[H^+]_{水}}{[HL]_{有}} = \frac{K_a}{K_{D,HL}[L^-]_{水}} \tag{f}$$

将式(e),(f)代入式(13-14),得

$$K_{ex} = \frac{[ML_n]_{有}[H^+]^n_{水}}{[M^{n+}]_{水}[HL]^n_{有}} = \frac{K_{D,HL} K_{稳} K_a^n}{K_{D,HL}^n} \tag{13-15}$$

当没有副反应存在时,并忽略水相中的 ML_n,有机相只以 ML_n 型体存在,则 $[ML_n]_{有}/[M^{n+}]_{水}$ 近似地等于分配比 D:

$$D \approx \frac{[ML_n]_{有}}{[M^{n+}]_{水}} = K_{ex} \frac{[HL]^n_{有}}{[H^+]^n_{水}} \tag{13-16}$$

即分配比与萃取常数、试剂浓度和 H^+ 浓度有关,如果固定试剂浓度,即 $[HL]_{有}$ 是定值,并设 $K_{ex}[HL]^n_{有}=K'$,则

$$D = K'[H^+]^{-n}_{水} \tag{13-17}$$

$$\lg D = \lg K' + n\text{pH}_{水} \tag{13-18}$$

将 D 与萃取率 E 的关系式(13-8)代入式(13-17),并取对数,得

$$\lg D = \lg E - \lg(100-E) = \lg K' + n\text{pH}_{水} \tag{13-19}$$

可见水相的 pH 值对螯合物的萃取影响很大。对弱酸性螯合剂,pH 越大,萃取百分率越高,因此,如果水相金属离子不水解,提高水相的 pH 可提高萃取率。螯合萃取中常用 E-pH 关系图表示水相 pH 对萃取的影响。

图 13-2 表示一定条件下双硫腙-CCl_4 溶液萃取金属离子时 pH 与 E 的关系。由图可

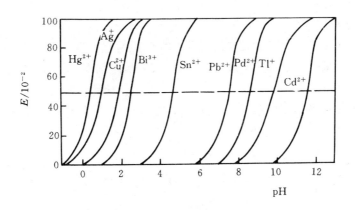

图 13-2　双硫腙的 CCl_4 溶液萃取金属离子时 $E\%$ 与 pH 的关系

见，改变水相的 pH 值，可以选择性地萃取某些离子，使其与其它离子分离。例如水相 pH＝4.0 时，Cu^{2+} 可与 Pb^{2+} 分离。实际工作中常用 $pH_{1/2}$（萃取率 50％，$V_有=V_水$，$D=1$ 时的 pH 值）表示金属离子被萃取一半时的 pH 值，即

$$pH_{1/2} = -\frac{1}{n}\lg K' \quad (13-20)$$

$pH_{1/2}$ 仅与 K' 有关。当 $pH<pH_{1/2}$ 时，大部分金属离子留在水相中；当 $pH>pH_{1/2}$ 时，大部分金属离子萃取到有机相。同一体系中两种金属离子能否有效地分离，决定于它们 $pH_{1/2}$ 差值的大小。一般两者的 $pH_{1/2}$ 相差 3 个 pH 单位，分离效果可达到 99.9％。图 13-3 是各种金属离子在 0.01mol/L HOx-CHCl₃ 溶液与水相分配时的 $pH_{1/2}$。

如果金属离子的 $pH_{1/2}$ 值比较接近，仅用调节 pH 的方法不能分离，可在溶液中加入适当的配位掩蔽剂，如 EDTA、酒石酸、柠檬酸、水杨酸、氰化物等，使某些金属离子形成比萃取配合物更稳定的水溶性配合物，不再被萃取。例如 0.15mol/L 噻吩甲酰三氟丙酮(TTA)的苯溶液萃取 U(Ⅵ)，由于 U(Ⅵ)、Th(Ⅳ)、Fe(Ⅲ) 及 Zr(Ⅳ) 的 $pH_{1/2}$ 分别为 0.6、0.5、-0.2 和 -1.5，相差不大，若加入 0.01mol/L EDTA 及 2%NaF，并调节水相 pH＝6，则 U(Ⅵ)的萃取率达 97％，其

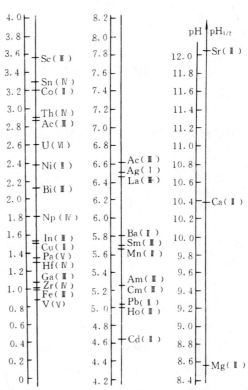

图 13-3　0.1mol/L HOx-CHCl₃ 溶液萃取各种金属离子的 $pH_{1/2}$

余离子基本上不被萃取。

(三) 离子缔合萃取体系

许多阳离子或阴离子能和一种带相反电荷的大体积的有机离子通过静电引力结合成中性的离子缔合物。离子缔合物具有疏水性，可以被有机溶剂萃取。

1. 𨦡盐萃取

萃取剂是含氧化合物，如醚、酮、酯及酰胺等。例如在 6mol/L HCl 介质中用乙醚萃取 $FeCl_3$，反应如下：

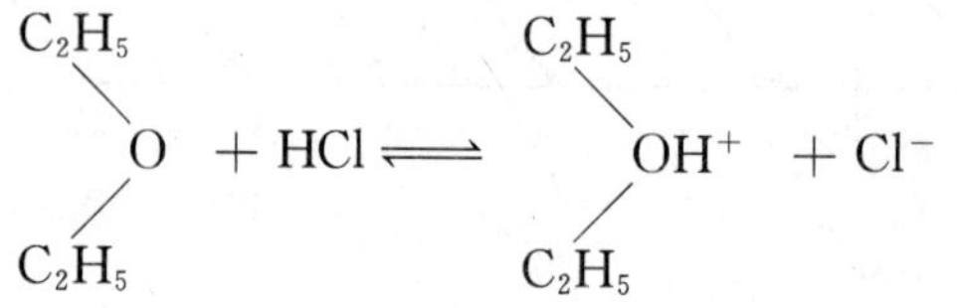

$$(C_2H_5)_2O + HCl \rightleftharpoons (C_2H_5)_2OH^+ + Cl^-$$

$$Fe^{3+} + 4Cl^- \rightleftharpoons FeCl_4^-$$

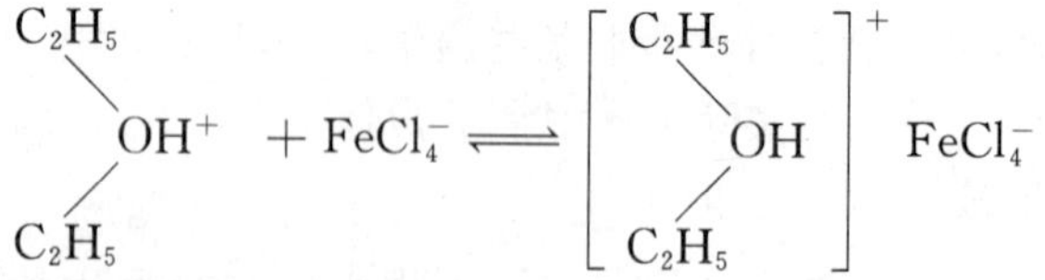

$$(C_2H_5)_2OH^+ + FeCl_4^- \rightleftharpoons [(C_2H_5)_2OH]^+ FeCl_4^-$$

生成的𨦡盐型离子缔合物易被乙醚萃取。

这类萃取的特点是溶剂分子参加到被萃取的分子中去，因此，它既是溶剂又是萃取剂。Fe^{3+} 也可与 HSCN，HBr 分别形成 $Fe(SCN)_4^-$，$FeBr_4^-$ 而被乙醚萃取。

2. 铵盐萃取

萃取剂是含氮化合物，例如各种相对分子质量高的胺类和一些碱性染料。相对分子质量高的胺类是指氨分子中的氢部分或全部为长碳链烷基所取代，如

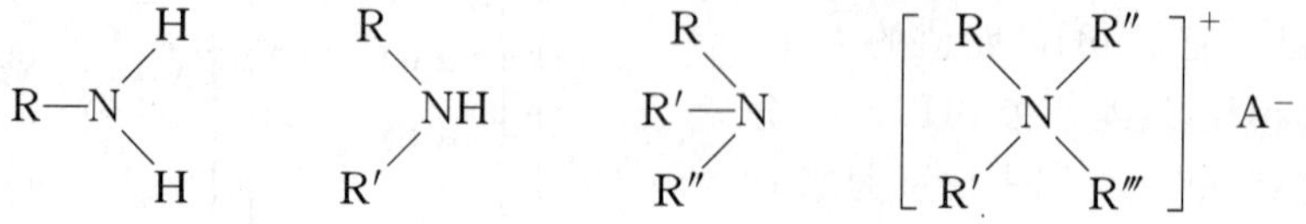

伯胺 仲胺 叔胺 季铵盐

其中 R，R'，R″ 和 R‴ 分别代表不同或相同烷基，A^- 为阴离子如 Cl^-，NO_3^- 等。通常用作萃取剂的碳链应在 8—12 左右，其中叔胺在水中溶解度最小，最易为有机溶剂萃取，应用最广。水溶液中金属离子的配阴离子如 $FeCl_4^-$，$AlCl_4^-$，$InCl_4^-$ 等与这些胺在酸性溶液中形成离子缔合物而被有机溶剂萃取：

$$R_3N + HCl \rightleftharpoons [R_3NH]^+ Cl^-$$

$$[R_3NH]^+ Cl^- + FeCl_4^- \rightleftharpoons [R_3NH]^+ FeCl_4^- + Cl^-$$

例如，三正辛胺(TNOA)在酸性条件下与 Zn、Ti、Zr、Mo、V、Au、Ru、Pd 等金属离子形成离子缔合物，被萃取到苯或二甲苯中，当有显色剂存在时可在有机相显色，直接用于萃取光度法测定。

一些相对分子质量较大的碱性染料(含有胺基)在酸性溶液中与 H^+ 结合成大阳离子(如罗丹明 B、乙基罗丹明 B、丁基罗丹明 B、结晶紫、亚甲基蓝、孔雀绿等)，它们和金属配阴离子结合成离子缔合物被有机溶剂萃取。例如 6mol/L HCl 溶液中 Fe(Ⅲ)，Ga(Ⅲ)，

Au(Ⅲ),Sb(Ⅴ)和 Tl(Ⅲ)与 Cl⁻形成配阴离子,它们与罗丹明 B 阳离子形成离子缔合物被苯萃取。这些离子缔合物具有特征的光吸收性质可直接用于萃取光度测定,选择性好,灵敏度也高。

3. 钾盐(R_4As^+)和鏻盐萃取

氯化四苯钾$(C_6H_5)_4As^+Cl^-$可溶于水,与某些较大的阴离子如 ReO_4^-,MnO_4^-,ClO_4^-,IO_4^-,TaF_6^- 等形成离子缔合物,能被有机溶剂萃取,如$(C_6H_5)_4As^+ReO_4^-$ 能被氯仿萃取。

氯化四苯鏻$(C_6H_5)_4P^+Cl^-$与氯化四苯钾相似已用于萃取分离 Ir 和 Rh。

四、萃取分离技术

溶剂萃取分离法有较高的选择性,但只有选择适当的萃取体系,有效地控制影响分离的各种因素,才能达到预想的分离要求。

(一)有机相的选择

有机相由萃取剂和有机溶剂组成。萃取剂应根据分离对象的主体组分和干扰组分以及它们的相对含量等因素选择。如果要分析纯物质中的微量杂质的含量,最好选择一种萃取体系能将微量杂质萃取出来,将大量基体留在水相,这样萃取剂用量少,回收率高。如果采用相反的步骤,将基体元素萃取到有机相,微量杂质留在水相,则微量杂质可能被萃取挟带,主体组分也可能分离不完全。对有机溶剂的要求是:被萃取物在溶剂中的溶解度尽可能大,以提高萃取效率;与水较少互溶,毒性小,挥发性小,与萃取组分不发生副反应;与水的密度差别较大,粘度低,振荡后易于分层。

(二)水相酸度对萃取的影响

水相酸度对多数萃取体系均有影响。例如在螯合萃取体系中,由式(13-17)可知,溶液的酸度越低,被萃取物质的分配比越大,越有利于萃取。但酸度太低,有些金属离子可能水解。因此应根据不同的金属离子选择适宜的酸度。在离子缔合萃取体系中,酸度对萃取的影响也是显著的。例如以乙醚萃取铁,当 HCl 浓度低时,不易生成 $\begin{matrix}C_2H_5\\\diagdown\\\diagup\\C_2H_5\end{matrix}OH^+$,萃取率就低,只有当 HCl 浓度达 6mol/L 以上,才能有效萃取。

利用水相酸度对分配比的影响,控制溶液的酸度可以提高萃取的选择性,使不同离子得到分离。

(三)提高溶剂萃取选择性的其它辅助方法

1. 利用配位掩蔽法

加入掩蔽剂,使干扰离子生成亲水性化合物而不被萃取。例如用 1,10-二氮菲萃取测定 Fe^{2+},可用 EDTA-柠檬酸为配位掩蔽剂,消除 Al^{3+},Bi^{3+},Cd^{2+},Cr^{3+},$Mo(Ⅵ)$,$Sn(Ⅳ)$,Zn^{2+},$Zr(Ⅳ)$等对 Fe^{2+}测定的干扰。

2. 改变元素的价态

利用被萃取元素价态的改变,也是提高萃取选择性的一种常用的方法。例如铕和钆的分离比较困难,若将 Eu^{3+} 还原为 Eu^{2+},则与 Gd^{3+} 容易分离。用 8-羟基喹啉萃取光度法测定 Ga^{3+},Fe^{3+}有干扰,加入盐酸羟胺,Fe^{3+}还原为 Fe^{2+},不再被萃取。Cr^{3+}可氧化为阴离子

$Cr_2O_7^{2-}$，消除干扰。

3. 利用萃取、反萃取和洗涤的方法

结合萃取、反萃取和洗涤，可以提高分离组分的纯度。例如 pH＝4.0 时，用 8-羟基喹啉萃取钒，铁等也同时被萃取。分离水相后，有机相用 pH＝9.0 的 NH_3-NH_4Cl 溶液反萃取，则钒回到水相中与铁等分离。

§4 离子交换分离法

离子交换分离法是利用离子交换剂与溶液中离子发生交换反应而使离子分离的一种方法。它已广泛应用于无机离子的分离与富集。例如微量分析中除去大量的基体；从大量溶液中富集某些痕量组分；分离性质相近的离子，如碱金属离子、稀土离子和某些同位素；制备高纯水或高纯试剂等。离子交换法还可用于有机化合物和生化物质等的分离。近年来高效离子色谱已经仪器化，它将分离与测定结合起来，大大提高了工作效率。

一、离子交换剂的类型、结构和性能

（一）离子交换剂的类型

任何离子交换剂中总包含功能不同的两部分：

(1) 惰性骨架

骨架材料可分为无机和有机两种。以无机材料为骨架的称为无机离子交换剂，如泡沸石（$Na_2Al_2Si_4O_{12} \cdot nH_2O$，常以 Na_2Z 表示）、粘土、某些金属氧化物等。以有机材料为骨架的称为有机离子交换剂，应用最广泛的是离子交换树脂。本节主要讨论有机离子交换剂。

骨架的作用是负载交换基团。骨架是惰性的，在交换过程中不发生交换反应，但其结构与性能（如颗粒大小及分布、内部孔径、比表面积等）对分离性能有较大的影响。

(2) 离子交换剂的可交换基团

如 $-SO_3H$，$-COOH$，$-\overset{+}{N}(CH_3)_3OH^-$，$-\overset{+}{N}(CH_3)_2C_2H_4OHOH^-$，$-OH$（酚羟基），$-NH_2$ 等基团。这些可交换基团是通过化学反应接到骨架上的。在水溶液中离子交换剂可离解出 H^+ 或 OH^-。例如

$$R-SO_3H \rightleftharpoons R-SO_3^- + H^+$$

$$R-COOH \rightleftharpoons R-COO^- + H^+$$

$$R-OH \rightleftharpoons R-O^- + H^+$$

$$R-NH_2 + H_2O \rightleftharpoons R-\overset{+}{N}H_3 + OH^-$$

$$R-\overset{+}{N}(CH_3)_3OH^- \rightleftharpoons R-\overset{+}{N}(CH_3)_3 + OH^-$$

$$R-\overset{+}{N}(CH_3)_2C_2H_4OH\ OH^- \rightleftharpoons R-\overset{+}{N}(CH_3)_2C_2H_4OH + OH^-$$

其中 R 代表树脂骨架的一个单元。前三种树脂的 H^+ 可与溶液中的阳离子交换：

$$RSO_3H + Na^+ \rightleftharpoons RSO_3Na + H^+$$

因此，这种类型的树脂称为阳离子交换树脂，后三种树脂的 OH^- 可与溶液中的阴离子

交换：

$$RN^+(CH_3)_3OH^- + Cl^- \rightleftharpoons RN^+(CH_3)_3Cl^- + OH^-$$

这种类型的树脂称为阴离子交换树脂。根据可交换基团的酸碱性的强弱，将它们分类列于表 13-8。

表 13-8 离子交换树脂的基本分类

离子交换树脂	类 型	通常使用的可交换基团
阳离子交换树脂	强酸阳离子交换树脂 中等酸阳离子交换树脂 弱酸阳离子交换树脂	$-SO_3H$（磺酸基） $-PO(OH)_2$（膦酸基） $-COOH$（羧酸基）
阴离子交换树脂	强碱阴离子交换树脂 中等碱阴离子交换树脂 弱碱阴离子交换树脂	$-N^+(CH_3)_3OH^-$（季胺） $-N^+(CH_3)_2C_2H_4OH\ OH^-$（季胺） $-NH_2$（胺、多胺）

此外，还有一种螯合树脂，树脂内含有可与某些金属离子形成螯合物的活性基团，如 $-N(CH_2COOH)_2$，在一定条件下，它能选择性地交换某种金属离子，在化学分离中有重要意义。

（二）离子交换树脂的结构

离子交换树脂是具有网状结构的高聚物。例如常用的聚苯乙烯磺酸型阳离子交换树脂，是由苯乙烯和二乙烯苯聚合，得树脂的骨架，反应如下：

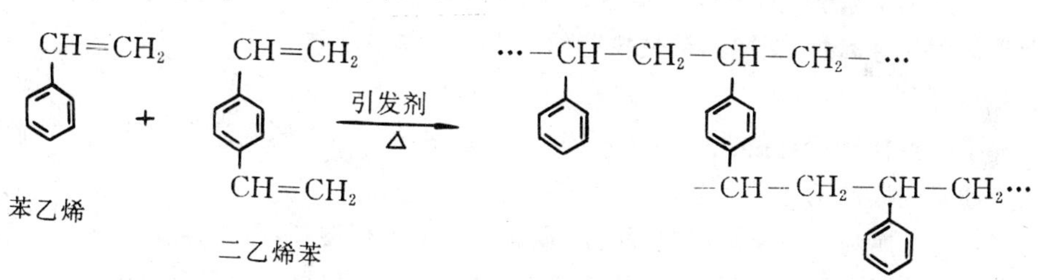

该树脂的骨架再经磺化或胺化等反应，得到带不同基团的离子交换树脂。例如苯乙烯和二乙烯苯聚合后在 Ag_2SO_4 催化剂的作用下经磺化得到的聚苯乙烯磺酸型离子交换树脂的结构式为：

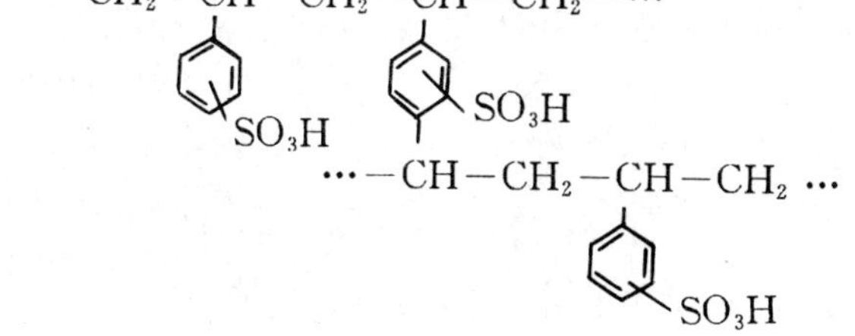

这种树脂化学性质稳定，不易受强酸、强碱、氧化剂或还原剂的影响。

(三) 离子交换树脂的性能

1. 交联度

二乙烯苯在长链状的聚苯乙烯分子中起交联作用,使形成立体网状结构。交联的程度用交联度表示,它以二乙烯苯在反应物中重量百分比表示:

$$\text{交联度} \% = \frac{\text{二乙烯苯的重量}}{\text{反应混合物的总重量}} \times 100\% \tag{13-21}$$

一般树脂的交联度为 8%—10%。交联度的大小直接影响树脂骨架的网状结构的紧密程度和孔径大小,它与交换反应速度和选择性有密切关系。实际工作中,应根据分析对象选择适当交联度的树脂。

2. 交换容量

每种离子交换树脂都有一定量的可交换基团。可交换基团的含量用交换容量表示。交换容量的表示方法至今尚未统一规定[①],1972年国际理论和应用化学学会(IUPAC)推荐用下列符号:

Q_A——分析的重量交换容量。它表示在给定条件下(通常需注明)1 g 干树脂含有相当于多少 m mol 的可交换的 H^+ 或 OH^-。

Q_B——穿透容量。它表示装在柱中已知量的离子交换树脂的实际交换容量。在一定条件下,将一种离子的溶液通过交换柱,直到淋洗液中这种离子的浓度达到指定浓度。用相当于多少 m mol[①] 的 H^+(或 OH^-)离子的这种离子流过 1 g 干树脂表示。

交换容量受骨架的组成影响较大。例如 Dowex 1 Cl^- 型强碱阴离子交换树脂的交联度从 2 变到 12,其分析的重量交换容量由 1 g 干树脂 4.3 m mol 下降到 2.7 m mol。在进行较大量物质的分离时,交换容量是树脂的一个重要指标。

3. 溶胀性

离子交换树脂带有极性的活性基团,具有亲水性。当干树脂浸入水中时,树脂吸水而膨胀。通常树脂的溶胀与下列因素有关:

(1) 可交换基团易离解(如强酸性、强碱性),水合程度高,溶胀程度高;

(2) 与骨架有关,尤其是与交联度和孔结构有关,交联度大,溶胀性小;

(3) 与外部溶液的性质有关,电解质浓度低,溶胀程度高。

二、离子交换平衡

(一) 离子交换平衡和选择系数

以阳离子交换树脂与 Na^+ 交换为例,交换反应如下:

$$R-SO_3H + Na^+ \rightleftharpoons R-SO_3Na + H^+$$

简写为:

$$\overline{H^+} + Na^+ \rightleftharpoons \overline{Na^+} + H^+$$

离子上方的横线表示该离子存在于树脂相,达到平衡时

[①] 按旧算位制,交换容量是指每克干树脂能交换的毫克当量离子,它不是国家法定计量单位。

$$K^0 = \frac{a_{H^+} a_{\overline{Na^+}}}{a_{Na^+} a_{\overline{H^+}}} = \frac{[H^+][\overline{Na^+}]}{[Na^+][\overline{H^+}]} \cdot \frac{\gamma_{H^+} \gamma_{\overline{Na^+}}}{\gamma_{Na^+} \gamma_{\overline{H^+}}} \tag{13-22}$$

为了计算热力学平衡常数 K^0,需要在平衡状态时测定 H^+,Na^+ 在两相中的活度或活度系数,这是比较困难的,为此引入常数 k_{Na^+,H^+}:

$$k_{Na^+,H^+} = \frac{[H^+][\overline{Na^+}]}{[Na^+][\overline{H^+}]} \tag{13-23}$$

k_{Na^+,H^+} 是浓度常数,称为该离子交换树脂对 H^+ 和 Na^+ 的选择系数,用它可以量度给定的离子交换树脂对 H^+ 和 Na^+ 的相对亲和力。k_{Na^+,H^+} 由实验测定。

对于任意一组不同电荷的离子进行交换,

$$m\overline{M_1^n} + nM_2^m \rightleftharpoons n\overline{M_2^m} + mM_1^n$$

选择系数为:

$$k_{M_2^m,M_1^n} = \frac{[\overline{M_2^m}]^n [M_1^n]^m}{[\overline{M_1^n}]^m [M_2^m]^n} \tag{13-24}$$

式中 n,m 分别表示离子 M_1,M_2 所带的电荷。

表 13-9 列出不同阳离子在强酸性阳离子交换树脂 Dowex 50 型上的选择系数;表 13-10 列出不同阴离子在强碱性阴离子交换树脂 Dowex 2 型上的选择系数。

表 13-9 不同阳离子在强酸阳离子交换树脂 Dowex 50 上的选择系数 k_{M,H^+}

离子	选择系数			离子	选择系数		
	4%DVB*	8%DVB	16%DVB		4%DVB	8%DVB	16%DVB
H^+	1.00	1.00	1.00	Cu^{2+}	1.10	1.35	1.40
Li^+	0.76	0.79	0.68	Cd^{2+}	1.13	1.36	1.55
Na^+	1.20	1.56	1.61	Ni^{2+}	1.16	1.37	1.27
NH_4^+	1.44	2.01	2.27	Mn^{2+}	1.15	1.43	1.54
K^+	1.72	2.28	3.06	Ca^{2+}	1.39	1.43	1.54
Rb^+	1.86	2.49	3.14	Sr^{2+}	1.57	2.27	3.16
Cs^+	2.02	2.56	3.17	Pb^{2+}	2.20	3.46	5.65
Ag^+	3.58	6.70	15.6	Ba^{2+}	2.50	4.02	6.52
UO_2^{2+}	0.79	0.85	1.05	Cr^{3+}	1.60	2.00	2.50
Mg^{2+}	0.99	1.15	1.10	Ce^{3+}	1.90	2.80	4.10
Zn^{2+}	1.05	1.21	1.18	La^{3+}	1.90	2.80	4.10
Co^{2+}	1.08	1.31	1.19				

*DVB 为二乙烯苯的缩写。

表 13-10 一些阴离子在强碱阴离子交换树脂 Dowex 2 上的选择系数 k_{X,Cl^-}

离子	Cl^-	Br^-	NO_3^-	F^-	$H_2PO_4^-$	OH^-	ClO_4^-	I^-	CN^-	Ac^-	HSO_4^-	HCO_3^-
选择系数	1.00	2.3	3.3	0.13	0.34	0.65	32	7.3	1.3	0.18	6.1	0.53

知道不同离子对 H^+ 或 Cl^- 的选择系数,可以计算出任意两种阳离子或阴离子间的选择系数。例如,已知

$$\overline{H^+} + Na^+ \rightleftharpoons \overline{Na^+} + H^+$$

$$k_{Na^+,H^+} = \frac{[H^+][\overline{Na^+}]}{[Na^+][\overline{H^+}]} = 1.56$$

及

$$\overline{H^+} + K^+ \rightleftharpoons \overline{K^+} + H^+$$

$$k_{K^+,H^+} = \frac{[H^+][\overline{K^+}]}{[K^+][\overline{H^+}]} = 2.28$$

则可求得下列反应的选择系数 k_{K^+,Na^+}:

$$\overline{Na^+} + K^+ \rightleftharpoons \overline{K^+} + Na^+$$

$$k_{K^+,Na^+} = \frac{[Na^+][\overline{K^+}]}{[K][\overline{Na^+}]} = k_{K^+,H^+}/k_{Na^+,H^+}$$

$$= 2.28/1.56 = 1.46$$

同样,若已知 $k_{Br^-,Cl^-}=2.3$,$k_{I^-,Cl^-}=7.3$,则 $k_{I^-,Br^-}=k_{I^-,Cl^-}/k_{Br^-,Cl^-}=7.3/2.3=3.1$。

(二)离子在离子交换树脂上的分配比

与萃取法中的分配比相似:

$$D = \frac{\text{相当于 1 g 干树脂中离子的分析浓度}}{\text{1 mL 溶液中离子的分析浓度}} \tag{13-25}$$

它表示在一定条件下(例如温度、酸度、配位剂种类和浓度等),达到交换平衡时一种离子在树脂相和液相中分析浓度的比值。它反映某种离子在离子交换树脂上交换能力的强弱。表 13-11 列出某些金属离子在 AG50W-X8 阳离子交换树脂上的分配比,可供选择离子交换分离方法时参考。

表 13-11 在不同浓度的 HNO_3 中金属离子在 AG50W-X8 阳离子交换树脂上的分配比

金属离子	HNO_3 浓度/mol/L				
	0.2	0.5	1.0	2.0	4.0
Ag(Ⅰ)	86	36	18	7.9	4.0
Al(Ⅲ)	3900	392	79	17	5.4
As(Ⅲ)	<0.1	<0.1	<0.1	<0.1	<0.1
Ba(Ⅱ)	1560	271	68	13	3.6
Be(Ⅱ)	183	52	15	6.6	3.1
Bi(Ⅲ)	305	79	25	7.9	3.0
Ca(Ⅱ)	480	113	35	9.7	1.8
Cd(Ⅱ)	392	91	33	11	3.4
Ce(Ⅲ)	>10⁴	1840	246	44	8.2

续表

金属离子	HNO$_3$ 浓度/mol/L				
	0.2	0.5	1.0	2.0	4.0
Co(Ⅱ)	392	91	29	10	4.7
Cr(Ⅲ)	1620	418	112	28	11
Cu(Ⅱ)	356	84	27	8.6	3.1
Fe(Ⅲ)	4100	362	74	14	3.1
Ga(Ⅲ)	4200	445	94	20	5.8
Hg(Ⅰ)	7600	640	94	34	14
Hg(Ⅱ)	1090	121	17	5.9	2.8
In(Ⅲ)	>10^4	680	118	23	5.8
La(Ⅲ)	>10^4	1870	267	47	9.1
Mg(Ⅱ)	295	71	23	9.1	4.1
Mn(Ⅱ)	389	89	28	11	3.0
Mo(Ⅵ)	5.2	2.9	1.6	1.0	0.6
Ni(Ⅱ)	384	91	28	10	7.3
Pb(Ⅱ)	1420	183	36	8.5	4.5
Th(Ⅳ)	>10^4	>10^4	1180	123	25
Ti(Ⅳ)	461	71	15	6.5	3.4
V(Ⅴ)	11	4.9	2.0	1.2	0.5
Zn(Ⅱ)	352	83	25	7.5	3.6
Zr(Ⅳ)	>10^4	>10^4	6500	652	31

分配比与选择系数有一定的联系,用例 2 说明。

例 2 已知 Pb^{2+} 在某阳离子交换树脂及 HNO_3 体系中的选择系数 $k_{Pb^{2+},H^+}=3.46$。今将 2g H^+ 型树脂与 100 mL 含 0.001 mol/L Pb^{2+} 的 0.100 mol/L HNO_3 溶液一起振荡,达到平衡时测定溶液中 $[H^+]=0.102$ mol/L,求 Pb^{2+} 的分配比及平衡时溶液中剩余的 Pb^{2+} 浓度。已知该树脂的交换容量为 5.00 m mol/g。

解 交换反应为

$$2\overline{H^+} + Pb^{2+} \rightleftharpoons \overline{Pb^{2+}} + 2H^+$$

$$k_{Pb^{2+},H^+} = \frac{[\overline{Pb^{2+}}][H^+]^2}{[Pb^{2+}][\overline{H^+}]^2} = 3.46$$

平衡时,$[H^+]=0.102$ mol/L ≈ 0.102 m mol/g

$$[\overline{H^+}] = \frac{5.00-(0.102-0.100)\times 100}{2} \text{ m mol/g} = 2.40 \text{ m mol/g}$$

所以
$$\frac{[\overline{Pb^{2+}}]}{[Pb^{2+}]}=3.46\frac{[\overline{H^+}]^2}{[H^+]^2}=3.46\left(\frac{2.40}{0.102}\right)^2=1916$$

即 $D=1916$

设平衡时树脂中有 x mol Pb^{2+}，溶液中有 y mol Pb^{2+}，则

$$x+y=0.001\times 0.1$$

$$\frac{x}{2}\Big/\frac{y}{100}=1916$$

解得 $y=2.54\times 10^{-6}$ mol

平衡时溶液中剩余 Pb^{2+} 浓度为 2.54×10^{-5} mol/L。

选择系数和分配比都可用来比较树脂对不同离子的选择性，但两者有一定的差别。选择系数与溶液的酸度关系不大，分配比受酸度的影响较大，必须指明酸度再给出分配比才有意义。

（三）离子交换树脂的亲和力

离子交换树脂对离子的亲和力反映离子在离子交换树脂上的交换能力。这种亲和力和水合离子半径、电荷数和离子极化程度有关。

室温下，稀溶液中，在不存在配位剂的情况下，离子交换树脂对不同离子的亲和力有下列顺序：

1. 强酸性阳离子交换树脂

不同价态的离子，电荷越高，亲和力越大：

$$Na^+ < Ca^{2+} < Al^{3+} < Th^{4+}$$

一价阳离子：

$$Li^+ < H^+ < Na^+ < NH_4^+ < K^+ < Rb^+ < Cs^+ < Tl^+ < Ag^+$$

二价阳离子：

$Mg^{2+} < Zn^{2+} < Co^{2+} < Cu^{2+} < Cd^{2+} < Ni^{2+} < Ca^{2+} < Sr^{2+} < Pb^{2+} < Ba^{2+}$

稀土离子的水合离子半径随原子序数增大而增大，因而亲和力的顺序为：

$La^{3+} > Ce^{3+} > Pr^{3+} > Nd^{3+} > Sm^{3+} > Eu^{3+} > Gd^{3+} > Tb^{3+} > Dy^{3+} > Y^{3+} > Ho^{3+} > Er^{3+} > Tm^{3+} > Yb^{3+} > Lu^{3+} > Sc^{3+}$

2. 强碱性阴离子交换树脂

常见阴离子：

$F^- < OH^- < CH_3COO^- < HCOO^- < Cl^- < NO_2^- < CN^- < Br^- < C_2O_4^{2-} < NO_3^- < HSO_4^- < I^- < CrO_4^{2-} < SO_4^{2-}$

以上顺序仅仅是一般规律，当温度升高，离子浓度增大或有配位剂及有机溶剂存在时，离子亲和力的顺序可能改变。

三、离子交换分离的操作方法

（一）单杯接触法

在待分离物质的溶液中加入一定量离子交换树脂，搅拌或振荡，达平衡后过滤、离心或倾泻分离树脂。这种方法仅是单次平衡，分离效率不高，但操作简便。常用于分离要求

不高,分配比相差较大的分离体系。有时也用于物理常数的测定,例如选择系数、配合物稳定常数的测定等。在交换过程中如果有沉淀析出或有气体逸出时也用此法。

(二) 离子交换柱色谱法

柱色谱法也称柱层析法。它是离子交换分离法中最常用的一种方法,分离效率高。分离过程如下:

1. 选择树脂和淋洗体系

根据分离的对象和要求,选择适当类型的树脂和淋洗体系。选择时首先考虑分配比。分配比太高,溶液中的离子比较容易被吸附,但不易洗脱,树脂也不易再生。其次要考虑选择系数,选择系数相接近的两种离子难以分开。例如分离 Fe^{3+},Co^{2+} 和 Ni^{2+},由表 13-8 可见在 AG50WX-8 型树脂和 HNO_3 体系中,$D_{Fe^{3+}} \gg D_{Co^{2+}}$ 和 $D_{Ni^{2+}}$,且在 0.2mol/L HNO_3 中差异最大,因此,在此酸度下可分离除去 Fe^{3+},而 $D_{Co^{2+}} \approx D_{Ni^{2+}}$,难以分开,此时可在淋洗液中加入 0.05mol/L EDTA,当 pH=5.0 时,可洗脱 Co^{2+};pH=10 时,可洗脱 Ni^{2+},使两者分离。

2. 装柱

选择下部有玻璃活塞的玻璃柱,柱长和柱径比通过实验确定。通常待分离离子分配比相差较小时,就需要较长的柱子。但柱子长,阻力加大,需加压才能维持一定的流量。玻璃柱下放玻璃纤维,以防止树脂流失。先用水,再用酸浸润树脂,除去杂质,然后用水漂洗至中性,此时阳离子树脂已转化为 H^+ 型,阴离子树脂已转化为所用的酸根型。将树脂浸于水中备用。在交换柱中充满水的情况下,把树脂装入柱中,一边加一边轻敲柱子,使其填实并防止树脂层中夹有气泡。保持液面始终高于树脂层,以防止树脂干裂。装好的柱上部再覆盖一层玻璃纤维(图 13-4)。

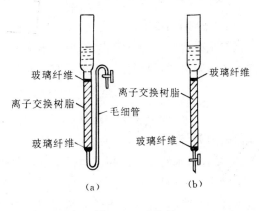

图 13-4 交换柱

3. 柱上分离

交换柱先加入较低酸度的溶液,达平衡后,将待分离试液缓慢地注入柱内,以适当的流速从上向下流经交换柱进行交换。试样溶液应是体积尽可能小的浓溶液。如果是从大量溶液中富集痕量元素,试样溶液的酸度尽可能低一些,以增加待富集组分的分配比,提高回收率。交换完成后,用洗涤液(通常用去离子水或不含待测组分的并对后继测定不干扰的试剂空白液)洗去残留试液和树脂中的被交换下来的离子。

4. 洗脱

将交换到树脂上的离子用淋洗剂按顺序洗脱下来,这一过程称为洗脱。以洗脱时间(或淋洗剂的体积)对离子浓度作图,得淋洗曲线(图 13-5)。也可用自动检测法自动检测淋洗曲线。淋洗曲线通常呈正态分布状。接取 V_1-V_2 段体积的溶液,即可测定被交换离子的含量。

如果是几种离子的混合溶液，如 Li^+, Na^+, K^+ 三种离子的混合溶液，得淋洗曲线如图 13-6 所示。按峰出现的次序分别收集各段流出液，即可测定各组分含量。

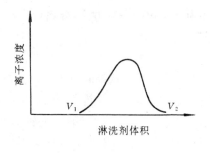

图 13-5　淋洗曲线　　　　　　　　图 13-6　Li^+, Na^+, K^+ 的淋洗曲线

5. 树脂再生

一次分离完成后，使柱内树脂再生，将柱子恢复至交换前的状态，以备下次应用。

四、离子交换分离法的应用

（一）去离子水的制备

天然水中含有各种电解质，可用离子交换法净化。该法用 H^+ 型强酸阳离子交换树脂除去水中的阳离子，再用强碱阴离子交换树脂除去水中的阴离子。以 NaCl 的去除为例：

$$R-SO_3^-H^+ + Na^+ \rightleftharpoons R-SO_3^-Na^+ + H^+$$

$$R'-\overset{+}{N}(CH_3)_3OH^- + Cl^- \rightleftharpoons R'-\overset{+}{N}(CH_3)_3Cl^- + OH^-$$

交换出来的 H^+ 和 OH^- 结合生成水。净化水都用复柱法，把阴、阳离子交换柱串联起来，串联的级数增加，水的纯度提高。但仅增加串联级数不能制得超纯水，因为柱上的交换反应多少会发生一些逆反应，例如 H^+ 又将 Na^+ 交换下来，OH^- 又将 Cl^- 交换下来，因此在串联柱后增加一级"混合柱"（阳离子树脂和阴离子树脂按 1∶2 体积比混合装柱），这样交换出来的 H^+ 及时与 OH^- 结合成水，可以得到超纯水。

离子交换树脂交换饱和后失去净化作用，此时需要再生。再生是上述反应的逆过程。以强酸（如 HCl）处理阳离子交换柱，以强碱（如 NaOH）处理阴离子交换柱。混合柱应先利用比重的差别将两种树脂分开，分别再生后混合装柱。

（二）痕量元素的预富集

采用近代仪器分析法（如原子吸收或发射光谱法、分光光度法、极谱法等）直接测定痕量元素的含量尚有困难。一方面是由于仪器的检测限达不到测量要求；另一方面是大量基体干扰测定。用离子交换技术可将痕量元素从几升或几十升溶液中交换到小柱上，然后用少量淋洗液洗脱，这样痕量元素的富集倍数 F 可达 10^3-10^5。一种测定到 10^{-6} mol/L 的测定方法，经离子交换富集后可测定到 $10^{-9}-10^{-11}$ mol/L。为了富集痕量元素必须选择合适的离子交换剂-溶剂体系，使被富集元素对离子交换剂有很高的亲和力，或者被分离的离子间分配系数相差很大，才能达到定量回收或有效分离的目的。例如，

蒸馏水中 痕量 Cu^{2+}, Fe^{3+} $\xrightarrow{H^+型磺酸阳离子交换树脂}$ $\xrightarrow{HCl洗脱}$ 洗脱液 $\xrightarrow{蒸发至干}$ $\xrightarrow{制成10mL溶液}$ 测定

富集倍数 F 可达 1000。又如

海水 (250L) $\xrightarrow{HCl酸化}$ $\xrightarrow{Cl^-型 Amberlite\ IRA-400柱}$ $\xrightarrow{洗涤树脂}$ $\xrightarrow{灼烧除去树脂}$ 灰分 $\xrightarrow{制成溶液}$ 原子吸

收法测定 Au，富集倍数 F 达 2×10^7，再如

试样 (Cu 中痕量的 Au) $\xrightarrow{HCl+HNO_3}$ Cu^{2+}, $AuCl_4^-$ $\xrightarrow[(20mm\times12mm^2)]{Cl^-型 Amberlite\ IRA-400柱}$ $AuCl_4^-$ 留在树脂上 $\xrightarrow{灼烧除去树脂}$ 灰分 $\xrightarrow{制成溶液}$ 分光光度法测定 Au 可测定 Cu 中 0.5－100ng/g 的 Au。

(三) 性质相似元素的分离 高效离子交换色谱可分离性质相似的元素。例如用细颗粒阳离子交换柱(75mm×0.2mm²)，用 0.4mol/L α-羟基异丁酸，pH 为 3.1-6.0，进行梯度淋洗，可在 38min 内将 14 种镧系元素和 Sc^{3+}，Y^{3+} 分离，淋洗曲线如图 13-7 所示。Zr(IV)与 Hf(IV)很难分离，用 Dowex 50 阳离子交换柱，0.25mol/L H_2SO_4 为淋洗剂，先流出 Zr(IV)，其中含 Hf(IV)<0.01%，再以 0.75mol/L H_2SO_4 淋洗，流出 Hf(IV)。

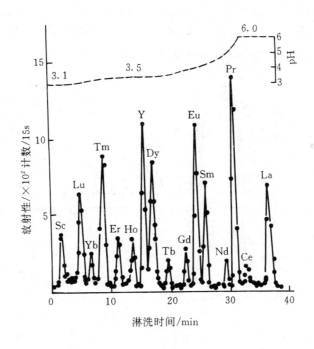

图 13-7 稀土元素的离子交换色谱分离

(四) 难分离的物质的分离

1. 阴离子的分离

在 OH^- 型强碱阴离子交换柱 Dowex 1-X4(50cm×0.79cm²)上可分离 F^-，Cl^-，Br^-，I^-，CNS^- 混合物。将待分离的混合物调成中性或微酸性，加至柱上，放置 30min。然后用不同浓度的 KOH 淋洗，流速 1mL/min，

0.045mol/L　KOH，洗脱 F^-；
0.32mol/L　KOH，洗脱 Cl^-；
0.72mol/L　KOH，洗脱 Br^-；
1.63mol/L　KOH，洗脱 I^-；
1.93mol/L　KOH，洗脱 CNS^-。

可以定量分离。

2. 碱金属离子的分离

分离 Li^+,Na^+,K^+ 三种离子，将试液通过 H^+ 型强酸性阳离子交换柱，Li^+,Na^+,K^+ 都交换于柱的上端。用 0.1mol/L HCl 淋洗，由于树脂对 Li^+,Na^+,K^+ 的亲和力大小顺序是 $K^+>Na^+>Li^+$，因此 Li^+ 先被洗脱，其次是 Na^+，最后是 K^+，如果图 13-6 所示。

近年来离子色谱的发展使得阴离子及一价、二价阳离子的分离分析更为方便。离子色谱由细颗粒高效离子交换树脂作固定相，用高压泵输送淋洗液，待分离物质用注射器注入色谱柱，经柱分离后的淋洗峰自动检测并记录。按照峰的保留时间可定性，峰的面积可以定量。

3. 氨基酸的分离

基于氨基酸对树脂活性基团亲和力的差异，选用适当的淋洗剂，把交换上去的氨基酸从树脂上依次洗脱下来，达到分离的目的。用 Dowex 50 交换树脂，用 pH 递增的柠檬酸盐缓冲溶液(pH 为 3.4—11.0)作洗脱剂，得淋洗曲线(图 13-8)。

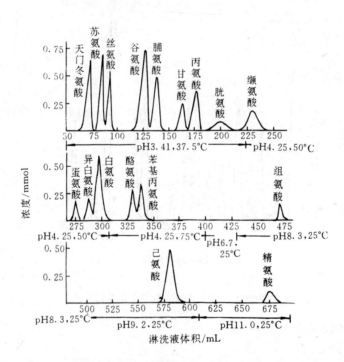

图 13-8　氨基酸的离子交换色谱

柱：1000mm×64mm²，Dowex 50(Na^+，0.03—0.06mm)

§5 吸附柱色谱法、纸色谱法和薄层色谱法

一、吸附柱色谱法

吸附柱色谱法是把吸附剂（固定相，如氧化铝、硅胶等）装入柱中（图 13-9(1)），在柱的顶部注入试液，如果试液中含有 A，B 两种组分，它们都被吸附在柱的上端（图 13-9(2)）。然后用一种淋洗剂（流动相）淋洗，A 和 B 两组分随淋洗剂下流而移动。在淋洗剂淋洗时，柱内连续不断地发生溶解、吸附、再溶解和再吸附的现象。由于吸附剂对不同组分的选择性吸附和 A，B 的分配系数不同，A，B 移动的距离不同，经过一定程度的淋洗后，A，B 两组分可以完全分开，形成两个环带（图 13-9(3)）。如果 A，B 两组分有色，就能看到色环。再继续淋洗，A 先从柱中流出，用容器接收，继续淋洗，B 从柱中流出，用另一容器接收，这样 A，B 两组分即可分离。分配比 D 定义为：

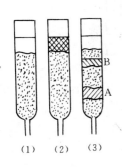

图 13-9 二元混合物色谱分析示意图
(1) 填充柱；
(2) 加入样品柱；
(3) 色谱分离后柱。

$$D = \frac{溶质在固定相中的浓度}{溶质在流动相中的浓度} \tag{13-26}$$

用 D 可以衡量溶质在固定相、流动相分配进行的程度。在低浓度和一定温度时 D 是一常数。当吸附剂一定时，D 仅决定于溶质的性质。D 大，表示该溶质在柱内被吸附得牢固（如图 13-9(3) 中的 B），淋洗时移动速度慢，最后才被淋洗下来；D 小，该溶质在柱内停留的时间短，淋洗时移动速度快，先被淋洗下来（如图 13-9(3) 中的 A）；$D=0$，该溶质不被吸附，即不进入固定相。因此，各组分的 D 相差越大，分离效果越好。

各种物质对不同的吸附剂和淋洗剂有不同的 D 值。为了达到定量分离的目的，应根据被分离物质的结构和性质选择合适的吸收剂和淋洗剂。在工作中常通过实验选择和确定其它的分离条件。

二、纸色谱法

纸色谱法以滤纸作载体。此法设备简单，易于操作，适用于微量组分的分离。

（一）原理

滤纸先在饱和水蒸气的空气中吸收水分后（一般吸收约 20%），其一部分生成水合纤维素配合物，固定在滤纸上作固定相。纸纤维上的羟基具有亲水性，与水的氢键相连，限制了水的扩散。将试液点样在滤纸原点处，然后用展开剂从试液斑点一端靠滤纸的毛细管作用向另一端扩散。当展开剂通过斑点时，试液中各组分随着展开剂向前移动，由于各组分的分配比不同，移动速度不同，使各组分分离（图 13-10）。

各组分在滤纸上移动的位置常用比移值 R_f 表示：

$$R_f = \frac{原点到斑点中心的距离}{原点到溶剂前沿的距离} \tag{13-27}$$

如图 13-11，对 A

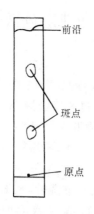 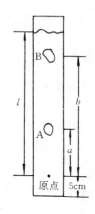

图 13-10　纸色谱分离法　　　　　图 13-11　R_f 值计算示意图

$$R_f = \frac{a}{l}$$

对 B，

$$R_f = \frac{b}{l}$$

R_f 值在 0 与 1 之间，$R_f=0$，表示该组分在原点未移动；$R_f=1$，表示该组分移到溶剂前沿，该组分在固定相中的浓度为 0。在一定条件下，每种物质都有特征的 R_f 值。因此，R_f 是物质定性分析的依据。根据各物质的 R_f，可以判断彼此能否分离。一般情况下，R_f 相差 0.02 以上就可以分离了。

（二）操作方法

1. 选择合适的滤纸

选择合适的滤纸作成滤纸条。滤纸要求不含有被水或有机溶剂溶解的杂质；应有一定强度，当滤纸条被溶剂浸湿后，不应有机械折痕和损伤；滤纸对溶剂的渗透速度适当，渗透速度太快，引起斑点拖尾，影响分离效果，速度太慢，耗费时间太长；纸质应均一，否则会影响实验结果的重复性。

2. 点样

把试液加到滤纸上，称为点样。用毛细管把试液在起始线上与滤纸接触，注意控制试样斑点的直径为 2—5mm。如果试液的浓度太小，可采取多次加样的方法，即每次把小量试液加到滤纸上，待溶剂挥发后在原位置作第二次或第三次点样。为了加快溶剂挥发，可用冷风或热风吹干，或在红外线下烘干。

所取试样的量决定于分离的对象、展开的方法及检出方法等。

3. 展开

展开的方法有上行法、下行法、双向上行展开法和径向展开法等。应用较广的是上行法。在一密闭容器底部放展开剂，点样的滤纸经水蒸气和展开剂饱和后悬挂在密闭容器内，滤纸浸到展开剂的深度约 1cm，试样原点距展开剂液面约 3—4cm（图 13-12(a)）。下行法将展开剂加到储液槽中，滤纸用玻璃环固定，使点样的一端浸到展开剂中，滤纸浸到展开剂的深度约 3—4cm,液面与试样原点之间保持 3—4cm 距离(图 13-12(b))。

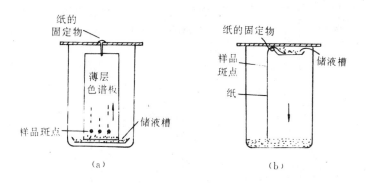

图 13-12 纸色谱的展开装置

上行法操作简单,展开剂渗透速度慢,对 R_f 相差较小的组分分离比较困难,下行法由于重力作用渗透速度较快,可用于 R_f 相差较小的物质的分离。

双向展开法先用一种展开剂在一个方向展开,再换另一种展开剂在垂直方向展开。例如用稀 HCl 饱和的丁醇和丙酮-丁醇-浓 HCl 体系组成的双向展开法,可以分离 Bi^{3+},Cu^{2+},Cd^{2+},Hg^{2+},Co^{2+},Ni^{2+},Mn^{2+},Fe^{3+}(图 13-13)。碱金属和碱土金属的氯化物,用冰乙酸：乙醚：浓 HNO_3 为 6：3：1 的混合溶液展开,风干后,用甲醇：浓 HNO_3：浓 HCl 为 8：1：1 的混合溶液在垂直方向展开,即可分离(图 13-14)。

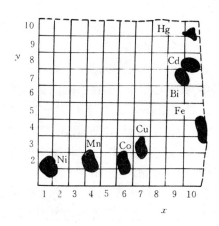

图 13-13 双向展开法示例(1)
展开剂 $\begin{cases} y \text{轴：2mol/L HCl 饱和丁酯} \\ x \text{轴：丙酮-丁醇-浓 HCl} \end{cases}$

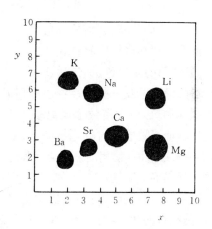

图 13-14 双向展开法示例(2)
展开剂 $\begin{cases} y \text{轴：乙酸：乙醚：浓 } HNO_3=6:3:1 \\ x \text{轴：甲醇：浓 } HNO_3：\text{浓 HCl}=8:1:1 \end{cases}$

一般地说,无机离子相互分离比较容易,分离效果比有机化合物好。很难分离的氨基酸,如果用双向展开法,也可以分离(图 13-15)。

4. 检出

如果试样本身具有鲜明的颜色,分离斑点的判断并不困难。但如果是无色物质,展开

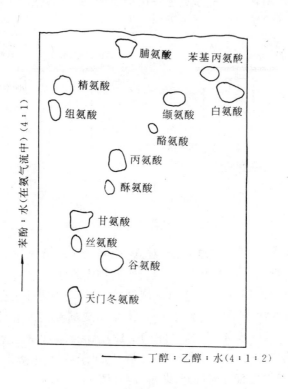

图 13-15 氨基酸的双向展开色谱图

后的位置无法直接判断,必须选择适当的方法来确定物质在纸上的位置。如果检出的方法不适当,将看不到某些物质的存在。

　　检出最常用的是显色法。该法比较简便,选择性好,灵敏度高,可以用于多数物质的检出。例如有机酸、碱及一些两性物质可用 pH 指示剂溶液喷在纸上,再在乙酸或氨上薰一下,出现试样的斑点;大多数金属离子可用 H_2S 检出,纸先放在 H_2S 气流上薰一下,再喷以稀氨水,出现不同颜色的硫化物斑点;Ag^+,Pb^{2+},Sn^{2+},Cd^{2+},Co^{2+},Ni^{2+},Zn^{2+} 等用双硫腙的 $0.5\%CCl_4$ 溶液(使用时新配制)来显色;氨基酸、肽、蛋白质等与茚三酮反应生成紫色(有时也显黄色、蓝色),一般使用 $0.1\%-0.25\%$ 水饱和的丙酮溶液喷到纸上后,在 90—100℃ 数分钟后显色;有些有机化合物在紫外线照射下出现不同的荧光;许多金属离子与 8-羟基喹啉的化合物在紫外线下也呈现不同色调的荧光。利用紫外灯照射产生荧光的方法可以检出许多有机化合物和无机离子。

　　显色之后,立即用铅笔划出各色斑点的位置,以免褪色或变色后不易寻找。

　　5. 测定

　　为了定性分析,可测定显出斑点的 R_f 与已知的 R_f 比较。有时为了更准确鉴定斑点的组分,将显出色斑与标准物质的色斑(标准溶液和待测溶液在同样条件下点样、展开、显色)比较 R_f 值。

　　为了定量分析,将色斑从纸上剪下,经过提取,再用适当的方法测定。

三、薄层色谱法

薄层色谱法是柱色谱法和纸色谱法相结合发展起来的一种新技术。在一块平板玻璃上均匀地涂上一层厚约 0.25mm 的吸附剂（如 Al_2O_3、硅胶、纤维素粉等）作固定相，它们的粒度很细，展开的方法和原理与纸色谱基本相同。

薄层色谱与纸色谱的比较列于表 13-12。

表 13-12　薄层色谱与纸色谱的比较

薄　层　色　谱	纸　色　谱
1. 展开时间短，分离速度快，效率高	1. 比较便宜
2. 固定相种类较多，适用性较高	2. 易于应用下行技术
3. 斑点不易扩散，检出灵敏度较高。测定斑点的面积，是半定量的分析方法	3. 作定量分析时，把纸上斑点剪下来，提取后测定，比较简易
4. 作定量分析时，从板上将溶质斑点刮下来，提取后测定，比较麻烦	

思　考　题

1. 简述分离在化学分析中的作用。
2. 富集和浓缩有什么不同？预富集在分析中可以达到哪些目的？
3. 什么叫回收率 R_A？什么叫富集倍数 F？
4. 简述提高沉淀分离选择性的几种措施。
5. 什么叫溶剂萃取法？
6. 分配系数和分配比有何差别和联系？
7. 离子交换分离法依据的原理是什么？它有什么特点？

习　题

1. 已知 Pb^{2+}，Sr^{2+}，Ba^{2+}，Ra^{2+} 的离子半径分别为 0.132，0.127，0.143，0.156nm，沉淀 $RaSO_4$ 的 $K_{sp}=4.3\times10^{-11}$；Pb^{2+}，Sr^{2+} 和 Ba^{2+} 硫酸盐沉淀的 K_{sp} 见附录八。问

(1) 要富集溶液中微量的 Pb^{2+}，使用 $SrSO_4$ 还是 $BaSO_4$ 作载体更好，为什么？

(2) 要富集溶液中微量的 Ra^{2+}，使用 $PbSO_4$ 还是 $BaSO_4$ 作载体更好，为什么？

2. 以 60.0mL70%叔胺（R 为 C_7-C_9 烷基）-20%辛醇-10%煤油为有机相萃取钨。平衡时水相 pH=5.6，D=2.15，水相体积为 20.0mL。以下列两种方式萃取，(1) 全量一次萃取；(2) 每次用 20.0mL 有机相分三次萃取。若水相中原来钨的浓度为 2.50mg/mL，求水相剩余钨量。并比较两种方式的萃取率。

答：(1) c=0.336mg/mL，　E%=86.6%；
(2) c=0.0800mg/mL，　E%=96.8%

3. 已知某阳离子交换树脂上，k_{Na^+,H^+}=1.58，k_{K^+,H^+}=2.32。若将该树脂与一定体积的低浓度的 K^+，Na^+ 混合溶液接触，平衡后测得树脂中 $[\overline{K^+}]/[\overline{Na^+}]$=1.18，则溶液中 K^+ 和 Na^+ 的浓度比是多少？

答：0.804

附　录

一、弱酸和弱碱在水中的离解常数

1. 弱酸的离解常数

名　称	分子式	温度/℃	离解常数 K_a		pK_a
砷　酸	H_3AsO_4	18	5.62×10^{-3}	(K_{a_1})	2.25
			1.70×10^{-7}	(K_{a_2})	6.77
			3.95×10^{-12}	(K_{a_3})	11.40
亚砷酸	$HAsO_2$	25	6.0×10^{-10}		9.22
硼　酸	H_3BO_3	20	7.3×10^{-10}	(K_{a_1})	9.14
四硼酸	$H_2B_4O_7$	25	$\sim10^{-4}$	(K_{a_1})	~4
			$\sim10^{-9}$	(K_{a_2})	~9
氢氰酸	HCN	25	4.93×10^{-10}		9.31
碳　酸	H_2CO_3	25	4.3×10^{-7}	(K_{a_1})	6.37
			5.6×10^{-11}	(K_{a_2})	10.25
铬　酸	H_2CrO_4	25	1.8×10^{-1}	(K_{a_1})	0.74
			3.2×10^{-7}	(K_{a_2})	6.49
氢氟酸	HF	25	3.53×10^{-4}		3.45
亚硝酸	HNO_2	12.5	4.6×10^{-4}		3.34
磷　酸	H_3PO_4	25	7.52×10^{-3}	(K_{a_1})	2.12
			6.23×10^{-8}	(K_{a_2})	7.21
			4.4×10^{-13}	(K_{a_3})	12.36
氢硫酸	H_2S	18	9.1×10^{-8}	(K_{a_1})	7.04
			1.1×10^{-12}	(K_{a_2})	11.96
硫　酸	H_2SO_4	25	1.20×10^{-2}	(K_{a_2})	1.92
亚硫酸	H_2SO_3	18	1.54×10^{-2}	(K_{a_1})	1.81
			1.02×10^{-7}	(K_{a_2})	6.99
甲　酸	HCOOH	20	1.77×10^{-4}		3.75
乙　酸	CH_3COOH	25	1.76×10^{-5}		4.75
丙　酸	CH_3CH_2COOH	25	1.34×10^{-5}		4.87
一氯乙酸	$CH_2ClCOOH$	25	1.40×10^{-3}		2.85
二氯乙酸	$CHCl_2COOH$	25	3.32×10^{-2}		1.48
三氯乙酸	CCl_3COOH	25	2×10^{-1}		0.70
乙二酸(草酸)	$H_2C_2O_4$	25	5.90×10^{-2}	(K_{a_1})	1.23
			6.40×10^{-5}	(K_{a_2})	4.19
丙二酸	$HOOC-CH_2-COOH$	25	1.49×10^{-3}	(K_{a_1})	2.83

续表

名　称	分子式	温度/℃	离解常数 K_a		pK_a
d-酒石酸	CH(OH)COOH | CH(OH)COOH	25	2.03×10^{-6} 1.04×10^{-3}	(K_{a_2}) (K_{a_1})	5.69 2.85
柠檬酸	CH$_2$COOH | C(OH)COOH | CH$_2$COOH	20 20 20	4.55×10^{-5} 7.10×10^{-4} 1.68×10^{-5} 4.07×10^{-7}	(K_{a_2}) (K_{a_1}) (K_{a_2}) (K_{a_3})	4.34 3.15 4.77 6.39
乙二胺四乙酸	H_6Y^{2+}		1.2×10^{-1} 2.5×10^{-2} 8.5×10^{-3} 1.78×10^{-3} 5.8×10^{-7} 4.6×10^{-11}	(K_{a_1}) (K_{a_2}) (K_{a_3}) (K_{a_4}) (K_{a_5}) (K_{a_6})	0.9 1.6 2.07 2.75 6.24 10.34
苯甲酸	C$_6$H$_5$COOH	25	6.46×10^{-5}		4.19
邻苯二甲酸	o-C$_6$H$_4$(COOH)$_2$	25	1.3×10^{-3} 3.9×10^{-6}	(K_{a_1}) (K_{a_2})	2.89 5.41
苯　酚	C$_6$H$_5$OH	20	1.28×10^{-10}		9.89
水杨酸	C$_6$H$_4$(OH)COOH	19 18	1.07×10^{-3} 4×10^{-14}	(K_{a_1}) (K_{a_2})	2.97 13.40

2. 弱碱的离解常数

名　称	分子式	温度/℃	离解常数 K_b		pK_b
氨　水	NH$_3\cdot$H$_2$O		1.79×10^{-5}		4.75
羟　胺	NH$_2$OH	20	1.07×10^{-8}		7.97
苯　胺	C$_6$H$_5$NH$_2$		4.27×10^{-10}		9.37
苯甲胺	C$_6$H$_5$CH$_2$NH$_2$		2.14×10^{-5}		4.67
乙二胺	H$_2$NCH$_2$CH$_2$NH$_2$	0	5.15×10^{-4} 3.66×10^{-7}	(K_{b_1}) (K_{b_2})	3.29 6.44
三乙醇胺	(HOCH$_2$CH$_3$)$_3$N		7.94×10^{-7}		6.10
六次甲基四胺	(CH$_2$)$_6$N$_4$		1.35×10^{-9}		8.87
吡　啶	C$_5$H$_5$N		1.78×10^{-9}		8.75
1,10 邻二氮菲	C$_{12}$H$_3$N$_2$		6.94×10^{-10}		9.16

二、配合物的稳定常数

金属离子	$\lg\beta_1$	$\lg\beta_2$	$\lg\beta_3$	$\lg\beta_4$	$\lg\beta_5$	$\lg\beta_6$	离子强度 I
氨配合物							
Ag$^+$	3.40	7.40					0.1

续表

金属离子	$\lg\beta_1$	$\lg\beta_2$	$\lg\beta_3$	$\lg\beta_4$	$\lg\beta_5$	$\lg\beta_6$	离子强度 I
Cd^{2+}	2.60	4.65	6.04	6.92	6.6	4.9	0.1
Co^{2+}	2.05	3.62	4.61	5.31	5.43	4.75	0.1
Co^{3+}	7.3	14.0	20.1	25.7	30.8	35.2	2
Cu^{2+}	4.13	7.61	10.48	12.59			0.1
Hg^{2+}	8.80	17.50	18.5	19.4			2
Ni^{2+}	2.75	4.95	6.64	7.79	8.50	8.49	0.1
Zn^{2+}	2.27	4.61	7.01	9.06			
氟配合物							
Al^{3+}	6.16	11.2	15.1	17.8	19.2	19.24	0.53
Fe^{2+}	<1.5						
Fe^{3+}	5.21	9.16	11.86				0.5
Sn^{4+}					25		
Th^{4+}	7.7	13.5	18.0				
TiO_2^{2+}	5.4	9.8	13.7	17.4			
氯配合物							
Ag^+	3.4	5.3	5.48	5.4			
Hg^{2+}	6.74	13.22	14.07	15.07			0.05
Fe^{2+}	0.36	0.4					
Fe^{3+}	0.76	1.06	1.0				
碘配合物							
Ag^+			13.85	14.28			4
Cd^{2+}	2.4	3.4	5.0	6.15			
Hg^{2-}	12.87	23.8	27.6	29.8			0.5
Pb^{2+}	1.3	2.8	3.4	3.9			1
羟基配合物							
Al^{3+}				33.3			2
Ca^{2+}	1.3						0
Cd^{2+}	4.3	7.7	10.3	12.0			3
Fe^{2+}	4.5						1
Fe^{3+}	11.0	21.7					3
Mg^{2+}	2.6						0
Pb^{2+}	6.2	10.3	13.3				0.3
Zn^{2+}	4.9			13.3			2
硫氰根配合物							
Ag^+		8.2	9.5	10.0			2.2
Fe^{2+}	1.0						
Fe^{3+}	2.3	4.2	5.6	6.4	6.4		
Hg^{2+}		16.1	19.0	20.9			1
氰配合物							

续表

金属离子	$\lg\beta_1$	$\lg\beta_2$	$\lg\beta_3$	$\lg\beta_4$	$\lg\beta_5$	$\lg\beta_6$	离子强度 I
Ag^+		21.1	21.9	20.7			0.2
Cd^{2+}	5.5	10.6	15.3	18.9			3
Cu^+		24.0	28.6	30.3			0
Fe^{2+}						35.4	0
Fe^{3+}						43.6	0
Ni^{2+}					31.3		0.1
Zn^{2+}					16.72		0
邻二氮菲配合物							
Ag^+	5.02	12.07					0.1
Cd^{2+}	5.78	10.82	14.92				0.1
Co^{2+}	7.25	13.95	19.90				0.1
Cu^{2+}	9.25	16.0	21.35				0.1
Fe^{2+}	5.9	11.1	21.3				0.1
Fe^{3+}			14.1				0.1
Ni^{2+}	8.8	17.1	24.8				0.1
Zn^{2+}	5.65	12.35	17.55				0.1
硫脲配合物							
Ag^+			13.15				0
Cu^{2+}				15.4			0.1
Hg^{2+}		22.1	24.7	26.8			0.1
Pb^{2+}	0.6	1.04	0.98	2.04			0.1
乙酰丙酮配合物							
Al^{3+}	8.6	16.5	22.3				0
Cu^{2+}	8.31	15.6					0
Fe^{2+}	5.07	8.67					0
Fe^{3+}	9.8	18.8	26.4				0
Ni^{2+}	6.06	10.77	13.09				0
柠檬酸配合物							
Al^{3+}	20						0.5
Cu^{2+}	18						0.1
Fe^{2+}	15.5						1
Fe^{3+}	25.0						1
Ni^{2+}	14.3						0.15
Zn^{2+}	11.4						0.15
酒石酸配合物							
Cu^{2+}	3.2	5.1	5.8	6.2			1
Fe^{3+}		11.86					0.1
Pb^{2+}	3.8						0.5
Zn^{2+}	2.68						0.2

三、EDTA配合物的稳定常数(25℃, $I=0.1$)

金属离子	$\lg K_{稳}$	金属离子	$\lg K_{稳}$	金属离子	$\lg K_{稳}$
Na^+	1.66	Fe^{2+}	14.33	Cu^{2+}	18.8
Li^+	2.8	La^{3+}	15.5	Hg^{2+}	21.8
Ag^+	7.3	Al^{3+}	16.13	Sn^{2+}	22.1
Ba^{2+}	7.76	Co^{2+}	16.31	Cr^{3+}	23
Sr^{2+}	8.6	Cd^{2+}	16.46	Th^{4+}	23.2
Mg^{2+}	8.6	Zn^{2+}	16.5	Fe^{3+}	25.1
Ca^{2+}	10.7	Pb^{2+}	18.0	Bi^{3+}	28.2
Mn^{2+}	14.04	Ni^{2+}	18.6	Zr^{4+}	29.9

四、EDTA 的 $\lg\alpha_{Y(H)}$ 值

pH	$\lg\alpha_{Y(H)}$	pH	$\lg\alpha_{Y(H)}$	pH	$\lg\alpha_{Y(H)}$
0	24.0	4	8.6	8	2.3
1	18.3	5	6.6	9	1.4
2	13.8	6	4.8	10	0.5
3	10.8	7	3.4	11	0.1

五、常见金属离子的 $\lg\alpha_{M(OH)}$ 值

$\lg\alpha_{M(OH)}$ \ pH M 离子	3	4	5	6	7	8	9	10	11	12	13	14
Al^{3+}			0.4	1.3	5.3	9.3	13.3	17.3	21.3	25.3	29.3	33.3
Bi^{3+}	1.4	2.4	3.4	4.4	5.4							
Ca^{2+}											0.3	1.0
Cd^{2+}							0.1	0.5	2.0	4.5	8.1	12.0
Cu^{2+}						0.2	0.8	1.7	2.7	3.7	4.7	5.7
Fe^{2+}							0.1	0.6	1.5	2.5	3.5	4.5
Fe^{3+}	0.4	1.8	3.7	5.7	7.7	9.7	11.7	13.7	15.7	17.7	19.7	21.7
Hg^{2+}	0.5	1.9	3.9	5.9	7.9	9.9	11.9	13.9	15.9	17.9	19.9	21.9
Mg^{2+}									0.1	0.5	1.3	2.3
Mn^{2+}								0.1	0.5	1.4	2.4	3.4
Ni^{2+}							0.1	0.7	1.6			
Pb^{2+}				0.1	0.5	1.4	2.7	4.7	7.4	10.4	13.4	
Zn^{2+}							0.2	2.4	5.4	8.5	11.8	15.5
Mg^{2+}									0.1	0.5	1.3	2.3

六、标准电极电位(18—25℃)

半 反 应	$\varphi^{\ominus}/V$
$1/2F_2+H^++e \rightleftharpoons HF$	3.03
$F_2+2e \rightleftharpoons 2F^-$	2.87
$O_3+2H^++2e \rightleftharpoons O_2+H_2O$	2.07
$S_2O_8^{2-}+2e \rightleftharpoons 2SO_4^{2-}$	2.0
$H_2O_2+2H^++2e \rightleftharpoons 2H_2O$	1.776
$H_5IO_6+H^++2e \rightleftharpoons IO_3^-+3H_2O$	~1.7
$PbO_2+SO_4^{2-}+4H^++2e \rightleftharpoons PbSO_4+2H_2O$	1.685
$MnO_4^-+4H^++3e \rightleftharpoons MnO_2+2H_2O$	1.679
$HClO+H^++e \rightleftharpoons \frac{1}{2}Cl_2+H_2O$	1.63
$2HBrO+2H^++2e \rightleftharpoons Br_2(l)+H_2O$	1.6
$BrO_3^-+6H^++5e \rightleftharpoons \frac{1}{2}Br_2+3H_2O$	1.52
$Mn^{3+}+e \rightleftharpoons Mn^{2+}$	1.51
$MnO_4^-+8H^++5e \rightleftharpoons Mn^{2+}+4H_2O$	1.491
$HClO+H^++2e \rightleftharpoons Cl^-+H_2O$	1.49
$ClO_3^-+6H^++5e \rightleftharpoons \frac{1}{2}Cl_2+3H_2O$	1.47
$PbO_2+4H^++2e \rightleftharpoons Pb^{2+}+2H_2O$	1.46
$HIO+H^++e \rightleftharpoons \frac{1}{2}I_2+H_2O$	1.45
$ClO_3^-+6H^++6e \rightleftharpoons Cl^-+3H_2O$	1.45
$Ce^{4+}+e \rightleftharpoons Ce^{3+}$	1.4430
$BrO_3^-+6H^++6e \rightleftharpoons Br^-+3H_2O$	1.44
$Au^{3+}+3e \rightleftharpoons Au$	1.42
$Cl_2+2e \rightleftharpoons 2Cl^-$	1.3583
$ClO_4^-+8H^++7e \rightleftharpoons \frac{1}{2}Cl_2+4H_2O$	1.34
$Cr_2O_7^{2-}+14H^++6e \rightleftharpoons 2Cr^{3+}+7H_2O$	1.33
$Au^{3+}+2e \rightleftharpoons Au^+$	~1.29
$O_2+4H^++4e \rightleftharpoons 2H_2O$	1.229
$MnO_2+4H^++2e \rightleftharpoons Mn^{2+}+2H_2O$	1.208
$2IO_3^-+12H^++10e \rightleftharpoons I_2+6H_2O$	1.19
$ClO_4^-+2H^++2e \rightleftharpoons ClO_3^-+H_2O$	1.19
$Fe(ph)_3^{3+}+e \rightleftharpoons Fe(ph)_3^{2+}$	1.14
$Br_2(aq)+2e \rightleftharpoons 2Br^-$	1.087
$IO_3^-+6H^++6e \rightleftharpoons I^-+3H_2O$	1.085
$VO_2^++2H^++e \rightleftharpoons VO^{2+}+H_2O$	1.00
$HNO_2+H^++e \rightleftharpoons NO+H_2O$	0.99
$HIO+H^++2e \rightleftharpoons I^-+H_2O$	0.99
$NO_3^-+4H^++3e \rightleftharpoons NO+2H_2O$	0.96
$NO_3^-+3H^++2e \rightleftharpoons HNO_2+H_2O$	0.94

续表

半 反 应	$\varphi^{\ominus}/V$
$2Hg^{2+}+2e \rightleftharpoons Hg_2^{2+}$	0.905
$ClO^-+H_2O+2e \rightleftharpoons Cl^-+2OH^-$	0.90
$Hg^{2+}+2e \rightleftharpoons Hg$	0.851
$\frac{1}{2}O_2+2H^+(10^{-7}mol/L)+2e \rightleftharpoons H_2O$	0.815
$2NO_3^-+4H^++e \rightleftharpoons N_2O_4+2H_2O$	0.81
$Ag^++e \rightleftharpoons Ag$	0.7996
$Hg_2^{2+}+2e \rightleftharpoons 2Hg$	0.7961
$Fe^{3+}+e \rightleftharpoons Fe^{2+}$	0.770
$PtCl_6^{2-}+2e \rightleftharpoons PtCl_4+2Cl^-$	0.74
$O_2+2H^++2e \rightleftharpoons H_2O_2$	0.682
$Hg_2SO_4+2e \rightleftharpoons 2Hg+SO_4^{2-}$	0.6158
$MnO_4^-+2H_2O+3e \rightleftharpoons MnO_2+4OH^-$	0.588
$MnO_4^-+e \rightleftharpoons MnO_4^{2-}$	0.564
$IO_3^-+2H_2O+4e \rightleftharpoons IO^-+4OH^-$	0.56
$I_2+2e \rightleftharpoons 2I^-$	0.5355
$I_3^-+2e \rightleftharpoons 3I^-$	0.5338
$Cu^++e \rightleftharpoons Cu$	0.522
$Cu^{2+}+2e \rightleftharpoons Cu$	0.3402
$VO^{2+}+2H^++e \rightleftharpoons V^{2+}+H_2O$	0.337
$BiO^++2H^++3e \rightleftharpoons Bi+H_2O$	0.32
$Hg_2Cl_2+2e \rightleftharpoons 2Hg+2Cl^-$	0.2682
$HAsO_2+3H^++3e \rightleftharpoons As+2H_2O$	0.2475
$AgCl^-+e \rightleftharpoons Ag+Cl^-$	0.2223
$SbO^++2H^++3e \rightleftharpoons Sb+H_2O$	0.212
$SO_4^{2-}+4H^++2e \rightleftharpoons H_2SO_3+H_2O$	0.20
$Cu^{2+}+e \rightleftharpoons Cu^+$	0.158
$Sn^{4+}+2e \rightleftharpoons Sn^{2+}$	0.15
$S+2H^++2e \rightleftharpoons H_2S(aq)$	0.141
$Hg_2Br_2+2e \rightleftharpoons 2Hg+2Br^-$	0.1396
$Co(NH_3)_6^{3+}+e \rightleftharpoons Co(NH_3)_6^{2+}$	0.1
$S_4O_6^{2-}+2e \rightleftharpoons 2S_2O_3^{2-}$	0.09
$AgBr+e \rightleftharpoons Ag+Br^-$	0.0713
$Ti(OH)^{3+}+H^++e \rightleftharpoons Ti^{3+}+H_2O$	0.06
$2H^++2e \rightleftharpoons H_2$	0.000
$Fe^{3+}+3e \rightleftharpoons Fe$	−0.036
$Ag_2S+2H^++2e \rightleftharpoons 2Ag+H_2S$	−0.0366
$O_2+H_2O+2e \rightleftharpoons HO_2^-+OH^-$	−0.076
$CrO_4^{2-}+4H_2O+3e \rightleftharpoons Cr(OH)_3+5OH$	−0.12
$Pb^{2+}+2e \rightleftharpoons Pb$	−0.1263
$Sn^{2+}+2e \rightleftharpoons Sn$	−0.1364
$O_2+2H_2O+2e \rightleftharpoons H_2O_2+OH$	−0.146

续表

半 反 应	$\varphi^\ominus$/V
$AgI + e \rightleftharpoons Ag + I^-$	-0.1519
$Ni^{2+} + 2e \rightleftharpoons Ni$	-0.23
$Co^{2+} + 2e \rightleftharpoons Co$	-0.28
$Cd^{2+} + 2e \rightleftharpoons Cd$	-0.4026
$Cr^{3+} + e \rightleftharpoons Cr^{2+}$	-0.409
$Fe^{2+} + 2e \rightleftharpoons Fe$	-0.4402
$2CO_2 + 2H^+ + 2e \rightleftharpoons H_2C_2O_4$	-0.49
$S + 2e \rightleftharpoons S^{2-}$	-0.508
$Cr^{2+} + 2e \rightleftharpoons Cr$	-0.557
$2SO_3^{2-} + 3H_2O + 4e \rightleftharpoons S_2O_3^{2-} + 6OH^-$	-0.58
$AsO_4^{3-} + 2H_2O + 2e \rightleftharpoons AsO_2^- + 4OH^-$	-0.71
$Zn^{2+} + 2e \rightleftharpoons Zn$	-0.7628
$HSnO_3^- + H_2O + 2e \rightleftharpoons Sn + 3OH^-$	-0.79
$SO_4^{2-} + H_2O + 2e \rightleftharpoons SO_3^{2-} + 2OH^-$	-0.92
$Sn(OH)_6^{2-} + 2e \rightleftharpoons HSnO_2^- + 3OH^- + H_2O$	-0.96
$Mn^{2+} + 2e \rightleftharpoons Mn$	-1.029
$ZnO_2^{2-} + 2H_2O + 2e \rightleftharpoons Zn + 4OH^-$	-1.216
$H_2AlO_3^- + H_2O + 3e \rightleftharpoons Al + 4OH^-$	-2.35
$Mg^{2+} + 2e \rightleftharpoons Mg$	-2.375
$Na^+ + e \rightleftharpoons Na$	-2.7109
$Ca^{2+} + 2e \rightleftharpoons Ca$	-2.76
$Sr^{2+} + 2e \rightleftharpoons Sr$	-2.89
$Ba^{2+} + 2e \rightleftharpoons Ba$	-2.90
$K^+ + e \rightleftharpoons K$	-2.924
$Li^+ + e \rightleftharpoons Li$	-3.045

七、条件电极电位(18—25 ℃)

半 反 应	条件电极电位/V	介 质
$H_3AsO_4 + 2H^+ + 2e \rightleftharpoons H_3AsO_3 + H_2O$	0.58	1mol/L HCl
$AsO_4^{3-} + 2H_2O + 2e \rightleftharpoons AsO_2^- + 4OH^-$	0.08	1mol/L NaOH
$Ce^{4+} + e \rightleftharpoons Ce^{3+}$	1.4587	0.5mol/L H_2SO_4
$Cr_2O_7^{2-} + 14H^+ + 6e \rightleftharpoons 2Cr^{3+} + 7H_2O$	1.00	1mol/L HCl
	1.08	3mol/L HCl
	1.08	0.5mol/L H_2SO_4
	1.11	2mol/L H_2SO_4
	1.15	4mol/L H_2SO_4
	1.025	1mol/L $HClO_4$
$Fe^{3+} + e \rightleftharpoons Fe^{2+}$	0.770	1mol/L HCl
	0.747	1mol/L $HClO_4$
	0.438	1mol/L H_3PO_4

续表

半反应	条件电极电位/V	介质
$Fe(Ph)_3^{3+}+e \rightleftharpoons Fe(Ph)_3^{2+}$	0.679	$0.5mol/L H_2SO_4$
	1.056	$2mol/L H_2SO_4$
$Hg_2Cl_2+2e \rightleftharpoons 2Hg+2Cl^-$	0.3337	$0.1mol/L$ KCl
	0.2807	$1mol/L$ KCl
	0.2415	饱和 KCl
$I_3^-+2e \rightleftharpoons 3I^-$	0.5446	$0.5mol/L H_2SO_4$
$I_2(aq)+2e \rightleftharpoons 2I^-$	0.6276	$0.5mol/L H_2SO_4$
$MnO_4^-+8H^++5e \rightleftharpoons Mn^{2+}+4H_2O$	1.45	$1mol/L HClO_4$
$Sn^{4+}+2e \rightleftharpoons Sn^{2+}$	0.070	$0.1mol/L HCl$
	0.139	$1mol/L HCl$

八、难溶化合物的溶度积常数

难溶化合物	溶度积 K_{sp}	pK_{sp}	温度/℃
AgBr	7.7×10^{-13}	12.11	25
Ag_2CO_3	6.15×10^{-12}	11.21	25
AgCl	1.56×10^{-10}	9.81	25
Ag_2CrO_4	9×10^{-12}	11.04	25
AgCN*	2.2×10^{-12}	11.66	20
AgOH	1.52×10^{-8}	7.82	20
AgI	1.5×10^{-16}	15.82	25
Ag_2S	1.6×10^{-49}	48.80	18
AgSCN	1.16×10^{-12}	11.94	25
$Al(OH)_3$	2×10^{-32}	31.70	18
$BaCO_3$	8.1×10^{-9}	8.09	25
$BaCrO_4$	1.6×10^{-10}	9.80	18
$BaC_2O_4 \cdot 2H_2O$	1.2×10^{-7}	6.92	18
BaF_2	1.7×10^{-6}	5.77	18
$BaSO_4$	1.08×10^{-10}	9.97	25
$CaCO_3$	8.7×10^{-9}	8.06	25
CaF_2	3.95×10^{-11}	10.40	25
$CaC_2O_4 \cdot H_2O$	2.57×10^{-9}	8.59	25
$CaSO_4$	1.96×10^{-4}	3.71	25
CdS	3.6×10^{-29}	28.44	18
CoS	3×10^{-26}	25.5	18
CuBr	4.15×10^{-8}	7.38	18—20
CuCl	1.02×10^{-6}	5.99	18—20
CuI	5.06×10^{-12}	11.30	18—20
Cu_2S	2×10^{-47}	46.7	16—18
CuSCN	1.6×10^{-11}	10.80	18
CuS	8.5×10^{-45}	44.07	18

续表

难溶化合物	溶度积 K_{sp}	pK_{sp}	温度/℃
$Fe(OH)_2$	1.64×10^{-14}	13.78	18
$Fe(OH)_3$	1.1×10^{-36}	35.96	18
FeC_2O_4	2.1×10^{-7}	6.68	25
FeS	3.7×10^{-10}	18.43	18
Hg_2Cl_2	2×10^{-18}	17.7	25
Hg_2Br_2	1.3×10^{-21}	20.89	25
Hg_2I_2	1.2×10^{-28}	27.92	25
HgS	$4 \times 10^{-53} \sim 2 \times 10^{-49}$	52.4—48.7	18
$MgNH_4PO_4$	2.5×10^{-13}	12.60	25
$MgCO_3$	2.6×10^{-5}	4.58	12
MgF_2	7.1×10^{-9}	8.15	18
$Mg(OH)_2$	1.2×10^{-11}	10.92	18
MgC_2O_2	8.57×10^{-5}	4.07	18
$Mn(OH)_2$	4×10^{-14}	13.4	18
MnS	1.4×10^{-15}	14.85	18
NiS	1.4×10^{-24}	23.85	18
$PbCO_3$	3.3×10^{-14}	13.48	18
$PbCrO_4$	1.77×10^{-14}	13.75	18
PbF_2	3.2×10^{-8}	7.49	18
PbI_2	1.39×10^{-8}	7.86	25
$PbSO_4$	1.06×10^{-8}	7.97	18
PbS	3.4×10^{-28}	27.47	18
$SrCO_3$	1.6×10^{-9}	8.80	25
SrF_2	2.8×10^{-9}	8.55	18
SrC_2O_4	5.61×10^{-8}	7.25	18
$SrSO_4$	3.81×10^{-7}	6.42	17.4
$Sn(OH)_2$	3×10^{-27}	26.5	18
$Sn(OH)_4$	1×10^{-57}	57.0	18
$TiO(OH)_2$	1×10^{-29}	29.0	18
$Zn(OH)_2$	1.8×10^{-14}	13.74	18—20
$ZnC_2O_4 \cdot 2H_2O$	1.35×10^{-9}	8.87	18
ZnS	1.2×10^{-23}	22.92	18

* AgCN 的 $K_{sp}=[Ag^+][Ag(CN)_2^-]$。

九、国际原子量表（1985 年）

元素符号	名称	原子量	元素符号	名称	原子量	元素符号	名称	原子量	元素符号	名称	原子量
Ac	锕	[227]	Er	铒	167.26	Mn	锰	54.93805	Ru	钌	101.07
Ag	银	107.8682	Es	锿	[254]	Mo	钼	95.94	S	硫	32.066
Al	铝	26.98154	Eu	铕	151.965	N	氮	14.00674	Sb	锑	121.75

续表

元素符号	名称	原子量	元素符号	名称	原子量	元素符号	名称	原子量	元素符号	名称	原子量
Am	镅	[243]	F	氟	18.99840	Na	钠	22.93977	Sc	钪	44.95591
Ar	氩	39.948	Fe	铁	55.847	Nb	铌	92.90638	Se	硒	78.96
As	砷	74.92159	Fm	镄	[257]	Nd	钕	144.24	Si	硅	28.0855
At	砹	[210]	Fr	钫	[223]	Ne	氖	20.1797	Sm	钐	150.36
Au	金	196.96654	Ga	镓	69.723	Ni	镍	58.69	Sn	锡	118.710
B	硼	10.811	Gd	钆	157.25	No	锘	[254]	Sr	锶	87.62
Ba	钡	137.327	Ge	锗	72.61	Np	镎	237.0482	Ta	钽	180.9479
Be	铍	9.01218	H	氢	1.00794	O	氧	15.9994	Tb	铽	158.92534
Bi	铋	208.98037	He	氦	4.00260	Os	锇	190.2	Tc	锝	98.9062
Bk	锫	[247]	Hf	铪	178.49	P	磷	30.97376	Te	碲	127.60
Br	溴	79.904	Hg	汞	200.59	Pa	镤	231.03588	Th	钍	232.0381
C	碳	12.011	Ho	钬	164.93032	Pb	铅	207.2	Ti	钛	47.88
Ca	钙	40.078	I	碘	126.90447	Pd	钯	106.42	Tl	铊	204.3833
Cd	镉	112.411	In	铟	114.82	Pm	钷	[145]	Tm	铥	168.93421
Ce	铈	140.115	Ir	铱	192.22	Po	钋	[~210]	U	铀	238.0289
Cf	锎	[251]	K	钾	39.0983	Pr	镨	140.90765	V	钒	50.9415
Cl	氯	35.4527	Kr	氪	83.80	Pt	铂	195.08	W	钨	183.85
Cm	锔	[247]	La	镧	138.9055	Pu	钚	[244]	Xe	氙	131.29
Co	钴	58.93320	Li	锂	6.941	Ra	镭	226.0254	Y	钇	88.90585
Cr	铬	51.9961	Lr	铹	[257]	Rb	铷	85.4678	Yb	镱	173.04
Cs	铯	132.90543	Lu	镥	174.967	Re	铼	186.207	Zn	锌	65.39
Cu	铜	63.546	Md	钔	[256]	Rh	铑	102.90550	Zr	锆	91.224
Dy	镝	162.50	Mg	镁	24.3050	Rn	氡	[222]			

十、分析化学中常用的物理量及法定单位

SI 基本单位

量的名称	量的符号	单位名称	单位符号
长度	$l(L)$	米	m
质量	m	千克(公斤)	kg
时间	t	秒	s
电流	I	安[培]	A
热力学温度	T, Θ	开[尔文]	K
物质的量	n	摩[尔]	mol
发光强度	$I(I_v)$	坎[德拉]	Cd

注：1. ( )中的名称,是它前面名称的同义词;
2. [ ]中的词或字在不致混淆、误解的情况下可省略。

SI 词头

因数	词头名称		符号
	原文(法)	中文	
10^3	kilo	千	k
10^2	hecto	百	h
10^1	de'ca	十	da
10^{-1}	de'ci	分	d
12^{-2}	centi	厘	c
10^{-3}	milli	毫	m
10^{-6}	micro	微	μ
10^{-9}	nano	纳[诺]	n
10^{-12}	pico	皮(可)	p
10^{-15}	femto	飞(母托)	f
10^{-18}	atto	阿(托)	a

分析化学中常用的量及单位

量的名称	量的符号	法定单位及符号		应废除的单位及符号		
		单位名称	单位符号	单位名称	单位符号	用法定单位表示的形式或值
长度	L	米	m	公尺	M	m
		厘米	cm	公分		cm
		毫米	mm			
		纳米	nm	毫微米	mμm	nm
				英寸,吋	in	1in＝25.4mm
面称	$A(s)$	平方米	m^2			
		平方厘米	cm^2			
		平方毫米	mm^2			
				平方英寸	in^2	1in^2＝6.452cm^2
体积 容积	V	立方米	m^3			
		立方分米,升*	dm^3,L,l	立升,公升		L
		立方厘米,毫升	cm^3,mL,ml	西西	cc.,c.c.	cm^3 或 mL,ml
		立方毫米,微升	mm^3,μL,μl			
时间	t	秒	s		sec.(″)	
		分*	min		(′)	
		[小]时*	h		hr	
		天[日]	d			
质量	m	千克	kg			
		克	g			
		毫克	mg			
		微克	μg	γ		1γ＝1μg
		纳克	ng	毫微克	mμg	1mμg＝1ng
		原子质量单位*	u			
				磅	lb	1lb＝0.453592kg
元素的相对原子质量	A_r	无量纲(以前称为原子量)				
物质的相对分子质量	M_r	无量纲(以前称为分子量)				
物质的量	n	摩[尔]	mol	克分子数		mol
		毫摩	m mol	克原子数	n,eq	
		微摩	μ mol	克当量数		

续表

量的名称	量的符号	法定单位及符号		应废除的单位及符号		
		单位名称	单位符号	单位名称	单位符号	用法定单位表示的形式或值
摩尔质量	M	千克每摩[尔]	kg/mol	克分子		
		克每摩	g/mol	克原子		
				克当量	E,eq	
摩尔体积	V_m	立方米每摩[尔]	m³/mol			
		升每摩	L/mol			
密度	ρ	千克每立方米	kg/m³			
		克每立方厘米（克每毫升）	g/cm³ (g/mL)			
相对密度	d	无量纲（以前称为比重）				
物质B的质量分数	w_B	无量纲（即百分含量）				
物质B的浓度	c_B	摩每立方米	mol/m³	克分子数每升	M	mol/L
		摩每升	mol/L	克当量数每升	N	mol/L
物质B的质量摩尔浓度	b_B, m_B	摩每千克	mol/kg			
物质B的相对活度	$\alpha_m, \alpha_{m,B}$	无量纲				
物质B的活度系数	γ_B	无量纲				
压力、压强	p	帕[斯卡]	Pa	标准气压	atm	1atm=101.325 kPa
		千帕	kPa	千克力每平方厘米	kgf/cm²	1kgf/cm²*=98.0665kPa
				毫米汞柱	mmHg	1mmHg=133.332Pa
				托	Torr	1Torr=133.332Pa
				磅每平方英寸	Psi	1Psi=6894.7Pa
				巴	b	1b=10Pa
功能热	W E Q	焦[耳]	J	卡[路里]	cal	1cal=4.186J

量的名称	量的符号	法定单位及符号		应废除的单位及符号		
		单位名称	单位符号	单位名称	单位符号	用法定单位表示的形式或值
		电子伏*	eV			
热力学温度	T	开[尔文]	K	开氏度,绝对度	°K	1 °K=1K
摄氏温度	t	摄氏度	℃	华氏度	°F	1 °F=0.555556K

* 为国家选定的非国际单位制单位,其中　　$1u=1.6605655\times 10^{-27}kg$
$1eV=1.6021892\times 10^{-19}J$

参 考 文 献

1. 武汉大学第五校编,《分析化学》,第二版,高等教育出版社,1982。
2. 华东化工学院分析化学教研组等编,《分析化学》第三版,高等教育出版社,1989。
3. 彭崇慧等编著,《定量化学分析简明教程》,北京大学出版社,1985。
4. 华中师范学院等编,《分析化学》,人民教育出版社,1981。
5. 南京药学院主编,《分析化学》,人民卫生出版社,1979。
6. 张锡瑜等编著,《分析化学原理》,科学出版社,1991。
7. 彭崇慧编著,《酸碱平衡的处理》,北京大学出版社,1980。
8. 彭崇慧,张锡瑜编著,《络合滴定原理》,北京大学出版社,1981。
9. 杨德俊编著,《络合滴定的理论和应用》,国防工业出版社,1965。
10. I. M. Kolthoff, E. B. Sandell, E. J. Meehan and Stanley Bruckenstein, *Quantitative Chemical Analysis*, 4th ed. Macmillan 1969. 中译本,《定量化学分析》上册,南京化工学院分析化学教研组译,人民教育出版社,1983。
11. H. A. Laitinen and W. E. Harris, *Chemical Analysis*, 2nd ed, McGraw-Hill, 1975。
12. R. A. Day. Jr., A. L. Underwood, *Quantitative Analysis*, 3rd ed., Prentice-Hall, 1974。中译本,《定量分析》,何葆善等译,上海科技出版社,1980。
13. J. S. Fritz, *Quantitative Analytical Chemistry*, 4th ed., Allyn and Bacon, 1979。
14. A. Ringbom, *Complexation in Analytical Chemistry*, Interscience, 1963.
15. L. Sucha and ST. Kotrly, *Solution Equilibria in Analytical Chemistry*, Van Nostrand Reinhold, 1972. 中译本,《分析化学中的溶液平衡》,周锡顺、戴明、李俊义译,人民教育出版社,1979。
16. J. Inczedy, D. Sc., *Analytical Applications of Complex Equilibria*, John Wiley & Sons Inc., 1976.
17. 冯师颜编,《误差理论与实验数据处理》,科学出版社,1964。
18. 宋清编,《定量分析中的误差和数据评价》,人民教育出版社,1982。
19. 邓勃编,《数理统计方法在分析测试中的应用》,化学工业出版社,1984年。
20. 郑用熙编著,《分析化学中的数理统计方法》,科学出版社,1986。
21. 罗旭编著,《化学统计学基础》,辽宁人民出版社,1985。
22. 南开大学化学系《仪器分析》编写组编,《仪器分析》(上、下册),人民教育出版社,1978。
23. 邓勃,宁永成,刘密新,《仪器分析》,清华大学出版社,1991。
24. 何幼桢等编著,《离子选择性电极在岩矿分析中的应用》,地质出版社,1980。

25. 张孙玮等编著,《有机试剂在分析化学中的应用》,科学出版社,1981。
26. 皮以潘编,《氧化还原滴定法及电位分析法》,高等教育出版社,1987。
27. 李永生,承慰才著,《流动注射分析》,北京大学出版社,1986。
28. J. Ruzicka and E. H. Hansens, *Flow Injection Analysis*, 2nd ed., John Wiley & Sons. Inc, 1988.
29. 陈尊庆,《气相色谱法与气液平衡研究》,天津大学出版社,1991。
30. 高登喜著,《气相色谱仪的原理及应用》,高等教育出版社,1989。
31. 金鑫荣,《气相色谱法》,高等教育出版社,1987。
32. L. R. Snyder, J. J. Kirkland, *Introduction to Modern Liquid Chromatography*, 2nd ed., John Wiley & Sons. Inc, 1979.
33. J. 明切斯基,J. 查斯托基卡,R. 戴齐斯基著,陈永兆等译《无机痕量分析的分离和预富集方法》,地质出版社,1984。
34. 秦启宗,毛家骏,金忠翾,陆志仁,《化学分离法》,原子能出版社,1984。
35. 刘克本编,《溶剂萃取在分析化学中的应用》,第二版,高等教育出版社,1990。
36. 柴田村治,寺田喜久雄著,王敬尊译,《纸色谱法及其应用》,增订版,科学出版社,1978。
37. J. M. Miller, *Separation Mechods in Chemical Analysis*, Wiley,1975.
38. Milan Marhol, *Ion Exchangers in Analytical Chemistry, Their Properties and Use in Inorganic Chemistry*. Academia/Prague,1982.
39. 浙江大学分析化学教研组编,《分析化学习题集》,人民教育出版社,1980。
40. 张铁垣,《分析化学中的法定计量单位》,水利电力出版社,1987。
41. *CRC Handbook of Chemistry and Physics*, 63rd ed. CRC Press. Inc. 1982.